生物科学专业"6+X"简明教程系列

# 细胞生物学

韩　榕　主编

U0209487

科学出版社

北　京

## 内 容 简 介

本书结合编者多年教学实践并参考吸收了近年来国内外优秀细胞生物学教材的精华及特点,由 16 位一线教师及专家编写而成。全书共包括 13 章,在内容上尽可能地反映学科的最新进展,编写简明扼要,形式更为新颖。为了帮助读者拓宽知识面,提高读者的学习效率,每章均有学习目的、相关研究技术、内容提要及复习思考题等内容。

本书可作为综合性院校及农、林、师范院校生命科学相关专业的本科生教材及考研参考用书,也可作为相关专业的教师、研究生和其他科研人员的参考用书。

**图书在版编目(CIP)数据**

细胞生物学/韩榕主编. —北京:科学出版社,2011.3
生物科学专业"6+X"简明教程系列
ISBN 978-7-03-030272-4

Ⅰ.①细… Ⅱ.①韩… Ⅲ.①细胞生物学-高等学校-教材 Ⅳ.①Q2

中国版本图书馆 CIP 数据核字(2011)第 022097 号

责任编辑:王国栋 李晶晶 / 责任校对:桂伟利
责任印制:徐晓晨 / 封面设计:耕者设计工作室

*科 学 出 版 社* 出版
北京东黄城根北街 16 号
邮政编码:100717
http://www.sciencep.com

**北京虎彩文化传播有限公司** 印刷
科学出版社发行 各地新华书店经销

\*

2011 年 3 月第 一 版 开本:787×1092 1/16
2020 年 7 月第三次印刷 印张:19 1/2
字数:450 000
**定价:58.00 元**
(如有印装质量问题,我社负责调换)

# 《细胞生物学》编写委员会

# 前　言

　　细胞生物学是生命科学领域一门重要的专业基础课程。21世纪以来,细胞生物学得到了更为迅猛的发展,并进一步体现了它与生物学其他学科之间的密切联系和交叉整合。由于这是一门还不够完善的学科,内容上还存在很多推理、假设等问题,因此知识点也较为抽象、复杂,难以理解。很多高校教师和学生,特别是地方高等院校师生希望有一本内容全面、又易教易学的教材,基于此目的我们编写了本书。

　　本书内容主要分为13章,总体上表现出以下五大特点:

　　(1)充分体现出细胞生物学学科特点和规律,如细胞的结构(显微、亚显微、分子水平)和功能及二者之间的关系。

　　(2)内容上既适合于"教"又适合于"学",尤其是适合学生的学与记,力求简明而不失重点,全面但不繁复,既体现经典内容又展示出最新研究成果。

　　(3)充分体现图文并茂、简明扼要的教材风格,符合现代年轻人的审美和阅读习惯。

　　(4)插图精美,尽量引用国外原版教材插图。对于一些复杂的内容、过程,尽量减少繁琐的文字描述而替换以图表及提纲式的表达,使读者更易吸收。

　　(5)每章之前有学习目的介绍,之后有内容提要及相关研究技术作为自学材料。此外,每章之后均附上了若干历年考研真题作为思考题,其目的在于进一步激发读者独立思考,深入探索。

　　本书第一章、第十二章由高丽美、李永锋编写,第二章由高惠仙、王瑞祥编写,第三章由吴立柱编写,第四章由张素巧、赵立群编写,第五章由时丽冉编写,第六章由张美萍编写,第七章由马晓丽编写,第八章由刘瑞祥编写,第九章由秦永燕编写,第十章、第十一章由康现江编写,第十三章由史宗勇编写,大纲审定及全书统稿和修改由韩榕教授完成。参加本书编写的作者均为长期在一线从事细胞生物学教学和科研的教师,他们具备扎实的专业基础知识和丰富的教学经验,每个成员之间勤奋团结、相互协作的精神,保障了本书的顺利完成。

　　本书编写过程中,科学出版社在文字核正、图片修订等方面提出了宝贵的修改意见,在此表示诚挚的谢意。细胞生物学仍是一门正在快速发展中的学科,因此本书的内容仍会存在一些不足之处,敬请各位专家及读者批评指正。

编　者

2011年元月

# 目　录

# 第一章 绪 论

**本章学习目的** 细胞生物学是生命科学领域一门重要的基础学科,与其他相关学科之间存在密切的联系。本章主要介绍细胞生物学的学科性质、基本概念、细胞生物学的主要研究内容、学科发展简史及其当前的研究现状和前沿领域等问题。

细胞生物学是一门从显微(microscopic level)、亚显微(submicroscopic level)和分子(molecule level)水平上研究细胞基本生命活动现象和规律的学科。细胞是构成自然界中所有生命体的基本单位,每一个细胞都是一个相对独立的、自控的代谢体系,都是遗传发育的基础。细胞生物学学科的发展就开始于"细胞"(cell)这一重要结构的发现,迄今为止,细胞生物学这门学科已有300多年的发展历史。当前,细胞生物学的很多研究都已深入到分子或原子水平上,这也意味着人类对生命现象的认识进入到了一个前所未有的新阶段。而21世纪的细胞生物学则是生命科学前沿的、最活跃的、具有良好发展前景和辐射力的学科。本章将重点介绍细胞生物学的学科特点、性质以及细胞生物学的主要研究领域,还要求了解细胞生物学这门学科的发展历程和当前发展现状及热点问题。

## 第一节 细胞生物学的研究内容

细胞生物学(cell biology)是一门研究细胞的结构、功能以及结构和功能之间关系的基础学科,它主要应用现代物理学和化学的技术成就与分子生物学的概念和方法,以细胞作为生命活动基本单位的思维为出发点,探索生命活动规律,其核心问题是将遗传与发育在细胞水平上结合起来。21世纪的细胞生物学是生命科学的重要支柱和核心学科之一。细胞(cell)是构成有机体的基本单位。除了病毒(virus)以外,所有的生命体都是由一个或者多个细胞组成的,生物体的一切生命现象都是细胞这个基本单位的代谢活动的体现。早在1925年,著名生物学家E. B. Wilson就说:"所有生物学的答案最终都要到细胞中去寻找。因为所有生物体都是,或者曾经是,一个细胞。"可以说,没有细胞就没有完整的生命。

自然界中,构成生物体的细胞又可以分为原核细胞(prokaryotic cell)、古核细胞(archaeon)、真核细胞(eukaryotic cell)三大类,生物学家相应地将整个生物界分为原核生物(prokaryote)、古核生物(archaea)和真核生物(eukaryote)三大类群。几乎所有的原核生物均为单细胞有机体,由单个原核细胞构成,原核细胞无典型的细胞核(cell nucleus),无结构和功能高度分化的各类细胞器分布,遗传信息结构装置相对简单,如支原体(mycoplasma)、细菌细胞(bacterial)、蓝藻细胞(cyanobacteria)等。古核细胞的形态结构和遗传结构特征介于原核细胞和真核细胞之间,属于两者之间的过渡类型,现在通常将古细菌(archaebacteria)称为古核生物,目前已发现几百种古细菌,如产甲烷细菌类、嗜盐菌(halobacteria,生长在浓度大的盐水中)、硫氧化菌(sulfolobus,生长在硫磺温泉中)、热原质体(thermoplasma,生长在煤堆中)等。真核生物种类繁多,包括多细胞真核生物和单细胞真核生物,真核细胞结构相对复杂,具有由双层核被膜包被的细胞核,含有大量的细胞器,遗传信息量大,DNA 和蛋白质结合形成染色体等。然而,无论结构功能和所在部位有什么不同,所有的细胞几乎都由四类基本的生物分子组成,即核酸、蛋白质、糖类和脂类物质。

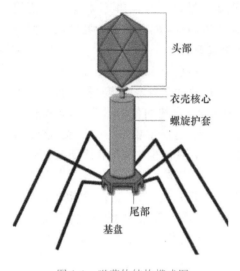

图 1-1　噬菌体结构模式图
(Kleinsmith and Kish,1995)

病毒(如 T4 噬菌体,图 1-1)主要是由核酸和蛋白质组成的非细胞形态的生命体,是迄今发现地球上最小、最简单的有机体。病毒不仅没有细胞结构,而且也不能独立生存。由核酸分子(DNA 或 RNA)与蛋白质构成的核酸-蛋白质复合体,称为真病毒;仅由一条感染性的 RNA 分子构成的称为亚病毒;仅由具有感染性的蛋白质分子构成的称为朊病毒。这些病毒仍然具有生命的基本特征,如所有的病毒分子均可以进行自我增殖或复制,但它们必须在宿主的活细胞中才能表现出其生命活动过程。病毒的增殖周期包括吸附(adsorption)、侵入(penetration)、复制(replication)、成熟(maturation)和释放(release)5 个基本过程。

随着现代生命科学的迅猛发展,近几年细胞生物学也取得了突破性的进展。目前,对细胞结构、功能及生命活动现象的研究都已深入到了分子水平上,部分研究成果甚至深入到了原子领域。而关于细胞的各种生命活动过程是如何有序而精确地被调控的,如细胞信号转导的途径、细胞周期的调控机制,以及细胞凋亡的分子机理和生物大分子的逐级装配途径等,都是当前细胞生物学领域的重点研究内容。

由于细胞生物学仍是一门发展中的新型学科,且与分子生物学(molecular biology)、蛋白质组学(proteomics)、遗传学(genetics)及发育生物学(developmental biology)等相近学科交错发展,我们很难确切地划定其研究范围。但是与其他学科研究重点不同,根据近年来细胞生物学的发展趋势,其重点主要集中在:

(1) 生物膜与细胞器的研究;

(2) 染色体的结构功能与基因表达的研究;

(3) 细胞骨架体系的研究;

(4) 细胞周期及其调控;

(5) 细胞分化及其调控;

(6) 细胞衰老与细胞凋亡的分子机制;

(7) 细胞的起源和进化问题;

(8) 细胞信号转导的主要途径及其生物学机制;

(9) 细胞结构体系的组装和去组装研究;

（10）细胞社会学研究；

（11）细胞免疫学研究；

（12）干细胞工程技术研究等领域。

综上所述，近40年来生命科学的发展取得了令人瞩目的成就，但还有很多生命现象的疑问无法解释。显然，这些问题的解决要依靠现代细胞生物学技术和手段的进步，而且细胞生物学广泛渗透于生物科学的各个学科并促进其发展，将在后基因组时代具有更大的发展空间。

# 第二节　细胞生物学的发展简史

迄今为止，细胞生物学学科的发展已有300多年的历史，现代细胞生物学已发展到分子细胞学阶段。为进一步加深我们对细胞生物学基础研究知识和基本原理的理解，有必要了解一下细胞生物学的发展简史及主要的标志性研究成果。根据其发展历程，细胞生物学学科的发展大致可以划分为以下几个阶段。

## 一、细胞的发现时期

1665年英国学者Robert Hooke（罗伯特·胡克）利用自制显微镜首次观察软木（栎树皮）的薄片，描述了植物细胞的结构，提出了"cell"这一术语（图1-2）。此后，1677年荷兰著名学者Antony van Leeuwenhoek（安东尼·列文·虎克）用设计较好的显微镜，又观察到了精子、细菌、纤毛虫等许多动植物的活细胞和原生动物，并且第一次描述了细胞核的结构。此后，对细胞的观察和研究引起了人们的广泛关注。但是，在较长一段时间内，人们对细胞的认识和它与有机体之间的关系的概括没有上升到具有普遍指导意义的高度。

图1-2　罗伯特·胡克自制的显微镜和观察到的栎树细胞壁（Karp，1999）

## 二、细胞学说的建立

1838年，在前人和自己研究工作的基础上，德国的植物学家施莱登（M. J. Schleiden）和动物学家施旺（M. J. Schwann）提出了著名的"细胞学说"（cell theory），指出动植物都是细胞的集合体。主要内容是：①细胞是有机体，所有的动植物都是由细胞和细胞产物构成的；②每个细胞既是一个相对独立的单位，又与其他细胞共同作用形成整体的生命；③所有的细胞均可以通过已存在的细胞增殖产生。

"细胞学说"提出了生物同一性的生物学基础，对现代生命科学的发展起到了极大的推动作用，促进了人类对整个自然界的认识。恩格斯将细胞学说、能量转化与守恒定律和达尔文进化论称为19世纪自然科学的"三大发现"。此外，施莱登还肯定了细胞核的重要性，指出细胞的繁殖是通过老的细胞核"分裂"实现的。这一说法在1858年由魏尔肖

(Virchow)提出的"细胞来自细胞"做了重要补充。

### 三、细胞学的经典时期

"细胞学说"建立后的 100 余年,细胞学领域先后取得了一系列重要成果。例如,提出了原生质(protoplasm)理论;发现了细胞的直接分裂(direct division)、有丝分裂(mitosis)和减数分裂(meiosis)三种分裂方式;发现了中心体(centrosome)、线粒体(mitochondrion)和高尔基体(golgi body,golgi apparatus)等一些重要的细胞器。根据这些研究成果,1925 年,美国的 Wilson 绘制出了第一个细胞模式图。

### 四、实验细胞学和细胞学分支时期

1900~1950 年的半个多世纪中,细胞学的发展主要采用实验的方法研究细胞生命活动现象,故将这一时期称为实验细胞学时期(experimental cytology)。在这一时期,细胞学与其他生物学科的渗透发展,形成了一些重要的分支学科:如细胞遗传学(cytogenetics),主要从细胞学角度,研究染色体的结构和功能,以及染色体与其他细胞器之间的关系,从而阐明细胞遗传和变异的机制;细胞生理学(cytophysiology),主要研究细胞对周围环境的反应,细胞从环境中摄取营养物质的能力,细胞间的能量传递及获取途径,细胞的生长、发育和繁殖受环境的影响而产生的适应性和运动性等性状;细胞化学(cytochemistry),主要采用化学染色等方法研究细胞结构的化学组成以及化学分子在生物体中的定位、分布及其生理功能。除此以外,还出现了细胞病理学、细胞社会学、细胞生物化学等学科。

### 五、细胞生物学学科的形成

细胞生物学这一名词在 1896 年 Wilson 曾经提出,而具有现代意义的细胞生物学被认为是伴随着分子生物学的发展兴起和成熟起来的。1953 年,英国科学家 Watson 和 Crick 提出的 DNA 双螺旋结构模型(structure of DNA double helix)和遗传信息传递的"中心法则"(central dogma),标志着分子生物学的诞生,对细胞生物学的形成和发展起到了极为重要的推动作用。

细胞生物学的发展必然要经历由细胞、亚细胞和分子水平多个层次上研究细胞的结构和功能。于是,20 世纪 80 年代以来,细胞生物学的发展逐渐深入到了分子水平,进而产生了分子细胞生物学。目前,细胞生物学研究的总的特点是从静态分析到活细胞的动态综合,这在很大程度上也反映了生命科学的研究趋势。

## 第三节　细胞生物学的研究进展及发展现状

纵观细胞生物学的发展历程,每一次重大发现都对细胞学的发展起到了极大的推动作用。细胞学开始于细胞的发现。19 世纪上半叶,"细胞学说"的创立是细胞生物学发展史上的一次飞跃。1892 年,Hertwing 出版了《细胞与组织》一书,标志着细胞生物学已作为一门独立的学科存在。随着显微镜技术的发展和切片机的发明,人们对细胞结构的研究更加深入,各种细胞器被相继发现,如 1894 年,Altmann 发现了线粒体的分布,Golgi 观察到了网状体的结构,即高尔基体。这段时期的细胞生物学主要处于以在显微镜下的形态描述为主的生物科学时期。

20 世纪 50 年代以来,电子显微镜与超薄切片机技术在生物学领域的应用,使人们对细胞的认识深入到了超微结构领域。特别是五六十年代后,生物化学与细胞生物学相互结合与渗透,首次出现了"细胞生物学"这一概念。

近 30 年来,细胞生物学的研究又取得了一系列重要的突破性进展。例如,1978~1988 年,Lewis、Nusslein-Volhard 和 Wieschans 阐明了同源异构基因在控制生物个体发育中的作用,获得 1995 年诺贝尔生理学奖。20 世纪 90 年代,细胞生物学研究更是获得了丰硕的成果,1994 年,Gilman 和 Rodbell 因在 G 蛋白发现过程中的重要贡献而获得了 1994 年诺贝尔生理学奖;1997 年,苏格兰生物学家 Wilmut 用乳腺细胞同去除染色质的卵细胞融合,完成了首例哺乳动物——绵羊"多莉"的克隆,同年,Luger 等用高分辨率的 X 射线显示了染色质和组蛋白八聚体的原子水平结构;1998 年,Thomson 和 Gearhart 获得了无限增殖和多分化潜能的人类胚胎干细胞(human embryonic stem cell,hESC),而 Furchgott 等三位美国科学家由于在 NO 方面的研究获得了 1998 年诺贝尔生理学奖,次年,Blobel 提出内质网的蛋白质合成的信号假说,并获得 1999 年诺贝尔生理学奖。2000 年,美国、英国、日本、法国、德国、中国六国学者共同完成了人类基因组草图的绘制,2001 年《自然》和《科学》杂志上分别报道了人类基因组的完整序列的测定完成。人类基因组计划(Human Genome Project,HGP)的完成表明当代生命科学已经发展到一个更高更新的阶段,这项研究成果是人类自然科学史上一个划时代的伟大成就。随后,在 2002 年,Brenner、Horvitz 与 Sulston 发现了细胞凋亡的关键基因及调控规律,并获得了当年的诺贝尔生理学奖。2007 年以来,对干细胞的研究取得了突破性进展,人类首次人工诱导体细胞获得干细胞;2009 年,伊丽莎白·布莱克本和卡萝尔·格雷德、杰克·绍斯塔克因发现了端粒和端粒酶(图 1-3)保护染色体的机制,获得了诺贝尔生理学奖。

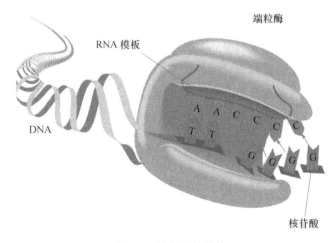

图 1-3 端粒酶的结构

目前,全球细胞生物学领域研究最热门的主要包括五大方向:①细胞周期及其调控;②细胞信号转导研究;③细胞衰老现象;④基因 DNA 的损伤及其修复研究;⑤细胞凋亡及其分子机制等。这些研究领域要求必须用分子生物学的新方法和新概念去研究细胞的基本生命活动现象和规律,因此,当前细胞生物学研究的主要方向为分子细胞生物学。

## 本章内容提要

细胞生物学是研究细胞生命活动基本规律的学科,它是现代生命科学的基础学科之一。它的任务是以细胞为着眼点,与其他学科的概念和方法相互结合,来阐明生物体各级结构层次生命现象的本质。细胞生物学研究的主要内容包括:生物膜体系与各类细胞器的研究;细胞核、染色体以及基因表达调控的研究;细胞骨架体系的研究;细胞周期及其调控;细胞分化及其调控;细胞衰老与细胞凋亡的分子机制;细胞的起源和进化问题;细胞信号转导;细胞结构体系的组装和去组装研究;细胞社会学;细胞工程等的研究。

细胞生物学的发展开始于细胞的发现,至今有 300 多年的历史。通过了解细胞生物学学科体系的产生和发展历程,有助于加深对细胞生物学研究对象和研究现状的认识。当前,细胞生物学的发展已深入到分子或原子水平,因此,分子细胞生物学是目前细胞学领域发展的重点和主流。

## 本章相关研究技术

### 1. 电子显微镜技术

电子显微镜的照明源是高速运动的电子束,适用于观察超显微结构。现代透射电镜的结构包括电子光学系统、真空系统、电气系统、水冷却循环系统和压缩空气系统等。

### 2. 超薄切片技术

超薄切片要求细胞的微细结构保持良好、染色适当,并具有良好的反衬度等。制作步骤包括取材、固定、脱水、包埋、切片和染色等过程。

### 3. 细胞融合技术

选用两个相同或不同物种来源的细胞为亲本细胞,通过病毒介导、化学诱导或电介导等方法,将其融合成一个细胞的过程,继而可以得到杂种细胞,培育新物种或新品系。其中,电诱导融合法应用最为广泛,已用于介导植物或动物细胞的融合过程。其原理是通过直流电脉冲的诱导,使异种原生质体黏合并发生质膜瞬间破裂,进而发生膜融合形成完整的融合细胞。

## 复习思考题

1. 名词解释

细胞学说/cell theory    细胞生物学    分子细胞生物学    细胞学

2. 试从细胞生物学角度认识细胞形态结构与功能的统一性?

3. 如何理解"一切生命的关键问题都要去细胞中寻找"?

4. 简要回答细胞学说的主要内容是什么。

5. 目前,国际上普遍采用模式生物,如酵母、线虫、果蝇、爪蟾及小鼠等,来揭示许多生命现象的机制,可以用这些模式生物作研究的最重要的原因是什么?

# 第二章 细胞概述

**本章学习目的** 本章重点介绍细胞的基本概念和共性、原核细胞的基本特征、真核细胞的基本结构体系,以及非细胞形态的生命有机体——病毒的基本特征及在寄主细胞中的增殖过程。通过对原核细胞与真核细胞进行比较,进一步加深对生物界两大类细胞形态、结构及其功能的认识。

## 第一节 细胞的基本概念

### 一、细胞是生命活动的基本单位

关于细胞(cell)的概念有各种各样的定义,随着对细胞结构、功能和生命活动研究的不断深入,近年比较普遍的提法是:细胞是生命活动的基本单位。这一定义的概括性较强,内涵也更丰富。关于细胞是生命活动基本单位这一概念我们可以从以下几方面加以理解和解释。

(一)细胞是构成有机体的基本单位

除了病毒是非细胞形态的生命体外,一切有机体均由细胞构成,单细胞生物的有机体仅由一个细胞构成。多细胞生物的有机体根据其复杂程度由数百乃至万、亿计的细胞构成。但有些极低等的多细胞生物体,如盘藻仅由 4 个、8 个或几十个未分化的相同的细胞组成,细胞之间没有明显的分工与协作的关系,它们实际上是单细胞与多细胞生物之间的过渡类型。高等动植物有机体由无数形态结构和功能不同的细胞组成,它们分别构成不同的组织与器官,执行不同的生物学功能。有人统计,成人的机体大约含有 $10^{14}$ 个细胞,刚出生的婴儿机体约含有 $2 \times 10^{12}$ 个细胞,人的大脑是由 $10^{12}$ 个细胞构成的复杂体系。

在多细胞有机体内,不同细胞的形态结构与功能差异很大,但它们都是由一个受精卵分裂、分化而来。构成高等生物体的细胞虽然都是高度“社会化”的细胞,具有分工与协同的相互关系,但它们又保持着形态与结构的独立性,每个细胞具有自己独立的结构和功能体系,能够进行独立的生命活动,是构成有机体的基本结构单位。

(二)细胞是代谢与功能的基本单位

新陈代谢是生命的基本特征,是细胞内全部有序化学变化的总称。构成生物有机体的每一个细胞都有独立的、有序的、自动控制性很强的代谢体系。在细胞内一切生化反应都表现为程序严格的、自动控制的代谢体系,这是由细胞自身结构的装置及其协调性所决定的,是长达数十亿年进化的产物。代谢是功能的基础,细胞只有进行严格有序的代谢活动,才能完成特定的生物学功能。细胞代谢和结构完整性的任何破坏,都会导致细胞特定功能的紊乱或丧失。所以,我们可以把细胞看做是有机体代谢与执行功能的基本单位。

**(三) 细胞是有机体生长与发育的基础**

一切有机体的生长与发育都是以细胞的增殖与分化为基础的。细胞的分裂可以使细胞数目增多,细胞的生长可以使细胞体积增大,这是生物机体生长的基础;细胞的分化可使受精卵分裂所产生的一个克隆的细胞,转化为形态、结构和功能不同的细胞类群,形成不同的组织和器官,完成不同的生物学功能,这是生物发育的基础;细胞凋亡可以清除个体发育中多余的细胞,清除损伤、突变、感染和衰老的细胞,是生物生长发育不可缺少的平衡因素,与细胞增殖、分化具有互补作用。

有机体的正常生长与发育是依靠细胞的分裂、细胞的生长、细胞的分化与凋亡来实现的,细胞是生物生长与发育的基本单位。

**(四) 细胞是遗传的基本单位,细胞具有遗传的全能性**

每一个细胞,不论低等生物或高等生物的细胞,单细胞生物或多细胞生物的细胞,结构简单或复杂的细胞,未分化或分化的细胞(除个别终末分化的细胞外),性细胞或体细胞,都包含着全套的遗传信息,即全套的基因,也就是说它们具有遗传的全能性。

单个植物生殖细胞或体细胞、未受精的两栖类动物卵细胞,经人工培养与诱导均可发育为完整的个体;哺乳动物已分化的体细胞克隆可被诱导发育为动物个体,都证明细胞具有全能性。从动物的大部分组织游离分散出来的单个细胞,大多数可以在体外培养、生长、增殖与传代。虽然不能被诱导分化发育为个体,但这些事实均可以说明,虽然细胞是构成统一有机体的基本单位,并受到机体整体活动的制约,但每一个细胞在生命活动中又是相对独立的,在特定的条件下,它可以表现为独立的生命单位。从而可以概括地说,每一种细胞都有发育为个体的潜能,是遗传的基本单位。

**(五) 没有细胞就没有完整的生命**

病毒是非细胞形态的生命有机体,不能进行独立的代谢活动,其生命活动的完成必须在寄主细胞中进行。也就是说,只有在细胞内病毒才能表现基本的生命特征(繁殖与遗传)。就病毒而言,细胞是生命活动的基本单位这一概念也是完全合适的。

无数实验证明,只要破坏细胞结构的完整性,就不能实现细胞完整的生命活动。众所周知,从细胞分离出来的任何结构,甚至是保存完好的细胞核与含有遗传信息的线粒体和叶绿体,都不能在体外培养持续生存并作为生命活动的单位而存在。

## 二、细胞的基本共性

构成各种生物机体的细胞种类繁多,形态结构与功能各异,其多样性无法计算,但作为生命活动基本单位的所有细胞却有着共同的特点:

(1) 所有的细胞都有相似的化学组成。组成细胞的基本元素有 C、H、O、N、P、S、K、Ca、Mg、Fe、Mn、Cu、Zn、B、Mo、Cl、Ni 等,这些化学元素构成细胞结构与功能所需要的许多无机化合物和有机化合物。最基础的生物小分子是核苷酸、氨基酸、脂肪酸、单糖等,它们又构成核酸、蛋白质、脂质与多糖等重要的生物分子。

（2）所有的细胞表面均有由磷脂双分子层与蛋白质构成的生物膜，即细胞膜。细胞膜是细胞与周围环境之间的屏障结构，使细胞保持相对的独立性，也使细胞代谢和生命活动具有相对稳定的内部环境，并通过细胞膜与周围环境进行物质交换和信号转导。对于真核细胞而言，细胞膜内陷演化为细胞的内膜系统，构建成各种以膜为基础的功能专一的细胞器和细胞结构。生物膜也是细胞能量转换的基地，原核细胞的细胞膜、真核细胞的线粒体内膜和叶绿体中的类囊体膜都是能量转换的场所。

（3）所有的细胞都有两种核酸：DNA与RNA。并且所有的细胞都以DNA作为遗传物质，可能是细胞作为生命活动基本单位稳定存在的重要环节。双链DNA对遗传信息的永久储存与精密复制可能更具有稳定性，双链结构增强了修复能力；为保证遗传信息的准确传递，RNA被保留下来，专司遗传信息的转录与指导蛋白质分子的翻译，在基因表达过程中起作用。而非细胞形态的生命体——病毒只有一种核酸，即DNA或RNA作为遗传信息的载体。

（4）所有的细胞都有蛋白质合成的机器——核糖体。核糖体是任何细胞（除个别非常特化的细胞）不可缺少的基本结构，真核细胞和原核细胞的核糖体不仅功能相同，在结构上也非常相似，都是由大小两个亚基组成的，只是大小和成分有所不同。它们在翻译多肽链时，与mRNA形成复合体。最近发现，rRNA在多肽合成中具有催化作用。

（5）所有细胞的增殖都以一分为二的方式进行分裂，为了保证新产生的子细胞具有与亲代相同的遗传物质，细胞在分裂之前都要进行遗传物质的复制加倍，在分裂时均匀地分配到两个子细胞内，这是生命繁衍的基础与保证。

# 第二节　细胞的分类及其特征

## 一、细胞的分类

在种类繁多、浩如烟海的细胞世界中，根据其进化地位、结构的复杂程度、遗传装置的类型与主要生命活动的方式，可以将细胞分为原核细胞（prokaryotic cell）与真核细胞（eucaryotic cell）两大类。这一确切概念是在20世纪60年代由著名细胞生物学家H. Ris最早提出来的。把细胞划分为原核细胞与真核细胞两大类型，不仅对细胞生物学，而且对整个现代生命科学均具有深远影响。然而原核细胞与真核细胞的区别还不仅如此。由此延伸而把整个生物界划分为原核生物（prokaryote）与真核生物（eukaryote），由原核细胞构成的有机体称为原核生物，几乎所有的原核生物都由单个原核细胞构成，而真核生物却可以分为多细胞真核生物与单细胞真核生物。

有些生物学家建议将生物划分为原核生物、古核生物与真核生物三大界，将细胞相应分为三大类型：原核细胞、古核细胞与真核细胞。

## 二、细胞的形态大小

各种细胞尽管具有一些共同特点，但由于各类细胞的结构、功能和所处的环境不同，在形态上便产生了千差万别的变化,有球形、椭球形、杆状、纺锤状、多面体等多种形态。单细胞生物,往往是单个细胞独立生活,即便是成群体存在,它们彼此的关系也不密切,所以每种单细胞生物一般有自己固定的形态,如细菌细胞有球菌、杆菌和螺旋菌等。单细胞动物或植物的形状就要更复杂一些,如草履虫像鞋底状,眼虫带鞭毛呈梭形,而游捕虫和钟形虫则呈袋状。高等生物是多细胞有机体,各种细胞发生了结构和功能上的分化,细胞的形状往往和细胞所执行的功能有一定的关系。如动物体内具有收缩功能的肌肉细胞呈梭形;红细胞呈扁圆形,有利于进行 $O_2$ 和 $CO_2$ 的交换;神经细胞的功能是接受刺激产生兴奋,并传导兴奋,它具有很多的细胞突起。高等植物细胞的形状也因所担负的功能不同而有很大的差别。如植物基部起支持和输导作用的细胞呈柱状;而叶表皮的保卫细胞,则呈半月形,两个细胞围成一个气孔,以利呼吸和蒸腾。但要强调的是,以上描述的高等生物的细胞形态是细胞处于体内同其他细胞既分工又协作进行机能活动时的形态。这些细胞在体外培养时形态就会发生很大的变化。如平滑肌细胞在体内呈梭形,而在体外培养时呈多角形。

各类细胞直径的大小差异很大(表 2-1),典型的原核细胞的直径平均为 $1\sim10\mu m$,而真核细胞的直径平均为 $3\sim30\mu m$,一般为 $10\sim20\mu m$。

表 2-1　各类细胞直径比较

| 细胞类型 | 直径大小 |
| --- | --- |
| 支原体细胞 | $0.1\sim0.3\mu m$ |
| 细菌细胞 | $1\sim2\mu m$ |
| 动植物细胞 | $10\sim50\mu m$ |
| 原生动物细胞 | 数百微米 |

在高等多细胞生物中,某些不同来源的同类细胞的大小变化很大,如人卵细胞直径为 $200\mu m$,而鸡卵细胞直径为 $2\sim3cm$,鸵鸟卵细胞直径为 $5cm$。但大多数来自不同物种的同类型细胞的体积一般是相近的,不依生物个体的大小而增大或缩小。如大象与小鼠的体型大小相差悬殊,但大象与小鼠相应器官与组织的细胞,其大小却无明显差异,不仅相应的体细胞大小相似,性细胞的大小也无明显的差异。又如所有哺乳动物的肾细胞、肝细胞或其他细胞,在人、牛、马、象与小鼠中大小几乎相同。因此器官的大小主要决定于细胞的数量,与细胞的数量成正比,而与细胞的大小无关,这种关系有人称之为“细胞体积的守恒定律”。

细胞本身的大小并非是随意改变的,细胞体积要维持相对恒定。哺乳动物细胞的体积大小受几个因素的限制,其中一个主要的限制因素是体积与表面积的关系。细胞的体积与相对表面积呈反比关系,细胞体积越大,其相对表面积就越小,细胞与周围环境交换物质的效率就越小。细胞为了维持一个最佳的生存条件,必须维持最佳的表面积,从而限制了体积的无限增大。有些细胞为了增加表面积,就形成很多的细胞突起。卵细胞是因为早期胚胎发育是受储存在卵细胞质内的 mRNA 与功能蛋白调控的,并利用预先储存在卵细胞质内的养料,因此在细胞质内储存了大量 mRNA、蛋白质与养料,同时卵细胞与周围环境交换物质很少,其体积大主要因胞质扩增所致,故表面积与体积的比例关系不受此规律的限制。细胞不仅对细胞体积增大有限制，而且对体积减小也有限制。一个活细胞要维持正常的独立的生命活动，最低限度需要 500～1000 种不同类型的酶和蛋白质，这是目前在支原体中所发现的酶和蛋白质的量。而支原体是细胞体积最小的极限。可见，细胞体积的最小化受制于维持细胞生命活动所需的酶和蛋白质种类的最低量。

限制细胞体积增大的第二个因素是细胞核可以控制细胞质的量有一定的限度。大量研究发现，不论细胞体积大小相差多大，但各种细胞核的大小差别却不大。因为，一个细胞核内所含的遗传信息量是有一定限度的，能控制细胞质的活动也是有限度的，因此一个核能控制细胞质的量也必有一定限度，细胞质的体积不能无限增大。在体积较大的原生动物细胞中出现大核与小核的分工，以及动物细胞的多核现象可能与缓冲核质比例有关。

第三个限制细胞体积增大的原因是细胞内物质交流运输的速度与细胞代谢对物质需求之间的关系。细胞内的物质从一端向另一端运输或扩散是有时间与空间关系的，假如细胞的体积很大，势必影响物质传递与交流的速度，细胞内部的生命活动就不能灵敏地调控与缓冲。有一些原生动物细胞的伸缩泡等可能起着细胞内环境的调节作用。

由于上述种种因素的影响，细胞作为生命活动的基本单位，其体积必然要适应代谢活动的要求，应有一定的限度，因此数百微米直径的细胞应被认为是上限了。

### 三、细胞形态结构与功能的关系

细胞的形态结构与功能的相关性与一致性是很多细胞的共同特点，这是生物漫长进化过程的产物。

在原核生物中，蓝藻能进行光合作用但没有叶绿体，在其细胞中就分化出许多同心环状的膜结构，为光合色素和相关的酶提供了附着和发挥功能的场所；有些原核细胞在遇到不良环境时，为了保存生命，在其细胞中就形成了能抵御恶劣环境的芽孢。

在原生动物中，由于细胞体积较大，与环境进行物质交换的能力较差，所以在细胞中就出现了伸缩泡，伸缩泡有节律地膨大、收缩，排出体内多余的水分等物质，来维持细胞内新陈代谢所需的微环境；眼虫的眼点和光感受器有利于其趋向光源吸收光能，进行光合作用。

在分化程度较高的细胞中，细胞的形态结构与功能关系的一致性表现得更为明显。如哺乳动物的红细胞呈扁圆形、体积很小，是一种高度特化的细胞。哺乳动物的红细胞内无核，亦无细胞器，主要是由细胞膜包着血红蛋白。这些特点都与红细胞交换 $O_2$ 和 $CO_2$ 的功能密切相关。细胞体积小、呈圆形，非常有利于在血管内快速运行，体积小则相对表面积大，有利于提高气体交换效率。细胞内主要是血红蛋白，有助于结合更多的 $O_2$ 和 $CO_2$，另外，红细胞膜具有发达的细胞膜骨架，赋予细胞膜更大的弹性和韧性，有利于红细胞穿过毛细血管时形态的变化。因此，红细胞的形态和结构装置与其气体交换和运输的功能是相适应的。

又如动物的各类分泌细胞，虽然分泌物的性质不同，但其形态结构却有共同性。例如，分泌蛋白质的各种腺细胞，其形态与结构必然有如下的特点：细胞具有极性，一端是近侧端，为吸收表面，与基膜(basal lamina)连接；另一端是游离端，是分泌表面。吸收表面的细胞膜必然形成大量的皱褶，并在褶叠膜内排列有大量的线粒体，因为这均有助于增加物质透膜运输的效率及能量供应。游离端往往形成很多微绒毛,增加表面积,以提高分泌效率。细胞质内的糙面内质网与高尔基体很发达,因为要保证蛋白质高速度的合成、加工与修饰,并在内质网附近分布有大量的线粒体供能。核仁的体积一般较大,以保证细胞合成蛋白质对核糖体的需求。

雄性生殖细胞与雌性生殖细胞经过分化与发育,形成非常特化的细胞,它们的结构装置几乎简化到仅有利于完成受精过程与保证卵裂。精子除了携带一套完整的单倍基因组,即高度的浓缩核外,其他结构装置主要保证其运动和与卵细胞融合。因此后端具有能运动的鞭毛,前端具有能促进与卵细胞融合的顶体(类似大溶酶体)。卵细胞则相反,为了保证受精后卵裂与早期胚胎发育,它必须在胞质内预先储存大量的 mRNA、蛋白质与养料,致使细胞体积骤增,但其细胞核的体积并没有明显变化。

# 第三节　原核细胞

原核细胞是组成原核生物的细胞。这类细胞的主要特征是没有典型的核结构,也没有核膜和核仁,为拟核,进化地位较低。大量的分子进化与细胞进化的研究说明,原核生物在极早的时候就演化成了两大类:古细菌(archaebacteria)与真细菌(eubacteria)。古细菌有甲烷菌、嗜热菌等,是一些生长在地球上特殊环境中的细菌,它们可能代表了原始地球环境中生命存在与繁衍的特定形式,可能是细胞生存的更为原始的类型。现在将古细菌称为古核细胞或古核生物。古核细胞的形态结构与遗传结构装置和原核细胞相似,但有些分子进化特征更接近真核细胞。真细菌实际包括我们所知的绝大部分原核生物,其中包括支原体、衣原体、立克次氏体、细菌、放线菌与蓝藻等多种庞大的家族。

原核细胞最基本的特点可以概括为:①没有典型的细胞核,无核膜;②遗传的信息量小,遗传信息载体仅由一个环状 DNA 构成;③细胞内没有分化为以膜为基础的具有专门结构与功能的细胞器和细胞结构。以上基本特点决定了原核细胞其他一系列特征。原核细胞的体积一般很小,直径为 $0.2 \sim 10 \mu m$。原核细胞的进化地位显然比较原始,大约在35 亿年前在地球上就出现了;现在在地球上的分布广度与对生态环境的适应性比真核生物大得多。

## 一、支原体

支原体(mycoplasma)是目前发现的最小、最简单的细胞。虽然它们是极为简单的生命体,却已具备了细胞的基本形态结构,并具有作为生命活动基本单位存在的主要特征。支原体能在培养基上生长,具有典型的细胞膜,一个环状的双螺旋 DNA 作为遗传信息量不大的载体,mRNA 与核糖体结合为多聚核糖体,指导合成约 700 多种蛋白质,这可能是细胞生存所必需的最低数量的蛋白质。支原体以一分为二的方式分裂繁殖。以上这些特征与非细胞形态的生命体——病毒是根本不同的。支原体的体积很小,直径一般是$0.1 \sim 0.3 \mu m$,仅为细菌的 1/10。

目前没有发现比支原体更小更简单的细胞了,与它们的体积与结构近似的是立克次氏体与衣原体,但它们不能在培养基上生长。支原体除了具有作为细胞必需的结构外,几乎没有什么称得上结构复杂的装置了,当然它也有一些自己的特点:①支原体没有细胞壁,所以具有多形态性,形态可以随机变化。②支原体的细胞膜与动物细胞膜类似,但自身不能合成长链脂肪酸或不饱和脂肪酸,必须依赖生长培养基提供外源脂肪酸来合成膜的脂质。③细胞膜具有原核细胞膜所具有的多功能性。④支原体的环状双螺旋DNA较均匀地散布在细胞内,没有像细菌一样的拟核。⑤作为蛋白质合成的"机器",核糖体是在电镜下唯一可见的细胞内结构。⑥已在支原体细胞内发现40多种酶,其中包含有葡萄糖转变为丙酮酸代谢所必需的一整套酶系。可见,支原体的基本结构与机能已简单到极限。

一个细胞生存与增殖必须具备的结构装置与机能是:细胞膜、遗传信息载体DNA与RNA、进行蛋白质合成的一定数量的核糖体以及催化主要酶促反应所需要的酶,这些在支原体细胞内已基本具备。从保证一个细胞生命活动运转所必需的条件看,有人估计完成细胞功能至少需要100种酶,这些分子进行酶促反应所必须占有的空间直径约为50nm,加上核糖体(每个核糖体直径是$10\sim20$nm),细胞膜与核酸等,我们可以推算出来,一个细胞体积的最小极限直径不可能小于100nm,而现在发现的最小支原体细胞的直径已接近这个极限。所以说支原体是最小、最简单的细胞。

## 二、细菌细胞

细菌是自然界分布最广、个体数量最多、与人类关系极为密切的有机体,在大自然物质循环过程中处于极重要的地位。细菌有三种形态:球状或椭圆形的称为球菌,杆状或圆柱形的称为杆菌,螺旋形或弧形的称为螺旋菌。绝大多数细菌的直径为$0.5\sim5.0\mu m$,当然还有极少的巨型细菌。在进化上,细菌又可分为古细菌与真细菌两大类。

细菌细胞没有典型的核结构,但绝大多数细菌有明显的拟核或称类核(nucleoid),主要由一个环状DNA分子盘绕而成,拟核周围是较浓密的胞质物质。除了核糖体外,没有类似真核细胞的细胞器。细菌细胞膜是典型的生物膜结构,但它具有多功能性。

### (一) 细菌的基本结构

### 1. 细胞壁

细胞壁(cell wall)是位于细胞膜外的一层较厚、较坚韧并略具弹性的结构。细胞壁可保护细胞免受机械性或渗透压的破坏,维持细胞的形态,也可作为鞭毛运动的支点。所有细菌的细胞壁都具有的共同成分是肽聚糖,由乙酰氨基葡萄糖、乙酰胞壁酸与四五个氨基酸短肽聚合而成的多层网状大分子结构。革兰氏阳性菌与阴性菌的细胞壁成分与结构差异很明显,也是细菌呈革兰氏阳性反应与阴性反应的重要原因。革兰氏阳性菌细胞壁厚$20\sim80$nm,层次不清楚,壁酸含量高达90%;革兰氏阴性菌细胞壁厚约10nm,层次较分明,壁酸含量仅占5%,但阴性菌细胞壁的其他成分却比阳性菌复杂。青霉素的抑菌作用主要是通过抑制壁酸的合成,从而抑制细胞壁的形成。阳性菌因细胞壁的壁酸含量极高,故对青霉素很敏感;反之,阴性菌由于壁酸含量极少,对青霉素不敏感。

细胞壁对物质的交换起部分调节作用,细胞壁的成分与抗原性、致病性及对病毒的敏感性均有关系。

**2. 细胞膜**

细胞膜又称质膜,是包围细菌原生质的典型生物膜,由磷脂双分子层与蛋白质构成的富有弹性的半透性膜。膜厚 8～10nm,外侧紧贴细胞壁。细胞膜的主要功能是选择性地交换物质,吸收营养物质,排出代谢废物,并且有分泌与运输蛋白质的作用。细菌细胞膜的多功能性是区别于其他细胞膜的一个十分显著的特点,细菌细胞膜含有丰富的酶系,执行许多重要的代谢功能。如细胞膜内侧含有电子传递与氧化磷酸化的酶系,具有执行真核细胞线粒体的部分功能。细胞膜内侧含有一些与核糖体共同执行合成分泌蛋白质功能的酶,细胞膜上还含有细胞色素酶与合成细胞壁成分的酶。细菌细胞膜具有相当于真核细胞内质网、高尔基体和线粒体等细胞器的部分功能。

**3. 细菌细胞的拟核与基因组**

细菌细胞没有核膜,没有核仁,只有由细菌双链环状 DNA 盘绕而成的、位于细胞中央的拟核(核区或类核)。正常情况下,一个细菌细胞内只有一个核区,但在细菌处于生长增殖状态时,由于 DNA 的复制与细胞分裂并不同步,一个细胞内可以同时存在两个以上的 DNA 分子,往往出现几个核区。

细菌 DNA 上没有或只有极少的组蛋白与 DNA 结合,称为细菌基因组。基因组仅有一个复制起点,可以看作是一个复制子;DNA 复制为半保留双向复制;DNA 复制、RNA 转录和蛋白质的翻译可以同时进行,无严格的时间上的阶段性与位置上的区域性。这是细菌乃至整个原核细胞与真核细胞最显著的差异之一。电镜分子形态图可以显示,DNA 分子边复制边转录,转录的 mRNA 在没有脱离 DNA 的状态下,又与核糖体结合翻译肽链。基因的复制与表达在时间与空间上是连续进行的。

在细菌细胞内除上述的核区 DNA 外,还有存在于细菌细胞质中可进行自主复制的遗传因子,称为质粒(plasmid)。质粒是裸露的环状 DNA 分子,所含遗传信息量为 2～200 个基因,能进行自我复制,但它们的复制能力或多或少依赖于宿主细胞的机能,有时质粒能整合到核 DNA 中去。质粒并不是细菌生长所必需的,但其所携带的基因赋予细菌细胞抵御外界环境因素不利影响的能力。细菌可以失去质粒 DNA 而无妨于正常代谢活动。

**4. 细胞质及其内含物**

细胞质是细胞膜以内拟核以外的物质,它是无色透明、黏稠的胶状物质,主要成分为水、蛋白质、核酸、脂质、少量的糖类和无机盐等。细胞质中除了核糖体这种细胞器外,还含有一些颗粒状内含物:异染颗粒、聚 $\beta$-羟基丁酸颗粒、肝糖原和淀粉粒、硫滴、脂肪滴等。

**5. 细菌细胞的核糖体**

每个细菌细胞含 5000～50 000 个核糖体,部分附着在细胞膜内侧,大部分游离于细胞质中。核糖体是蛋白质合成的场所,其数量与蛋白质合成直接相关,往往随菌体生长速率而变,细菌分裂旺盛时,如在指数生长期,核糖体数量激增,总重量可达细胞干重的百分之几十,而细菌处于极度"饥饿"状态时,每个细胞内核糖体的数量可减少到几百个。细菌核糖体的沉降系数为 70S,由大亚单位(50S)与小亚单位(30S)组成,大亚单位含有 23S rRNA,5S rRNA 与 30 多种蛋白质,小亚单位含有 16S rRNA 与 20 多种蛋白质。大小亚基与 mRNA 结合共同完成蛋白质的生物合成。

（二）细菌细胞的特化结构

**1. 中膜体**

中膜体（mesosome）又称间体或质膜体，由细胞膜内陷形成，每个细胞内有一个或数个中膜体，其形状差异较大，在革兰氏阳性菌中更明显，中膜体与 DNA 有联系，推测中膜体可能起 DNA 复制的支点作用。细胞分裂时，先形成两个中膜体，然后随核物质再一分为二。

**2. 荚膜**

荚膜是某些细菌表面的特殊结构，是细菌分泌到细胞壁表面的一层松散透明、黏度极大、黏液状或胶质状的物质。荚膜的成分因不同菌种而异，主要是由葡萄糖与葡萄糖醛酸组成的聚合物，也有的含多肽、蛋白质、脂质以及由它们组成的复合物。含有荚膜的菌，在固体培养基上形成光滑型菌落。荚膜对维持细胞的主要生命活动似无直接作用，失去荚膜的变异株仍然可以正常生长；但荚膜可作为细菌细胞外碳源和能源性贮藏物质，在营养缺乏时能被细菌所利用，还能保护细胞免受干燥的影响，保护病原菌免受细胞的吞噬。

**3. 鞭毛**

鞭毛是某些细菌表面着生从胞内伸出的细长、波浪形弯曲的丝状物，是细菌的运动器官，鞭毛的结构与真核生物的鞭毛完全不一样，结构十分简单，是由一种鞭毛蛋白（flagellin）和少量的糖类、脂类等物质构成。

**4. 细菌芽孢**

某些细菌处于不利的环境，或耗尽营养时，就容易在细胞内形成圆形、椭圆形或圆柱形的结构，称为芽孢，是对不良环境有强抵抗力的休眠体。因为细菌芽孢的形成都是在细胞内，所以又称为内生孢子。细菌细胞内的重要物质，特别是 DNA，积聚在细胞的一端，形成一种含水量较丰富的致密体，外被很厚而致密的壁。芽孢折光性很强，不易染色，但通过特殊的染色方法，可以看到一个成熟的芽孢具有核心、皮层、芽孢衣和孢外壁等多层结构。芽孢具有很强的抗热、抗干燥、抗辐射、抗化学药物和抗静水压的能力，可以在杀死普通细菌或营养型细菌的条件下依然存活。

（三）细菌细胞的增殖方式

细菌的增殖方式极为简单，先是核区 DNA 与中膜体接触，环状 DNA 以膜为支点，按双向复制方式复制为两个 DNA 子环，此时中膜体一分为二，遗传物质随之均匀地一分为二，形成两个核区，细胞膜在两个核区之间凹陷、延伸，将两个子细胞分隔开，最后形成新的细胞壁。这种分裂虽称直接分裂，但很多特征是细菌细胞所特有。

## 三、古核细胞（古细菌）

古核细胞或称古细菌（archaebacteria），是一些生长在极端特殊环境中的细菌。最早发现的是产甲烷细菌（methane-producing bacteria），后来陆续又发现盐细菌（halobacteria,生长在浓度大的盐水中)、热原质体(thermoplasma,生长在煤堆中)、硫氧化菌(sul-folobus,生长在硫磺温泉中)。现在已发现 100 多种古细菌,并将它们分类为目、科、属、种。过去把它们归属为原核生物是因为其形态结构、DNA 结构及其基本生命活动方式与原核细胞相似。但对产甲烷细菌的 16S rRNA 核苷酸序列的同源性测定分析,它与其他原核细胞相差甚远;而其 16S rRNA 序列分析和其他一些分子生物学特征却与真核细胞更为近似。它们的生活环境使人们设想其可能在细胞起源与进化中扮演过重要角色,因此古核生物引起了越来越多学者的重视。现在已有更多的论据说明真核生物可能起源于古核生物。

下面列举一些古核细胞与真核细胞相似性的特征,说明古细菌可能是真核细胞的祖先,或者可以说明古核细胞与真核细胞曾在进化上有过共同历程。

**1. 细胞壁的成分**

古细菌的细胞壁成分完全不含有壁酸和肽聚糖,因此抑制壁酸合成的链霉素,抑制肽聚糖前体合成的环丝氨酸,抑制肽聚糖合成的青霉素与万古霉素等对真细菌类有强的抑制生长作用,而对古细菌与真核细胞却无作用。

**2. DNA 与基因结构**

真细菌类的细胞 DNA 不含重复序列和内含子,古核细胞 DNA 中有与真核细胞的 DNA 一样的重复序列的存在,多数古核细胞的基因组中有像真核细胞一样的内含子。

**3. 核小体结构**

古核细胞具有组蛋白,而且能与 DNA 构建成类似核小体的结构,但与真核细胞典型核小体有差异。

**4. 核糖体**

真核细胞的核糖体为 80S,含有 70~84 种蛋白;大部分真细菌的核糖体为 70S,含有 55 种蛋白;而多数古细菌类的核糖体较真细菌有增大趋势,含有 60 种以上蛋白,介于真核细胞与真细菌之间。我们知道,一系列抗生素的抑制作用主要是通过它们与细菌核糖体的大或小亚单位的结合,从而抑制蛋白质合成的某些环节,达到抑制蛋白质的合成,最终达到抑制细菌的作用。抗生素的这种作用机理不仅对细菌有效,对所有真细菌的原核细胞都有同样效应。然而这些抗生素都不能与真核细胞 80S 核糖体结合而起到对真核细胞蛋白质合成的抑制作用。令人惊异的是,以上这些抗生素同样不能抑制古核细胞类的核糖体的蛋白质合成。综上所述,古核细胞的核糖体显然与真细菌的差异很大,从对抗生素的反应看,应更类似真核细胞的核糖体。

**5. 5S rRNA**

近年来,根据对 5S rRNA 序列的分析,在鉴定物种进化亲缘关系方面做了很多可贵的工作。因为古核细胞、真细菌与真核细胞都有 5S rRNA,它们仅含约 120 个核苷酸。Willekens 等(1986)根据对 5S rRNA 的分子进化分析,认为古细菌与真核生物同属一类,而真细菌却与之差距甚远。5S rRNA 二级结构的研究也说明很多古细菌与真核生物相似。

除上述各点外,根据 DNA 聚合酶分析,氨基酰 tRNA 合成酶的作用分析,起始氨基酰 tRNA 与肽链延长因子等分析,也提供了以上类似依据,说明古细菌与真核生物在进化上的关系较真细菌类更为密切。因此近年来,真核细胞起源于古核细胞的观点得到了加强。

真核细胞究竟起源于哪一类古细菌,现在有两种推测:一种推测认为起源于一种依赖于硫的嗜高温古核细胞;另一种推测认为起源于与热原质体相似的古核细胞。这些只是根据某些更相似的特征而推论,还缺少更多的具有说服力的科学论据。

# 第四节 真 核 细 胞

原始真核细胞在 12 亿～16 亿年前在地球上出现。近年来研究表明,真核细胞的起源和古核细胞的关系更密切。现存的真核细胞种类繁多,有些真核细胞极为原始,如涡鞭毛虫(甲藻)等,还保存着原核细胞与真核细胞的一些交叉特征。真核细胞既包括大量的单细胞生物或原生生物(如原生动物与一些单细胞藻类),又包括全部多细胞生物(一切动植物)的细胞。凡是真核细胞构成的有机体统称为真核生物。本节仅就真核细胞的最基本知识作概要介绍。

## 一、真核细胞的基本结构体系

在亚显微结构水平上,真核细胞可以划分为三大基本结构体系:①以脂质及蛋白质成分为基础的生物膜结构系统;②以核酸(DNA 或 RNA)与蛋白质为主要成分的遗传信息表达系统;③由特异蛋白分子装配构成的细胞骨架系统。这些由生物大分子构成的基本结构体系,均为 5～20nm。这三种基本结构体系构成了细胞内部结构精密、分工明确、职能专一的各种细胞器,并以此为基础而保证了细胞生命活动具有高度程序化与高度自控性。

### (一)生物膜系统

真核细胞在进化过程中,细胞体积不断增大,因而,出现了细胞内部结构的分化,最主要的特征是以质膜为基础的既独立又相互联系的膜结构体系。这些结构及细胞器包括细胞质膜、核膜、内质网、高尔基体、溶酶体、线粒体和叶绿体等,保证各种物质代谢过程互不干扰、有序进行,各区域分工明确精细。

这些生物膜都是由磷脂双分子层和蛋白质构成,厚度基本为 8～10nm。构成各种细胞结构和细胞器的膜的功能有一定的共同性,即保证物质的交换与跨膜运输,信息与能量的传递和化学反应的进行。生物膜为生命的化学反应提供了表面,绝大多数酶定位在膜上,许多生化反应在膜的表面高效而有序地进行。

### (二)遗传信息表达结构系统

遗传信息表达体系包括细胞核和核糖体。即由 DNA-蛋白质与 RNA-蛋白质复合体形成的遗传信息载体与表达系统,一般是以颗粒状与纤维状的基础结构,构建成执行细胞的遗传信息储存与复制、核酸转录与蛋白质翻译的体系。

染色质由 DNA 与蛋白质构成,DNA 复制与 RNA 转录都在染色质上进行。首先由

DNA 与组蛋白构成了染色质与染色体的基本结构单位——核小体（nucleosome），它们的直径为 10nm，然后由核小体盘绕、折叠成螺旋化程度不同的异染色质与常染色质，在细胞分裂阶段又进一步包装而形成染色体。

核仁主要是由 DNA-蛋白质与 RNA-蛋白质组成，其主要功能是 rRNA 的转录与核糖体亚单位的装配。核仁分为丝状区与颗粒区两部分，丝状区包含大量直径为 5～10nm 的纤维。纤维主要是 RNA-蛋白质丝，其中也含有 DNA-蛋白质丝（称为核仁染色质——纤维中心）。核仁 DNA 主要为 rDNA，是转录 rRNA 的模板；核仁颗粒区是由大量直径为 15～22nm 的颗粒组成，实际上是正在装配的、成熟程度不同的核糖体亚单位，由 rRNA 与蛋白质组成。

核糖体是由 rRNA 与数十种蛋白质构成的颗粒结构，其沉降系数为 80S，直径为 15～25nm，是合成蛋白质的细胞器，其功能是将核酸分子中的核苷酸语言翻译为蛋白质分子中的氨基酸语言，即氨基酸根据 mRNA 的指令按一定序列合成肽链。

（三）细胞骨架系统

细胞的骨架系统是由一系列特异的结构蛋白装配而成的网架系统，细胞骨架对细胞形态维持与内部结构的合理排布起支架作用，细胞内大分子的运输，细胞的运动与细胞器的位移，细胞信息的传递、基因表达、蛋白合成，细胞的分裂与分化等重要的生命活动都与细胞骨架关系密切。细胞骨架体系在细胞结构与生命活动中具有全方位的意义。

细胞骨架可分为胞质骨架与核骨架，实际上它们又是相互联系的。胞质骨架主要是由微丝、微管与中间丝等构成的网络体系。微丝的主要成分是肌动蛋白，故又称肌动蛋白丝，直径 5～7nm，它的主要功能可能是信号传递与运动。微管的主要成分是微管蛋白与一些微管结合蛋白，直径为 24nm，其主要功能是对细胞结构起支架作用，对大分子与颗粒结构起运输作用。中间丝成分比较复杂，可分为多种类型，其蛋白成分的表达与细胞分化关系极为密切。中间丝的直径为 10nm，目前对中间丝的功能还知之甚少，表现在为细胞提供机械强度支持，参与细胞连接，并与细胞核膜的稳定性以及细胞核的定位有关。核骨架的研究在近十多年才有较快的发展，广义的核骨架应包括核纤层（nuclear lamina）与核基质（nuclear matrix）两个部分。核纤层的成分是核纤层蛋白（lamin），核基质的蛋白成分则颇为复杂。现已发现，核骨架与基因表达、染色质构建与排布有关系。

上述三种基本结构体系的有机组合，构成了生命活动的基本单位的一种类型——真核细胞。这三种结构体系协同作用共同完成真核细胞的生命活动。

二、植物细胞与动物细胞的比较

构成动物与植物机体的细胞均有基本相同的结构体系与功能体系。很多重要的细胞器与细胞结构，如细胞膜、核膜、染色质、核仁、线粒体、高尔基体、内质网与核糖体、微管与微丝等，在不同细胞中不仅其形态结构与成分相同，功能也一样。近年在植物细胞内也发现了类似动物细胞的中间丝与溶酶体的结构，植物细胞的圆球体与糊粉粒具有类似溶酶体的功能（图 2-1，图 2-2）。

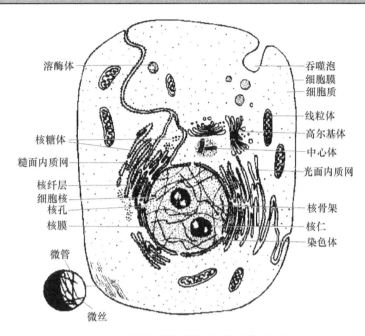

图 2-1 动物细胞模式图(翟中和等,2007)

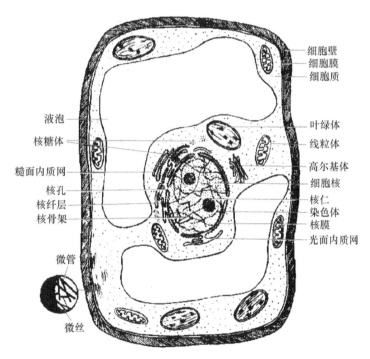

图 2-2 植物细胞模式图(翟中和等,2007)

植物细胞却有一些动物细胞所没有的特有的细胞结构与细胞器,如细胞壁、液泡与叶绿体及其他质体。植物细胞在有丝分裂以后,普遍有一个体积增大与成熟的过程,这一点比动物细胞表现明显。在这一过程中,细胞的结构要经历一个发育的阶段,如细胞壁的初生壁与次生壁的形成,液泡的形成与增大,有色体的发育等。也有一些动物细胞的结构,如中心体,是植物细胞内不常见到的。现将植物细胞所特有的结构或细胞器简要介绍如下。

**1. 细胞壁**

细胞壁是由植物细胞分泌到细胞外的多糖类物质构成的大分子复合物,其主要成分是纤维素,还有果胶质、半纤维素与木质素等。植物细胞壁除了给整个植物提供机械强度之外,也保护细胞免遭渗透及机械损伤,还可以保护植物免受微生物,特别是真菌和细菌的侵染。近年的研究还发现细胞壁是一个动态的结构,能够进行多种活动。如与细胞壁有关的酶能够将细胞外的营养物质转变成能够通过细胞膜进入细胞的小分子化合物。细胞壁也可以作为物质通透的屏障,在细胞的代谢和分泌过程中起作用。

**2. 液泡**

液泡是植物细胞的代谢库,起调节细胞内环境的作用。它是由磷脂双分子层和蛋白质构成的膜包围的封闭系统,内部是水溶液,溶有无机盐、糖与色素等物质,溶液的浓度可以达到很高的程度。液泡随着细胞的生长,可由小液泡合并与增大而成为大液泡。液泡的另一功能可能作为渗透压计,使细胞保持膨胀状态。

**3. 叶绿体**

叶绿体是植物叶肉细胞或绿色组织细胞内最重要、最普遍的质体,它是进行光合作用的细胞器。它将水和 $CO_2$ 合成糖类等有机物,并利用其光合色素吸收光能、传递光能,并将光能转变为化学能储存在有机物中。叶绿体是世界上成本最低、创造物质财富最多的"生物工厂"。

### 三、原核细胞与真核细胞的比较

原核细胞与真核细胞的基本结构与功能、遗传装置与基因表达方式等方面均存在差异(表 2-2)。我们应更多地从它们的内在联系,用进化的观点与动态的观点去分析它们的差异。以生物膜系统的分化与演变为基础,首先将细胞分化为核与质两个部分,双层核膜将遗传物质及其复制与转录过程局限在一个独立区域与微环境中,而蛋白质合成,能量代谢与供应,以及其他一系列代谢过程均在细胞质内进行。细胞质又进一步分化出结构与功能更专一的各种细胞器。建立在细胞内膜系统分化基础上的内部结构与功能的区域化与专一化,是细胞进化过程中的一次重大飞跃,导致了遗传装置的扩增与基因表达方式的相应变化。随着细胞体积的增大与细胞内部结构的复杂化,细胞内部要有空间上的合理布局,必然需要有一个精密的支架。细胞骨架可能主要担任了这个角色,这些支架网络保证了细胞形态结构的合理排布与执行功能的有序性。

表 2-2 原核细胞与真核细胞的比较

| 比较项目 | | 原核细胞 | 真核细胞 |
|---|---|---|---|
| 细胞直径大小 | | $1\sim10\mu m$ | $10\sim100\mu m$ |
| 遗传装置与基因表达方式 | 核结构 | 散状分布或相对集中分布形成核区或拟核,无核膜,无核仁等结构 | 有核膜从而形成明显的细胞核,有核仁 |
| | DNA组织方式 | DNA分子仅一条,呈裸露环状DNA分子,不或与少量蛋白质结合 | 线性DNA分子,与蛋白质结合构成核小体,进一步压缩成染色质或染色体,染色体多倍性 |
| | 基因组特点 | 基因数量少,无内含子和重复序列,有基因重叠现象 | 基因数量多,有大量的内含子和重复序列,无基因重叠现象 |
| | "核"外遗传物质 | 细菌质粒DNA | 有质粒DNA,线粒体DNA,叶绿体DNA等 |
| | 基因表达调控 | 主要以操纵子的方式 | 多层次,较复杂 |
| | 转录与翻译 | 转录与翻译相偶联,可同时进行,无严格的时空界限 | 核内转录,细胞质中翻译,具有时间上的阶段性和空间上的区域性 |
| | 转录与翻译后的加工修饰 | 无 | 有复杂的加工与修饰 |
| | 复制、分裂与细胞周期 | 二分裂,无明显的细胞周期 | 有丝分裂、减数分裂有严格的细胞周期 |
| 生物膜系统及特化结构、细胞器 | 细胞膜功能 | 多功能性 | 主要负责物质交换与信息传递 |
| | 线粒体、内质网、高尔基体、溶酶体 | 无 | 有 |
| | 核糖体 | 70S(50S+30S),大亚基含23S、5S rRNA,小亚基含16S rRNA | 80S(60S+40S),大亚基含28S、5.8S,5S rRNA,小亚基含18S rRNA |
| 其他 | 细胞骨架体系 | 无 | 由微管、微丝、中间丝等构成的复杂的细胞骨架 |
| | 细胞壁 | 主要成分是肽聚糖 | 动物细胞无细胞壁,植物细胞壁的主要成分是纤维素与果胶 |
| | 光合作用 | 蓝藻含有叶绿素a的膜片层结构,细菌具有菌色素 | 植物叶绿体具有叶绿素a与b、叶黄素、胡萝卜素等光合色素 |
| | 鞭毛成分 | 鞭毛蛋白 | 微管蛋白与微管结合蛋白 |
| | 组成生物有机体的细胞数量 | 几乎所有的原核生物都是由一个细胞组成 | 真核生物有单细胞也有多细胞生物 |
| | 自然界存在的个体数量 | 多 | 相对较少 |

   遗传装置与基因表达的复杂化与多层次化是真核细胞不同于原核细胞的重大标志之一。双层核膜的出现为遗传物质结构的演化提供了一个良好的微环境,使大大扩增了的遗传信息与高度复杂的遗传装置相对地独立起来,使基因表达的程序具有严格的阶段性与区域性。作为遗传信息载体的DNA也发生了结构与数量的相应变化,由原核细胞的单倍性变为多倍性。基因数量由几千发展到几万甚至更多,DNA由游离的裸露的环状分

子转变为线状。线状 DNA 分子能与多种组蛋白结合,形成直径 10nm 的核小体结构,以核小体为基本结构单位螺旋盘绕形成高度复杂的染色质与染色体。以上这些结构变化对遗传信息的稳定传递可能有很大益处。真核细胞充分的遗传物质使它有足够的余地来形成各种特殊的基因结构,如内含子、重复序列、"无用"序列与假基因等,这些因素都促成了真核细胞能完成转录前水平、转录水平、转录后水平以及翻译水平,翻译后水平等多种层次的调控。

与真核细胞相比较,原核细胞基因表达的调控则较简单,主要以操纵子模型进行基因表达调控,认为原核细胞是由几个功能上相关的结构基因与操纵基因(operator)、启动基因(promotor)等构成一个操纵子,共同控制基因的表达,没有真核细胞那样复杂的调控层次。原核细胞的这种简单的调控方式能适应多种不利环境,进行快速调节。而真核细胞基因表达调节的复杂性与多层次性可能对遗传信息传递的严格性、修补能力与无误性更有利,从而保证了遗传信息传递的准确性和稳定性。

由于真核细胞遗传结构装置的复杂性、基因组的多倍性、染色体与染色质高级结构交替存在的形式、基因表达时空关系的严格性与区域性、基因表达调节的多层次性等,使遗传物质的准确复制与均等无误地分配给子细胞增加了"难度"。加之真核细胞内部结构的庞大与复杂性,真核细胞的增殖方式变得比原核细胞繁杂与严格。真核细胞的增殖过程出现明显的周期性,并出现有丝分裂器(mitotic apparatus),使染色体能均等分配给子细胞。原核细胞的增殖也遵循遗传物质均等分配给子细胞的基本规律,但是没有明显的周期性,既没有真核细胞增殖过程的严格阶段,也不出现上述形态与结构上截然的界限,没有染色质与染色体结构的交替,更无有丝分裂器——纺锤体的出现,所以将原核细胞的分裂称为二分裂或直接分裂。

# 第五节 非细胞形态的生命有机体——病毒

病毒是 19 世纪末通过对疾病的研究发现的非细胞形态的生命体,是迄今发现的最小、最简单的有机体。在光学显微镜下无法观察得到,在电子显微镜下可观察到病毒颗粒的大小为 10～100nm。所有的病毒都没有细胞结构,不能进行独立的代谢活动,是彻底的活细胞寄生,必须要在细胞内才能表现出它们的基本生命活动。病毒与细胞在进化上的关系目前也是一个未解决的重要课题,因此病毒的知识对我们学习细胞生物学是重要的,有助于加深我们对生命与细胞概念的理解与认识。

## 一、病毒的基本知识

病毒(virus)主要是由一个核酸分子(DNA 或 RNA)与蛋白质构成的核酸-蛋白质复合体,没有细胞结构,专性活细胞寄生的生命有机体。单独存在时不表现任何的生命现象,只有寄生到活细胞中才具有生命特征。有类似病毒的更简单的生命体,仅由一个有感染性的 RNA 构成,称为类病毒(viroid)。仅由有感染性的蛋白质分子构成的生命体称为朊病毒(prion virus)。病毒虽然具备了生命活动的最基本特征(复制与遗传),但不具备细胞的形态结构,是不"完全"的生命体。病毒自身没有独立的代谢与能量转化系统,必须利用宿主细胞的结构、"原料"、能量与酶系统进行增殖,因此,病毒是彻底的寄生物。它们的主要生命活动必须在细胞内才能完成,在宿主细胞内复制增殖。病毒的增殖过程,主要是以病毒的核酸为模板进行复制、转录,并翻译成病毒的蛋白质,由这些物质装配成新的子代病毒。因此,一般把病毒的增殖称为复制。

病毒可依据其宿主的不同,分为动物病毒、植物病毒和细菌病毒(噬菌体)。还可依据其核酸类型、形态大小、有无包膜以及理化性质等特征进行分类。根据核酸类型的不同,所有病毒可以分为两大类:DNA 病毒与 RNA 病毒。DNA 病毒所含的 DNA 分子又有双链 DNA 与单链 DNA 的区别,而 RNA 病毒所含的 RNA 分子也有单链 RNA 与双链 RNA 的区别。核酸在整个病毒成分中所占比例虽小,但不论是 DNA 还是 RNA,都是遗传信息的唯一载体。因此,在功能上核酸是病毒最重要的组分。

蛋白质在病毒中所占比例很大,它们主要构成病毒的壳体(又称衣壳,capsid),少数病毒还带有酶蛋白与糖蛋白。壳体与核酸构成病毒的核壳(又称核衣壳,nucleocapsid),病毒的壳体有保护核酸的作用,而病毒的主要抗原性也是由壳体蛋白所决定的。壳体又由更小的形态单位(子粒)所构成。有些病毒在核壳之外,还有包膜(又称囊膜,amicula),其主要成分为脂质与蛋白质。在包膜表面具有包膜小体,主要成分为糖蛋白类,有"识别"的功能,并具有一定的抗原性。

病毒的形态多样,有球状病毒、杆状病毒、砖型病毒和蝌蚪状病毒等。动物病毒的形态主要可分为立体对称型与螺旋对称型。立体对称型病毒的壳体呈正二十面体,每一个面又呈正三角形,核酸折叠在壳体内。立体对称型的病毒有的有包膜,如疱疹病毒、披盖病毒等;有的无包膜,称为裸露病毒,如腺病毒、呼肠孤病毒、小 DNA 病毒与小 RNA 病毒等。螺旋对称型病毒的核酸不是简单地填充在壳体内,而是核酸与壳体的子粒按特殊的结构方式结合在一起形成核壳,如烟草花叶病毒。大部分螺旋对称型的病毒均有包膜与包膜小体。黏病毒、副黏病毒、弹状病毒与白血病病毒等均为螺旋对称型病毒。

人类和动物的许多疾病都是由病毒引起的。DNA 病毒中痘病毒科(*Poxviridae*)的天花病毒曾经给人类带来过极大的灾难;1917～1918 年的西班牙流感是由正黏病毒科(*Orthomyxoviridae*)中的流感病毒引起,近年来流行的 H5N1 型禽流感,其病原体也属于这一科,它们的核酸以 8 段负链 RNA 的形式存在;2003 年爆发于我国的 SARS,是由冠状病毒科(*Coronaviridae*)的一个成员引起,它是正链 RNA 病毒;引起世纪瘟疫艾滋病(AIDS)的 HIV,属于反转录病毒科(*Retroviridae*)。

## 二、与人类健康密切相关的几种病毒

### (一)人类免疫缺陷病毒——HIV

人类免疫缺陷病毒,又称艾滋病病毒,诱发人类免疫缺陷综合征。该病毒在分类上属于反转录病毒科慢病毒属中的灵长类免疫缺陷病毒亚属。已发现的人类免疫缺陷病毒主要有两种,即 HIV-Ⅰ 和 HIV-Ⅱ。HIV-Ⅰ 是从欧洲和美洲分离的毒株,其致病能力很强,是引起全球艾滋病流行的主要病原。HIV-Ⅱ 毒力较弱,引起艾滋病的病程较长,症状较

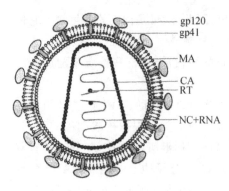

图 2-3　HIV-I 病毒粒子结构
模型(朱玉贤等, 2007)

轻,主要局限于西部非洲。有关艾滋病的研究主要是针对 HIV-I 的。

艾滋病病毒粒子是一种直径约为 100nm 的球状病毒,粒子外包被着由脂质组成的脂膜,这种结合有许多糖蛋白分子(主要是 sp41 和 gp120)的脂质源于宿主细胞的外膜。蛋白质 p24 和 p18 组成其核心,内有基因组 RNA 链,链上附着有反转录酶,其功能是催化病毒 RNA 的反转录(图 2-3)。

HIV 依靠血液、血液制品以及人体分泌液,如乳汁和精液等进行传播,它主要感染 T4-淋巴细胞,也可以感染其他类型如 B-淋巴细胞和单形核细胞等。HIV 感染后可引起明显病变,形成多核巨细胞,并导致细胞死亡。HIV 可以通过所感染细胞扩散到全身,已在淋巴细胞、脑、胸腺、脾等组织发现了该病毒。不同毒株在试管内感染细胞的能力差异很大,说明自然界广泛存在着突变株。迄今为止,尚缺乏感染艾滋病的动物模型。猩猩感染 HIV 后,会产生抗体和暂时性 T 细胞比例失调,但并不发展成艾滋病病症。

## (二) 乙型肝炎病毒——HBV

病毒性肝炎是严重威胁人类健康的世界性传染病,引起肝炎的病毒称为肝炎病毒(hepatitis virus)。目前已经知道的至少有甲肝病毒(HAV)、乙肝病毒(HBV)、丙肝病毒(HCV)、丁肝病毒(HDV)和戊肝病毒(HEV)这 5 种病毒。这些病毒在基因组结构、传播途径、临床症状和分类地位上很不相同。乙肝病毒属于嗜肝病毒科。1986 年,国际病毒命名委员会正式将乙肝病毒定为嗜肝 DNA 病毒科成员,1990 年又将该科病毒分为正嗜肝病毒属和禽嗜肝病毒属,乙肝病毒是正嗜肝病毒属成员。

HBV 完整粒子的直径为 42nm,称为 Dane 颗粒,由外膜和核壳组成,有很强的传染性。其外膜由病毒的表面抗原、多糖和脂质构成;核壳直径 27nm,由病毒的核心抗原组成,并含有病毒的基因组 DNA、反转录酶和 DNA 结合蛋白等。在慢性乙肝患者的血清中还有直径为 22nm,长度不等的球状或棒状颗粒,它们只含表面抗原和脂质,不具有基因组 DNA,无侵染性。

## (三) 严重急性呼吸系统综合征——SARS-CoV

严重急性呼吸系统综合征(severe acute respiratory syndrome,SARS)已经证明是由 SARS 冠状病毒引起(SARS-CoV)。SARS-CoV 属冠状病毒科冠状病毒属,一般呈多形态,病毒颗粒直径为 80～160nm,有囊膜,囊膜表面嵌有 12～24nm 的球形梨状或花瓣状纤突,纤突之间有间隙。由于囊膜上的纤突规则排列呈皇冠状,故称为冠状病毒。

M 蛋白(membrane protein),是糖蛋白,横穿包膜,其 N 端的丝氨酸或苏氨酸残基上可以产生糖基化。M 蛋白的作用是出芽和病毒包膜的形成。

S 蛋白(spike protein),构成长的杆状包膜突起。S 蛋白突起具有多方面的功能,它负责结合敏感细胞受体,诱导病毒包膜和细胞膜以及细胞之间的膜融合,作为主要抗原刺激机体产生中和抗体和介导细胞免疫反应。

E蛋白属包膜蛋白,是一种小的与包膜形成相关的蛋白。

核衣壳蛋白N是一种碱性磷蛋白,具有3个结构域,其中央区同基因组RNA结合,形成卷曲的核衣壳螺旋。N蛋白有两个方面的功能:一方面与病毒RNA复制有关,另一方面通过与M糖蛋白C端相互作用,可引起病毒出芽。

HE蛋白即血凝素-酯酶(hemagglutinin-esterase,HE),HE蛋白构成包膜的短突起。现在认为HE可能与冠状病毒早期吸附有关。

冠状病毒基因组为(＋)ssRNA,长27～31kb,其基因组5′端有帽子结构,3′端有poly(A)尾,紧接帽子结构之后是60～80个碱基的先导RNA序列和200～500个碱基的非编码区。

SARS病毒是一种新型的冠状病毒,目前已发现有十几个变种。病毒感染后潜伏期2～7天。患者通常有高于38℃的发热,并会伴有寒战,或者其他如头痛、倦怠和肌痛。潜伏期后进入下呼吸道期,患者伴有包括发热、干咳无痰、呼吸困难,甚至低氧血症(呼吸困难、发绀、缺氧早期心动过速、血压升高、严重时出现心动过缓、血压下降,甚至休克)等综合征,严重患者通常都需要气管插管或者呼吸机维持。

### 三、病毒在细胞内增殖(复制)

病毒的增殖又称病毒的复制。病毒的增殖(复制)必须在细胞内进行。病毒在宿主细胞内分别复制病毒核酸与翻译病毒蛋白质,然后将核酸与蛋白质组装成病毒的基本结构(图2-4)。

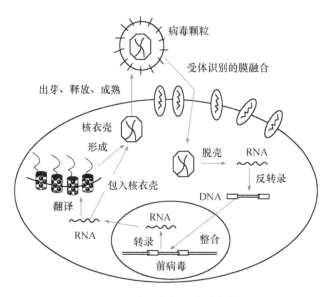

图 2-4　病毒在细胞内的复制

病毒在宿主细胞内的增殖(复制)是病毒生命活动与遗传性的具体表现。病毒的增殖过程首先是病毒侵入细胞,病毒核酸"篡夺"细胞 DNA 对代谢过程的"指导"地位,利用宿主细胞的全套代谢机构,以病毒核酸为模板,进行病毒核酸的复制与转录,并翻译病毒蛋白质,然后组装成新一代的病毒颗粒,最后从细胞中释放出来,再感染别的细胞,开始下一轮的复制。凡结构组装完整的,并具有感染性的病毒才称为病毒颗粒或成熟病毒(virion)。

病毒的增殖过程简要叙述如下:

**1. 病毒的吸附**

病毒能否侵染细胞,首先取决于病毒表面的识别结构与敏感细胞表面的受体能否互补结合,即能否发生特异性的吸附。受体是宿主细胞膜或细胞壁的正常成分,它使病毒的侵染具有特异性。

**2. 病毒的侵入**

不同的病毒侵入寄主细胞的方式不同,多数动物病毒进入细胞的主要方式是细胞以"主动吞饮"作用使病毒进入细胞。但有些有包膜的病毒,以其包膜与细胞质膜融合的方式进入细胞。噬菌体侵染细胞时,仅将核酸注入细胞,壳体留在细胞外。植物病毒往往通过伤口或昆虫的口器进入细胞。病毒进入细胞后,在细胞的蛋白水解酶的作用下,壳体被裂解,释放出核酸。RNA 病毒的核酸在细胞质内复制与转录,多数 DNA 病毒的核酸转移进入细胞核内进行复制与转录。

**3. 复制病毒核酸、翻译蛋白质**

不同病毒核酸类型及表达方式不同(表 2-3)。最富代表性的双链 DNA 病毒、单链 RNA 病毒与单链 RNA 反转录病毒的复制与翻译过程如下:

表 2-3 病毒的核酸种类及表达

| 核酸复制类型 | 病毒表达方式 | 病毒的科 |
|---|---|---|
| 双链 DNA | ±DNA→+mRNA→蛋白质 | 疱疹病毒、腺病毒、多瘤病毒、痘病毒、虹病毒 |
| 单链 DNA | +DNA→±DNA→+RNA→蛋白质 | 细小 DNA 病毒 |
| 双链 RNA | ±RNA→+mRNA→蛋白质 | 呼肠孤病毒 |
| 侵染性单链 RNA | +RNA→−RNA→+RNA→蛋白质 | 小 RNA 病毒 |
| 非侵染性单链 RNA | −RNA→+RNA→+蛋白质 | 黏液病毒、副黏液病毒、弹状病毒等 |
| 反转录病毒单链 RNA | +RNA→DNA→±DNA→+mRNA→蛋白质 | 反转录病毒 |

(1)当 DNA 病毒进入细胞后,在宿主细胞蛋白水解酶的作用下,蛋白质壳体裂解,释放出 DNA,被释放的 DNA 分子进入细胞核。在病毒 DNA 的指导下,利用宿主细胞的代谢系统首先翻译"早期蛋白"。早期蛋白的主要功能之一是抑制宿主细胞本身核酸的复制与转录,以及蛋白质的合成。另一种"早期蛋白"可能是病毒特异性的聚合酶,在这些酶的催化作用下,以病毒 DNA 为模板复制新的 DNA,并转录带有病毒遗传信息的 mRNA,mRNA 与宿主细胞的核糖体相结合,按病毒的遗传信息,翻译病毒的结构蛋白,这样就为子代病毒的组装准备了物质基础。

(2)RNA 病毒颗粒进入宿主细胞后,在蛋白酶的作用下,壳体裂解,释放出 RNA。对于侵染性单链 RNA(又称＋RNA)病毒,病毒 RNA 分子本身首先可以作为模板,利用宿主细胞的代谢系统,翻译出"早期蛋白"。对于非侵染性单链 RNA(又称—RNA)病毒,首先必须以病毒 RNA 为模板,利用病毒本身携带的 RNA 聚合酶合成早期蛋白的 mRNA,翻译早期蛋白。带有病毒遗传信息的 mRNA 与宿主细胞的核糖体相结合,翻译病毒的结构蛋白。新复制的 RNA 与翻译的病毒蛋白组装成子代病毒颗粒。以上过程一般都是在细胞质内进行的。

(3) 反转录病毒的复制过程与 DNA 病毒和 RNA 病毒根本不同。当病毒进入细胞,壳体裂解与释放 RNA 后,首先以病毒 RNA 分子为模板,在自身所携带反转录酶的催化作用下,反转录出病毒的 DNA 分子,这种病毒 DNA 能与宿主细胞染色体的 DNA 链整合,又以整合在细胞 DNA 上的病毒 DNA 为模板,转录新的病毒 RNA 与病毒 mRNA,后者与核糖体结合,翻译出各种病毒蛋白,其中包括病毒的结构蛋白与导致宿主细胞转型的蛋白。其结果或是组装成新的子代病毒,宿主细胞裂解;或是导致细胞发生转型,转化为肿瘤细胞。

**4. 病毒的组装与成熟**

病毒的核酸与蛋白质在宿主细胞内分别合成,两者组装成核壳,形成成熟的病毒颗粒。

**5. 病毒粒子的释放**

不同的病毒粒子离开宿主细胞的方式不同。有包膜的病毒,当其核酸与壳体蛋白组装成核壳后,以出芽的方式离开宿主细胞,这样在核壳外包上一层细胞质膜而成为病毒的包膜,包膜实际上是特化的细胞质膜。

许多无包膜的病毒如腺病毒、小 RNA 病毒、小 DNA 病毒等,释放的速度很快,当病毒释放时,引起细胞崩解。

从病毒侵入细胞到子代病毒的成熟释放称为一个增殖周期(或复制周期),对不同的病毒,其增殖周期长短不一。小 RNA 病毒仅需 2h 多,疱疹病毒需 10~15h,腺病毒需 14~25h。

### 四、病毒与细胞在起源与进化中的关系

病毒是非细胞形态的生命体,它的主要生命活动必须要在细胞内实现。病毒与细胞在起源上的关系是人们很感兴趣的问题,目前存在三种主要观点:①生物大分子→病毒→细胞;②病毒与细胞的起源在时间上没有必然的先后关系;③生物大分子→细胞→病毒。目前被人们公认的是第三种观点。依据与论点如下:

(1) 由于病毒的彻底寄生性,所有病毒毫无例外,必须要在细胞内复制或增殖,才能表达其基本生命现象,没有细胞的存在也就没有病毒繁殖,因此,病毒绝不可能起源在细胞之先,只能先有细胞后有病毒。

(2) 已经证明,有些病毒的核酸与哺乳动物细胞 DNA 某些片段的碱基序列十分相似。癌基因的发现及其研究的深入加强了这种观点,因为细胞癌基因(cellular oncogene)与反转录病毒的病毒癌基因(virus oncogene)具有同源序列,从而普遍认为病毒癌基因起源于细胞癌基因。

(3) 病毒可以看做 DNA 与蛋白质或 RNA 与蛋白质的复合大分子,与细胞内核蛋白

分子(染色质、核糖体等)有相似之处。

(4) 真核生物中,尤其是脊椎动物中普遍存在的第二类反转录转座子(retrotransposon 或 retroposon)的两端含有长末端重复序列(long terminal repeat,LTR),结构与整合于基因组上的反转录病毒十分相似。普遍认为,两者有相同的起源。

由此推论:病毒可能是细胞在特定条件下"扔出"的一个"病毒基因组",或者是具有复制与转录能力的 mRNA。这些游离的基因组,只有回到它们原来的细胞内环境中才能进行复制与转录。

### 本章内容提要

细胞是生命活动的基本单位。我们可以从以下几个方面理解细胞概念:①细胞是构成有机体的基本单位;②细胞是代谢与功能的基本单位;③细胞是有机体生长与发育的基础;④细胞是遗传的基本单位,细胞具有遗传的全能性;⑤没有细胞就没有完整的生命。

细胞的形态结构千差万别,但所有的细胞都具有共同的特点:有相似的化学元素和化合物;都具有由磷脂双分子层和蛋白质构成的细胞膜;都具有两种核酸,参与遗传信息的储存、传递和表达;都具有能够进行蛋白质合成的机器——核糖体;都能通过一分为二的方式进行分裂。

细胞根据其进化地位、结构的复杂程度、遗传装置的类型与主要生命活动方式的不同,可以分为原核细胞与真核细胞两大类。也有的科学家将细胞分为原核细胞、古核细胞和真核细胞三大类。

原核细胞形态结构简单,没有由核膜包围的真正细胞核,也没有由质膜特化而成的内膜系统和细胞骨架系统。但不同的原核细胞都有其独特的结构。支原体是自然界中最小最简单的细胞。细菌是原核细胞的典型代表:①无细胞核,但有明显的核区或拟核,遗传装置简单;②细胞质中除核糖体外,没有其他细胞器;③细胞膜具有多功能性。蓝藻是起源最早、最简单的光能自养生物,没有叶绿体,但能进行类似于高等植物的光合作用。

真核细胞在结构上可以划分为三大基本结构体系:①以脂质及蛋白质成分为基础的生物膜结构系统;②以核酸(DNA 或 RNA)与蛋白质为主要成分的遗传信息表达系统,包括细胞核与核糖体;③由特异蛋白分子装配构成的细胞骨架系统。原核细胞与真核细胞的不同点也主要表现在这三个方面。

病毒是非细胞形态的生命有机体,在专性活细胞中寄生,一切生命活动都在活细胞中进行。病毒在细胞中的增殖过程包括五个步骤:吸附、侵入、病毒核酸的复制与蛋白质的合成、病毒粒子的组装和病毒粒子的释放。

### 本章相关研究技术

#### 1. 光学显微镜技术

普通光学显微镜主要由三部分组成:光学放大系统、照明系统、机械和支架系统。对任何显微镜来说,最重要的性能参数是分辨率。分辨率是指区分开两个质点之间的最小距离。显微镜分辨率的计算公式为:$D = \dfrac{0.61\lambda}{N \cdot \sin\left(\dfrac{\alpha}{2}\right)}$

式中,λ 为入射光线的波长;N 为介质折射率;α 为物镜镜口角。通常 α 最大值为 140°,最短的可见光波长 λ=450nm,N 的最大值为 1.5。因此,普通光学显微镜的最大分辨率为 $0.2\mu m$。提高光学显微镜分辨率的手段有缩短照明光波的波长、应用特殊光学效应、增强反差等。

## 2. 电子显微镜技术

电子显微镜主要由四部分组成:①电子束照明系统:包括电子枪和聚光镜。②成像系统:包括物镜、中间镜与投影镜等。③真空系统:用两级真空泵不断抽气,保持电子枪、镜筒及记录系统内的高真空,以利于电子的运动。④记录系统:电子成像须通过荧光屏显示用于观察,或用感光胶片或 CCD 记录下来。

电子显微镜的分辨率可达 0.2nm,其放大倍数为 $10^6$ 倍。电镜观察需要特殊的制样技术——超薄切片技术、负染色技术、冷冻蚀刻技术和电镜三维重构技术等。

## 3. 定量细胞化学分析技术

常用的定量细胞化学分析技术有:①显微分光光度测定技术:利用细胞内某些物质对特异光谱的吸收,测定其在细胞内的含量。如蛋白质的最高吸收波长是 280nm,DNA 是 260nm。②流式细胞仪:可定量测定某一细胞中的 DNA、RNA 或某一特异标记的蛋白质的含量,以及细胞群体中上述成分含量不同的细胞的数量。特别是它还可将某一特异染色的细胞从数以万计的细胞群体中分离出来,以及将 DNA 含量不同的中期染色体,甚至含 X 或 Y 染色体的精子分离出来。

**复习思考题**

1. 你对"细胞是生命活动的基本单位"是如何理解的?

2. 在亚细胞结构水平上,真核细胞的结构可归纳为哪三大结构体系? 试从这三大结构体系对原核细胞与真核细胞进行比较。

3. 为什么说支原体是最小、最简单的细胞?

4. 以细菌为例说明原核细胞的基本特点。

5. 以 HIV 为例说明病毒在寄主细胞中的增殖过程。

6. 试述植物细胞特有的结构和功能。

7. 选择题

(1) 指出下列哪项属于原核生物? 　　　　　　　　　　　　　　　　　　　　　　　(B)

A. 病毒　　B. 支原体　　C. 灵芝　　D. 疟原虫　　E. 噬菌体

(2) 下列关于病毒的描述不正确的是: 　　　　　　　　　　　　　　　　　　　　(A)

A. 病毒可完全在体外培养生长　　　　　B. 所有的病毒都是营寄生生活的

C. 所有病毒都具有 DNA 或 RNA　　　　D. 病毒可能来源于细胞染色体的一段

(3) 原核细胞与真核细胞相比,共有的基本特征中,哪一条描述是不正确的? 　　　　(B)

A. 都有细胞膜　　　B. 都有内质网　　　C. 都有核糖体　　　D. 都有两种核酸

(4) 原核细胞遗传物质集中在细胞的一个或几个区域,密度较低,与周围的细胞质没有明显的界线,称为: 　　　　　　　　　　　　　　　　　　　　　　　　　　　　　　　(D)

A. 核质　　B. 核孔　　C. 核液　　D. 拟核

# 第三章 细胞膜与细胞表面

**本章学习目的** 细胞膜(cell membrane)亦称为质膜(plasma membrane),是指在细胞外围包被的由脂双层分子和蛋白质组成的膜。细胞膜是细胞结构与外界环境之间的边界,为细胞提供了相对稳定的内环境,同时在细胞与外界进行物质运输和信息传递中起着重要作用。

　　本章主要要求掌握真核细胞内围绕在线粒体、叶绿体、细胞核和内质网等各种细胞器周围的膜系统,统称为细胞内膜。相对于细胞内膜,细胞膜可称为外周膜。细胞膜与细胞内膜统称为生物膜(biomembrane)。生物膜是细胞生命活动的重要结构基础,能量转换、蛋白质合成、物质合成与运输、信号识别和传递、细胞运动等都与膜的作用有着密切的关系。

　　在多细胞生物组织中,细胞间或细胞与外基质之间主要通过细胞连接(cell junction)进行相互联系和协同作用。细胞外基质(extracellular matrix)与细胞膜上的受体结合,同细胞建立联系,将细胞粘连在一起形成组织。

## 第一节 细胞膜与细胞表面特化结构

### 一、细胞膜的结构模型

#### (一)双分子片层模型

　　19世纪末,人们知道非极性的物质较极性物质更容易溶解于非极性溶液中。1895年Overton利用植物细胞首次对细胞膜的通透性进行了研究。Overton将植物的根毛放入上百种含不同物质的溶液中,发现脂溶性越强的物质越容易进入根毛细胞(图3-1),从而得出细胞膜是由脂类物质组成的推论。1897年Crijns和Hedin用红细胞做了类似的实验,亦证明分子穿膜的通透性与其在脂类中的溶解度有关。于是Overton等认为在细胞表面有类脂层,并推测其中含有胆固醇、卵磷脂和脂肪油,初步明确了细胞膜的化学性质。

　　1917年Langmuir设计脂类单分子膜技术,亦称膜平衡(film balance)技术,此技术至今仍然是研究膜的重要技术。基本做法是,把溶有脂类物质的有机溶剂倾倒在盛有水的浅槽中,脂类分子在水面上铺展开,而有机溶剂会挥发掉。脂类分子的极性基(—COOH)被吸附到小分子上,而非极性的碳氢链竖在水面上。然后将散乱的脂分子挤到水面的一侧,减少水表面积,则脂分子被挤成排列紧密的单层。在水面上浮有一灵敏的平衡装置,可反映出脂分子所占的总面积。根据所投入的脂分子数,即可计算出单个脂分子所占的面积。

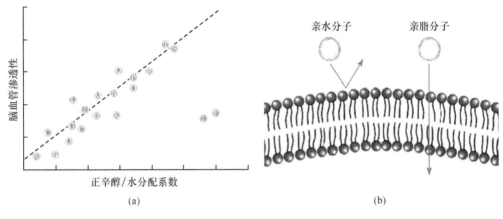

图 3-1　细胞膜对物质的选择性(Karp.2006)

(a) 分配系数与膜渗透性的关系；(b) 细胞膜对物质的选择性示意图

A. 蔗糖；B. 表鬼白毒素；C. 甘露醇；D. 阿拉伯糖；E. 氨甲蝶呤；F. 长春新碱；G. 尿素；

H. 甲酰胺；I. 长春碱；J. 箭毒；K. 硫脲；L. 甘油；M. 乙二醇；N. 乙酰胺；O. 呋氟尿嘧啶；P. 米索硝唑；

Q. 甲基苄肼；R. 甲硝哒唑；S. 安替比林；T. 咖啡碱

Goter 和 Grendel(1925)的实验结果支持了 Overton 的推论。他们在显微镜下观察了人血红细胞的形状和大小，计算出红细胞的表面积为 $100\mu m^2$，并对红细胞进行分离纯化并抽提脂类，按 Lnagmuir 的方法测量了脂单分子层的面积(图 3-2)，发现提取的脂单分子层面积与红细胞表面积之比为(1.8～2.2)：1，因此他们提出红细胞膜的基本结构为脂双层(lipid bilayer)(图 3-3)。脂双层结果是对细胞膜认识的重大突破，但它仅仅认识到了膜脂质的存在，并没有将蛋白质与细胞膜联系起来。

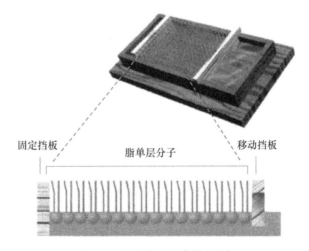

图 3-2　脂类单分子膜技术图解

后来发现细胞膜的表面张力要比油滴低很多，说明膜的构成并非仅由脂肪一种物质构成。如果在油滴中加入蛋白质，可使油滴的表面张力降至活细胞表面张力相同的水平。因此推想细胞膜中除脂质外，可能吸附有蛋白质。Danielli 和 Davson(1935)提出了第一个细胞膜结构模型"双分子片层"模型，也称为 Danielli-Davson 模型。同时 Collander 和

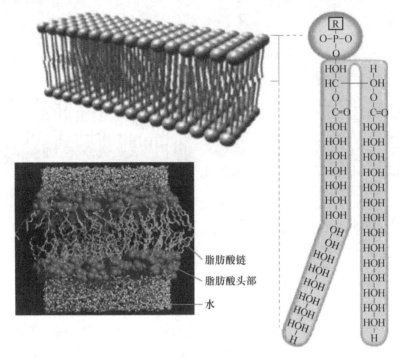

脂肪酸链
脂肪酸头部
水

图 3-3  由脂双层构成的细胞膜(Karp,2002;Alberts et al. ,2008)

Bärlund(1933)发现有些小分子(如水、甲醇等)穿入细胞的能力大于根据其脂溶性所应有的穿透能力,如将红细胞移入低渗溶液后,很快吸水膨胀而溶血,而水生动物的卵母细胞在低渗溶液不膨胀。因此推想,细胞膜脂双层分子中一定还有亲水性分子通过的孔道存在。1954 年最后修改的片层结构模型(lamellar structure model)认为脂双层分子外围的蛋白质以 β 折叠形式与脂类极性端结合形成疏网状结构;细胞膜上有小孔穿过脂双层(图3-4),小孔由蛋白质围成,蛋白质通过静电作用与脂类的极性端结合,孔壁的内表面有亲水基团;水和极性溶质分子可通过小孔穿过细胞膜,而非极性溶质可直接穿过脂双层。近年来水通道蛋白(aquaporin)的发现提供了水分子跨膜通道的直接分子证据。

蛋白质分子    极性孔

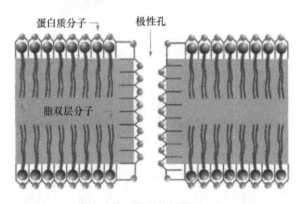

脂双层分子

图 3-4  修改后的双分子片层模型(Karp,2002)

水通道蛋白是一个六次跨膜的膜整合蛋白(图 3-5),只允许水分子自由快速通过,而其他离子和溶质则不能通过。它的存在大大提高了水分子对细胞膜的通透性。目前在动、植物细胞以及微生物的细胞膜上均发现水通道蛋白的存在。水通道蛋白的发现诠释了百年来对不能完全解释的水分子迅速跨膜现象而产生的困惑。第一个发现水通道蛋白的美国科学家 Peter Agre 由此获得 2003 年诺贝尔化学奖。同时获此殊荣的还有解释了钾离子通道结构和机制的 Roderick MacKinnon。

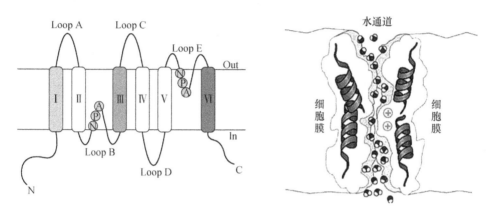

图 3-5　水通道蛋白的结构模型（Kruse et al. ,2006）

（二）单位膜模型

1959 年,Robetson 利用电镜对细胞膜进行了观察,获得了清晰的暗—亮—暗三层结构的图像(图 3-6),提出了单位膜模型(unit membrane model)。他认为细胞膜的厚度为 7.5nm,中间层为 3.5nm 的明线是膜中央的脂双层分子,而内外两层厚度均为 2nm 的暗线是蛋白质。由于电镜观察细胞内的各种膜成分均呈现为暗—亮—暗三层结构,因此称为单位膜,并一直沿用至今。Robertson 的单位膜模型的不足之处在于:把膜的动态结构描述成静止的,这样的结构无法适应生命活动;不同膜的厚度不同,并非都是 7.5nm,其变化范围为 5~10nm;不能解释酶的活性同构型的关系;无法解释分离不同膜蛋白时难易程度的不同等现象。

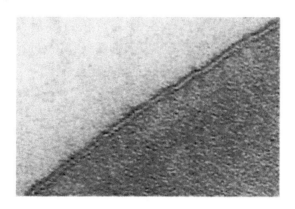

图 3-6　细胞膜的电镜图(Alberts et al. ,2002)

（三）流动镶嵌模型

后来实验证明膜蛋白的主要结构是 α 螺旋球形结构，不是 β 折叠结构。冰冻蚀刻电镜技术也证明在脂分子层中有蛋白颗粒分布。20 世纪 70 年代初又用电子自旋共振光谱（自旋标记）等新的物理学技术证明磷脂酰链部分具有流动性，荧光抗体标记的融合细胞也证明了膜具有流动性。1972 年 Singer 和 Nicolson 提出了细胞膜的流动镶嵌模型（fluid mosaic model），它保留了脂双分子层的概念，认为脂双层以液态形式存在，单个脂分子可以沿着膜平面侧向运动。而球形的膜蛋白分子以各种镶嵌的形式与脂双分子层相结合，有的附在内外表面，有的全部或部分嵌入膜中，有的贯穿膜的全层（图 3-7）。流动镶嵌模型强调了膜的流动性和不对称性，为膜的组成成分之间的相互作用提供了可能性，也被许多实验支持，能够真实地说明膜的结构和属性，因此被广泛接受。

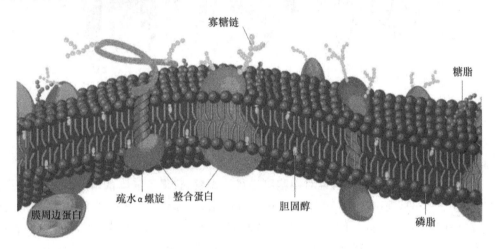

图 3-7　生物膜结构示意图（Karp，2002）

最近有人提出了脂筏模型（lipid rafts model），即在生物膜上胆固醇富集而形成有序脂相，如同"脂筏"一样载着各种蛋白。推测一个直径 100nm 大小的脂筏可载有 600 个蛋白质分子。这一模型可解释生物膜的某些性质和功能，但仍需要更多的证据。

目前对于生物膜的认识可归纳为以下几个方面：

（1）具有极性头部和非极性尾部的磷脂分子在水相中具有自发形成封闭的膜系统的性质，以疏水非极性尾部相对，极性头部朝向水相的磷脂双分子层是组成生物膜的基本结构成分，尚未发现在生物膜结构中起组织作用的蛋白质。

（2）蛋白分子以不同的方式镶嵌在脂双分子层中或结合在其表面，蛋白质的类型，蛋白质分布的不对称性及其与脂分子的协同作用赋予生物膜具有各自的特性和功能。

（3）生物膜可看成是蛋白质在脂双分子层中的二维溶液。然而膜蛋白与膜脂之间，膜蛋白与膜蛋白之间及其与膜两侧其他生物大分子的复杂的相互作用，在不同程度上限制了膜蛋白和膜脂的流动性。

## 二、细胞膜的化学组成

细胞膜是由脂质、蛋白质和糖类组成。膜脂是构成膜的基本骨架，膜蛋白是膜功能的主要体现者，糖类主要以糖蛋白和糖脂的形式存在。不同种类膜的组分含量差异较大（表3-1）。膜脂和膜蛋白含量的变化与膜的功能有关，一般膜蛋白含量和种类越多，膜的功能越复杂多样；反之，蛋白质含量和种类越少，膜的功能越简单。

表 3-1　不同生物膜中的蛋白质、脂和糖类的占干重的百分含量

| 膜 | 蛋白质/% | 脂/% | 糖类/% |
| --- | --- | --- | --- |
| 质膜 | | | |
| 红细胞 | 49 | 43 | 8 |
| 神经鞘 | 18 | 79 | 3 |
| 肝细胞 | 54 | 36 | 10 |
| 核膜 | 66 | 32 | 2 |
| 高尔基体 | 64 | 26 | 10 |
| 内质网 | 60 | 27 | 10 |
| 线粒体 | | | |
| 外膜 | 55 | 45 | 痕量 |
| 内膜 | 78 | 22 | — |
| 叶绿体 | 70 | 30 | — |

资料来源：王金发，2003。

（一）膜脂

### 1. 成分

构成细胞膜的脂质统称为膜脂（membrane lipid），有 100 余种。这些分子均具有双亲性（amphipathic），都含有极性的头部和非极性的尾部。膜脂分子排列呈连续的双层结构，构成了膜的基本骨架，使生物膜具有屏障作用，大多数极性分子不能自由通过，而亲脂性分子则容易跨膜通过。膜脂主要包括磷脂（phospholipid）、糖脂（glycolipid）和胆固醇（cholesterol）三种类型。

1）磷脂

磷脂是膜脂的基本成分，构成了膜的基本骨架，占膜脂总量的 55%～75%。大多数磷脂有两条脂肪酸链，其中一条是饱和脂肪酸（如软脂酸），另一条是不饱和脂肪酸（如油酸），不饱和脂肪酸多为顺式，顺式双链在烃链中产生约 30° 的弯曲（图 3-8）。线粒体内膜和一些细菌细胞膜上的心磷脂具有 4 条非极性的尾部。碳链长度一般含有 14～24 个偶数碳原子。脂肪酸的碳链长度和不饱和程度影响磷脂间的相对位置，进而影响膜的流动性。

磷脂分为甘油磷脂（phosphatide）和鞘脂（sphingolipid）两类。甘油磷脂包括磷脂酰胆碱（phosphatidylcholine，PC，又称卵磷脂）、磷脂酰乙醇胺（phosphatidylethanolamine，

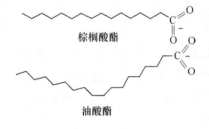

棕榈酸酯

油酸酯

图 3-8 不饱和脂肪酸链
对其构象的影响
(Alberts et al. ,2002)

糖脂。

PE)、磷脂酰丝氨酸(phosphatidylserine,PS)和磷脂酰肌醇(phosphatidylinositol,PI)等。

甘油磷脂由极性较强的磷脂酰碱基和疏水的脂肪酸链通过甘油基团结合而成(图 3-9),是膜脂的基本成分,占膜脂的 50% 以上。鞘脂在膜中的含量较少,是鞘氨醇(sphingosine)的衍生物。由一个脂肪酸链与鞘氨醇的氨基连接形成的鞘脂是神经酰胺(ceramide)。各种不同鞘脂主要为不同基团连接在鞘氨醇羟基上的衍生物。如果所连接到羟基上的基团是糖残基,则为

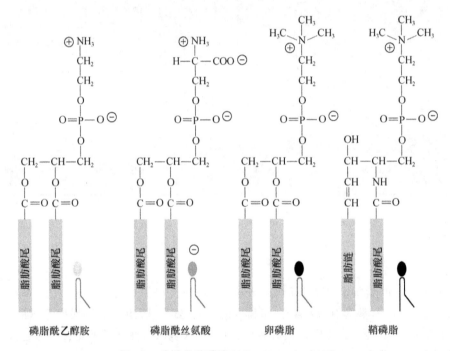

图 3-9 常见几种磷脂(Alberts et al. ,2002)

2) 糖脂

糖脂的结构与鞘磷脂很相似,是由一个或多个糖残基取代磷脂酰胆碱而与鞘氨醇的羟基结合形成。糖脂普遍存在于原核和真核细胞的细胞膜上,其含量约占膜脂总量的 5% 以下,在神经细胞膜上糖脂含量较高,占 5%～10%。目前已发现的糖脂有 40 多种。最简单的糖脂是半乳糖脑苷脂(galactocerebroside),只有一个半乳糖残基为其极性头部(图 3-10)。较为复杂的糖脂是神经节苷脂(ganglioside),含有多个糖残基,其中含有不同数目的唾液酸残基。糖脂在细胞与周围环境相互关系中发挥作用,与细胞识别和免疫功能等有关。

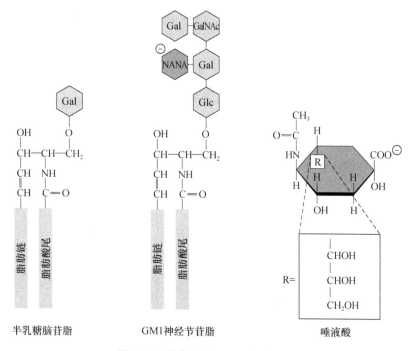

图 3-10 糖脂(Alberts et al.,2002)

### 3）胆固醇

胆固醇分子较其他膜脂分子要小，双亲性也较低。其分子结构主要包括羟基基团构成的极性头部，碳氢链构成的非极性尾部以及非极性的类固醇环结构等三部分（图 3-11）。胆固醇的亲水头部朝向膜的外侧，疏水的尾部埋在脂双层中央，对周围磷脂的运动具有干扰作用，从而调节膜的流动性，增加膜的稳定性以及降低水溶性物质的通透性。

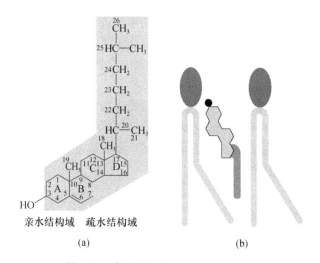

图 3-11 胆固醇(Alberts et al.,2002)

(a) 胆固醇的结构；(b) 胆固醇在脂间的排列

胆固醇仅存在于真核细胞的质膜上,在动物细胞膜上的含量可达总膜脂的50%左右,植物细胞膜含量较少,原核细菌的质膜中没有胆固醇,但在某些细菌膜中含有甘油酯等中性脂质成分。

## 2. 功能

膜脂结构简单,主要功能是构成膜的基本骨架,去除膜脂,膜则完全解体。部分脂质能够影响某些膜蛋白的活性,决定膜的物理状态。膜脂作为膜蛋白的溶剂,为某些膜蛋白维持构象、表现活性提供环境。膜脂(细菌的膜脂除外)不直接参与反应,但许多膜蛋白功能的行使依赖于膜脂的存在。一些膜蛋白通过疏水端同膜脂作用,镶嵌在膜上执行特殊的功能,而有些膜蛋白只有特异的磷脂头部基团存在时才有功能。不同的脂质有不同的性质和功能,常见脂质的功能列于表3-2。

表 3-2  某些膜脂的功能

| 脂 | 存在的膜 | 功能 |
| --- | --- | --- |
| 磷脂酰胆碱 | 存在于大多数膜中 | 形成脂双层,起界膜作用,防止水溶性物质的自由扩散 |
| 磷脂酰乙醇胺 | 存在于大多数膜中 | |
| 磷脂酰丝氨基 | 存在于大多数膜中 | |
| 心磷脂 | 线粒体内膜 | 激活染色体 |
| 磷脂酰肌醇(PI) | 存在于大多数膜中 | 作为三磷酸肌醇的供体 |
| 鞘脂 | 大多数哺乳动物细胞,特别是神经细胞 | 屏障作用,激活某些酶 |
| 糖脂 | 叶绿体类囊体膜 | 屏障作用 |
| 胆固醇 | 大多数动物细胞膜 | 降低膜的渗透性,调节膜的流动性 |

资料来源:王金发,2003。

## 3. 脂质体

脂质体(liposome)是根据磷脂分子可在水相中形成稳定的脂双层膜的趋势而制备的人工膜。当单层脂分子铺展在水面上时,其极性端插入水相,非极性尾部面向空气界面。搅动后,形成极性端朝外而非极性端在内部的脂分子团,或形成双层脂分子的球形脂质体(图3-12)。如果将脂放在中间有挡板隔开的水中,若是在挡板中有小孔的话,那么孔的两侧会形成单面脂双层(planar lipid bilayer)。

脂质体可以以不同方式嵌入蛋白,是非常好的生物膜的研究模型。另外脂质体可作为载体运载生物大分子和特殊药物进入细胞内,在临床治疗中有诱人的应用前景。特别是利用细胞识别的功能对脂质体进行表面修饰后,脂质体可特异性的作用于靶细胞,提高作用效率,减少对机体的损伤。

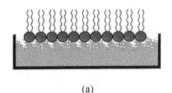

(a)

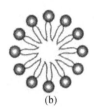

(b)

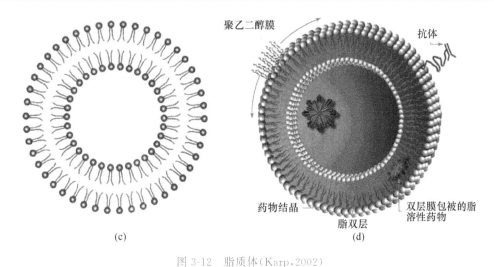

图 3-12　脂质体(Karp.2002)

(a) 脂分子在水面在铺展；(b) 水溶液中的磷脂分子团；(c) 球形脂质体；(d) 包被药物的脂质体

### (二) 膜蛋白

膜蛋白(membrane protein)是细胞膜的重要组成部分,赋予了生物膜非常重要的生物学功能。不同的生物膜表现出功能的巨大差异,主要取决于生物膜所含蛋白质种类和数量的不同。膜蛋白有 50 多种,在不同细胞中膜蛋白的种类及含量有很大的差异,有的含量不到 25%(如髓鞘),有的达到 75%。

#### 1. 类型

根据与膜脂的结合方式及其在膜中所处的位置,膜蛋白可分为整合蛋白(integral protein),外周蛋白(peripheral protein)和脂锚定蛋白(lipid-anchored protein)三大类型。

膜整合蛋白又称为内在蛋白(intrinsic protein),跨膜蛋白(transmembrane protein)。这类蛋白均含有跨膜结构域,以非极性氨基酸与脂双分子层的非极性疏水区相互作用而结合在膜上,并完全穿过脂双层,其亲水区域暴露在膜两侧。跨膜蛋白可分为单次跨膜和多次跨膜,跨膜域多为 α 螺旋,也有 β 折叠(如线粒体外膜的孔蛋白)大多数膜内在蛋白在细胞膜外表面结合有寡糖链,从而成为糖蛋白(glycoprotein)。这类膜蛋白与膜脂结合紧密,不易分离,使用去垢剂才能从膜上分离下来(图 3-13)。膜内在蛋白占膜蛋白总量的 70%～80%。

膜周边蛋白为水溶性蛋白,分布在膜的内外表面,靠非共价键与膜表面的蛋白质分子或脂分子结合。这类蛋白较易分离和提纯,只要改变溶液的离子强度甚至提高温度就可以使外在膜蛋白从膜上分离下来,膜结构并不破坏。

脂锚定蛋白又称脂连接蛋白(lipid-linked protein),位于脂双层的外侧,通过共价键的方式同脂分子结合。其结合方式有两种:一种是蛋白质直接结合于脂双分子层,另一种是通过一个糖分子间接结合于脂双分子层。

#### 2. 膜蛋白的结合方式

膜蛋白是膜功能的主要执行者,膜蛋白在膜上以不同的结合方式形成特殊的构象,膜蛋白的结合方式主要有以下几种方式(图 3-14)。

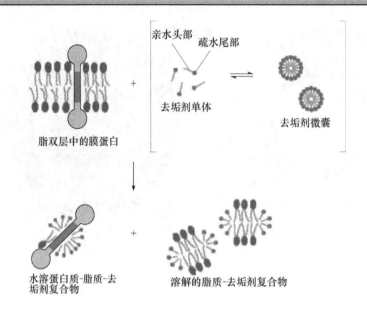

图 3-13　去垢剂分离膜蛋白(Alberts et al. ,2002)

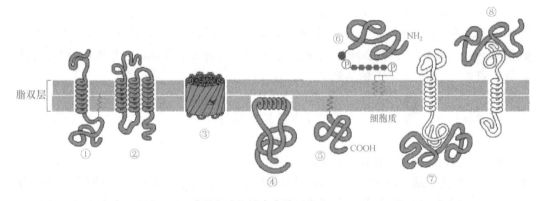

图 3-14　膜蛋白质的结合方式(Alberts et al. ,2002)
① 单一 α 螺旋;② 复合 α 螺旋;③ β 桶;④⑤⑥ 与膜脂共价结合;⑦⑧ 与膜蛋白质共价结合

（1）单次跨膜,许多膜蛋白伸过脂双层,在膜的两侧露出一部分,这种蛋白称为跨膜蛋白(transmembrane protein)。有些多肽链是一次以单一的 α 螺旋通过脂双层(图 3-14①),称为单次跨膜蛋白(single-pass transmembrane protein)。如红细胞膜的血型糖蛋白(glycophorin)。

（2）多次跨膜,膜蛋白以多个并列的 α 螺旋横穿过脂双分子层(图 3-14②)。如细菌紫膜质(bacteriorhodopsin)有 7 个 α 螺旋通过脂双层。

（3）β 桶(βbarrel)跨膜,膜内在蛋白的跨膜节段排列成封闭的 β 片,通常称为 β 桶(图 3-14③)。如存在于细胞外膜中的孔蛋白。

（4）跨膜蛋白形成大的复合物,膜蛋白形成大的复合物行使复杂的功能,如细菌的光反应中心。

（5）与膜脂共价结合(图 3-14④⑤⑥),膜周边蛋白以共价键结合在脂肪酸分子上,插入到胞质侧的脂分子层中；也可共价结合在磷脂和磷脂酰肌醇链上，插到非胞质面的脂分子层中。

（6）与膜蛋白共价结合，一些蛋白质与膜结合，并不伸入到脂质分子层里面，而是通过共价键与膜表面的其他蛋白质相互作用附着在膜上（图 3-14⑦⑧）。

（三）膜糖

生物膜中的糖占膜重量的 2%～10%，其中绝大多数膜糖（membrane carbohydrate）同膜蛋白共价结合形成糖蛋白，仅有不足 10% 的膜糖与膜脂共价结合形成糖脂。应特别指出的是，糖蛋白主要存在于细胞质膜上，且都位于质膜的外表面，是细胞外被的重要组成部分；内膜中糖蛋白含量极少，都位于膜的内表面（图 3-15）。内膜系统中的内质网和高尔基体是糖蛋白和糖脂的合成场所。

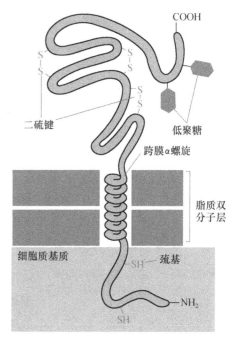

图 3-15　单次跨膜糖蛋白（Karp,2002）

三、细胞膜的特性

流动镶嵌模型强调了膜的流动性和不对称性，这也是生物膜完成其生理功能的主要保证。膜的流动性和不对称性与膜组成成分的分子属性以及与细胞的物质运输、信号转导和细胞周期等生理现象密切相关。

（一）膜的流动性

膜的流动性包括膜脂的流动性和膜蛋白的运动性（mobility）。液晶态的膜脂总是处于流动状态，而且脂类分子具有不同形式的运动，膜蛋白也处于运动状态。

**1. 膜脂的流动性**

1）膜脂分子的运动方式

在相变温度以下时，膜脂分子的热运动方式主要有以下四种（图 3-16）：①侧向扩散，指膜脂分子在膜二维平面内的分子位置交换。这是膜脂的基本运动方式，具有重要的生物学意义。②旋转运动，指膜脂分子围绕与膜平面垂直的轴进行快速旋转。③尾部的摆动，指脂肪酸链围绕与膜平面垂直的轴进行的左右或上下的摆动伸缩。④翻转运动，指膜脂分子从脂双层的一侧以 180° 翻转到另一侧，该过程需要在翻转酶（flippase）的催化下完成，一般情况下很少发生。

2）膜蛋白的运动

膜蛋白在膜的二维平面做的侧向扩散为自发热运动，不需要 ATP 的参与，但受温度的影响程度很大。

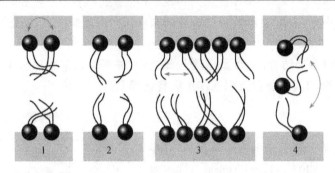

图 3-16 膜脂的分子运动(潘大仁,2007)

1. 侧向扩散;2. 旋转运动;3. 尾部的摆动;4. 翻转运动

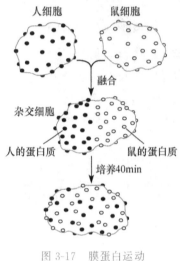

图 3-17 膜蛋白运动

(Alberts et al. ,2002)

Frye 和 Edidin(1970)的细胞融合实验证明了膜蛋白的流动性。他们首先用绿色荧光染料标记小鼠的抗体,用红色荧光染料标记人的抗体,然后分别将染料标记的抗体与小鼠淋巴细胞和人淋巴细胞结合,再利用仙台病毒诱导两种细胞融合。异核体(heterokaryon)最初一半呈现红色,另一半呈现绿色,在 37℃ 下培养 40min 后,两种颜色的荧光在细胞表面均匀分布(图 3-17)。说明小鼠的淋巴细胞的抗体经过在膜表面的侧向扩散而重新分布,均匀分布于细胞质膜上。当将带有荧光标记的兔抗小鼠抗体与小鼠淋巴细胞混合时,带有荧光标记的兔抗小鼠抗体会结合多个小鼠淋巴细胞质膜上的抗体,同时,小鼠淋巴细胞质膜上的抗体会结合多个兔抗体,从而很快就会在淋巴细胞表面形成"兔抗小鼠抗体-小鼠抗体"的斑。斑会逐渐聚集扩大,在小鼠淋巴细胞表面形成"帽子"结构,这说明膜蛋白在分子间作用力下可沿膜平面聚集。所形成的斑或"帽子"结构最后经细胞内吞作用进入细胞。

在某些细胞中,已均匀分布的表面标志荧光随着时间延长而重新排布,聚集在细胞表面的某些部位称为成斑现象(patching),或聚集在细胞的一端称为成帽现象(capping)。这两种现象与膜蛋白与细胞骨架的相互作用以及膜泡运输有关,同时也进一步证明了膜蛋白的侧向扩散。用外源凝集素也可以诱导类似的反应,但在原理上是完全不同的。

**2. 膜流动性的影响因素**

1)膜脂对膜流动性的影响

膜脂的结构和组成对膜的流动性的影响因素主要表现在四个方面:①脂肪酸链的不饱和程度。脂分子间排列的有序性和不饱和双键的存在会影响膜的相变温度。膜脂分子中不饱和脂肪酸链越多,分子排列越疏松,相变温度则越低,在相变温度以上膜脂流动性也越大。②脂肪酸链的长度。长链脂肪酸相变温度高,膜流动性则降低。③胆固醇含量。胆固醇含量的增加会降低膜的流动性,但在温度降低时胆固醇阻碍磷脂汇集,从而增加脂肪酸的运动,抑制温度变化引起的相变,以致低温下膜的流动性不会剧烈下降。④卵磷脂和鞘磷脂含量的比值。卵磷脂脂肪酸链的不饱和程度高,链较短,相变温度低;而鞘磷脂的饱和程度高,相变温度高。在37℃下,两者均呈液态,但鞘磷脂的黏度是卵磷脂的6倍。如衰老的细胞膜和动脉硬化的细胞膜上卵磷脂和鞘磷脂含量的比值低,膜的流动性降低。

2）膜蛋白对膜流动性的影响

膜蛋白以某种方式同细胞内外发生联系,行使其功能。膜蛋白与膜脂的结合限制了膜蛋白和膜脂的运动,降低了膜的流动性。膜蛋白的运动除受温度影响外,还受到其他许多因素的影响,如所处的细胞膜的区域膜脂的相态,膜中其他膜蛋白(如骨架蛋白)的影响。

3）温度对膜流动性的影响

温度是影响膜流动性最主要的外界因素。膜脂的物理状态主要受温度变化的影响,如用磷脂酰胆碱和磷脂酰乙醇胺构建的人工脂双层结构,37℃时以相对流动的液态存在,呈现典型的二维液晶。当温度缓慢降低至某一点时,脂就会由正常的拟液态(liquidlike state)变成冷冻的晶体胶态(frozen crystalline gel),从而使磷脂的运动大受限制(图3-18),这时的温度就是相变温度(phase transition temperature)。膜蛋白同样受到温度变化的影响。温度降低,其运动速率亦会降低。

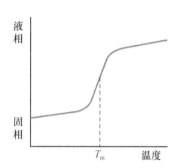

图 3-18 温度与脂双层结构状态的关系(Alberts et al. ,2008)

## 3. 膜流动性的生物学意义

细胞膜的流动性是细胞行使正常功能的必要条件。膜蛋白活性、膜的物质运输、细胞信息传递、细胞识别、细胞免疫、细胞分裂、细胞分化以及激素的作用等都与膜的流动性密切相关。当膜的流动性低于一定的阈值时,膜的功能迅速下降甚至部分功能丧失,而流动性过高也会使膜结构不稳定甚至溶解。

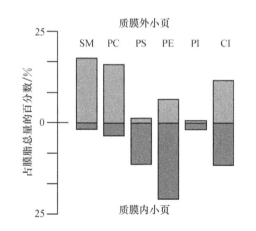

图 3-19 磷脂在红细胞膜上的分布(Karp,2002)
SM:鞘磷脂;PC:卵磷脂;PS:磷脂酰丝氨酸;
PE:磷脂酰乙醇胺;PI:磷脂酰肌醇;CI:胆固醇

## （二）膜的不对称性

细胞膜的组成成分在膜中或两侧的分布及其功能有明显的差异,称为膜的不对称性。膜脂与膜蛋白在膜上均呈不对称分布,从而使得膜的功能具有了不对称性和方向性。

## 1. 膜脂的不对称性

膜脂的不对称性主要表现在膜中或膜两侧分布的各类脂分子的含量不同。外小页(the outer leaflet of the bilayer,膜质的外侧脂分子层)含鞘磷脂、磷脂酰胆碱较多,而内小页(the inner leaflet of the bilay-er,膜质的内侧脂分子层)含磷脂酰乙醇胺、磷脂酰丝氨酸较多(图 3-19)。膜脂的不对称性是生物膜完成生理功能的结构基础。

### 2. 膜蛋白的不对称性

膜蛋白的不对称性指膜蛋白分子在细胞膜上具有特定的方向性,如细胞表面的受体,膜上的载体蛋白等,都按一定的方向传递信号和转运物质。膜上酶促反应也只发生在膜的某一侧。膜蛋白的不对称性分布是生物膜完成复杂而有序的生理功能的保证。

### 3. 膜糖的不对称性

糖脂和糖蛋白均表现为完全的不对称性,二者的糖基侧链全部位于细胞质膜的外表面(extrocytoplasmic surface,ES)(图 3-20),如人红细胞的糖脂和血型糖蛋白。

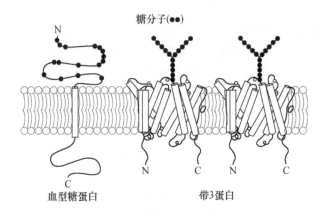

图 3-20　膜糖的不对称性分布(王金发,2003)

## 四、细胞外被

### (一)化学组成

细胞外被(cell coat),又称糖萼(glycocalyx),也称为细胞表面(cell surface),是由构成细胞膜的糖蛋白和糖脂伸出的寡糖链组成的,存在于动物细胞表面的一层富含糖类物质的结构,因此它实质上是细胞膜结构的一部分(图 3-21)。用重金属染料(如钌红)染色后,在电子显微镜下可显示出这层结构,厚 10~20nm,但边界不明显。

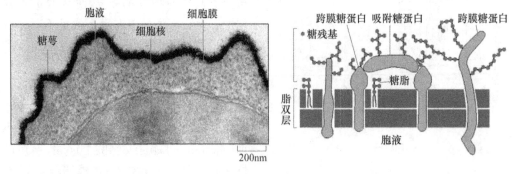

图 3-21　糖萼(Alberts et al. ,2002)

自然界存在的单糖及其衍生物有 200 余种,其中存在于膜的糖类仅有 9 种,即 D-葡萄糖(D-glucose)、D-半乳糖(D-galactose)、L-阿拉伯糖(L-arabinose)、D-甘露糖(D-mannose)、L-岩藻糖(L-fucose)、D-木糖(D-xylose)、N-乙酰-D-半乳糖胺(N-acetyl-D-galactosamine)、N-乙酰葡萄糖胺(N-acetyl-glucosamine)、N-乙酰神经氨酸(又称唾液酸 sialic acid)(图 3-22)。唾液酸通常位于糖支链的末端,使糖链具有负电荷。

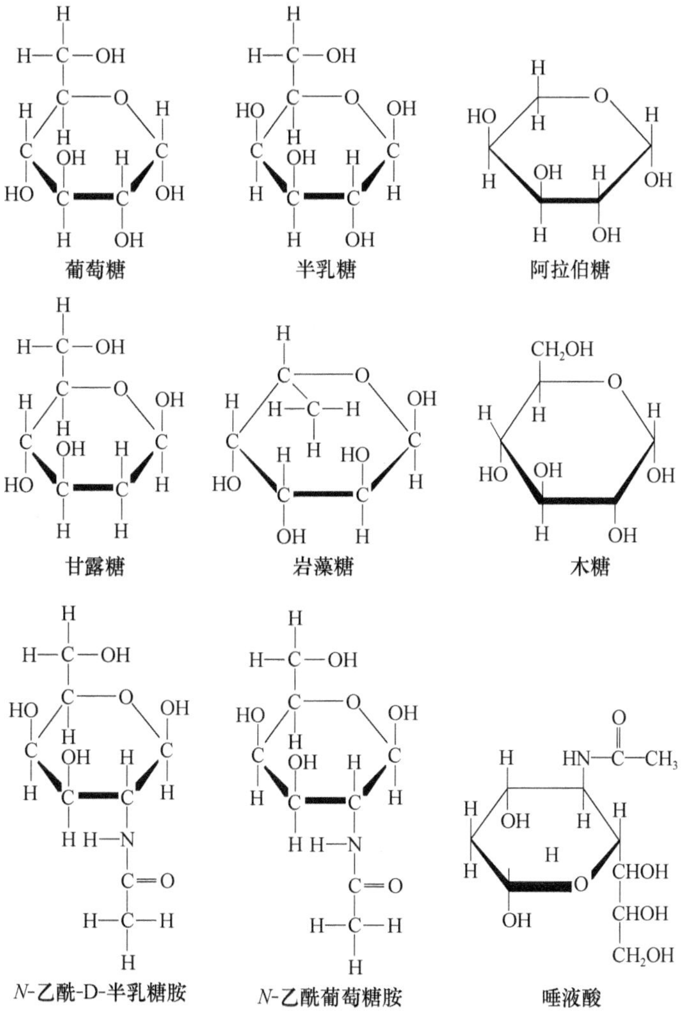

图 3-22 存在于细胞膜中的 9 种单糖(Biox,2011)

细胞外被中糖脂的含量很少,一般不超过膜脂总量的 5%,最近端的糖基多为葡萄糖。

在糖蛋白中,寡糖链以其还原端与蛋白质部分的氨基酸共价结合,糖以短的分支的寡聚糖形式存在。糖蛋白中糖含量变化很大,少的在 1% 以下,多的则可超过 60%。糖同氨基酸的连接主要有两种形式,即糖链与肽链中的丝氨酸或苏氨酸残基相连的 O-连接和糖链与肽链中天冬酰胺残基连接的 N-连接(图 3-23)。

ABO 血型是由红细胞膜或膜蛋白中的糖基决定的。A 血型红细胞膜的糖脂寡糖链末端是 N-乙酰半乳糖胺(GalNAc),B 血型红细胞膜的糖脂寡糖链末端是半乳糖(Gal),

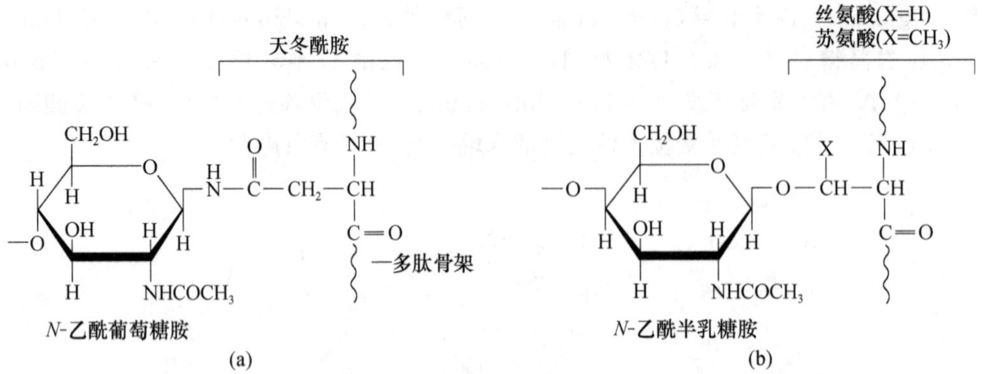

图 3-23 糖与多肽连接的两种方式(王金发,2003)

(a) N-连接;(b) O-连接

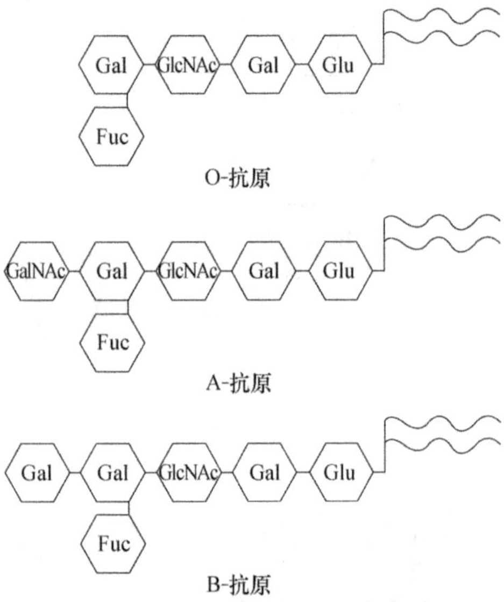

图 3-24 ABO 血型抗原(Karp,2002)

O 血型的糖脂则没有这两种糖基,而 AB 血型的糖脂末端同时具有这两种糖基。

对糖脂的功能目前了解不多,知道最清楚的就是红细胞质膜中糖脂对 ABO 血型的决定作用。ABO 血型决定子(determinant),即 ABO 血型抗原,是一种糖脂,其寡糖部分具有抗原决定簇的作用(图 3-24)。

凝集素(lectin)是一类能与糖类特异性结合的蛋白质,能使细胞发生凝集。有些凝集素存在于细胞表面,参与细胞间的识别。由于凝集素能与细胞表面的糖蛋白、蛋白多糖和糖脂结合,而且不同凝集素识别糖基的不同特异序列,发生特异性的结合。因此,在细胞生物学中被广泛地用于定位和分离各种含糖的细胞膜分子。

## (二)生物学功能

细胞膜的许多重要功能与细胞外被有关。

### 1. 保护作用

细胞外被具有一定的保护作用,去掉细胞外被,并不会直接损伤质膜。在消化管、呼吸道上皮游离面的细胞外被可以防止消化酶、细菌等对上皮的损害。

### 2. 细胞识别

细胞识别与构成细胞外被的寡糖链密切相关。每种细胞的寡糖链的单糖残基具有一定的排列顺序,编成了细胞表面的密码,为细胞的识别形成了分子基础,是细胞的"指纹"。同时细胞表面尚有寡糖链的专一受体,对具有一定序列的寡糖链具有识别作用。因此,细胞识别实质上是分子识别。

**3. 酶**

细胞外被中有的糖蛋白具有酶活性,例如,小肠上皮细胞的游离端,表面上的糖基与消化有关,有一些糖蛋白是消化酶。糖萼中含有消化碳水化合物和蛋白质的各种酶,还有的酶作为受体蛋白,在细胞信号转导中起重要作用。

五、膜骨架

光镜观察发现细胞膜下存在约 0.2μm 厚的溶胶层,电镜出现后才认识到其中含有丰富的细胞骨架纤维(如微丝、微管等),这些骨架纤维通过膜骨架与细胞膜相连。膜骨架(membrane associated skeleton)是指细胞膜下与膜蛋白相连的由纤维蛋白组成的网架结构,它参与维持细胞膜的形状并协助细胞膜完成多种生理功能(图 3-25)。

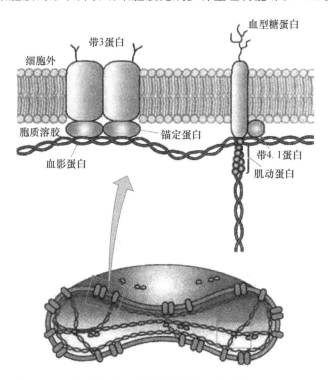

图 3-25　红细胞的形态及其膜骨架的主要成分(Karp,2002)

成熟的动物红细胞没有细胞核、细胞器和内膜系统,是研究膜骨架的理想材料。红细胞经低渗处理后细胞膜破裂,同时释放出血红蛋白及其胞内可溶性蛋白,这时红细胞仍能保持原来的形状和大小,这种结构称为血影(blood ghost)。

SDS-聚丙烯酰胺凝胶电泳分析血影的蛋白成分显示,组成血影的蛋白质大约有 15种,主要包括血影蛋白(spectrin,亦称红膜肽)、锚蛋白(ankyrin)、带 3 蛋白(band 3 protein)、带 4.1 蛋白(band 4.1 protein)、肌动蛋白(actin)和一些血型糖蛋白(glycophorin)。

改变处理血影的离子强度,血影蛋白和肌动蛋白条带会首先消失,说明这两种蛋白不是膜内在蛋白。此时血影形状变得不规则,膜蛋白流动性增强,说明这两种蛋白在维持膜的形状及固定其他膜蛋白的位置方面起重要作用。

若用 Triton-X 100 处理血影,这时带 3 蛋白与血型糖蛋白消失,但血影仍保持原状,说明带 3 蛋白及血型糖蛋白是膜内在蛋白,在维持细胞形态方面不起作用。

以上各种蛋白在膜骨架的网架结构存在状态与连接方式如下:

血影蛋白:是红细胞膜骨架的主要成分,由结构相似的 α 链、β 链组成一个异二聚体,两个二聚体头与头相连接成一个四聚体。

锚蛋白:含有两个功能结构域,一个能紧密地而且特异地与血影蛋白 β 链上的一个位点相连;另一个结构与带 3 蛋白中伸向胞质面的一个位点紧密结合,从而使血影蛋白网络与细胞膜连接在一起。与血影蛋白和带 3 蛋白的胞质部相连,将血影蛋白网络连接到细胞膜上。

带 3 蛋白:是由 2 个亚基组成的二聚体,每条链含有 929 个氨基酸,在细胞膜中穿越 12～14 次,为多次跨膜蛋白,是 $Cl^-/HCO_3^-$ 阴离子转运的载体蛋白。

带 4.1 蛋白:是由两个亚基组成的球形蛋白,它在膜骨架中的作用是通过同血影蛋白结合,促使血影蛋白同肌动蛋白结合。但由于带 4.1 蛋白没有与肌动蛋白连接位点,不能同肌动蛋白相连。

血型糖蛋白:单次跨膜蛋白,约有 131 个氨基酸,N 端位于膜外侧,结合 16 条寡糖链;C 端在胞质面,链较短,与带 4.1 蛋白的相连。血型糖蛋白的基本功能可能是在它的唾液酸中含有大量负电荷,防止了红细胞在循环过程中经过狭小血管时聚集沉积在血管中。另外,血型糖蛋白与 MN 血型有关。

### 六、细胞膜特化结构

细胞膜表面并不是平整的,它常常形成一些如微绒毛、褶皱、内褶、圆泡、纤毛和鞭毛等特化结构,这些结构与细胞形态、细胞运动以及物质交换等功能有关。

#### 1. 微绒毛

微绒毛(microvilli)广泛存在于动物细胞(如小肠上皮细胞)的游离表面(图 3-26)。它是细胞表面伸出的细长、圆筒形的突起,直径约为 0.1μm,长度则因不同细胞类型及不

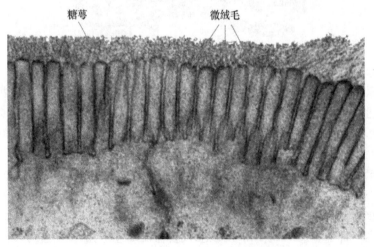

图 3-26　微绒毛(Bloom and Fawcett,1994)

同生理状况而有很大差别。微绒毛的表面覆盖质膜,内芯由肌动蛋白的丝束(微丝束)组成。微丝束之间由许多微绒毛蛋白(villin)和丝束蛋白(fimbrin)组成横桥相连。微绒毛侧面质膜有侧臂与微丝束相连,从而将微丝束固定。

微绒毛的存在扩大了细胞的表面积,利于物质的吸收和交换,因此微绒毛的长度与数量与细胞代谢强度有关。例如肿瘤细胞对葡萄糖和氨基酸的需求量很大,因而大都带有大量的微绒毛。

**2. 褶皱**

褶皱(elevatio)也称为片足(lamellipodia),是细胞表面的一种扁状突起。褶皱与细胞的吞噬运动有关。在活动细胞(如巨噬细胞)的边缘比较显著,几秒钟之内即可长到最大高度。在细胞边缘长成的褶皱可以互相靠拢,包围保外液体,形成吞饮泡。

**3. 内褶**

内褶(infolding)是细胞表面内陷形成的结构。常见于液体与离子交换活动比较旺盛的细胞,也具有扩大细胞表面积的作用。如在肾脏近曲小管和远曲小管上皮细胞的基部,质膜向内深陷,形成内褶,褶间细胞质中含有较大的线粒体,而线粒体为毛细血管运送液体活动提供能量(图 3-27)。

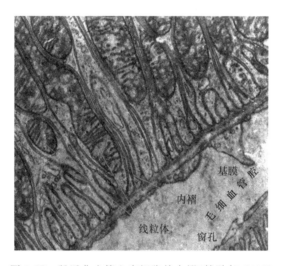

图 3-27　肾近曲小管上皮细胞的内褶(韩贻仁,2001)

**4. 圆泡**

圆泡(bleb)是细胞表面突出的泡状物。圆泡直径一至十几微米,大小不等。它在活细胞表面总是处于动态的发生与消退变化中,小圆泡逐渐长大,长到最大又逐渐缩小。圆泡多出现在有丝分裂的晚期和 $G_1$ 期,功能尚不清楚。

**5. 纤毛和鞭毛**

纤毛(cilia)和鞭毛(flagella)是细胞表面伸出的条状运动装置。二者在发生和结构上基本相同。有的细胞依靠纤毛(如草履虫)或鞭毛(如精子和眼虫)在液体中穿行;有的细胞(如动物的某些上皮细胞)虽具有纤毛,但细胞本体不动,而是通过纤毛摆动推动物质越过细胞表面,进行物质运送,如气管和输卵管上皮细胞的表面纤毛。

纤毛与鞭毛的详细结构和功能,可参见本书第十章细胞骨架。

### 七、细胞膜的功能

复杂的细胞膜结构是细胞膜功能多样性的基础,尤其作为细胞的边界,具有了比其他细胞内膜更复杂的功能,细胞的许多生命活动均与细胞膜有关。细胞膜的主要功能包括以下几方面:

(1) 为细胞的生命活动提供相对稳定的内环境。

(2) 选择性的物质运输,包括代谢底物的输入和代谢产物的排除,其中伴随着能量的传递。

(3) 提供细胞识别位点,并完成细胞内外信息的跨膜传递。

(4) 为多种酶提供结合位点,使酶促反应高效而有序地进行。

(5) 介导细胞与细胞、细胞与基质之间的连接。

(6) 参与形成具有不同功能的细胞表面特化结构。

## 第二节  细 胞 连 接

细胞连接(cell junction)是多细胞生物组织中细胞与细胞或细胞与外基质之间形成的具有一定形态结构的联系结构。它是细胞间或细胞与外基质之间相互联系,协同作用的重要基础。根据行使功能的不同,细胞连接可分三大类。

(1) 封闭连接(occluding junction),紧密连接(tight junction)是其中的典型代表。

(2) 锚定连接(anchoring junction),又分为与中间纤维相关的锚定连接和与微丝相关的锚定连接。前者包括桥粒(desmosome)和半桥粒(hemidesmosome);后者主要有黏着带(adhesion)和黏着斑(focal adhesion)。

(3) 通信连接(communication junction),主要包括间隙连接(gap junction)、神经细胞间的化学突触(chemical synapse)和植物细胞中的胞间连丝(plasmodesmata)。

图 3-28 示动物细胞中主要几种类型的细胞连接。

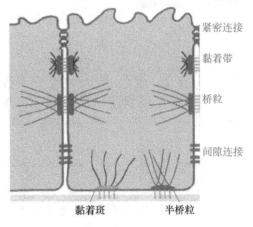

图 3-28   细胞的各种连接(Alberts et al. ,2002)

### 一、封闭连接

紧密连接又称封闭小带(zonula occluden),是封闭连接的主要形式。主要存在于脊椎动物上皮细胞以及表皮细胞之间的连接。

在电镜下可见紧密连接部分两相邻细胞膜外叶呈连续性融合(图 3-29),没有间隙。冷冻断裂复型技术显示出它是由围绕在细胞四周的焊接线网络而成。焊接线也称为嵴线,一般认为它由成串排列的特殊跨膜蛋白组成(图 3-30)。

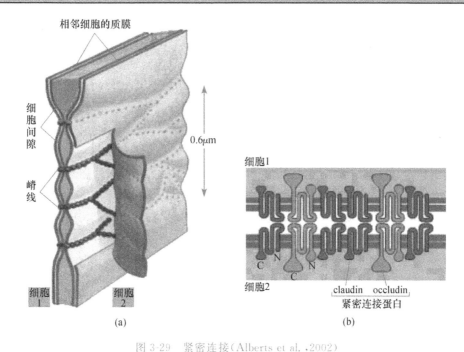

图 3-29　紧密连接(Alberts et al. ,2002)

(a) 嵴线将相邻细胞紧密焊接在一起;(b) 跨膜蛋白 claudin 和 occludin 是组成嵴线的主要蛋白成分

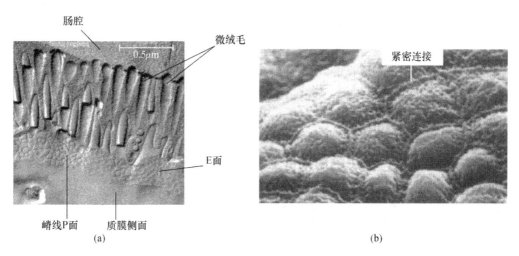

图 3-30　不同组织细胞间的紧密连接(Karp,2006;王金发,2003)

(a) 小肠上皮细胞间的紧密连接;(b) 肌细胞间的紧密连接

目前从紧密连接的嵴线中至少分离出两类蛋白:一类称为封闭蛋白(occludiu),相对分子质量为 $6.0 \times 10^4$,是跨膜 4 次的膜蛋白;另一类称为 claudin,也是跨膜 4 次的蛋白家族(现已发现 15 种以上)。不同类型的上皮细胞紧密连接嵴线数量不同,这与细胞对小分子的通透能力不同有关。如肾小管上皮细胞间的紧密连接只有 1~2 条嵴线,胰腺腺泡细胞有 3~4 条,而小肠上皮细胞则有 6 条以上。

紧密连接的主要作用是作为封闭相邻细胞间的接缝。上皮细胞的紧密连接位于细胞的侧壁,环绕在每个细胞的周围,这样就阻止了细胞外液中的大分子物质从细胞的一侧流向另一侧,迫使物质只能穿过细胞进入体内,从而保证了机体内环境的相对稳定。消化道上皮、膀胱上皮、脑毛细血管内皮以及睾丸支持细胞之间都存在紧密连接。后两者分别构成了脑血屏障和睾血屏障,能保护这些重要器官和组织避免或减轻受异物的侵害。紧密连接的另一种功能是防止膜蛋白的自由扩散,限制了膜蛋白在脂双分子层中的流动。

## 二、锚定连接

锚定连接是动物各组织广泛存在的一种细胞连接方式,在上皮组织、心肌和子宫颈等组织中含量尤为丰富。锚定连接通过黏着蛋白、整联蛋白和细胞骨架体系以及细胞外基质的相互作用,将相邻细胞连接在一起。锚定连接具有两种不同的形式:①与中间纤维相连的锚定连接主要包括桥粒和半桥粒;②与微丝相连的锚定连接主要包括黏着带和黏着斑。

构成锚定连接的蛋白可分为两类:①细胞内附着蛋白(intracellular attachment protein),将特定的细胞骨架成分(中间纤维或微丝)同连接复合体结合在一起;②跨膜连接的糖蛋白(transmembrane linker protein),其细胞内的部分与附着蛋白相连,细胞外的部分与相邻细胞的跨膜糖蛋白相互作用或与胞外基质相互作用。

### (一) 桥粒与半桥粒

桥粒存在于承受强拉力的组织中,如皮肤、口腔、食管等处的复层鳞状上皮细胞之间和心肌中。利用电镜观察桥粒处相邻细胞膜间的间隙约 30nm,在质膜的胞质在有一块厚度为 15～20nm 的盘状致密斑,中间纤维直接与其相连,相邻细胞的致密斑由跨膜连接糖蛋白相互连接,形成纽扣式的结构将相邻细胞铆接在一起(图 3-31)。

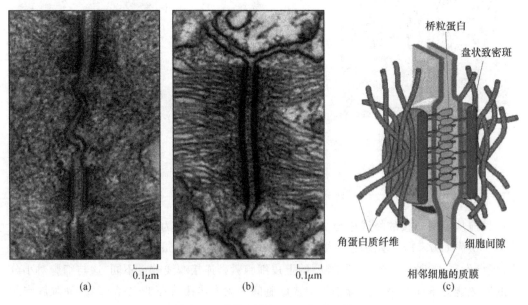

图 3-31 桥粒(Alberts et al. ,2002)

(a) 老鼠肠上皮细胞三个桥粒的电镜图;(b) 蝾螈表皮细胞桥粒的电镜图;(c) 桥粒结构模式图

参与桥粒连接的钙黏着蛋白有两种类型,分别称为桥粒芯蛋白(desmoglein)和桥粒芯胶黏蛋白(desmocollin)。它们均属于钙黏着蛋白(cadherin)。钙黏着蛋白是一种跨膜蛋白,属 $Ca^{2+}$ 依赖性的细胞黏着分子,所以这种连接也是钙依赖性的。与桥粒连接的中间纤维的成分因不同细胞类型而不同,如在上皮细胞中为角蛋白中间纤维,心肌细胞中为结蛋白中间纤维,大脑表皮细胞中为波形蛋白纤维。

桥粒的主要功能是维持上皮组织细胞的整体性,同时还增加了细胞的机械强度。如天疱疮——一种自我免疫疾病,就是丧失上皮细胞的桥粒连接而患上严重的皮肤水泡。

半桥粒主要位于上皮细胞的底面,将上皮细胞与其下方的基膜(basement membrane)连接在一起。在桥粒连接中如果跨膜糖蛋白的胞外结构域不是与另一细胞的跨膜蛋白相连,而是与细胞外基质相连,在形态上类似半个桥粒,则这种连接称为半桥粒(图3-32)。它与桥粒连接相比有两点不同:首先是参与连接的跨膜蛋白不是钙黏着蛋白而是整联蛋白(如 $\alpha_6\beta$);第二是整联蛋白的胞外结构域不是与相邻细胞的整联蛋白相连而是同细胞外基质相连。

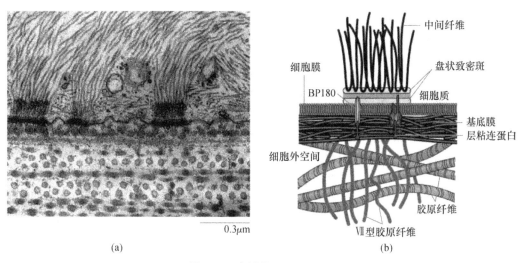

图 3-32　半桥粒(Karp,2002)
(a) 半桥粒电镜图;(b) 半桥粒结构模式图

半桥粒主要作用是把上皮细胞与其下方的基膜(basement membrane)连接在一起。

**(二) 黏着带与黏着斑**

黏着带位于上皮细胞紧密连接的下方,在相邻细胞间形成一个连续的带状结构(图3-33),起锚定微丝的作用。黏着带处相邻细胞膜的间隙为 $20\sim30nm$,介于紧密连接和桥粒之间,所以黏着带也被称为中间连接(intermediate junction)或带状桥粒(belt desmosome)。但从结构上看,与黏着带相连的纤维不是中间纤维,而是微丝。

参与黏着带形成的主要蛋白是钙黏着蛋白和肌动蛋白。钙黏着蛋白的胞外结构域同相邻细胞质膜上另一个钙黏着蛋白的胞外结构域相互作用,使相邻细胞互相连接,但并不融合,保留有 $20\sim30nm$ 的细胞间隙。钙黏着蛋白的细胞内结构域经细胞质斑(cytoplasmic plaque)中的蛋白质介导同微丝相连。细胞质斑中含有 $\alpha$-、$\beta$-、$\gamma$-连环蛋白($\alpha$-catenin,

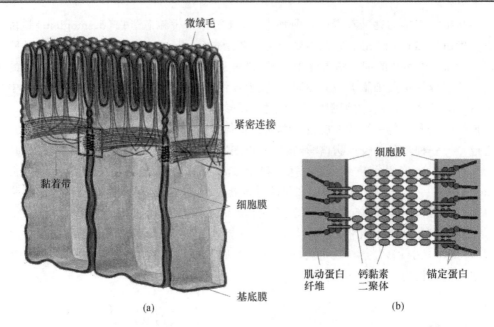

图 3-33　黏着带模式图（Alberts et al.，2002）

β-catenin，γ-catenin），黏着斑蛋白（vinculin），α-辅肌动蛋白，盘状球蛋白（plakoglobin）和
踝蛋白（talin）等。其中 β-连环蛋白直接与钙黏着蛋白的细胞质端相连，然后通过另一个
蛋白质介导与微丝相连。

　　黏着带的细胞质斑是一种松散的结构，其位置正好在细胞质膜的细胞质面，细胞质斑
起锚定微丝的作用。另外，推测在细胞质斑中可能还有其他能引起细胞信号转导的蛋白
质，通过某种方式引起细胞内一些应答反应。

　　黏着斑是微丝与细胞外基质之间的连接方式。这是与黏着带的根本区别，除此之
外还有其他一些不同之处：①参与黏着带连接的膜整合蛋白是钙黏着蛋白，而参与黏
着斑连接的是整联蛋白，即细胞外基质受体蛋白；②黏着带实际上是两个相邻细胞膜
上钙黏着蛋白与钙黏着蛋白的连接，而黏着斑连接是整联蛋白与细胞外基质中的纤粘
连蛋白的连接。

　　在黏着斑中，整联蛋白的细胞质部分同样由细胞质斑的介导同细胞骨架的微丝相连。
黏着斑也有细胞附着与支持的功能，体外培养的成纤维细胞通过黏着斑贴附在瓶壁上。

　　锚定连接较为复杂，涉及黏着蛋白较多，表 3-3 将锚定连接的各种方式进行总结比较。

表 3-3　斑块连接涉及的黏着蛋白质与细胞骨架

| 连接方式 | 跨膜黏着蛋白 | 胞外配体 | 胞内细胞骨架 | 细胞质斑蛋白 |
|---|---|---|---|---|
| 细胞与细胞 | | | | |
| 黏着带 | 钙黏着蛋白（E-钙黏着蛋白） | 相邻细胞的钙黏着蛋白 | 微丝 | α-和 β-连环蛋白、α-辅肌蛋白、桥粒斑珠蛋白 |
| 桥粒 | 钙黏着蛋白（桥粒芯蛋白、桥粒芯胶黏蛋白） | 相邻细胞桥粒芯蛋白质、桥粒芯胶黏蛋白 | 中间纤维 | 桥粒斑蛋白、桥粒斑珠蛋白 |

续表

| 连接方式 | 跨膜黏着蛋白 | 胞外配体 | 胞内细胞骨架 | 细胞质斑蛋白 |
|---|---|---|---|---|
| **细胞与基质** | | | | |
| 黏着斑 | 整联蛋白 | 细胞外基质蛋白 | 微丝 | 踝蛋白、黏着斑蛋白、$\alpha$-辅肌蛋白、细丝蛋白 |
| 半桥粒 | 整联蛋白 $\alpha_6\beta_4$ | 细胞外基质蛋白 | 中间纤维 | 网蛋白 |

资料来源:王金发,2003。

　　锚定蛋白对固定细胞,增强组织的强度具有重要作用。特别是细胞骨架的参与,使同一组织的细胞能够紧密地结合在一起。细胞中的中间纤维网络通过桥粒和半桥粒锚定在质膜上,加固了上皮细胞之间以及上皮细胞与其下方结缔组织之间的连接。桥粒与半桥粒如同铆钉一样,对上皮细胞及其下方结缔组织所承担的机械张力和剪力起了分散作用。而细胞质膜的肌动蛋白是细胞膜骨架的主要成分,这种骨架成分通过黏着带和黏着斑将相邻细胞的质膜或质膜与细胞外基质蛋白联系在一起,不仅增强了组织的机械强度(图3-34),更重要的是形成了组织网络和组织整体。

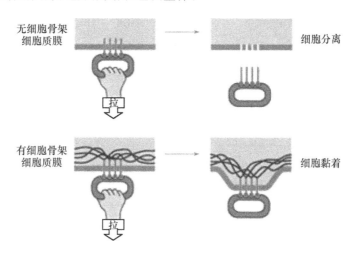

图3-34　细胞骨架在细胞黏着中的重要性(王金发,2003)

## 三、通信连接

　　通信连接是位于具有细胞间通信作用细胞间的特殊的细胞连接方式。它除了有机械的细胞连接作用外,还可以在细胞间形成电偶联或代谢偶联。动物与植物的通信连接方式不同,动物细胞的通信连接为间隙连接,而植物细胞的通信连接则是胞间连丝(plasmodesmate)。

### (一)间隙连接

　　间隙连接分布非常广泛,几乎所有的动物组织中都存在间隙连接,不同细胞的间隙连接单位由几个到 $10^5$ 个不等,这与细胞的功能有关。

## 1. 组成

构成间隙连接的基本单位称为连接子(connexon)。围成连接子的 6 个跨膜蛋白称为连接子蛋白(connexin)。实验证明,间隙连接的通道可以允许相对分子质量小于 $1 \times 10^3$ 的分子通过,如无机盐离子、氨基酸、核苷酸和维生素等有可能通过间隙连接的孔隙,而蛋白质、核酸、多糖等生物大分子一般不能通过。在连接子的中心形成一个直径约 1.5nm 的孔道。相邻细胞膜上的两个连接子对接形成一个间隙连接单位。因此间隙连接也称为缝隙连接或缝管连接。利用冰冻断裂法显示,许多连接单位往往成区域出现,其区域大小不一,最大者直径可达 $0.3\mu m$,利用密度梯度离心技术可将间隙连接存在区域的膜片分离下来(图 3-35)。

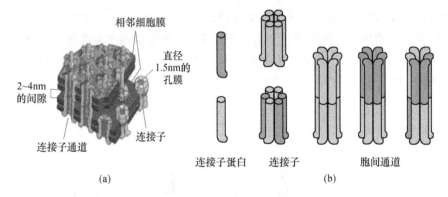

图 3-35 间隙连接的结构示意图(Alberts et al.,2002)

目前已分离得到 20 余种连接子蛋白,它们属于同一类蛋白家族,其相对分子质量为 $2.6 \times 10^4 \sim 6.0 \times 10^4$。其氨基酸序列具有相似的亲水性与疏水性分布,并具有相似的抗原性。然而不同类型细胞表达不同的连接子蛋白(多数细胞表达一种或几种),它们所装配的间隙连接的孔径与调控机制可能有所不同。连接子蛋白具有 4 个 α 螺旋的跨膜区,是该家族最保守的区域。间隙连接还具有很强的自我装配能力,当连接的细胞分开后连接子即解装配,但细胞相聚后连接子立即自动重新装配。

间隙连接的开关是可受调节的。影响间隙连接通透性的因素主要有 pH、$Ca^{2+}$ 浓度、电压及细胞外化学信号。当细胞质基质中的 pH 降低或 $Ca^{2+}$ 浓度增加时,间隙连接开放,此时的细胞质处于静息状态;当 $Ca^{2+}$ 浓度升高时,间隙连接的通道逐步缩小,$Ca^{2+}$ 浓度达到 $10^{-5}$mol/L 时,通道完全关闭。当将细胞质中的 pH 从 7.0 降低到 6.8 或更低,间隙连接的通道也会关闭。

## 2. 功能

间隙连接对细胞和有机体的生命活动有着重要的影响。

### 1) 代谢偶联

间隙连接能够允许小分子代谢物和信号分子通过是细胞代谢偶联的基础。例如,在体外培养条件下,把不能利用外源次黄嘌呤合成核酸的突变型成纤维细胞和野生型成纤维细胞共同培养,两种细胞都能吸收次黄嘌呤合成核酸。这说明,代谢物次黄嘌呤可以通过间隙连接从野生型成纤维细胞进入突变型成纤维细胞中。如果破坏细胞间的间隙连接,则突变型细胞即使与野生型细胞共同培养也不能利用次黄嘌呤合成核酸。

在细胞通信和信号传递中作为第二信使的 cAMP 和 $Ca^{2+}$ 都可以通过间隙连接从一个细胞进入相邻细胞中完成信号传递。在癌组织中,细胞间的间隙连接数目比正常组织显著减少,有人认为间隙连接起类似"肿瘤抑制因子"的作用。

2) 电突触

神经元之间或神经元与效应细胞(如肌细胞)之间通过突触(synapse)完成神经冲动的传导。突触可分为电突触和化学突触两种基本类型。电突触是指细胞间的某种间隙连接及其形成的低电阻通路,电冲动可直接通过间隙连接从突触前向突触后传导。电突触将细胞的电兴奋活动传递到相邻细胞的过程中不需要依赖神经递质或其他信号物质的参与。电传导的速度非常迅速,因此在保证细胞的反应速率和反应的严格同步化方面有着重要意义,如龙虾在外界刺激后 15ms 内即可做出反应,就是利用间隙连接来快速实现的。而化学突出由于依赖于神经递质的传递而表现为延迟。

间隙连接可使细胞形成电偶联(electrical coupling),在协调心肌细胞的收缩,保证心脏正常跳动和收缩节律的同步化,以及控制小肠蠕动等过程中也都起着重要作用。

产于南美洲和非洲的一些河流和湖泊中的电鳗和电鲶,以电击捕食小动物。它们的体内具有大量兴奋细胞构成的电器官,放电时电压分别可达 800V 和 400~450V。Bennett 发现,当刺激感应电器官的脊髓运动细胞时,电器官的所有神经元被同时激活,同步放电,这种同步冲动的传递即是通过间隙连接实现的。

化学突触是存在于可兴奋细胞间的一种连接方式(图 3-36)。信息传递过程中,当神经冲动传到突触前膜时,突触小泡释放神经递质,为突触后膜的受体(配体门通道)接受,引起突触后膜离子通透性改变,膜去极化或超极化。化学突触是一个将电信号转化为化学信号,再将化学信号转化为电信号的过程,因此表现出动作电位在传递中的延迟现象。化学突触和电突触共同完成可兴奋细胞之间的信号传递。

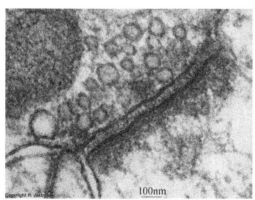
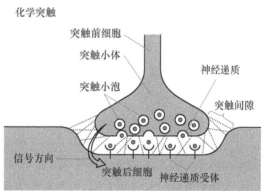

图 3-36　化学突触的电镜图与结构示意图(Alberts et al.,2002)

3) 细胞分化

在胚胎发育过程中间隙连接会在特定时间和细胞内出现和消失。间隙连接出现在脊索动物和大多数无脊椎动物胚胎发育的早期,如在小鼠的胚胎八细胞阶段,细胞之间普遍建立了电偶联,但是当细胞开始分化后,不同细胞群之间的电偶联逐渐消失。有一种假说认为:在胚胎发育的一定阶段,某种小分子物质可通过间隙连接从高浓度区域移到低浓度区域,从而在一群细胞之间建立一个平缓的浓度梯度。这种区域性的浓度梯度向这群细胞提供了它们自身的"位置信息",可以让它们根据其在胚胎中的位置而调控其分化方向。

(二) 胞间连丝

由于细胞壁的存在,植物无法形成紧密连接和间隙连接,也不需要形成锚定连接,但植物细胞间仍然需要通信。胞间连丝是由穿过细胞壁的质膜围成的细胞质通道,直径为20~40nm,存在于所有高等植物的活细胞之间,是植物细胞间特有的通信连接结构。其功能类似于动物细胞的间隙连接。

胞间连丝通道中有一由膜围成的筒状结构,称为连丝微管(desmotubule)。连丝微管由光面内质网特化而成,管的两端各与一个细胞中的内质网相连。连丝微管与胞间连丝的质膜之间,填充有细胞质溶质(cytochyma,胞液)构成的环带。环带的两端狭窄,可能用以调节细胞间的物质交换。正常情况下,胞间连丝是在细胞分裂时形成的,然而在非姐妹细胞之间也存在胞间连丝,而且在细胞生长过程中胞间连丝的数目还会增加。在一些分泌旺盛的细胞中,胞间连丝的数目可达 15 个$/\mu m^2$,而一般细胞中约为 1 个$/\mu m^2$。因此植物体细胞可看作是一个大的合胞体(syncytium)(图 3-37)。

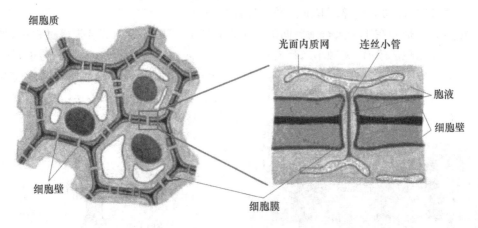

图 3-37　植物细胞之间胞间连丝结构示意图(Alberts et al. ,2002)

胞间连丝形成了物质在相邻细胞间运输的通道。正常情况下,胞间连丝可以允许相对分子质量为 $1\times10^3$、半径 0.7~0.8nm 以下的分子自由通过,也能让离子自由通过。但是在有些组织的细胞间即使是很小的分子(如染料分子)也不能通过胞间连丝。最近人们用绿色荧光蛋白标记技术发现,在烟草叶肉组织的发育过程中,早期细胞间的胞间连丝可允许相对分子质量为 $5.0\times10^4$ 的蛋白通过,而在成熟细胞中,胞间连丝呈分枝状,只能允许通过相对分子质量为 400 的物质。通过胞间连丝的分子运输也受到 $Ca^{2+}$ 浓度的调节,因此具有植物信号传递作用。

另外与间隙连接不同的是,胞间连丝的孔能够扩张,允许大分子,包括蛋白质和 RNA 分子通过。胞间连丝在植物细胞分化中也起一定的作用。在高等植物中,顶端分生组织的细胞分化与胞间连丝的分布有着相应的关系,随着细胞的生长和延长,侧壁上的胞间连丝逐渐减少,而横壁上的却仍保持很多。很多植物病毒编码一种特殊的运动蛋白(movement protein),大多相对分子质量在 $3.0\times10^4$ 左右,可以使胞间连丝的通透性增大而使病毒蛋白和核酸通过胞间连丝从而感染相邻的细胞。例如,烟草花叶病毒可通过其自身的 $P_{30}$ 运动蛋白调节胞间连丝孔径,使病毒粒子从一个细胞进入另一个细胞。而 $P_{30}$ 蛋白缺陷突变株则不能完成对植株的感染。

植物相邻细胞间的核物质和染色质可经胞间连丝穿壁,Gates(1911)把这一现象称为细胞交融(cytomixis)。我国有的学者发现,植物细胞核有核穿壁现象,穿壁的通路为胞间连丝。

以上我们讨论了三大类共 7 种细胞连接方式,现将它们的主要功能和特点等总结见表 3-4。

表 3-4　细胞连接的方式与特点

| 连接类型 | 功能 | 特征 | 膜间间隙 | 相关结构 |
|---|---|---|---|---|
| 封闭连接 | | | | |
| 紧密连接 | 封闭细胞空间 | 沿着嵴进行膜连接 | 无间隙 | 跨膜连接蛋白 |
| 锚定连接 | | | | |
| 黏着带 | 细胞-细胞黏着连接 | 形成连续的黏着带 | 20～30nm | 与微丝相连 |
| 黏着斑 | 细胞-ECM 黏着连接 | 形成连续的黏着点带 | 20～30nm | 与微丝相连 |
| 桥粒 | 细胞-细胞黏着连接 | 形成局部的黏着点 | 30nm | 与中间纤维相连 |
| 半桥粒 | 细胞-基膜黏着连接 | 形成局部的黏着点 | 30nm | 与中间纤维相连 |
| 通信连接 | | | | |
| 间隙连接 | 动物细胞间离子和分子的交换 | 连接子(具有 1.5nm 孔径的跨膜蛋白) | 2～4nm | 两个细胞通过各自的连接子对接形成通道 |
| 胞间连丝 | 植物细胞间的物质交换 | 两细胞间形成直径为 20～40nm 通道 | 无间隙 | 内质网穿过两细胞壁 |

资料来源:王金发,2003。

### 四、细胞表面的黏着因子

在胚胎发育过程中,具有相同表面分子特征的细胞通过识别并黏着在一起形成三个不同胚层:内胚层、中胚层和外胚层。在器官形成过程中,同样通过细胞识别与黏着使具有相同表面分子特征的细胞聚集在一起形成不同的组织和器官。将两栖动物早期胚胎的外胚层和中胚层细胞解离为单细胞后再混合培养,这些细胞最初形成一个混合的细胞聚合体,然后同种类型的细胞互相识别聚合,从其他类型的细胞中分选出来。最终形成外胚层细胞在外侧,中胚层细胞在内侧的排列方式,这种排列方式与胚胎细胞的排列方式一致。同种组织类型的细胞的黏着甚至超越种的差异,如鼠肝细胞倾向于与鸡肝细胞粘连而不与鼠肾细胞黏着。这种在细胞识别的基础上,同类细胞发生聚集形成细胞团或组织的过程叫细胞黏着(cell adhesion)。参与细胞黏着的分子称为细胞黏着分子(cell adhesion molecule,CAM)。细胞黏着分子都是跨膜糖蛋白,目前高等动物的细胞黏着分子已发现上百种。多数细胞黏着分子的作用依赖于二价阳离子(如 $Ca^{2+}$ 和 $Mg^{2+}$)。细胞黏着分子由三部分组成:①胞外区。肽链的 N 端部分,带有糖链,负责与配体的识别;②跨膜区。多为一次跨膜,并以二聚体或多聚体形式存在行使功能;③胞质区。肽链的 C 端部分,一般较小,或与质膜下的骨架成分直接相连,或与胞内的化学信号分子相连以活化信号转导途径。

细胞黏着分子大致可分为五大家族:钙黏蛋白、选择素、免疫球蛋白超家族、血细胞整联蛋白和整联蛋白(表 3-5)。细胞黏着分子的相互作用方式有三种模式(图 3-38):①同种细胞黏着分子间的相互识别与结合(同亲型结合);②不同种细胞黏着分子间的相互识别与结合(异亲型结合);③相同细胞黏着分子借助细胞外的连接分子相互识别与结合。

表 3-5 细胞中主要的黏着因子家族

| 细胞连接类型 | 主要成员 | $Ca^{2+}$ 或 $Mg^{2+}$ 依赖性 | 胞内骨架成分 | 与细胞连接关系 |
| --- | --- | --- | --- | --- |
| 钙黏蛋白 | E、N、P 钙黏蛋白 | + | 微丝 | 黏着带 |
| | 桥粒-钙黏蛋白 | + | 中间纤维 | 桥粒 |
| 选择素 | P-选择素 | + | | |
| 免疫球蛋白超家族 | N-细胞黏因子 | — | | |
| 血细胞整联蛋白 | $\alpha_1\beta_2$ | + | 微丝 | — |
| 整联蛋白 | 约 20 种类型 | + | 微丝 | 黏着斑 |
| | $\alpha_6\beta_1$ | + | 中间纤维 | 半桥粒 |

资料来源:翟中和等,2000。

同亲结合    异亲结合    借助连接分子相互结合

图 3-38 细胞黏着分子之间的作用模式(Alberts et al.,2002)

## (一)钙黏蛋白

钙黏蛋白(cadherin)属同亲型结合的细胞黏着分子,其作用依赖于 $Ca^{2+}$。已鉴定的钙黏蛋白有 30 余种,分布于不同组织(表 3-6)。钙黏蛋白的命名常以其主要分布组织的英文字首为冠。

表 3-6 钙黏着蛋白超家族中某些成员及功能

| 黏着蛋白 | 细胞分布 | 连接功能 | 在小鼠中失活引起的表型 |
| --- | --- | --- | --- |
| E-钙黏着蛋白 | 表皮组织 | 黏着连接 | 胚泡期死亡;不能形成致密的胚 |
| N-钙黏着蛋白 | 神经元、心脏、肺、骨骼肌、成纤维细胞 | 黏着连接 | 胚胎因心脏缺陷而死亡 |
| P-钙黏着蛋白 | 胎盘、表皮、乳腺上皮细胞 | 黏着连接 | 腺体发育不正常 |
| VE-钙黏着蛋白 | 内皮细胞 | 黏着连接 | 血管发育不正常(内皮细胞程序性死亡) |

资料来源:王金发,2003。

钙黏蛋白的分子由 720～750 个氨基酸残基组成。分子同源性很高，有 50%～60% 的一级序列相同，胞外部分的肽链折叠成 5～6 个重复结构域（cadherin repeat），$Ca^{2+}$ 结合在重复结构域之间，赋予钙黏蛋白分子刚性和强度。$Ca^{2+}$ 结合越多，钙黏蛋白刚性越强，反之，则刚性越弱（图 3-39）。阳离子螯合剂 EDTA 能破坏 $Ca^{2+}$ 或 $Mg^{2+}$ 依赖性的细胞黏着就是这个道理。胞质部分是最高度保守的区域，参与信号转导。钙黏蛋白通过不同的细胞质斑蛋白分子与细胞骨架成分相连（图 3-40）。

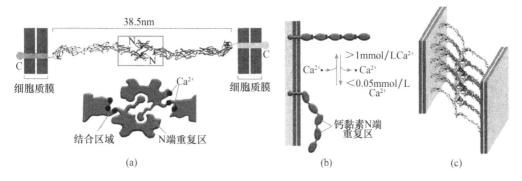

图 3-39 钙黏蛋白的结构与功能（Alberts et al.，2008）

钙黏蛋白的主要生物学功能表现在以下几个方面：

（1）介导细胞连接。在成年脊椎动物中，E-钙黏蛋白是保持上皮细胞相互黏着的主要 CAM，也是黏着带的主要构成成分。在很多癌组织中 E-钙黏蛋白减少或消失，致使癌细胞易脱落，从而造成转移。因而有人将 E-钙黏蛋白视为转移抑制因子。另外桥粒中也含有钙黏蛋白，分别为桥粒芯蛋白和桥粒芯胶黏蛋白。

（2）参与细胞分化。钙黏蛋白对于胚胎细胞的早期分化及成体组织（尤其是上皮及神经组织）的构筑有重要作用。在不同细胞之间通过表达不同数量和种类的钙黏蛋白来影响细胞的分化以及组织和器官的形成（表 3-6）。

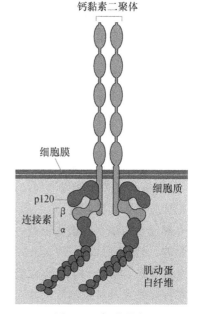

图 3-40 钙黏蛋白
（Alberts et al.，2002）

**（二）选择素**

选择素（selectin）属异亲型结合的细胞黏着分子，其作用同样依赖于 $Ca^{2+}$，其胞外部分具有高度保守的与其他细胞表面特异的寡糖链末端糖基配体相识别的凝集素（lectin）样结构域（图 3-41）。选择素主要参与白细胞与血管内皮细胞之间的识别与黏着，引导白细胞穿过血管内表皮到达炎症部位。已知的选择素有三种：P（platelet）选择素、E（endothelial）选择素和 L（leukocyte）选择素。

P 选择素贮存于血小板的 α 颗粒及内皮细胞的 Weibel-Palade 小体。炎症发生时活化的内皮细胞表面首先出现了 P 选择素，随后出现 E 选择素，它们对于召集白细胞到达

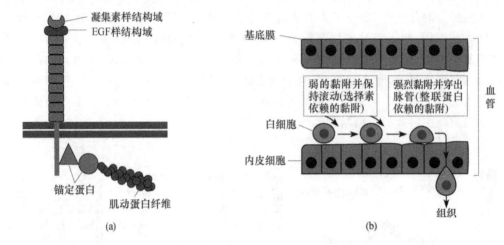

图 3-41　选择素的结构与功能（Alberts et al. , 2002）

(a) P 选择素的结构示意图；(b) 选择素与整联蛋白对白细胞的作用方式

炎症部分具有重要作用。

E 选择素存在于活化的血管内皮细胞表面，炎症组织释放的白细胞介素-1(IL-1)及肿瘤坏死因子(TNF)等细胞因子可活化脉管内皮细胞，刺激 E 选择素的合成。

L 选择素广泛存在于各种白细胞的表面，参与炎症部位白细胞的出脉管过程。白细胞表面 L 选择素分子上的 sleA 与活化的内皮细胞的 P 选择素及 E 选择素之间的识别与结合，可召集血液中快速流动的白细胞在炎症部位的脉管内皮上减速滚动，通过不断地黏附—分离—再黏附的过程停留下来，同时活化其他的黏着因子，最终穿过血管进入炎症部位。

(三) 免疫球蛋白超家族

免疫球蛋白超家族(Ig-superfamily, Ig-SF)的分子结构中含有免疫球蛋白(Ig)样结构域(图 3-42)(免疫球蛋白样结构域系指二硫键维系的两组反向平行 β 折叠结构)。它们的配体分子皆为整联蛋白，一般不依赖于 $Ca^{2+}$。不依赖于 $Ca^{2+}$ 的免疫球蛋白超家族分子介导同亲型结合的细胞黏着，如各种神经细胞黏着分子(NCAM)；有的介导异亲性细胞黏着，如胞间黏着分子(ICAM)及脉管细胞黏着分子(VCAM)。不同的 NCAMs 由单一基因编码，但由于其 mRNA 剪接不同和糖基化各异而产生 20 余种不同的 NCAM，它们在神经发育及神经细胞间相互作用上有重要作用。ICAM 和 VCAM 在活化的血管内皮细胞表达。炎症时它们在选择素作用之后与白细胞表面的整联蛋白结合使白细胞固着于炎症部位的脉管内表皮，并发生铺展，进而分泌水解酶穿出脉管。

(四) 整联蛋白

整联蛋白(integin)是大多数基质蛋白(如胶原、纤连蛋白和层粘连蛋白等)的受体(图 3-43)，大多数为异亲型结合，其作用依赖于 $Ca^{2+}$，普遍存在于脊椎动物细胞表面。整联蛋白是由 α 和 β 两个亚基形成的异源二聚体糖蛋白。迄今已发现 16 种 α 亚单位和 9 种 β

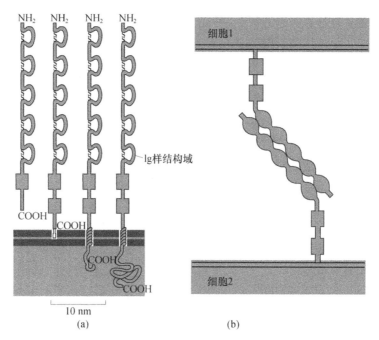

图 3-42　细胞黏着蛋白 NCAM(Alberts et al. ,2002)

(a) NCAM 的四种形式；(b) NCAM 同亲型黏附介导了细胞的连接

亚单位。它们按不同的组合构成 20 余种整联蛋白。

整联蛋白可与不同的配体结合，介导细胞与基质、细胞与细胞之间黏着。整联蛋白识别的主要部位是配体上的 Arg—Gly—Asp(RGD)三肽结构。RGD 三肽序列也是细胞识别的最小结构单位。

整联蛋白通过与细胞骨架相互作用介导细胞与细胞外基质的黏着。例如，在血液凝固过程中，血小板结合受损血管或被其他可溶性信号分子作用后引起细胞内信号的传递，诱导血小板膜上的 $\alpha_{IIb}\beta_3$ 整联蛋白构象发生改变而被激活。活化的整联蛋白与血液凝固蛋白——纤维蛋白原结合后导致血小板彼此黏着在一起形成血凝块。动物实验表明，含 RGD 序列可竞争性地阻止血小板整联蛋白与血液蛋白结合，从而预防血凝块的形成。这一发现使人们设计出一种新的非肽类抗血凝块药物 Aggrastat，他们类似于 RGD 的结构但只与血小板整联蛋白结合。可针对 $\alpha_{IIb}\beta_3$ 整联蛋白的特异性抗体(ReoPrO)，防止接受高风险血管外科手术患者的血栓形成。在与配体识别和结合之前整联蛋白往往需要活化，发生构象改变，因此整联蛋白在细胞内外信号转导中起十分重要的作用。整联蛋白与其他细胞

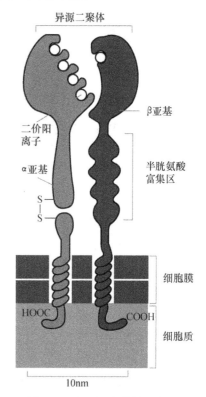

图 3-43　整联蛋白结构示意图

(Alberts et al,2002)

表面信号受体通过多种协同方式刺激细胞产生多种应答。如整联蛋白与生长因子受体共同作用,调节细胞生长、增殖和凋亡等重要生命活动。

# 第三节　细胞外基质

细胞外基质(extracellular matrix,ECM)是指分布于细胞外空间,由细胞分泌的蛋白质和多糖所构成的网络结构(图 3-44)。在动物组织中,细胞外基质与细胞膜上的受体结合,同细胞建立联系,将细胞黏着在一起形成组织。细胞外基质形成一个细胞外的支持与连接结构。同时对细胞分化、增殖、形状、迁移和功能活动产生重要影响。组成细胞外基质的主要物质有多糖和纤维蛋白。多糖包括氨基聚糖(glycosaminoglycan,GAG)和蛋白聚糖(proteoglycan,PG),两者均具有高度亲水性,从而赋予胞外基质抗压的能力。纤维蛋白在功能上可分为两种,一种是起结构作用的胶原(collagen)和弹性蛋白(elastin),分别赋予胞外基质强度和韧性;另一种是起黏着作用的有层粘连蛋白(laminin)和纤连蛋白(fibronectin),他们含有 RGD 等多个识别结合位点,有助于细胞粘连到胞外基质上。

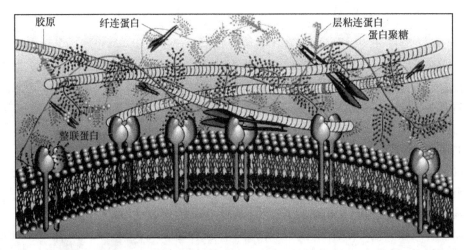

图 3-44　细胞外基质主要成分与结构示意图(Karp,2002)

植物体的组织结构与动物差别很大,它不具有动物组织那样的细胞外基质,但植物细胞的细胞壁相当于细胞外基质。

## 一、糖胺聚糖和蛋白聚糖

### (一)糖胺聚糖

**1. 分子结构**

糖胺聚糖(glycosaminoglycan,GAG)是由重复的二糖单位构成的长链多糖,其二糖单位之一是氨基己糖(氨基葡萄糖或氨基半乳糖),故名糖胺聚糖,也称为氨基聚糖。另一糖残基为糖醛酸,即葡萄糖醛酸或艾杜糖醛酸,但也有例外,如硫酸角质素以半乳糖代替了糖醛酸。

糖胺聚糖的多糖链不能弯曲,呈充分展开构象,具有高度亲水性,而且糖基通常带有硫酸基团或羧基,因此糖胺聚糖带有大量负电荷,可吸引大量阳离子(如 $Na^+$),这些阳离子再结合大量水分子,像海绵一样吸水产生膨胀压,由此胞外基质同样获得了很高的膨胀压,从而赋予胞外基质抗压的能力。

糖胺聚糖依据其糖残基性质、连接方式、硫酸基数量及位置的不同,可分为五类:①透明质酸(hyaluronic acid);②软骨素和硫酸软骨素类(chondroitin sulfate);③硫酸皮肤素(dermatan sulfate);④硫酸角质素(keratan sulfate);⑤肝素和硫酸乙酰肝素(heparan sulfate)。具体包括 8 种类型见表 3-7。

表 3-7　糖胺聚糖的种类与分布

| 种类 | 二糖单元 | 二糖单元中硫酸基数 | 分布 |
| --- | --- | --- | --- |
| 透明质酸 | D-葡萄糖醛酸、N-乙酰-D-葡萄糖胺 | 0 | 结缔组织、滑液、玻璃体液、骨、软骨 |
| 软骨素 | D-葡萄糖醛酸、N-乙酰-D-半乳糖胺 | 0 | 软骨、角膜 |
| 4-硫酸软骨素 | D-葡萄糖醛酸、N-乙酰-D-半乳糖胺-4-硫酸 | 0.2～1.0 | 骨、软骨、结缔组织 |
| 6-硫酸软骨素 | D-葡萄糖醛酸、N-乙酰-D-半乳糖胺-6-硫酸 | 0.2～2.3 | 骨、软骨、结缔组织 |
| 硫酸皮肤素 | L-艾杜糖醛酸、N-乙酰-D-半乳糖胺-4-硫酸 | 1.0～2.0 | 骨、皮肤、血管、心瓣膜 |
| 硫酸角质素 | D-半乳糖酸、N-乙酰-D-半乳糖胺-6-硫酸 | 0.9～1.8 | 软骨、角膜、椎间盘 |
| 肝素 | D-葡萄糖醛酸、D-葡萄糖胺、L-艾杜糖醛酸、D-葡萄糖胺 | 2.0～3.0 | 肺、肝、皮肤和小肠黏膜 |
| 硫酸乙酰肝素 | 同肝素,但分子小,硫酸化程度低 | 0.2～3.0 | 肺、动脉壁 |

资料来源:韩贻仁,2001。

### 2. 透明质酸

透明质酸(图 3-45)是一种重要的糖胺聚糖,与其他糖胺聚糖相比,透明质酸不被硫酸化,而且通常不与任何核心蛋白(core protein)共价连接。且细胞外基质中的透明质酸不是由细胞分泌产生的,而是由细胞膜中的酶复合物直接从细胞表面聚合出的分子链。透明质酸存在于动物所有组织和体液中,在早期胚胎组织中特别丰富,是增殖细胞和迁移细胞胞外基质的主要成分,同时也是蛋白聚糖的主要结构组分。透明质酸在结缔组织中起强化、弹性和润滑作用。

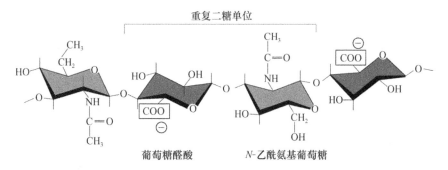

图 3-45　透明质酸的二糖重复序列(Alberts et al.,2002)

透明质酸分子同其他糖胺聚糖分子一样带有大量负电荷吸引阴离子,结合大量水分子,使胞外基质吸水膨胀,赋予结缔组织抗压能力。在胚胎发育中透明质酸起空隙填充物作用,使组织结构保持一定的形状。另外,透明质酸形成的水合空间有利于细胞间彼此分离,有利于细胞运动迁移和增殖并阻止分化。当细胞迁移停止或增殖一定数量后,透明质酸被水解。透明质酸是关节液的重要成分,起润滑关节的作用。在伤口处有大量透明质酸合成,促进伤口愈合。

### (二) 蛋白聚糖

**1. 分子结构**

蛋白聚糖(proteoglycan,PG)见于所有结缔组织和细胞外基质及许多细胞表面,是由糖胺聚糖和核心蛋白(core protein)的丝氨酸残基共价连接形成的巨分子,其含糖量可达90%～95%。蛋白聚糖的一个显著特点是多态性,可以含有不同的核心蛋白以及长度和成分不同的多糖链。数以百计的糖胺聚糖通过特异的连接四糖(link tetraccharide)与核心蛋白连接形成蛋白聚糖,在很多组织中,蛋白聚糖以单分子形式存在,但在软骨组织中,蛋白聚糖再通过连接蛋白(linker protein)以非共价键与透明质酸结合形成多聚体(图 3-46)。

**2. 生物合成**

蛋白聚糖的核心蛋白肽链由糙面内质网上的核糖体合成,随之进入内质网腔。在高尔基体中多糖链装配到核心蛋白上,首先是一个专一的连接四糖(link tetrasaccharide)(—木糖—半乳糖—半乳糖—葡萄糖醛酸—)连接到核心蛋白的丝氨酸残基上,然后在糖基转移酶(glycosyl transferase)的作用下,糖基依次接上去,形成糖胺聚糖链。聚合的糖基需经硫酸化和差向异构化(epimerization),最后由高尔基体形成分泌小泡经胞吐作用分泌到细胞外基质中。

**3. 生物学功能**

蛋白聚糖同样带有大量负电荷,具有极大的亲水性,可大量吸水,提高细胞外基质的

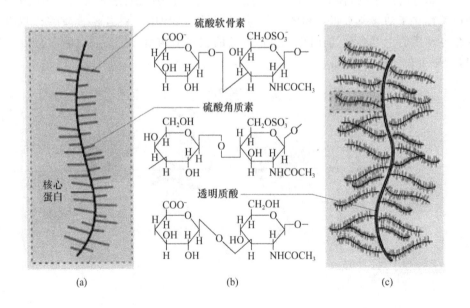

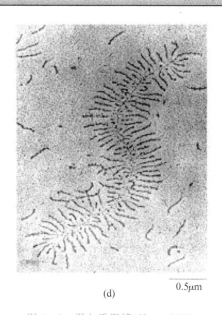

(d)

0.5μm

图 3-46 蛋白质聚糖(Karp,2002)

(a)、(b) 蛋白聚糖构成的模式图;(c) 某些糖胺聚糖的分子式;(d) 软骨中的蛋白聚糖电镜照片

抗压能力。蛋白聚糖与胶原纤维连接形成细胞外的纤维网络结构,对于提高细胞外基质的连贯性起关键作用,并为细胞黏着提供了黏着位点。此外蛋白聚糖还与细胞间的信号传递、细胞分化以及细胞癌变有关。

## 二、胶原

### 1. 分子结构

胶原(collagen)是细胞外基质中最主要的水不溶性纤维蛋白,也是多细胞动物内含量最丰富的蛋白质,占其蛋白总量的 25% 以上。目前已发现的胶原类型多达 20 种。几种常见的胶原类型及其特性见表 3-8。Ⅰ~Ⅲ型胶原含量最丰富,形成类似的纤维结构。Ⅳ型胶原和Ⅶ型胶原为网络形成胶原(network-forming collagen)。Ⅳ型胶原分子形成二维网格结构,是形成基膜的主要成分及支架。Ⅶ型胶原分子形成二聚体,装配成了锚定纤维(anchoring fibril),将复层上皮的基膜与下方的结缔组织连接起来,因而Ⅶ型胶原在皮肤中特别丰富。

表 3-8 几种胶原的特性和组织分布

| 类别 | 类型 | 分子式 | 聚合形式 | 组织分布 |
| --- | --- | --- | --- | --- |
| 形成原纤维 | Ⅰ | $[\alpha1(Ⅰ)]_2\alpha2(Ⅰ)$ | 原纤维 | 骨、皮肤、腱、韧带、角膜内部器官 |
| | Ⅱ | $[\alpha1(Ⅱ)]_3$ | 原纤维 | 软骨、椎间盘、脊索、眼中玻璃状液 |
| | Ⅲ | $[\alpha1(Ⅲ)]_3$ | 原纤维 | 疏松结缔组织 |
| | Ⅴ | $[\alpha1(Ⅴ)]_2\alpha2(Ⅴ)$ | 原纤维(结合Ⅰ型) | 皮肤、血管、内部器官 |
| | Ⅺ | $\alpha1(Ⅺ)\alpha2(Ⅺ)\alpha3(Ⅺ)$ | 原纤维(结合Ⅱ型) | 同Ⅰ型 |

续表

| 类别 | 类型 | 分子式 | 聚合形式 | 组织分布 |
|---|---|---|---|---|
| 结合原纤维 | IX | α1(IX)α2(IX)α3(IX)结合II型原纤维 | 侧链 | 同II型 |
| | XII | [α1(XII)]₃ | 侧链 | 软骨 |
| 形成网络 | IV | [α1(IV)]₂α2(IV) | 片层网络 | 腱、韧带、其他组织基膜 |
| | VII | [α1(VII)]₃ | 锚定原纤维 | 复层鳞状上皮下方 |

资料来源：王金发，2003。

胶原纤维的基本结构单位是原胶原。原胶原是由三条多肽链盘绕成的三股螺旋结构，长 300nm，直径 1.5nm。原胶原肽链的一级结构具有 Gly—X—Y 重复序列，X 常为脯氨酸(Pro)，Y 常为羟脯氨酸(Hypro)或羟赖氨酸(Hylys)，因此原胶原肽链的氨基酸组成中，甘氨酸含量占 1/3，脯氨酸及羟脯氨酸约占 1/4。胶原肽链的 Gly—X—Y 序列对形成胶原纤维的高级结构是非常重要的。胶原对于氨基酸残基突变，尤其是 Lys 残基的突变是高度敏感的，突变会导致三股螺旋形成障碍。

原胶原蛋白分子呈相差 1/4 交替平行排列(图 3-47)，并且在同一直线上的一个原胶原分子的头部与下一个原胶原分子的尾部有一个小的间隙分隔。用电镜观察发现胶原纤维上每隔 64～67nm 会出现周期性横纹。平行排列的分子通过原胶原分子 N 端与相邻原胶原分子 C 端的赖氨酸或羟赖氨酸间形成共价键加以稳定。

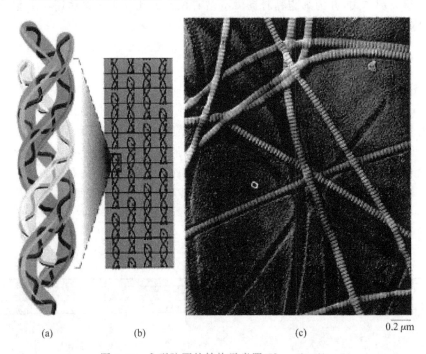

(a)　　　　　　(b)　　　　　　(c)　　　　　　0.2 μm

图 3-47　I 型胶原的结构示意图(Karp，2002)

(a) 三条前 α 链组成前胶原分子；(b) 原胶原分子呈 1/4 交替平行排列；(c) 胶原纤维电镜图

## 2. 生物合成

前胶原(procollagen)是原胶原的前体的分泌形式。最初合成的多肽链为前 α 链

(pro-α-chain),除在氨基端带有信号肽序列外,还具有 150 个氨基酸残基的 N 端前肽
(propeptide)和 250 个氨基酸残基的 C 端前肽。在内质网腔内,前肽链中的脯氨酸和赖
氨酸残基分别被羟基化。三条前 α 链在羟基形成的氢键作用下形成三股螺旋的前胶原分
子。前胶原的修饰与装配过程开始于内质网,完成于高尔基体,然后通过高尔基体分泌到
细胞外,在两种专一性不同的蛋白水解酶作用下,分别切去 N 端前肽和 C 端前肽,成为原
胶原。两端各保留一段非螺旋区域,称为端肽区(telopeptide region)。原胶原进而装配
成束,即胶原(collagen)纤维束。

**3. 生物学功能**

　　胶原在细胞外基质中含量最高,刚性及抗张力强度最大,是构成细胞外基质的骨架结
构的主要成分。在不同组织中,胶原纤维装配成不同形式,细胞外基质中的其他组分通过
与胶原结合形成结构与功能的复合体以适应特定功能的需要。胶原具有促进细胞生长的
作用,如肝细胞、角膜内皮细胞、乳腺上皮细胞的表皮细胞等在有胶原底物时生长较快,且
维持生活状态时间长。在细胞分化中,胶原基质或提纯胶原底物具有维持并诱导细胞分
化的作用,如成肌细胞在没有成纤维细胞出现时不能形成肌管,但在培养基中加入胶原基
质或提纯胶原底物就能很快分化出肌管。

### 三、弹性蛋白

　　弹性蛋白(elastin)是弹性纤维(elastic fiber)的主要成分,是高度疏水的非糖基蛋白,
约含 830 个氨基酸残基,富含甘氨酸,很少含羟脯氨酸,不含羟赖氨酸。弹性蛋白分子间
交联复杂,其构象呈无规则卷曲状态,通过 Lys 残基相互交联成网状结构(图 3-48)。

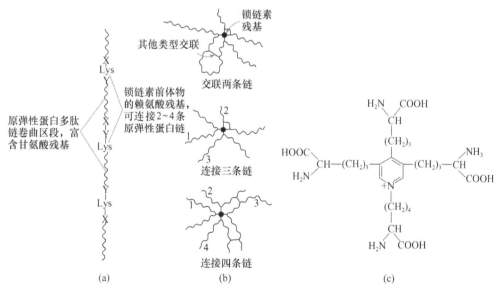

图 3-48　弹性蛋白分子及其交联成多肽链网的形式示意图(韩贻仁,2001)

(a)原弹性蛋白的一个片段;(b)原弹性蛋白分子通过锁链素交联成富有弹性的立体网;

(c)锁链素分子结构,它是弹性蛋白中所特有的一种蛋白质,可同四个赖氨酸残基的 R 基结合,构成环状

　　组成弹性蛋白的亚单位——原弹性蛋白,是由成纤维细胞和平滑肌细胞合成并释放

到细胞外的。在弹性纤维表面,经赖氨酸氧化酶的催化原弹性蛋白中的赖氨酸转化成了醛,从而变成了弹性蛋白所特有的氨基酸——异锁链素(isodesmosine)和锁链素(desmosine)(其中心环由四个赖氨酸残基的 R 基交联形成),这也是由原弹性蛋白聚合而成的弹性蛋白的网络具有多方向伸缩性能的主要原因。

由弹性蛋白装配成的弹性纤维具有很强的弹性,类似于橡皮筋,被拉长后可自动恢复卷曲状态,使组织富有弹性(图 3-49)。在结缔组织中,胶原纤维与弹性纤维共同作用分别赋予组织抗张性和弹性。有些器官和组织(如皮肤、大动脉血管、肺、韧带)需要很强的弹性,在受到外力牵拉后可随即恢复原有状态,它们的结缔组织中弹性纤维特别丰富,故称为弹性结缔组织。

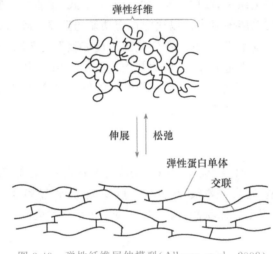

图 3-49　弹性纤维屈伸模型(Alberts et al.,2002)

### 四、层粘连蛋白和纤连蛋白

#### (一)层粘连蛋白

层粘连蛋白(laminin,LN)存在于各种动物的胚胎及成体组织的基膜中,是基膜的主要成分之一。层粘连蛋白是一个大分子糖蛋白(相对分子质量为 $8.20\times10^5$),由一条重链($\alpha$ 链,相对分子质量为 $4.00\times10^5$)和两条轻链($\beta$ 链,相对分子质量为 $2.15\times10^5$;$\gamma$ 链,相对分子质量为 $2.05\times10^5$)构成(图 3-50)。已发现的 8 种亚单位($\alpha_1$、$\alpha_2$、$\alpha_3$、$\beta_1$、$\beta_2$、$\beta_3$、$\gamma_1$、$\gamma_2$)至少构成 7 种不同的层粘连蛋白。层粘连蛋白呈不对称十字形。可合成和分泌层粘连蛋白的细胞主要是基膜附近的细胞(如上皮细胞、内皮细胞及肌细胞等)。

层粘连蛋白至少存在两个不同的受体结合位点:一个是与Ⅳ型胶原的结合位点;另一个是通过自身的 RGD 序列与细胞膜上的整联蛋白结合。层粘连蛋白通过结合位点与胶原和整联蛋白结合,形成网络结构,并将细胞固定在质膜上。

#### (二)纤连蛋白

#### 1. 分子结构

纤连蛋白(fibronectin,FN)在动物体内广泛分布,并有多种异构型,以可溶性分子形

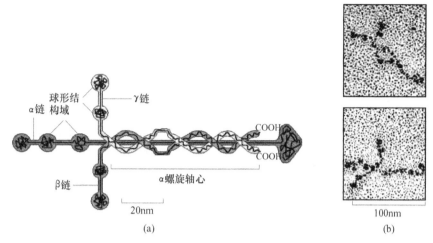

图 3-50　层粘连蛋白(Alberts et al. ,2002)

(a) 层粘连蛋白分子结构示意图;(b) 层粘连蛋白分子电镜图

式存在于血浆和各种体液中的称为血浆纤连蛋白。以不溶性的纤维存在于细胞外基质、细胞之间及某些细胞表面的称为细胞纤连蛋白。

纤连蛋白是高分子质量糖蛋白,含糖为 4.5%～9.5%。血浆纤连蛋白分子是由两个亚单位组成的二聚体,其亚单位相对分子质量为 $2.20\times10^5$～$2.50\times10^5$。亚单位在靠近羧基的一端有一对二硫键将两个亚单位连在一起,整个分子呈 V 形(图 3-51)。

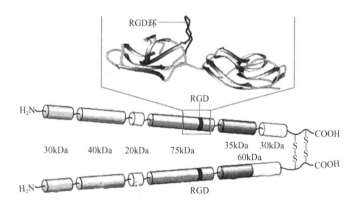

图 3-51　纤连蛋白分子结构模式图(Karp,1999)

目前至少已鉴定了 20 种纤连蛋白多肽。不同的亚单位为同一基因的表达产物,只是在转录后 RNA 的加工上有所不同。纤连蛋白的每个亚单位的蛋白组成若干个球形结构域,各结构域之间由对胰蛋白酶敏感的肽链连接,因此可通过胰蛋白酶的水解作用分离这些结构域来研究它们的功能。每个纤连蛋白亚单位上都有与胶原、细胞表面受体、血浆纤连蛋白和硫酸蛋白的多糖高亲和性结合位点。用蛋白酶进一步消化与细胞表面的结合区域,发现这一结构域中有可被细胞表面基质受体中的整联蛋白所识别的 RGD 三肽序列。

**2. 生物合成**

血浆纤连蛋白主要来源于肝实质细胞,也可能少量来自于血管内皮细胞。细胞纤连蛋白主要来源于间质细胞,如成纤维细胞、成肌细胞、成软骨细胞、神经鞘细胞、巨噬细胞和血小板等。炎症反应时多形核白细胞合成纤连蛋白明显增多。另外,肝、肾、小脑及乳腺等的上皮细胞亦可合成纤连细胞。

**3. 生物学功能**

纤连蛋白的 RGD 三肽序列可被整连蛋白识别并结合,因此纤连蛋白具有介导细胞与基质黏着的功能。血浆纤连蛋白具有增强血凝、参与伤口愈合和吞噬作用的功能。细胞纤连蛋白介导细胞与细胞外基质的黏着,并可促进细胞外基质其他成分的沉积,被认为是细胞外基质的组织者。

在胚胎发育早期,许多细胞要迁移到特定区域,在这些细胞迁移的路线上就存在大量的纤连蛋白,因此认为纤连蛋白为细胞迁移提供了轨道。例如,在胚发育早期,使用纤连蛋白特异抗体,阻止纤连蛋白与细胞的结合,则影响了细胞的迁移,从而导致异常胚的发育。

研究发现,某些癌基因可以合成一种蛋白来激活纤连蛋白水解酶的活性,从而切断纤连蛋白形成的网络,使得癌细胞可自由自在地在血液和淋巴系统中迁移。正常细胞本身也合成这种水解酶,但没有活性,只有被外来物质激活才能起作用。

## 五、植物细胞壁

植物细胞的质膜外面有厚而硬的细胞壁(cell wall)(图 3-52),它是植物细胞区别于动物细胞的显著特征之一。植物细胞壁相当于动物细胞外基质,也是由多糖和蛋白构成的网络结构。细胞壁影响着植物细胞的生长、发育、分化、物质代谢和信息传递等细胞生命活动。

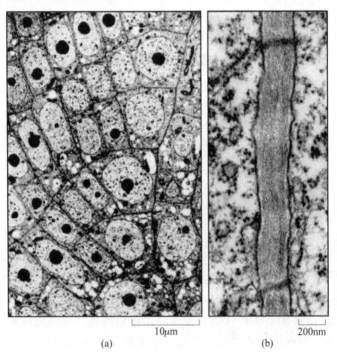

图 3-52　细胞壁电镜图(Alberts et al. ,2002)
(a) 植物根类细胞间的细胞壁;(b) 植物细胞壁的电镜结构

（一）植物细胞壁的结构

细胞壁由外向内分为中胶层(middle lamella)、初生壁(primary wall)和次生壁(secondary wall)(叶肉细胞缺少次生壁)。

中胶层又称为胞间层(intercellular layer)，其主要成分是果胶，是相邻细胞初生壁的中间区域，是最早分泌合成的区域。中胶层将相邻细胞彼此黏着在一起。初生壁位于中胶层内层，由纤维素、半纤维素、果胶和糖蛋白等组成，厚 1～3μm，是在细胞生长时期形成的。许多细胞终生仅有初生壁。但有些类型的细胞停止增大后会在初生壁的内方继续积累形成新的壁层，称为次生壁。次生壁主要是增加细胞壁的厚度和强度，纤维素和木质素是其主要成分，基本不含果胶，这使得次生壁非常坚硬。次生壁较厚，一般 5～10μm，根据微纤丝排列方向的不同次生壁可区分为外、中、内三层。

（二）植物细胞壁的组成

细胞壁是由大分子构成的复杂的复合物，主要组成成分有纤维素、半纤维素、果胶、蛋白质和木质素。

**1. 纤维素**

纤维素(cellulose)(图 3-53)分子是由 D-葡萄糖残基通过 $\beta$-(1-4)糖苷键连接而成的带状不分支葡聚糖链。纤维素分子链间通过氢键结合成束，有 30～100 个纤维素分子平行排列形成微原纤维(microfibril)，微原纤维直径为 5～15nm，长约几微米。微原纤维平行排列成片层，相邻微原纤维间相距 20～40nm，由长的半纤维素分子相连。纤维素是细胞壁重要的组成成分，它赋予植物细胞壁硬度和抗张强度。

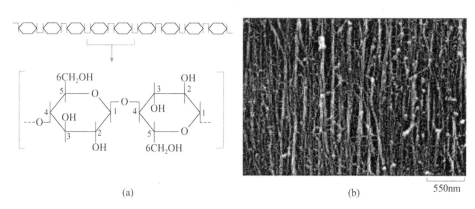

(a)　　　　　　　　　　　　　　　　　(b)　　　　550nm

图 3-53　纤维素(Alberts et al. ,2002)

(a) 纤维分子结构示意图；(b) 纤维素中微纤丝电镜图

**2. 半纤维素**

半纤维素(hemicellulose)是由木糖、半乳糖和葡萄糖等单糖构成的高度分支的多糖。半纤维素通过氢键与纤维素微原纤维连接，介导微原纤维之间的连接，也介导微原纤维与其他基质成分(如果胶质)的连接。半纤维素在初生壁中较多，而在次生壁中较少。主要功能是参与细胞壁结构的构建和调节细胞的生长过程。

### 3. 果胶

果胶(pectin)是由半乳糖醛酸和它的衍生物组成的多聚体。可以结合 $Ca^{2+}$ 等阳离子,有较强的亲水性,可以高度水化而形成凝胶。果胶是中胶层的主要成分,可以与半纤维素横向连接,参与构建细胞壁复杂的网架结构。

### 4. 蛋白质

植物细胞壁中的蛋白质主要包括两大类:一类是结构蛋白,如伸展蛋白;另一类为酶蛋白,简称壁酶,目前已发现 30 种。

伸展蛋白(extensin)是由大约 300 个氨基酸残基组成的糖蛋白,含有大量羟脯氨酸残基,特征性氨基酸序列为 Ser—Hrp—Hyp—Hyp 四肽重复序列。其糖组分主要是阿拉伯糖和半乳糖。

### 5. 木质素

木质素(lignin)是由酚残基形成的水不溶性多聚体,其主要基本结构单位是苯丙烷(phenylpropane)。它在次生壁形成时开始合成,主要存在于纤维素纤维之间,以共价键与细胞壁多糖相交联,增加了细胞壁的强度和抗降解能力。在木本植物中,木质素占 25%,是世界是第二位最丰富的有机物(纤维素是第一位)。

（三）植物细胞壁的功能

细胞壁为植物细胞及植株提供了机械强度,同时也保护植物细胞免遭渗透压及机械损伤的破坏。细胞壁的中胶层的主要成分为果胶,具有很强的亲水性和可塑性,使相邻细胞黏着在一起。果胶被酸或酶溶解后,会引起细胞分离。植物细胞壁不仅是保护植物细胞的结构屏障,且在受到病菌侵染和创伤时,可主动参与防御反应,如迅速发生木质化,形成死细胞层,隔离病原体。植物细胞壁还可以诱发植物抗毒素合成酶的基因表达,产生植物抗毒素(phytoalexin),杀死病原体。另外,细胞壁对于细胞的物质运输、形态维持和信号转导具有一定作用。

**本章内容提要**

细胞膜是指在细胞外围包被的由脂双层分子和蛋白质组成的膜。细胞膜与细胞内膜统称为生物膜,它们具有共同的结构特征。细胞膜由脂质、蛋白质和糖类组成。膜脂是构成膜的基本骨架,主要包括磷脂(phospholipid)、糖脂(glycolipid)和胆固醇(cholesterol)三种类型。膜蛋白是膜功能的主要体现者,根据与膜脂的结合方式及其在膜中所处的位置,膜蛋白可分为整合蛋白(integral protein),外周蛋白(peripheral protein)和脂锚定蛋白(lipid-anchored protein)三大类型。糖类主要以糖蛋白和糖脂的形式存在,内膜系统中的内质网和高尔基体是糖蛋白和糖脂的合成场所。细胞膜是一个动态结构,具有流动性和不对称性,膜脂与膜蛋白均可运动,糖脂和糖蛋白表现为完全的不对称性。

细胞外被(cell coat),又称糖萼(glycocalyx),也称为细胞表面(cell surface)是由构成细胞膜的糖蛋白和糖脂伸出的寡糖链组成的、存在于动物细胞表面的一层富含糖类物质的结构,它实质上是细胞膜结构的一部分。细胞膜的许多重要功能与细胞外被有关,如保护作用、细胞识别、血型决定以及包含多种酶。

膜骨架(membrane associated skeleton)是指细胞膜下与膜蛋白相连的由纤维蛋白组成的网架结构,它参与维持细胞膜的形状并协助细胞膜完成多种生理功能。膜骨架蛋白主要包括血影蛋白、锚蛋白、带 3 蛋白、带 4.1 蛋白、肌动蛋白和一些血型糖蛋白。细胞膜表面特化结构包括微绒毛、褶皱、内褶、圆泡、纤毛和鞭毛等,这些结构与细胞形态、细胞运动以及物质交换等功能有关。

细胞连接(cell junction)是多细胞生物组织中细胞与细胞或细胞与外基质之间形成的具有一定形态结构的联系结构。它是细胞间或细胞与外基质之间相互联系、协同作用的重要基础。根据行使功能的不同,细胞连接可分为封闭连接、锚定连接和通讯连接三种类型。封闭连接的主要作用是连接相邻细胞的接缝,防止大分子物质在细胞间隙中自由穿梭,同时防止膜蛋白的自由扩散,限制了膜蛋白在脂双分子层中的流动。锚定连接通过黏着蛋白、整联蛋白和细胞骨架体系以及细胞外基质的相互作用,将相邻细胞以及细胞与基质连接在一起。通讯连接是位于具有细胞间通信作用细胞间的特殊的细胞连接方式。它除了有机械的细胞连接作用外,还可以使得部分物质在细胞间相互运输,形成电偶联或代谢偶联。

参与细胞黏着的分子称为细胞黏着分子,这些分子都是跨膜糖蛋白。细胞黏着分子由胞外区、跨膜区和胞质区三部分组成。细胞黏着分子大致可分为钙黏蛋白、选择素、免疫球蛋白超家族和整联蛋白四大家族。其相互作用方式有同亲型结合、异亲型结合和相同细胞黏着分子借助细胞外的连接分子相互识别与结合三种模式。

细胞外基质是指分布于细胞外空间,由细胞分泌的蛋白质和多糖所构成的网络结构。在动物组织中细胞外基质形成一个细胞外的支持与连接结构,同时对细胞分化、增殖、形状、迁移和功能活动产生重要影响。组成细胞外基质的主要物质有多糖和纤维蛋白,多糖包括有氨基聚糖和蛋白聚糖,纤维蛋白包括胶原、弹性蛋白、层粘连蛋白和纤连蛋白。植物体的组织结构与动物差别很大,植物细胞的细胞壁相当于细胞外基质。细胞壁的主要组成成分有纤维素、半纤维素、果胶、蛋白质和木质素。细胞壁影响着植物细胞的生长、发育、分化、物质代谢和信息传递等细胞生命活动。

**本章相关研究技术**

色谱技术

将一滴含有混合色素的溶液滴在一块布或一片纸上,随着溶液的展开可以观察到一个个同心圆环出现,这是层析现象的一种简单应用。首先认识到这种层析现象在分离分析方面具有重大价值的是俄国植物学家 Tswett,人们尊称他为"色谱学之父"。色谱法也叫层析法,它是一种高效能的物理分离技术,将它用于分析化学并配合适当的检测手段,就成为色谱分析法,在分析化学、有机化学、生物化学等领域有着非常广泛的应用。历史上曾经先后有三位化学家 Tiselius、Martin 和 Synge 因为在色谱领域的突出贡献而获得诺贝尔化学奖,此外色谱分析方法还在 12 项获得诺贝尔化学奖的研究工作中起到关键作用。

色谱法的最早应用是用于分离植物色素,其方法是这样的:在一玻璃管中放入碳酸钙,将含有植物色素(植物叶的提取液)的石油醚倒入管中。此时,玻璃管的上端立即出现几种颜色的混合谱带。然后用纯石油醚冲洗,随着石油醚的加入,谱带不断地向下移动,并逐渐分开成几个不同颜色的谱带,继续冲洗就可分别得到各种颜色的色素,并可分别进行鉴定。色谱法也由此而得名。现在的色谱法早已不局限于色素的分离,其方法也早已得到了极大的发展,但其分离的原理仍然是一样的。我们仍然叫它色谱分析。色谱法分离的原理就是利用待分离的各种物质在两相中的分配系数、吸附能力等亲和能力的不同来进行分离的。其中固定不动的一相,我们把它叫做固定相;而不断流过固定相的另一相,我们把它叫做流动相。使用外力使含有样品的流动相(气体、液体)通过一固定于柱中或平板上的与流动相互不相溶的固定相表面。当流动相中携带的混合物流经固定相时,混合物中的各组分与固定相发生相互作用。由于混合物中各组分在性质和结构上的差异,与固定相之间产生的作用力的大小、强弱不同,随着流动相的移动,混合物在两相间经过反复多次的分配平衡,使得各组分被固定相保留的时间不同,从而按一定次序由固定相中先后流出。与适当的柱后检测方法相结合,从而实现混合物中各组分的分离与检测。

色谱分析法有很多种类,从不同的角度出发可以有不同的分类方法。在色谱法中,流动相可以是气体,也可以是液体,由此按两相状态可分为气相色谱法(GC)和液相色谱法(LC)。固定相既可以是固体,也可以是涂在固体上的液体,由此又可将气相色谱法和液相色谱法分为气-液色谱、气-固色谱、液-固色谱、液-液色谱。

为了分离蛋白质、核酸等不易汽化的大分子物质,气相色谱的理论和方法被引入经典液相色谱。20 世纪 60 年代末世界上第一台高效液相色谱仪问世,开启了高效液相色谱的时代。高效液相色谱使用粒径更细的固定相填充色谱柱,提高色谱柱的塔板数,以高压驱动流动相,使得经典液相色谱需要数日乃至数月完成的分离工作得以在几个小时甚至几十分钟内完成。

生物色谱法(biochromatography)在 20 世纪 80 年代中后期问世,是由生命科学与色谱分离技术交叉形成的一种极具发展潜力的新兴色谱技术。该法将活性生物大分子(酶、受体、载体蛋白)、活性细胞膜(仿生物膜)固定于色谱载体上,用这种新型的固定相分离中药活性成分,由于固定相能够特异性、选择性地与中药活性成分结合,可以使色谱选择性地保留活性成分,应用高效液相(HPLC)分析保留成分,从而排除了杂质成分的干扰。因此在医药学研究中,可利用该技术分析、分离和制备生物活性物质;筛选活性成分;研究药物与生物大分子、细胞间的特异性、立体选择性等相互作用,揭示药物的吸收、分布、活性、毒副作用、构效关系、生物转化、代谢等机制。生物色谱法目前已衍生出分子生物色谱法、生物膜色谱法、植物细胞色谱法等。

**复习思考题**

1. 试述主要的细胞膜模型提出的理论依据及模型的优缺点。
2. 论述生物膜的结构特征与功能。
3. 简述生物膜的组成成分及其分类。
4. 简述膜蛋白的结合方式。
5. 对比说明细胞连接的方式特点及主要功能。
6. 细胞黏着分子的分类并简述它们各自的作用模式。
7. 简述动物细胞外基质与植物细胞壁在结构组成与功能上的异同。

# 第四章 物质跨膜运输及信号转导

**本章学习目的** 物质的跨膜运输对细胞的生长和生存至关重要,物质通过细胞质膜的物质转运主要有三种途径:被动运输、主动运输和胞吞与胞吐作用,它们的概念、特点及其相关知识是需要重点掌握的内容。生物体在整个生命过程中都面临着各种各样的信号调控,这些信号在生物体内以不同方式调控细胞生长、增殖、分化、衰老、凋亡等生命活动和各种细胞生理反应。信号在细胞中的传递过程就是细胞信号转导,一般包括信号(第一信使)的合成及释放、信号运输、信号识别(受体与信号分子的结合)、胞内信号转导等过程,激活胞内生物反应或基因表达并引发细胞功能、代谢或发育的改变,细胞信号的降解和反应的终止。

## 第一节 物质的跨膜运输

### 一、被动运输

被动运输是指通过简单扩散或协助扩散实现物质由高浓度向低浓度方向的跨膜转运,特点是顺浓度梯度方向运输,不需要消耗能量。

(一)简单扩散

疏水的小分子或小的不带电荷的极性分子进行跨膜运输时,不需要细胞消耗能量,也不需要转运蛋白的参与,因此叫做简单扩散。不同小分子转运速率差异很大,分子越小、极性越低速率越快,如 $O_2$、$N_2$ 和苯等极易过膜,水也较为容易过膜,而极性大分子,如葡萄糖、蔗糖过膜较为困难,带电荷离子过膜最为困难。

(二)协助扩散

各种极性分子和无机离子顺其浓度梯度或电化学梯度的跨膜转运,不需要细胞提供能量,但是需要特异膜转运蛋白的"协助",因此叫做协助扩散,如人体小肠对葡萄糖的吸收就依靠质膜上的转运蛋白的参与。协助扩散的特点是存在膜转运蛋白,转运速率高;存在最大转运速率,依运输物质的种类而异。

膜转运蛋白在物质跨膜运输中起重要的作用,可分为两类:载体蛋白和通道蛋白。载体蛋白又俗称为通透酶(图 4-1),它如同细胞质膜上结合的酶,有特异性的结合位点,可与特异的底物结合,所以每种载体蛋白都是具有高度选择性的,通常只转运一种类型的分子,转运过程具有类似于酶与底物作用的饱和动力学特征,介导了被动运输和主动运输的物质跨膜转运过程。

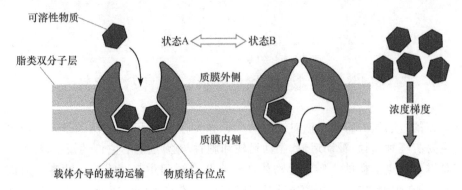

图 4-1　载体蛋白通过构象改变介导溶质被动运输的模式(翟中和等,2002)

载体蛋白以两种状态存在,状态 A 时,溶质结合位点在膜外侧暴露;结合溶质后转变为状态 B,
结合位点转向膜内侧,释放溶质后复位状态 A

　　通道蛋白形成跨膜的离子选择性通道,对离子的选择性依赖于离子通道的直径、形状和通道内衬的电子分布,它介导的被动运输不需要与溶质分子结合,大小和电荷适宜的离子就可以通过。与载体蛋白相比,通道蛋白只介导被动运输,且有三个显著的特点:离子转运速率高,离子通道没有饱和值,离子通道不是连续开放而是门控的。多数情况下,离子通道呈关闭状态,只有在应答膜电位改变、受化学信号或压力刺激后,跨膜离子通道才能开启。根据刺激信号不同离子通道可区分为电压门通道、配体门通道和应力激活通道(图 4-2)。

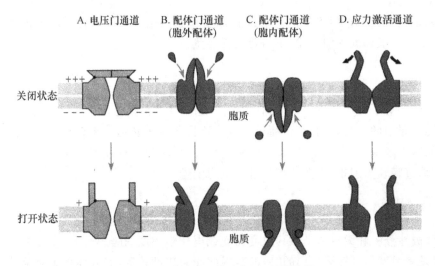

图 4-2　三种类型离子通道示意图(翟中和等,2002)

电压门通道 A:受膜两侧电压差的调节,蛋白构象改变,通道打开;配体门通道 B、C:通道蛋白与胞外或者胞
内配体结合后,构象发生变化,通道打开;应力激活通道 D:受外界应力的刺激,通道蛋白构象变化,通道打开

## 二、主动运输

　　主动运输是由载体蛋白所介导的物质逆浓度梯度或电化学梯度由低浓度一侧向高浓度一侧进行跨膜转运的方式。其特点是:逆浓度梯度运输,需要能量供给,膜转运蛋白参与。前两个特点是与被动运输相反的。根据所需能量来源的不同,可将主动运输分为由 ATP 直接提供

能量(ATP 驱动泵)、间接提供能量(偶联转运蛋白)以及光能驱动三种基本类型(图 4-3)。

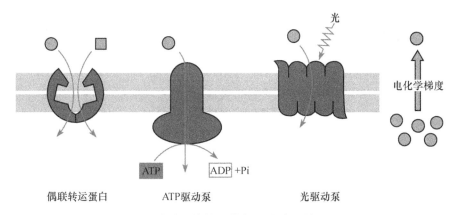

偶联转运蛋白　　　　ATP驱动泵　　　　光驱动泵

图 4-3　主动运输的三种类型(翟中和等,2002)

## (一) ATP 驱动泵

ATP 驱动泵是 ATP 酶,即直接利用水解 ATP 为 ADP+Pi 所产生的能量,实现离子或小分子逆浓度梯度或电化学梯度的跨膜运输。可分为四种类型:P-离子泵,V-质子泵,F-质子泵和 ABC 超家族。前三种只转运离子,后一种主要是转运小分子。其中 P-离子泵研究较多,具有代表性的如钠钾泵,又称为 Na$^+$-K$^+$ ATP 酶(图 4-4),是具有 2 个 α 亚

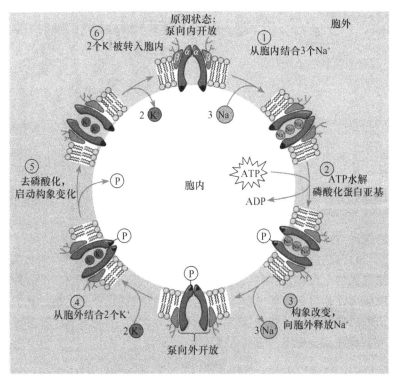

图 4-4　Na$^+$-K$^+$泵工作模式图(Karp,2006)

泵蛋白依靠自身的磷酸化和脱磷酸化所造成的构象的变化,向胞内运入 K$^+$,运出 Na$^+$

基和 2 个 β 亚基组成的四聚体,通过 $Na^+$ 依赖的 α 亚基的磷酸化和 $K^+$ 依赖的 α 亚基的磷酸化引起的构象变化有序交替发生,将两种离子进行跨膜运输。每个循环消耗 1 个 ATP 分子,泵出 3 个 $Na^+$ 并且泵进 2 个 $K^+$。

### (二) 偶联转运蛋白

偶联转运蛋白介导各种离子和分子的跨膜运输,这类转运蛋白包括两种基本类型:同向转运蛋白和反向转运蛋白,它们使一种或一类物质逆浓度梯度的转运与一种或多种不同离子顺浓度梯度的运动偶联起来,所以又称为协同运输。在动物细胞中,协同转运经常是由 $Na^+$-$K^+$ 泵(或 $H^+$ 泵)与载体蛋白协同作用,靠间接消耗 ATP 所完成的主动运输方式。物质跨膜转运所需要的直接动力来自膜两侧离子的电化学梯度,而维持这种离子电化学梯度则是通过 $Na^+$-$K^+$ 泵(或 $H^+$ 泵)消耗 ATP 所实现的。又可分为共转运(同向转运)和对向转运(反向转运),同向转运是指物质运输方向与离子转移方向一致,反向转运则是指两个方向相反。例如,小肠上皮细胞通过同向转运方式吸收葡萄糖(图 4-5),首先 $Na^+$-$K^+$ 泵消耗 ATP 维持质膜两侧的电化学梯度,葡萄糖分子通过 $Na^+$ 驱动的同向转运方式进入上皮细胞,再经载体蛋白介导的协助扩散进入血液。除了 $Na^+$-$K^+$ 泵外,$H^+$ 泵所所产生的跨膜 $H^+$ 浓度差也经常作为驱动力参与协同转运。

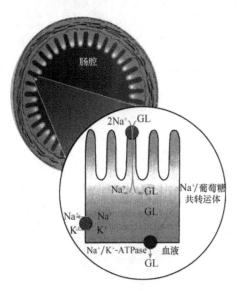

图 4-5　小肠上皮细胞吸收葡萄糖
示意图(Karp,2006)

### (三) 光驱动泵

光驱动泵主要是在微生物(主要是细菌)中发现,伴随着光能的消耗,细胞完成对溶质的逆浓度梯度的运输。

综上所述,以上的三类主动运输形式都需要消耗能量,所需能量可直接来源于 ATP 或来自于消耗 ATP 所产生的离子电化学梯度。

物质的跨膜运动,产生了膜两侧稳定的不同物质浓度的差异,对于某些带电荷的物质,尤其是离子而言,就形成了膜两侧的电位差。插入细胞微电极便可测出细胞质膜两侧各种带电物质形成的电位差,即膜电位。细胞在静息状态下的膜电位称为静息电位,静息电位是细胞质膜内外相对稳定的电位差,质膜内为负值,质膜外为正值。在刺激作用下产生行使通信功能的快速变化的膜电位,称为动作电位,它往往是神经、肌肉等可兴奋细胞中化学信号或电信号兴奋传递的重要方式。

### 三、胞吞作用和胞吐作用

真核细胞内存在着大量的囊泡,装载的各种物质实现了细胞与环境以及细胞内不同细胞器之间的物质和信号交流。按照囊泡运输总的方向,可分为两种途径:胞吞作用和胞吐作用。它们的作用是完成大分子与颗粒性物质的跨膜运输,又称膜泡运输或批量运输,属于主动运输的范畴。

（一）胞吞作用

胞吞作用是通过细胞质膜内陷形成囊泡(称为胞吞泡)将外界物质裹进并输入细胞的过程。根据吞噬泡的大小和吞噬物质的不同,又可分为胞饮作用和吞噬作用。当胞吞物为溶液,形成较小的囊泡时,称为胞饮作用;当胞吞物为颗粒性物质,形成较大的囊泡时,称为吞噬作用。胞饮作用和吞噬作用主要有三点区别(表 4-1)。

表 4-1　胞饮作用和吞噬作用的主要区别

| 特　征 | 内吞泡的大小 | 转运方式 | 内吞泡形成机制 |
|---|---|---|---|
| 胞饮作用 | 小于 150nm | 连续发生的过程 | 需要笼形蛋白形成包被及结合素蛋白的连接 |
| 胞吞作用 | 大于 250nm | 受体介导的信号触发过程 | 需要微丝及其结合蛋白的参与 |

根据胞吞物质是否有专一性,可将胞吞作用分为受体介导的胞吞作用和非特异性的胞吞作用。受体介导的胞吞作用是大多数动物细胞通过网格蛋白有被小泡从胞外基质摄取特定大分子的有效途径。例如,动物细胞对卵黄蛋白的摄入过程(图 4-6)中,卵黄蛋白(配体)首先与细胞表面互补性的受体相结合,形成受体-配体复合物并引发细胞部分质膜的内陷,最初是在该处质膜部位在网格蛋白参与下形成有被小窝,然后深陷的小窝脱离质膜形成有被小泡。受体介导的胞吞作用实质上是一种选择性、浓缩配体的吸收形式,与非特异性的胞吞作用相比,其吸收效率大大提高。

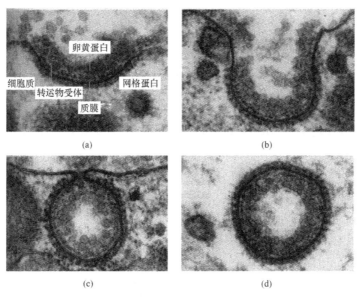

图 4-6　细胞通过受体介导对卵黄蛋白的选择性吸收(Bonifacino and Glick,2004)

(a) 卵黄蛋白(配体)与受体相结合;(b) 质膜的内陷;(c) 形成有被小窝;(d) 小窝脱离质膜形成有被小泡

（二）胞吐作用

胞吐作用是指将细胞内的分泌泡或其他某些膜泡中的物质通过细胞质膜运出细胞的过程,可分为两种途径:组成型的外排途径和调节型的外排途径。组成型的外排途径分布于所有真核细胞中,是一个连续的分泌过程(图 4-7),分泌物质主要用于质膜的更新,包括膜脂、膜蛋白、胞外基质组分、营养及信号分子等,分泌的途径是粗面内质网→高尔基体→分泌泡→细胞表面。调节型外排途径主要存在于特化的分泌细胞,外排物质的过程为产生→储存→刺激→释放,产生的分泌物(如激素、黏液或消化酶)具有共同的分选机制,分选信号存在于蛋白本身,分选主要由高尔基体反面管网区上的受体类蛋白来决定。

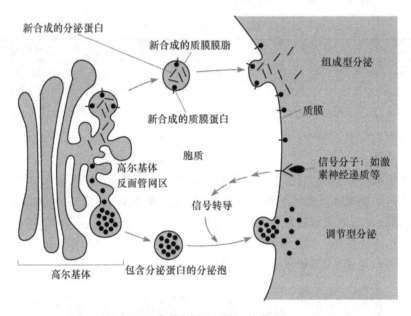

图 4-7　细胞组成型和调节型胞吐途径(Karp,2006)

细胞通过胞吞作用和胞吐作用都是经过膜泡运输来完成的,转运的膜泡只与细胞膜上特定的靶膜结合,这样就保证了细胞内外物质交换的有序性。

# 第二节　细胞信号转导

## 一、细胞通信

细胞通信是指一个细胞发出的信息通过介质(信号)传递到另一个细胞并与靶细胞相应的受体结相互作用,然后通过细胞信号转导产生胞内一系列生理变化,最终表现为细胞整体的生物学效应的过程。细胞通信有三种方式:①细胞通过分泌化学信号进行细胞间通信,是多细胞生物普遍采用的通信方式;②细胞间接触依赖性通信,指细胞间直接接触,通过脂膜结合的信号分子影响其他细胞;③间隙连接通信,通过间隙连或胞间连丝接进行小分子交换来实现代谢偶联或电偶联通信(图 4-8)。细胞分泌化学信号根据信号分子的运输和作用方式又可分为：内分泌,由内分泌细胞分泌信号分子(激素)到血液中,通过长距离的血液循环运输到身体各处的靶细胞。旁分泌,细胞通过分泌局部化学介质到细胞外液中,经局部扩散作用于邻近的靶细胞。自分泌,细胞分泌的化学信号有作用于自身,产生细胞反应。化学突触,突触前化学信号(神经递质或神经肽等)经分泌小泡分泌至突触间隙后,通过突触后膜上配体门控通道将化学信号重新转为电信号。此外,通过分泌外激素传递信息作用于其他个体,也属通过化学信号进行细胞间通信。

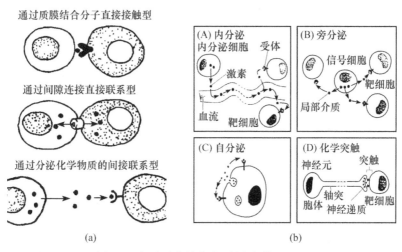

图 4-8　细胞通信的方式(翟中和等,2002)

(a) 细胞通信的三种方式；(b) 分泌化学信号的通信

(一) 细胞信号

信号是信息的载体,生物细胞可以接收的信号多种多样,有如下几种分类方法。

(1) 根据信号的理化特性,可以将信号分为物理信号和化学信号。物理信号指以物理载体形式存在的信号,包括声波、光、温度、电场、磁场等。化学信号指以化合物分子或离子形式存在的信号分子。我们通常说的信号分子往往指的是化学信号分子,它们大多在机体内产生,对细胞的各项生理活动进行调控。

(2) 根据信号分子的溶解特性可以分为脂溶性(亲脂性)信号分子和水溶性(亲水性)信号分子两类。水溶性信号分子包括蛋白质大分子、多肽、水溶性激素、局部介质、神经递质、离子等；脂溶性信号分子包括甾类激素、甲状腺素、NO 等。脂溶性信号分子可直接穿过细胞质膜进入靶细胞内,与胞内受体结合,因此也可以被称为细胞内通信的信号分子(胞内信号分子),水溶性信号分子不能过膜,只能在细胞外通过与膜受体结合将信息传递到细胞内,因此又可被称为细胞间通信的信号分子(胞间信号分子)。

化学信号分子的共同特点是：①特异性,只能与特定的受体结合；②高效性,少量分子即可产生明显的生物学效应；③可被灭活,完成信息传递后可通过降解或修饰使之失去活性,保证信息传递的完整性和细胞免于疲劳。

(二) 受体

受体是一种能识别和选择性结合某种配基(信号分子)的大分子,当与配体结合后,通过信号转导作用,将细胞外信号转换为胞内或物理的信号,以启动一系列过程,最终表现为生物学效应。信号对生物体的调控都要通过受体来介导和完成。受体与信号的结合存在高度特异性,每个信号都有相应的信号识别系统(受体)和信号传递系统。受体具备两个基本功能区域:一是能与信号特异识别和结合的区域,即信号感知功能域;二是产生效应的区域,能通过结构或活性的改变将信号在细胞内传递下去,即信号传递功能域。目前发现的受体都是蛋白质分子。根据靶细胞上受体存在的部位,可将受体分为细胞内受体和细胞表面受体。细胞表面受体介导亲水性信号分子的信息传递,可分为 G 蛋白偶联受体、酶联受体和离子通道偶联受体三类。细胞表面受体都是位于细胞质膜上的跨膜蛋白,且多为糖蛋白。它们在结构上含有至少三个结构区域:胞外结构域、跨膜结构域和胞内结构域。细胞内受体介导亲脂性信号分子的信息传递,此类受体主要包括甾类激素受体、甲状腺激素受体和 NO 受体等。受体与信号间的作用具有特异性、饱和性、高亲和性的特性。

(三)第二信使和分子开关

信号经细胞表面受体进行跨膜传递后,在靶细胞内有时会产生新的具有调控作用的生物分子,通过它们进一步调节下游信号通路蛋白,最终产生生物学效应。在细胞内最早产出的信号分子被称为第二信使。位于胞外的能诱导产生第二信使的胞间信号分子则被称为第一信使。作为胞内信号分子一般指不参与能量或物质代谢、具有信息传递功能的生物分子。目前被称为第二信使的有环腺苷酸(cAMP)、环鸟苷酸(cGMP)、三磷酸肌醇(IP$_3$)和二酰基甘油(DG)。$Ca^{2+}$ 在体内也是一个非常重要的信号分子,可以被第一信使如乙酰胆碱等诱导在胞内产生,也可以被第二信使如 IP$_3$ 等诱导产生,在细胞的多个生理反应中发挥着重要的调控功能。

分子开关是指信号传递过程中控制反应开(激活—信号转导进行)或关(失活—信号转导终止)的蛋白分子,这些分子通过快速的活性状态转变实现对信号通路的开启和关闭。目前有两类分子开关蛋白:一类是由蛋白激酶和蛋白磷酸酯酶催化的通过磷酸化或去磷酸化转变活性状态的信号通路蛋白;一类是 GTP 结合蛋白,具有 GTP 酶活性,结合GTP 时为活化状态,开启信号通路,结合 GDP 为失活状态,关闭信号通路(图 4-9)。

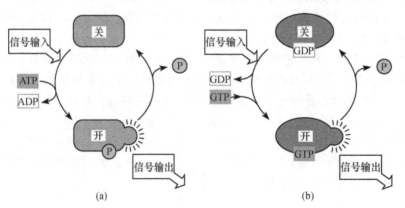

图 4-9　分子开关蛋白包括磷酸化调节蛋白和 GTP 结合蛋白(翟中和等,2002)

(a) 磷酸化调控的分子开关蛋白;(b) GTP 结合蛋白分子开关

（四）信号分子的灭活

信号分子在体内产生并完成通信后，在很短的时间内会被灭活从而终止通信，使机体恢复静息状态，信号分子长时间以活化态存在对细胞有害。例如，肾上腺素受体被激活后，$10 \sim 15 s$ cAMP 骤增，然后在不到 1min 内迅速降低，以至消失。信号分子的灭活方式也有多种：一种是细胞重吸收方式灭活，信号分子被细胞吸收到细胞内或者重新储存于分泌小泡中以备重新利用，如乙酰胆碱可以被神经细胞突触前膜吸收后存于突触小泡中；一种是通过氧化水解反应使之由活性态转为非活性态从而使信号灭活，如乙酰胆碱也可在突触后膜或间隙外被乙酰胆碱酯酶水解为乙酰和胆碱而后再被吸收；还有一种是信号分子被膜上的运输蛋白运回产生地，使信号分子恢复到原初静息状态，如 $Ca^{2+}$ 被钙通道受体由胞外释放到胞内后，通过质膜上的钙泵被重新运输的细胞外，恢复胞内原初的低钙水平。信号分子被失活的速度非常快，如乙酰胆碱被酶解的时间只有几毫秒。总之，信号的灭活和信号的产生同等重要，都是细胞正常、迅速、准确进行细胞信号转导的重要组成部分。

（五）细胞信号的生物学效应

信号传递到细胞内后，通过一系列信号传递过程引起细胞内相应的生化反应或基因表达，导致细胞结构或功能的变化。细胞信号转导引发的酶活性的改变而导致的生化反应是很迅速的，因而被称为对信号的快速应答，也叫初级应答；而由信号引起的基因表达所导致的蛋白质水平的改变，因为需要经历转录、翻译等阶段而显得滞后所以被称为缓慢应答，即次级应答。

## 二、G 蛋白偶联受体介导的细胞信号转导

（一）G 蛋白偶联受体和 G 蛋白

G 蛋白偶联受体种类繁多，在真核细胞普遍表达。它的一个显著特征是具有七个跨膜结构域（图 4-10）。G 蛋白偶联受体介导的信号转导非常普遍，光、嗅、声音等物理信号

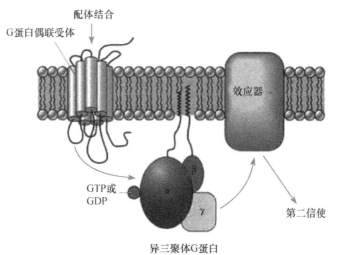

图 4-10　G 蛋白偶联受体和 G 蛋白的结构（Heidi，2001）

和大量的胞间化学信号都是通过 G 蛋白偶联受体介导的信号通路来实现对细胞的调控。G 蛋白也被称为 GTP 结合调节蛋白,是一类分子开关蛋白。G 蛋白主要包括两类:一类是异三聚体 G 蛋白,包括 α、β、γ 三个亚基;一类是小 G 蛋白,以单体形式存在。G 蛋白偶联受体偶联的是异三聚体 G 蛋白,其 α 亚基(Gα)具有 GTP 结合位点并有 GTP 酶活性,能与 GTP 结合,并水解 GTP 生产 GDP,Gα 也因结合 GTP 或 GDP 而处于不同的活化状态,结合 GTP 时为活化状态,即"开"的状态,将信号向下游传递;结合 GDP 时为失活,即"关"的状态,信号转导通路关闭(图 4-10)。Gβ 和 Gγ 两个亚基的 N 端螺旋相互绞在一起,因此两个亚基在信号转导中互相不分离,共同参与对信号组分的调控。

### (二) G 蛋白的活化和信号传递

当信号分子到达胞外,与 G 蛋白偶联受体结合,受体的构象随之改变,暴露出 Gα 结合部位,由于扩散作用与周围的 Gα 结合,Gα 通过自身的受体结合位点与 G 蛋白偶联受体结合并形成受体-G 蛋白复合物,Gα 的构相也随之改变,释放 GDP,改为结合 GTP,Gα 活化并与 Gβ 和 Gγ 亚基解离,暴露出效应器结合位点,Gα 与效应器结合形成 Gα-效应器复合体,效应器发生构相变化并形成活性部位,结合并催化下游靶蛋白从而将信号传递下去。

G 蛋白调节的效应器中,主要包括质膜上的离子通道蛋白、酶等,它们可能主要受 Gα 调节,也可能被 Gβγ 共同调节。

### (三) cAMP 信号途径

由肾上腺素诱导的肝糖原降低的信号途径是 G 蛋白偶联受体介导的信号途径中的典型范例。动物受到惊吓时会立即分泌肾上腺素,导致血压增高,肝脏糖原分解,血液中葡萄糖水平增加。肝细胞等细胞质膜上存在肾上腺素受体,当信号分子肾上腺素到达时,与受体胞外域上的配基结合域结合,形成受体-配基复合物,受体活化,与 Gα 结合导致 Gα 被活化,Gα 与 Gβγ 分离,它们分别或共同作用于腺苷酸环化酶(AC)并使之活化,活化的 AC 催化 ATP 产生胞内第二信使 cAMP,cAMP 作用于胞内的蛋白激酶 A(PKA)等活性依赖 cAMP 的胞质蛋白激酶,使之活化,活化的 PKA 使糖原磷酸酶激酶发生磷酸化而具有活性,促进糖原分解为 1-P-葡萄糖,又可使糖原合成酶磷酸化失活,抑制糖原合成,共同导致葡萄糖水平升高。除调控酶活性外,cAMP 还可调节基因表达。受 cAMP 水平的增加而活化蛋白激酶 A,其活化的催化亚基从调节亚基上释放,由细胞质进入细胞核中与转录因子 CREB(cAMP response element binding protein)结合,CREB 由于被磷酸化而激活,活化的 CREB 可与 DNA 分子上的 CRE(cAMP response element)元件结合,调节糖原降解相关基因表达(图 4-11)。

cAMP 可特异性地被环腺苷酸磷酸二酯酶(PDE)水解从而使第二信使 cAMP 被灭活,磷酸化的 CREB 可被蛋白磷酸酶 PP-1 脱去 Ser133 的磷酸基团而终止 CREB 的活性,从而终止对基因表达的信号调节。

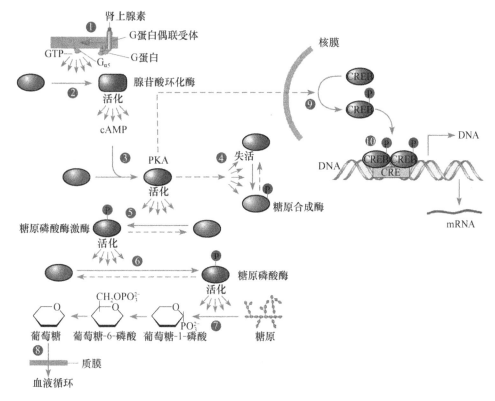

图 4-11　G 蛋白偶联受体介导的 cAMP 信号转导通路(Karp,2006)

**(四) 磷脂肌醇双信使信号途径**

肌醇磷脂是细胞膜的组成成分,肌醇磷脂中的磷脂酰肌醇-4,5-二磷酸(phosphatidylinositol-4,5-diphosphate,$PIP_2$)可被磷脂酶 C(phospholipase C,PLC)分解为三磷酸肌醇(inositol trisphosphate,$IP_3$)和二酰甘油(diacylglycerol,DG)。$IP_3$ 能诱导细胞内钙库(一般为内质网)释放 $Ca^{2+}$,DG 能激活蛋白激酶 C(PKC)的活性并引发细胞内一系列生物反应,因为产生了 $IP_3$ 和 DG 两个胞内信号分子肌醇磷脂信号途径也被称为双信使信号系统。

胞间信号分子(如乙酰胆碱等)可激活 G 蛋白偶联受体,通过 G 蛋白再激活位于质膜上的磷脂酶 C(PLC),PLC 能催化 $PIP_2$ 甘油链上第三位磷脂键断开,形成 $IP_3$ 和 DG。$IP_3$ 产生后扩散到细胞质中,与内质网上的受体($IP_3$ 门钙通道蛋白)结合,受体被活化,开启钙通道,内质网中的 $Ca^{2+}$ 流入细胞质,胞内 $Ca^{2+}$ 浓度升高,激活各类依赖钙离子的蛋白(如钙调素等),这些蛋白催化或激活细胞内靶蛋白并发生相应生化反应(图 4-12)。DG产生后由于其疏水特性结合于细胞质膜上,可活化与质膜结合的 PKC。PKC 以非活性形式分布于细胞质中,胞内 $Ca^{2+}$ 稍微升高可使其转位到质膜内表面成为"待激活状态",与质膜上的 DG 结合并被之活化,激活的 PKC 可对其底物蛋白进行磷酸化,最后导致一定的生理效应。当胞外的信号消失后 DG 与 PKC 解离,PKC 可以继续留存于细胞膜上或进入细胞质"钝化"。

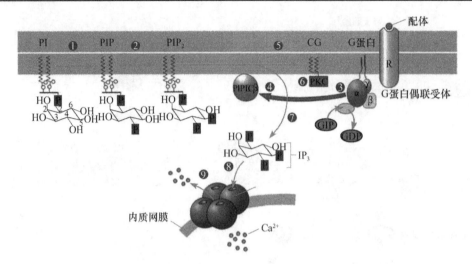

图 4-12　肌醇磷脂双信使的产生和信号转导(Karp,2006)

DG 和 $IP_3$ 信号的终止即是它们的进一步代谢转化过程。DG 的灭活有两种方式:一是在 DG 激酶的作用下被磷酸化形成磷脂酸(phosphatidic acid,PA),并进一步与 CTP 反应形成 CDP-DG 进入磷脂代谢循环,与肌醇合成为 PI;二是被 DG 脂酶水解成单酰甘油(monoacyl glycerol,MG)和脂肪酸。$IP_3$ 的灭活也有两种途径:一是 $IP_3$ 可以被连续脱磷酸形成 $IP_2$、IP 甚至自由的肌醇,再进入肌醇代谢循环;二是 $IP_3$ 被连续地磷酸化作用形成 $IP_4$、$IP_5$ 以至 $IP_6$ 等。

双信使系统调节的细胞效应包括分泌作用、细胞收缩等许多"短期细胞效应",也参与调节 DNA 和蛋白质合成、细胞的生长分化等于基因表达相关的"长期细胞效应"。

### 三、酶连受体介导的细胞信号转导

#### (一) 酶连受体

受体本身具有酶活性的被称为酶连受体或催化性受体。这类受体都是跨膜蛋白质,当胞外结构域与信号分子结合后,酶活性被激活。根据酶催化特点分为受体酪氨酸激酶、受体丝/苏氨酸激酶、受体酪氨酸磷酸酯酶、受体鸟苷酸环化酶、酪氨酸蛋白激酶联系的受体等。

受体酪氨酸激酶是胰岛素和多种生长因子等的受体,是一次跨膜蛋白,具有自磷酸化特性。受体酪氨酸激酶胞内区域具有酪氨酸激酶活性,当与信号分子结合后受体发生二聚化,彼此磷酸化胞内肽段中的酪氨酸残基,实现受体的活化。

受体丝/苏氨酸激酶的胞内域具有激酶活性,可通过二聚化使胞内肽段中的丝氨酸或苏氨酸发生磷酸化,受体激活。此类受体的配体是转化生长因子-β(TGF-β)超家族成员,因此也被称为 TGF-β 受体。受体间结构和功能类似,对细胞有多方面效应,可依细胞类型不同产生抑制细胞增殖、刺激细胞外基质合成、趋化性吸引细胞等多种生物效应。该类受体在植物中大量存在。

受体酪氨酸酯酶也是一次性跨膜蛋白,胞内域具有蛋白酪氨酸磷酸酯酶的活性,与信号分子结合后受体酶活性被激活,使特异的胞内信号蛋白的磷酸酪氨酸残基去磷酸化。

（二）受体酪氨酸激酶介导的信号转导途径

在目前发现的具酶活性的受体中，对受体酪氨酸激酶（RTK）的信号转导途径了解的最为清楚。

受体与信号分子结合后发生二聚化，受体激酶活性被激活并在酪氨酸残基发生磷酸化反应，磷酸化的酪氨酸残基可被含有 SH2 结构域的胞内接头蛋白等识别并与之结合，形成复合物，在鸟苷酸释放因子的帮助下将 Ras 蛋白活化，活化的 Ras 蛋白启动激酶磷酸化级联反应使有丝分裂原活化蛋白激酶（MAPK）被激活，通过磷酸化多种生长因子等多种底物引起相应基因表达（图 4-13）。Ras 是一种小 G 蛋白，是分子开关蛋白，通过结合 GTP 或 GDP 进行活性转换并"开""闭"信号通路，是信号途径的关键组分，所以酪氨酸信号途径也被称为 RTK-Ras 信号途径。Ras 调控的蛋白激酶磷酸化级联反应过程包括：活化的 Ras 与 Raf（MAP-KKK）的 N 端结构域结合使 Raf 被激活，Raf 激活下游的 MAPKK，MAPKK 接着激活其唯一的底物 MAPK，MAPK 进入细胞核使许多底物蛋白（如激酶或转录因子等）发生丝氨酸/苏氨酸残基磷酸化，启动一系列基因（如细胞周期与分化相关基因）表达。

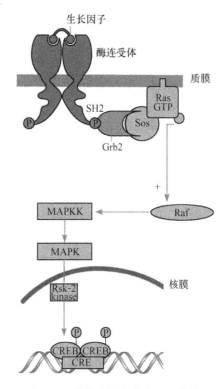

图 4-13　受体酪氨酸激酶-Ras 信号转导途径（Karp，2006）

## 四、细胞内受体介导的信号转导

胞内信号分子可以由细胞外经过被动运输进入细胞内，与胞内受体结合，调控细胞生理活动。胞内信号分子主要可以分为甾类激素和 NO 两类。

（一）甾类激素介导的信号转导途径

甾类激素是一类亲脂性的小分子，结构相似，分子质量为 300Da，可通过简单扩散的方式透过质膜进入细胞质，各种甾类激素与细胞质内各自受体结合，形成激素-受体复合物，穿过核孔进入细胞核。激素与受体的结合会导致一些抑制因子的解离，使受体构相发生变化，暴露出 DNA 结合域，结合于特异的 DNA 调控序列调节基因表达（图 4-14）。

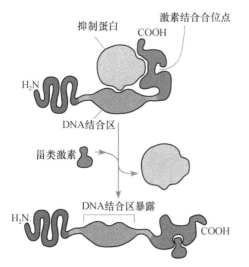

图 4-14　甾类激素受体的激活（翟中和等，2002）

甾类激素诱导基因表达的调控过程可分为两个阶段：①直接活化少数特殊基因转录的初级反应阶段，发生迅速；②初级反应的基因产物再活化其他基因产生延迟的次级反应，对初级反应起放大作用（图4-14）。例如给果蝇注射蜕皮激素后仅5～10min便可诱导唾腺染色体上6个部位的RNA转录，在经过一段时间后则至少100个部位合成RNA，并大量产生次级反应特有的蛋白产物。

### （二）NO介导的信号转导途径

NO是一种在体内产生的气体性信号分子，可快速穿越质膜，作用于邻居细胞。血管内皮细胞和神经细胞是NO的生产细胞，NO是由一氧化氮合酶（nitric oxide synthase，NOS）催化，以L-精氨酸为底物，以还原型辅酶Ⅱ（NADPH）为电子供体，生成NO和L-瓜氨酸。NO没有专门的储存与释放调节机制，作用于靶细胞的NO的多数直接与产生细胞中NO的合成有关。以血管内皮细胞中NO对血管平滑肌的调节作用为例介绍NO的信号转导过程。在受到乙酰胆碱信号刺激时，血管内皮细胞质膜上的乙酰胆碱（钙通道蛋白）受体感受信号刺激，活化后钙通道开发，钙离子进入胞内，胞内 $Ca^{2+}$ 浓度升高，钙激活一氧化氮合酶，细胞生成并释放NO，NO扩散至邻居的平滑肌细胞，与胞质鸟苷酸活化酶活性中心的 $Fe^{2+}$ 结合，改变了酶的构相导致该酶活化，鸟苷酸环化酶以GTP为底物催化合成环鸟苷酸（cGMP），cGMP降低血管平滑肌中的钙离子浓度，引起血管平滑肌的舒张，使血管扩张，血流通畅（图4-15）。

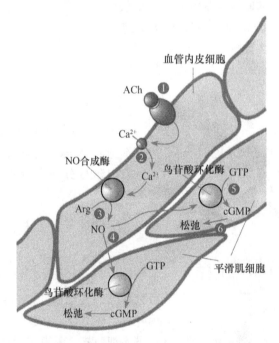

图4-15　NO在血管平滑肌细胞中的信号转导途径（Karp，2006）

硝基甘油治疗心绞痛有百年的历史，其作用机制为在体内被转化为NO，起到舒张血管增加心脏供氧能力。

## 五、细胞信号转导的特征

### （一）具有专一性的特点

每种信号分子可以与各自的受体特异性地结合，信号分子与受体在结构上的互补性是细胞信号转导具有专一性的重要基础。每种细胞都其独特的受体和信号转导系统，细胞对信号的反应不仅取决于其受体的特异性，而且与细胞的固有特征有关。不同类型的细胞对同一信号也会具有不同的受体，因而启动不同的信号转导通路产生不同的反应，如同样的乙酰胆碱可引起骨骼肌收缩、心肌收缩频率降低、唾腺分泌等。

### （二）信号具有级联放大的特点

信号转导过程具有对信号的放大作用，少数的信号分子可以激活下游多个效应器分子，产生明显的生物学效应。但这种信号放大的机制又受到适度调控，表现为信号放大作用启动的终止反应。

### （三）具有负反馈调控的特点

当细胞长期处于某种信号分子的刺激下，细胞对刺激的反应会降低，这就是细胞对信号的适应，也叫信号的"失敏"。细胞对信号失敏有以下几种形式：一是对受体的调控，通过降低受体的数目或降低受体与信号分子的亲和力，来减弱细胞对外界信号的敏感度；二是对信号通路蛋白的调控，通过对信号通路蛋白组分的失活或修饰反应，关闭或减小信号通路的传递，使信号传递受阻。这些调控是通过负反馈实现的，即信号转导过程引发的强反应启动负调控机制，反过来对信号转导通路进行关闭或弱化调控。

### （四）具有收敛和发散的特点

有些看起来不相关的信号在细胞内传递后，收敛成激活一个共同的效应器，产生生理、生化反应和相应细胞行为的改变。例如，来自受体酪氨酸激酶、G蛋白偶联受体和整联蛋白受体等的信号在细胞内都收敛到 Ras 蛋白，然后沿 MAPK 级联反应途径向下传递。另外，来自相同信号分子（如表皮生长因子、胰岛素等）的信号，又可以经不同的受体介导，激活细胞内不同的效应器，导致细胞产生多样化的应答反应。

### （五）各种信号转导在细胞内交织成复杂的网络

细胞无时无刻不处于复杂环境的"信息轰炸"之下，多种信号都对细胞产生各种各样的调控，细胞对这些调控信息做出合理应答，产生适当的生理反应。越来越多的实验证据表明信号转导在细胞内并非只是简单的线性传递，而是在各个信号调控通路之间相互关联，互相影响，形成复杂的信号网络系统。人们对信号网络系统中各种通路之间的相互关系，形象地称之为"交谈"（cross talk），信号在复杂的网络中传递，交谈，最后整合为一个最终的生理性效应。

**本章内容提要**

细胞质膜最重要的作用之一就是调节细胞与外界环境之间的物质和能量的交换,物质跨膜运输主要包括三种方式:主动运输、被动运输、胞吞作用和胞吐作用。

被动运输分为简单扩散和协助扩散,其特征是顺着浓度梯度,不需要能量消耗。简单扩散是指一些小分子顺浓度梯度直接跨越细胞质膜的自由转运方式,协助扩散则需要转运蛋白和通道蛋白的参与,具有转运速率高、存在最大转运速率的特点。

主动运输是需要载体蛋白所介导的物质逆浓度梯度或电化学梯度由低浓度一侧向高浓度一侧的跨膜转运方式,可分为 ATP 直接提供能量(ATP 驱动泵)、间接提供能量(偶联转运蛋白)以及光能驱动三种基本类型。$Na^+$-$K^+$ 泵具有 ATP 酶活性,每消耗 1 个 ATP 分子,泵出 3 个 $Na^+$ 并且泵入 2 个 $K^+$。协同运输是一类 $Na^+$-$K^+$ 泵与载体蛋白协同作用,靠间接消耗 ATP 所完成的运输方式。

真核细胞通过胞吞作用和胞吐作用完成大分子与颗粒性物质的跨膜运输。胞吞作用是指细胞对胞外物质的吸收形式,可分为胞饮作用和吞噬作用,两者所运载的物质大小和性质不同。胞吐作用是将胞内物质通过质膜运出细胞的过程,可分为组成型胞吐途径和调节型胞吐途径。这些作用对于维持细胞的正常生存和生长是必需的。

组成多细胞生物的细胞个体之间通过细胞通信和信号传递协调彼此的行为,组成一个有序的细胞社会。细胞通信包括接触依赖性通信、间隙连接通信和分泌化学信号通信三类,其中分泌化学信号通信在生物体中存在作为广泛,又可分为自分泌、旁分泌、内分泌和化学突触四种方式。细胞信号可分为物理信号和化学信号,化学信号分子又可分为亲脂性信号分子和亲水性信号分子。信号分子与受体特异结合完成信号的感受,受体分为两大类:①细胞内受体,存在于细胞内,与可过膜的亲脂性小分子结合进行信号传递,其引发的细胞效应可分为初级反应阶段和延迟的次级反应阶段;②细胞表面受体,存在于细胞质膜,与胞外亲水性的化学信号分子结合,通过跨膜信号转导,产生胞内第二信使,引发细胞内的信号传递链,导致相应生理反应。细胞表面受体包括 G 蛋白偶联的受体、离子通道偶联的受体和与酶连接的受体三类。

离子通道偶联的受体是由多亚基组成的受体-离子通道复合体,本身既有信号结合位点,又是离子通道,其跨膜信号转导无需中间步骤。

G 蛋白偶联的受体是指配体-受体复合物与靶蛋白作用要通过与 G 蛋白的偶联,进行信息的跨膜传递。目前了解的较清楚的是 cAMP 信号通路和磷脂酰肌醇信号通路。cAMP 通路的信号途径为:激素→G 蛋白偶联受体→G 蛋白→腺苷酸环化酶→cAMP(第二信使)→cAMP 依赖蛋白激酶→基因调控蛋白→基因转录;磷脂酰肌醇通路的信号转导通路中同时产生两个胞内信使,启动 $IP_3$—$Ca^{2+}$ 和 DG—PKG 两个信号传递途径,因此也被称为"双信使系统"。

目前已知的酶连接的受体都是跨膜蛋白,其中最重要的是受体酪氨酸激酶(RTK)受体家族。当配体与受体结合后,受体聚合为二聚体,激活受体的酪氨酸激酶活性,随即引起一系列的磷酸化级联反应(MAPK 级联反应),诱导相关基因表达。

细胞受体传递是多通路、多环节、多层次和高度复杂的可控过程,具有收敛和发散的特点。细胞各个通路之间相互交叉调控,形成了一个复杂的细胞信号网络系统。

**本章相关研究技术**

**1. 酵母双杂交技术（yeast two-hybrid technique）**

细胞信号转导中各信号组分发挥作用时往往通过蛋白与蛋白之间的相互作用来实现，通过这种蛋白互作位于下游的靶蛋白被激活或失活，从而启动或关闭相应的生理生化反应，达到调控细胞行为的效应。酵母双杂交技术是一种有效的研究真核活细胞内蛋白质相互作用的重要手段，其以简便、灵敏、高效等特点在基因功能的研究中得到了广泛应用。

酵母双杂交技术首先由 Song 和 Field 建立，其原理是一些位点特异的转录激活因子通常具有 DNA 特异结合域（DNA-binding domain，BD）与转录激活域（transcription activation domain，AD），两个结构域被分割开后再次互相靠近仍能发挥转录因子作用激活基因表达。基于该原理，将两个待测蛋白分别与这两个结构域建成融合蛋白，并共表达于同一个酵母细胞内，若两个待测蛋白间能发生相互作用，就会通过这种蛋白互作使 AD 与 BD 靠近发挥转录因子作用并激活相应的报告基因表达，通过检测报告基因是否表达可了解蛋白分子间是否发生了相互作用。

酵母双杂交系统包括与 BD 融合的表达诱饵蛋白载体系统、与 AD 融合的表达靶蛋白载体系统、带有一个或多个报告基因的缺陷型宿主菌株。常用的报告基因有 HIS3、URA3、LacZ 和 ADE2 等，目前较常用的是 GAL4 系统和 LexA 系统。酵母双杂交技术具体可应用于以下几方面：①检验一对功能已知蛋白间的相互作用。②研究一对蛋白间发生相互作用所必需的结构域，通常需对待测蛋白做点突变或缺失突变的处理。③用已知功能的蛋白基因筛选双杂交 cDNA 文库，以研究蛋白质之间相互作用的传递途径。④分析新基因的生物学功能，即以功能未知的新基因去筛选文库。然后根据钓到的已知基因的功能推测该新基因的功能。

目前在双杂交技术的基础上又出现了单杂交、三杂交、反向双杂交等技术，核外双杂交技术等。其中单杂交可用于研究蛋白与 DNA 序列之间的相互作用，三杂交可用于研究三个蛋白之间的相互作用，反向双杂交可用于阻断两个蛋白间相互作用的因素，核外双杂交技术可用于检测在细胞核外如膜上进行的蛋白互作。

**2. 膜片钳技术（patch clamp technique）**

在细胞膜上进行的物质运输中，离子的运输可以通过离子通道蛋白和相应的离子泵来实现。膜片钳技术就是专门用于对离子通道蛋白的通透活性和通透能力进行研究的一项技术。

膜片钳技术由德国 Erwin Neher 和 Bert Sakmann 建立，其基本原理是运用微玻管电极（膜片电极或膜片吸管）接触细胞膜，以千兆欧姆以上的阻抗使之对接，使与电极尖开口处相接的细胞膜小片区域（膜片）与其周围在电学上分隔，在此基础上固定电位，对此膜片上的离子通道的离子电流（pA 级）进行检测记录，电流的变化反映了离子进出细胞膜的变化，也就反映了膜上的离子通道活性（即开放状态）的变化。另外通过更换溶液中的离子种类可以了解模式离子通道对运输离子的选择选择性。例如，有的离子通道对阳离子没有明显的选择性，有的则具有严格的选择性，仅允许某一种离子通过，所以可以通过检测电流或电压研究细胞膜上离子通道特性。

　　膜片钳技术可分为以下几种记录方式：①单通道记录法-细胞吸附模式（cell-attached mode），通常选取电极下仅有一个通道的膜片进行分析，即单通道记录，该方法能准确反映单个通道的活动状态并进行分析。②全细胞记录法（whole-cell recording），将电极覆盖的膜吸破，使电极内与整个细胞内相通，用这个方法可记录进出整个细胞的电流。③外面向外（outside-out）和内面向外（inside-out）模式，这两种技术分别是在细胞吸附式和全细胞记录的基础上改进而成，优点是可以分别观察化学因素对细胞膜内侧面和外侧面结构的影响。

　　膜片钳技术能精确描述细胞通道特征，在其建立后的短短十几年时间里已经在生物学研究领域显示出了非常重要的意义和广阔的应用前景。

**复习思考题**

　　1. 比较被动运输和主动运输。

　　2. 简要回答 G 蛋白的结构及功能。

　　3. 简述双信使信号通路介导的信号传递过程。

　　4. 回答整联蛋白介导的信号传递通路。

　　5. 请总结细胞信号的整合方式与控制机制。

# 第五章　线粒体与氧化磷酸化

**本章学习目的**　本章主要介绍真核细胞内一种重要和独特的细胞器——线粒体。人体内的细胞每天要合成几千克 ATP,且 95％的 ATP 是由线粒体中的呼吸链所产生,因此,线粒体被称为细胞内的"能量工厂"(power plants)。线粒体通过氧化磷酸化作用进行能量转换,为细胞进行各种生命活动提供能量。

1890 年,德国生物学家 Altmann 首先在光学显微镜下观察到动物细胞内存在着一种颗粒状的结构,称作生命小体(bioblast)。1897 年 Benda 重复了以上实验,并将之命名为线粒体(mitochondrion,源于希腊字 mito:线,chondrion:颗粒)。1904 年 Meves 在植物细胞中也发现了线粒体,从而确认线粒体是普遍存在于真核生物几乎所有细胞中的一种重要细胞器。经过 100 多年不断深入的研究,对线粒体的结构、功能、发生等有了更深入的了解。

## 第一节　线粒体的形态结构与化学组成

### 一、线粒体的形态、大小、数量和分布

线粒体是一个动态细胞器,在生活细胞中具有多形性、易变性、运动性和适应性等特点,其形态、大小、数量和分布在不同细胞内变动很大,即使在同一细胞,随着代谢条件的不同也会发生变化。线粒体形状多种多样,但以线状和颗粒状最常见,也可呈环形、哑铃形、枝状或其他形状。在一定条件线粒体的形状变化是可逆的。线粒体一般直径为 $0.5\sim1.0\mu m$,长 $1.5\sim3.0\mu m$,大鼠肝细胞的线粒体可长达 $5\mu m$;在胰腺的外分泌细胞中可观察到巨大线粒体,长达 $10\sim20\mu m$;人的成纤维细胞线粒体甚至可长达 $40\mu m$。线粒体在细胞中并非都是以单个形式存在,有时可形成分枝的相互连接的网状结构,并以动态状态存在,这种网状结构至少在酵母和培养的哺乳类动物细胞中存在。

在不同类型的细胞中线粒体的数目相差很大,但在同一类型的细胞中相对比较稳定。一般动物细胞内线粒体的数目由数百到数千个。在新陈代谢旺盛的细胞中线粒体多,人和哺乳动物的心肌、小肠、肝等内脏细胞中线粒体很丰富,如肝细胞有 500～1000 个。植物细胞的线粒体数量一般较动物细胞的少,这是因为植物细胞的叶绿体可代替线粒体的某些功能。

在多数细胞中,线粒体均匀分布在整个细胞质中,但在某些细胞中,线粒体往往集中在细胞代谢旺盛的需能部位。例如,分泌细胞的线粒体聚集在分泌物合成的区域;肌细胞的线粒体沿肌原纤维规则排列;精子细胞的线粒体集中在鞭毛中区。线粒体的这种分布显然有利于需能部位的能量供应。

根据细胞代谢的需要,线粒体可在细胞质中运动、变形和分裂增殖,如在玉米的小孢子发育过程中,线粒体定向地运动、聚集与分散,在此过程中绒毡层细胞中线粒体的数量可增加 40 多倍。线粒体经常与含脂肪酸的油滴结合,从这些油滴中线粒体可获得用于氧

化反应的原料。线粒体在细胞质中的定位与迁移,往往与微管有关。

## 二、线粒体的超微结构与化学组成

在电镜下观察,线粒体是一个是由内外两层单位膜套叠而成的封闭的囊状结构(图5-1)。主要由外膜(outer membrane)、内膜(inner membrane)、膜间隙(intermembrane space)及基质(matrix)四部分组成(图5-2)。

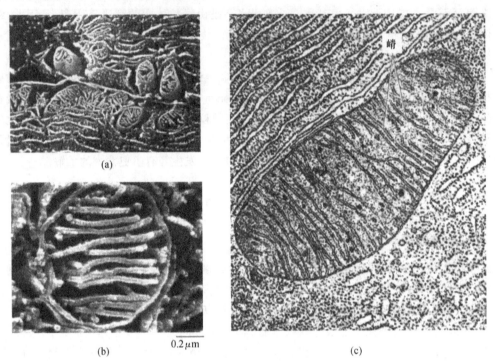

图 5-1　鼠肝线粒体超微结构扫描电镜照片(a)、(b)和透射电镜照片(c)(Karp,1999)

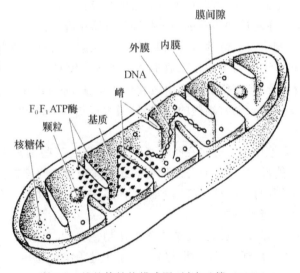

图 5-2　线粒体结构模式图(刘凌云等,2002)

（一）外膜

外膜是包围在线粒体最外面的一层单位膜，光滑而有弹性，厚约 6nm。外膜中蛋白质和脂质约各占 50%。外膜含有孔蛋白（porin），孔蛋白是由 β 链形成的筒状结构，高 5～6nm，直径 6nm，中心是一直径 2～3nm 的小孔，即内部通道。孔蛋白通道并非是一个静态结构，它可以对细胞的不同状态做出反应，从而可逆地开闭。当孔蛋白通道完全打开时，可以通过相对分子质量高达 $5 \times 10^3$ 的分子。ATP、NAD、辅酶 A 等相对分子质量小于 $1 \times 10^3$ 的所有物质都能自由通过外膜。由于外膜的通透性很高，使得膜间隙中的环境几乎与细胞质基质相似。

外膜含有一些特殊的酶类，如参与肾上腺素氧化、色氨酸降解、脂肪酸链延长的酶等，表明外膜不仅可参与膜磷脂的合成，而且还可以对那些将在线粒体基质中进行彻底氧化的物质先行初步分解。外膜的标志酶是单胺氧化酶（monoamine oxidase）。

（二）内膜

内膜位于外膜内侧，把膜间隙与基质分开，厚 6～8nm。相对外膜而言，内膜有很高的蛋白质/脂质值（质量比＞3：1）。内膜缺乏胆固醇，富含心磷脂（cardiolipin），约占磷脂含量的 20%，心磷脂与离子的不可渗透性有关。内膜的这种结构组成，形成了通透性屏障。因此，内膜对物质的通透性很低，能严格地控制分子和离子通过。实际上，所有分子和离子的运输都要借助于膜上一些特异的转运蛋白。这种高度不透性（impermeability）内膜对建立质子电化学梯度，驱动 ATP 的合成起重要作用。

线粒体内膜向基质内折叠形成嵴（cristae），嵴使内膜的表面积大大增加。有人估计，肝细胞线粒体内膜的表面积相当于外膜的 5 倍，细胞质膜的 17 倍；心肌和骨骼肌线粒体嵴的数量相当于肝细胞线粒体嵴的 3 倍，这可能反映了不同组织细胞对 ATP 的需求不同。嵴的形态、数量和排列与细胞种类及生理状况密切相关，需能多的细胞，不但线粒体多，嵴的数量也多。嵴有两种类型：板层状和管状，其他形式的嵴可视为由这两种基本形式衍生而来。在高等动物中，绝大部分细胞线粒体的嵴为板层状，其方向与线粒体长轴垂直，但也有与长轴平行的，如神经细胞，而人的白细胞线粒体的嵴则为分支管状。

线粒体内膜除含有多种转运系统外，还含有大量的合成 ATP 的装置。在内膜的嵴上有许多排列规则的颗粒，称为线粒体基粒（elementary particle），又称偶联因子 1（coupling factor1），简称 $F_1$，实际是 ATP 合酶（ATP synthase）的头部，$F_1$ 为球形、直径 9nm 的颗粒。ATP 合酶基部又称 $F_0$，嵌入线粒体内膜。内膜的标志酶是细胞色素氧化酶。

（三）膜间隙

线粒体内外膜之间的腔隙，称为膜间隙，宽 6～8nm，但在细胞进行活跃呼吸时，膜间隙可扩大。膜间隙中充满无定形液体，含有可溶性酶、底物和辅助因子。其中腺苷酸激酶是膜间隙的标志酶，它的功能是催化 ATP 分子末端磷酸基团转移到 AMP，生成 ADP。

（四）线粒体基质

内膜所包围的嵴外空间为线粒体基质,基质内充满包含可溶性蛋白质的胶状物质,具有一定的 pH 和渗透压。基质中的酶类最多,如三羧酸循环、脂肪酸 $\beta$-氧化、氨基酸降解等有关的酶。此外,基质中还含有线粒体的遗传系统,包括 DNA、RNA、核糖体和转录、翻译遗传信息所必需的各种装置。

由于线粒体各部分的化学组成和性质以及酶的分布不同,它们的功能各异(表 5-1)。

表 5-1 线粒体各部分的功能及主要酶的分布

| 部 位 | 功 能 | 酶的名称 | 部 位 | 功 能 | 酶的名称 |
|---|---|---|---|---|---|
| 外膜 | 磷脂的合成 | 单胺氧化酶 | 膜间隙 | 核苷的磷酸化 | 腺苷酸激酶 |
| | 脂肪酸链去饱和 | NADH-细胞色素 c 还原酶 | | | 核苷酸激酶 |
| | 脂肪酸链延长 | 核苷二磷酸激酶 | | | 二磷酸激酶 |
| | | 磷酸甘油酰基转移酶 | | | 单磷酸激酶 |
| 内膜 | 电子传递 | NADH 脱氢酶 | 基质 | 三羧酸循环 | 三羧酸循环酶系 |
| | | 琥珀酸脱氢酶 | | 脂肪酸 $\beta$-氧化 | 脂肪酸氧化酶 |
| | | 细胞色素 c | | 丙酮酸氧化 | 谷氨酸脱氢酶 |
| | | 细胞色素氧化酶 | | 蛋白质合成 | 天冬氨酸转氨酶 |
| | 氧化磷酸化 | ATP 合酶 | | DNA 复制 | 蛋白质和核酸合成酶系 |
| | 代谢物质运输 | 肉毒碱酰基转移酶 | | RNA 合成 | 丙酮酸脱氢酶复合物 |
| | | 丙酮酸氧化酶 | | | |

## 第二节　线粒体氧化磷酸化的偶联机制

线粒体的主要功能是进行氧化磷酸化,合成 ATP,为细胞生命活动提供直接能量。线粒体是糖类、脂肪和氨基酸最终氧化释能的场所。糖类和脂肪等营养物质在细胞质中经过降解作用产生丙酮酸和脂肪酸,这些物质进入线粒体基质中,再经过一系列分解代谢形成乙酰 CoA,即可进一步参加三羧酸循环。在三羧酸循环中,底物经一系列脱氢、脱羧反应,释放出 $CO_2$;并以 NADH(烟酰胺腺嘌呤二核苷酸)和 $FADH_2$(黄素腺嘌呤二核苷酸)两种还原型辅酶的形式,携带底物脱下的氢,经线粒体内膜上的电子传递链(呼吸链),将电子最后传递给氧,生成水。质子在传递途中发生跨线粒体内膜的转运,所释放的能量经内膜上的 ATP 合酶,生成 ATP,供机体各种活动的需要。因此氧化磷酸化是细胞获得能量的主要途径(图 5-3)。

此外,线粒体还与细胞中氧自由基的生成,调节细胞氧化还原电位和信号转导,调控细胞凋亡、基因表达、细胞内多种离子的跨膜转运及电解质稳态平衡,包括线粒体对细胞中 $Ca^{2+}$ 的稳态调节等有关。

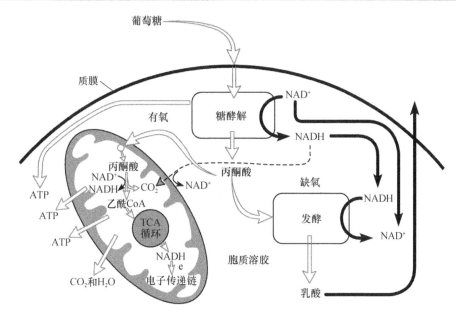

图 5-3　真核细胞线粒体中代谢反应图解（Karp，1999）

## 一、电子传递链(呼吸链)与电子传递

在线粒体内膜上存在有关氧化磷酸化的脂蛋白复合物,它们是传递电子的酶体系,由一系列能可逆地接受和释放电子或 $H^+$ 的化学物质所组成,在内膜上相互关联地有序排列,称为电子传递链(electron-transport chain)或呼吸链(res-piratory chain)。目前普遍认为细胞内有两条典型的呼吸链,即 NADH 呼吸链和 $FADH_2$ 呼吸链。这是根据接受代谢物上脱下的氢的原初受体不同而区分的(图 5-4)。

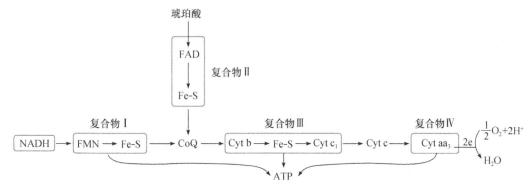

图 5-4　线粒体内膜两条呼吸链的组分、排列及氧化磷酸化的偶联部位(翟中和等,2007)

(1) NADH 呼吸链,由复合物 Ⅰ、Ⅲ、Ⅳ 组成,传递氧化 NADH 释放的电子;(2) $FADH_2$ 呼吸链,由复合物 Ⅱ、Ⅲ、Ⅳ 组成,传递氧化 $FADH_2$ 释放的电子

## (一)电子载体

线粒体内膜上的呼吸链是典型的多酶氧化还原体系,由多个组分组成。参加呼吸链的氧化还原酶有:①烟酰胺脱氢酶类(以 $NAD^+$ 或 $NADP^+$ 为辅酶);②黄素脱氢酶类(以黄素

单核苷酸 FMN 或黄素腺嘌呤二核苷酸 FAD 为辅基);③铁硫蛋白类(或称铁硫中心,Fe-S),分子中含非血红素铁和对酸不稳定的硫,其作用是通过铁的化合价的互变进行电子传递;④辅酶 Q 类,是一种脂溶性的醌类化合物,它具有三种不同的氧化还原状态,即氧化态 Q、还原态 $QH_2$ 和介于两者之间的半醌 QH;⑤细胞色素类,是一类以铁卟啉为辅基的色蛋白,其主要功能是通过铁的化合价的互变传递电子。目前发现的细胞色素有 a、$a_3$、b、c、$c_1$ 等。在 $aa_3$ 分子中,除含血红素铁外,尚含有 2 个铜原子,依靠其化合价的变化,把电子从 $a_3$ 传递到氧。

## (二) 电子载体排列顺序

实验证明,呼吸链各组分有严格的排列顺序和方向。从 NADH 到分子氧之间的电子传递过程中,电子是按氧化还原电位从低向高传递。$NAD^+/NADH$ 的氧化还原电位值最低($E_0' = -0.32V$),$O_2/H_2O$ 的氧化还原电位值最高($E_0' = 0.82V$)。根据实验测定的呼吸链各组分的氧化还原电位值确定其排列顺序,氧化还原电位值越低的组分供电子的倾向越大,越易成为还原剂而处于传递链的前面。每一个载体都是从呼吸链前一个载体获得电子被还原,随后将电子传递给相邻的下一个载体被氧化。电子沿着呼吸链传递的同时也伴随着能量的释放。呼吸链的最终受体是氧,氧接受电子后与 $H^+$ 结合生成水。

## (三) 电子转运复合物

电子传递链中的各组分,并不是游离存在的。当破坏了线粒体内膜后,可分离出 4 种膜蛋白复合物,分别被命名为复合物Ⅰ、Ⅱ、Ⅲ和Ⅳ。近 10 年来膜蛋白复合物的三维结构研究取得突破性进展,继 20 世纪 90 年代由美国和日本科学家分别解析出复合物Ⅲ及复合物Ⅳ的晶体结构之后,2005 年中国科学家又成功解析出复合物Ⅱ的晶体结构,填补了线粒体结构生物学和细胞生物学领域的一个空白。4 种复合物包埋在线粒体内膜中,辅酶 Q(泛醌)和细胞色素 c 是呼吸链中可流动的递氢体或递电子体(图 5-5)。

复合物Ⅰ:是 NADH-CoQ 还原酶,又称 NADH 脱氢酶,哺乳动物的复合物Ⅰ是由 42 条不同的多肽链组成的大型酶复合物,总相对分子质量接近 $10^6$,其中 7 个是疏水的跨膜多肽,由线粒体基因编码。复合物Ⅰ含有一个带有 FMN 的黄素蛋白和至少 6 个铁硫蛋白。其作用是催化 NADH 的 2 个电子传给泛醌,每传递 1 对电子,伴随 4 个质子从基质转移到膜间隙。故复合物Ⅰ是由电子传递释放能量驱动的一种质子泵。

复合物Ⅱ:是琥珀酸-CoQ 还原酶,又称琥珀酸脱氢酶,2005 年,饶子和等在 *Cell* 杂志上发表了线粒体膜蛋白复合物Ⅱ的晶体结构,证明复合物Ⅱ是由 4 种不同的蛋白质组成的跨膜蛋白复合物,总相对分子质量为 $1.4 \times 10^5$,其作用是催化从琥珀酸来的一对低能电子经 FAD 和铁硫蛋白传给泛醌。复合Ⅱ不能使质子跨膜移位。

复合物Ⅲ:是 CoQ-细胞色素 c 还原酶,由 10 条多肽链组成,总相对分子质量为 $2.5 \times 10^5$,含 1 个细胞色素 b($b_{562}$,$b_{566}$)、1 个细胞色素 $c_1$ 和 1 个铁硫蛋白。其作用是催化电子从泛醌传给细胞色素 c,电子和质子穿越复合物Ⅲ的路径是通过被称为 Q 循环(Q cycle)的方式进行的(图 5-6)。它使得双电子载体 UQ 能将电子传递给单电子载体——细胞色素 $b_{562}$、$b_{566}$、$c_1$ 和 c,每一对电子穿过该复合物到达细胞色素 c 时有 4 个质子从基质跨膜转移到膜间隙。

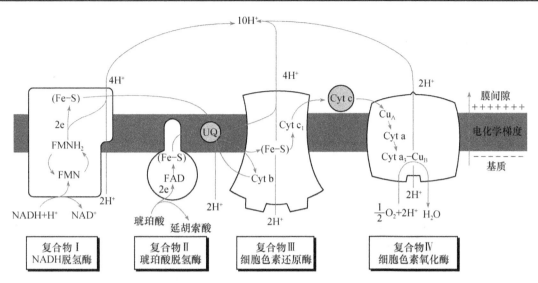

图 5-5　线粒体内膜电子传递复合物的排列及电子和质子传递示意图(翟中和等,2007)

呼吸链由 4 种含有电子载体的复合物和 2 种独立存在于膜上的电子载体(UQ 和 Cyt c)组成。进入呼吸链的电子来自 NADH 或 FADH$_2$。电子可以从复合物 I 或复合物 II 传递给 UQ,然后进一步传递给复合物 III,经由 Cyt c 传递给复合物 IV,最后传递给 O$_2$,生成 H$_2$O。图中指出了 H$^+$ 从基质跨膜转移到膜间隙的位点,在每个位点上被转移的精确 H$^+$ 数仍有争议,图中标出的 H$^+$ 数是普遍认同的,由每对电子传递所产生的。复合物 III 中的 H$^+$ 通过 Q 循环分为两步进行,每步都能向膜间隙释放 2 个 H$^+$

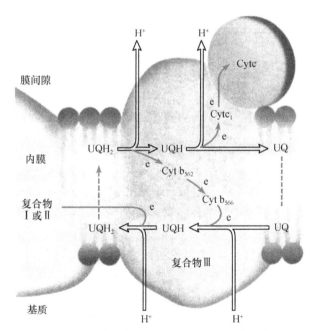

图 5-6　电子通过复合物 III 途径的 Q 循环(翟中和等,2007)

图中标出的 H$^+$ 数是由一个电子传递所产生的

复合物 IV:是细胞色素氧化酶,哺乳动物的细胞色素氧化酶由 13 条多肽链组成,总相对分子质量为 2.04×10$^5$。该酶有 4 个氧化还原中心:细胞色素 a 和 a$_3$ 及 2 个铜原子

（$Cu_A$，$Cu_B$），其作用是催化电子从细胞色素 c 传给氧，生成 $H_2O$。每传递 1 对电子要从基质中摄取 4 个 $H^+$，其中 2 个 $H^+$ 用于水的形成，另 2 个 $H^+$ 被跨膜转移到膜间隙。故复合物Ⅳ既是电子传递体又是质子移位体（图 5-7）。

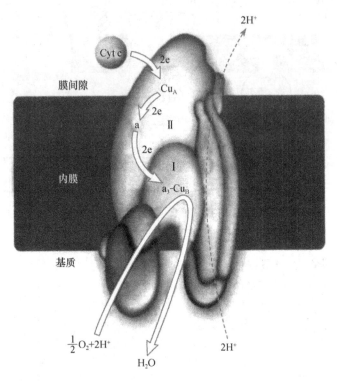

图 5-7　细胞色素氧化酶的结构及电子流经 4 个氧化还原中心示意图（翟中和等，2007）

## 二、氧化磷酸化的偶联机制——化学渗透假说

氧化磷酸化的偶联机制一直是研究氧化磷酸化作用的关键，研究者提出了各种假说，主要有：化学偶联假说（chemical coupling hypothesis）、构象偶联假说（conforma tional coupling hypothesis）、化学渗透假说（chemiosmotic coupling hypothesis）等。化学渗透假说已成为氧化磷酸化机制研究中最为流行的一种假说。该假说是 1961 年英国生物化学家 Mitchell 提出来的，他因此获得了 1978 年诺贝尔化学奖。

化学渗透假说的主要内容是：呼吸链的各组分在线粒体内膜中的分布是不对称的，当高能电子在膜中沿呼吸链传递时，所释放的能量将 $H^+$ 从内膜基质侧泵至膜间隙，由于膜对 $H^+$ 是不通透的，从而使膜间隙的 $H^+$ 浓度高于基质，因而在内膜的两侧形成电化学质子梯度（electrochemical proton gradient，$\Delta\mu H^+$），也称为质子动力势（proton motive force，$\Delta P$）。在这个梯度驱动下，$H^+$ 穿过内膜上的 ATP 合酶流回到基质，其能量促使 ADP 和 Pi 合成 ATP。质子动力势（$\Delta P$）由两部分组成：一是膜内外 $H^+$ 浓度差（$\Delta$pH），二是膜电位（$\Delta\Psi$）。$\Delta P$ 与 $\Delta$pH 和 $\Delta\Psi$ 的关系如下：

$$\Delta P = \Delta\Psi - (2.3RT/F)\Delta pH$$

式中,$R$ 为气体常数,$T$ 为绝对温度,$F$ 为法拉第(Faraday)常数。

综上所述,可以把线粒体内膜中的呼吸链看做是质子泵,在电子经呼吸链传递给氧的过程中,可把基质中的 $H^+$ 泵至膜间隙。其反应过程是:呼吸链从 NADH 开始,它提供 2 个电子和 1 对 $H^+$ 传递给 NADH 脱氢酶上的黄素单核苷酸(FMN),而 FMN 被还原成 $FMNH_2$,$FMNH_2$ 把 1 对 $H^+$ 释放到膜间隙,同时将 1 对电子经铁硫蛋白(Fe-S)传给靠近内膜内侧的 2 个泛醌(UQ)。每个 UQ 先自复合物Ⅲ中的细胞色素 b 获得 1 个电子,并从基质中摄取 1 个 $H^+$,而被还原为半醌(QH),QH 再接受从复合物Ⅰ传递来的 1 个电子,同时又从基质中摄取 1 个 $H^+$,形成氢醌($QH_2$)。$QH_2$ 通过构象改变移动到内膜外侧时,先后向膜间隙释放 2 个 $H^+$,同时,$QH_2$ 的 2 个电子中的 1 个先交还给细胞色素 b;另外 1 个电子经 FeS 传给细胞色素 $c_1$,细胞色素 $c_1$ 又将电子传递给内膜外缘的细胞色素 c,泛醌则从内膜外侧回到内侧,完成 Q 循环。因此,通过 Q 循环,每传递 1 个电子,就有 4 个 $H^+$ 被泵到膜间隙。细胞色素 c 在膜间隙扩散,将接受的电子经细胞色素氧化酶传递给氧,将氧还原成水。由于线粒体内膜对 $H^+$ 又不能自由通过,造成了 $H^+$ 浓度的跨膜梯度,并使原有的外正内负的跨膜电位差增高,$H^+$ 浓度梯度和跨膜电位就共同构成了质子动力势,质子动力势推动 $H^+$ 通过 ATP 合酶装置进入基质,估计每进入 2 个 $H^+$ 可驱动合成 1 个 ATP 分子。

### 三、ATP 合酶作用机制

#### (一) ATP 合酶的分子结构与组成

ATP 合酶(ATP synthase)是生物体能量转换的核心酶。在线粒体内膜、叶绿体的类囊体膜和好氧菌的质膜上,都已发现 ATP 合酶的同源部分。ATP 合酶参与氧化磷酸化和光合磷酸化,在跨膜质子动力势的推动下催化合成 ATP。如果将 ATP 比喻为细胞内的能量货币,ATP 合酶则应比喻为制作货币的"印钞机",因为 ATP 合成最终是在 ATP 合酶催化下完成的。不同来源的 ATP 合酶基本上有相同的亚基组成和结构,都是由多亚基装配形成的多蛋白复合体。ATP 合酶包括两个基本部分:球状的 $F_1$ 头部(直径约为 9nm)和嵌于膜内的 $F_0$ 基部(图 5-8)。

$F_1$(偶联因子 $F_1$):线粒体 ATP 合酶的 $F_1$ 是水溶性的蛋白复合物,由 5 种类型的 9 个亚基组成,其组分为 $\alpha_3\beta_3\gamma\delta\epsilon$。$F_1$ 头部的 5 种多肽由核 DNA 编码。3 个 $\alpha$ 亚基和 3 个 $\beta$ 亚基交替排列,形成一个"橘瓣"状结构,$\alpha$ 和 $\beta$ 亚基上均具有核苷酸结合位点,其中 $\beta$ 亚基的结合位点具有催化 ATP 合成或水解的活性。$F_1$ 的正常功能是催化 ATP 合成,其水解 ATP

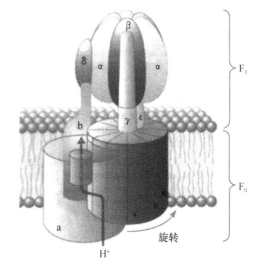

图 5-8 线粒体 ATP 合酶的结构
(Lodish et al.,2005)

的功能是在缺乏质子梯度情况下表现出的非正常生理功能。单个的 $\gamma$ 亚基的一个结构域构成一个穿过 $F_1$ 的中央轴，$\gamma$ 亚基的另一结构域主要与 3 个 $\beta$ 亚基中的一个结合，该 $\beta$ 亚基称为 $\beta$ 空缺。$\varepsilon$ 亚基协助 $\gamma$ 亚基附着到 $F_0$ 基部。$\gamma$ 与 $\beta$ 亚基有很强的亲和力，结合在一起形成"转子"(rotor)，位于 $\alpha_3\beta_3$ 的中央，共同旋转以调节 3 个 $\beta$ 亚基催化位点的开放与关闭。$\delta$ 亚基是 $F_1$ 与 $F_0$ 相连接所必需的。

$F_0$(偶联因子 $F_0$)：是嵌合在内膜上的疏水蛋白复合体，由 a、b、c 三种亚基按照 $ab_2c_{10-12}$ 的比例组成一个跨膜质子通道。多拷贝的 c 亚基形成一个环状结构，a 亚基与 b 亚基二聚体排列在 c 亚基 12 聚体形成的环的外侧，a 亚基、b 亚基二聚体和 $F_1$ 的 $\delta$ 亚基共同组成"定子"(stator)或称外周柄。

$F_1$ 和 $F_0$ 通过"转子"和"定子"将两部分连接起来，在合成或水解 ATP 的过程中，"转子"在通过 $F_0$ 的 $H^+$ 流推动下在 $\alpha_3\beta_3$ 的中央旋转，依次与 3 个 $\beta$ 亚基作用，调节 $\beta$ 亚基催化位点的构象变化；"定子"在一侧将 $\alpha_3\beta_3$ 与 $F_0$ 连接起来并保持在固定位置。$F_0$ 的作用之一，就是将跨膜质子动力势转换成扭力矩(torsion)，推动"转子"旋转。

(二) ATP 合酶的作用机制

ATP 合酶的各种亚基是如何协同作用利用跨膜的质子梯度形成 ATP，在 ATP 形成过程中 ATP 合酶又是如何起作用等问题，一直是最具吸引力的研究课题，随着 ATP 合酶三维结构研究的突破，现在这个奥秘已逐渐揭开。最近许多实验结果表明，ATP 合酶可能是已发现的自然界最小的分子"马达"，其运转效率几乎达 100%。

现在为大多数人接受的质子驱动 ATP 合成的机制是美国生物化学家 Boyer 在 1979 年提出的结合变构机制(binding change mechanism)，他认为：①质子梯度的作用并不是用于形成 ATP，而是使 ATP 从酶分子上解脱下来。②ATP 合酶上的 3 个 $\beta$ 亚基的氨基酸序列是相同的，但它们的构象却不同。即在任一时刻，3 个 $\beta$ 催化亚基以 3 种不同的构象存在，从而使它们对核苷酸具有不同的亲和性(图 5-9)。③ATP 通过旋转催化(rotational catalysis)而合成，在此过程中，通过 $F_0$ "通道"的质子流引起 c 亚基环和附着于其上的 $\gamma$ 亚基纵轴(中央轴)在 $\alpha_3\beta_3$ 的中央进行旋转，旋转是由 $F_0$ 质子通道所进行的质子跨膜运动来驱动的。由于在外侧有"定子"(外周柄)的固定作用，相对于膜表面是静止的。旋转在 360° 范围内分三步发生，大约每旋转 120°，$\gamma$ 亚基就会与一个不同的 $\beta$ 亚基相接触，正是这种接触迫使 $\beta$ 亚基转变成 $\beta$ 空缺构象。$\gamma$ 亚基的一次完整旋转(360°)必然使每一个 $\beta$ 亚基都经历 3 种不同的构象改变，导致合成 3 个 ATP 以及从酶表面释放。

在大肠杆菌 ATP 合酶中，发现 a 亚基上的 Arg210 是 $H^+$ 转运所必需的；c 亚基上的 Asp61 被认为是 $H^+$ 的结合位点。在 pH 梯度条件下，Asp61 可发生质子化(protonation)与去质子化(deprotonation)，这种在一边的质子化和另一边的去质子化，能够驱动一个单方向的反应循环，即构成促使 ATP 合成的驱动力。ATP 的合成和 $H^+$ 转运偶联具体过程可能是按下述方式进行：①$F_0$ 的 a 亚基 Arg210 和 c 亚基 Asp61 产生瞬间的盐桥，使 c 亚基 Asp61 从高 $pK_a$ 态变成较低 $pK_a$ 态。此时，$H^+$ 在跨膜质子动力势推动下进入 $F_0$，与 c 亚基表面带负电荷的 Asp61 结合，致使 c 亚基构象发生变化，引起 c 亚基顶部的极性环沿逆时针方向旋转大约 30°，同时与 $\gamma\varepsilon$ 亚基结合；②a 亚基与 c 亚基解聚，c 亚基 Asp61

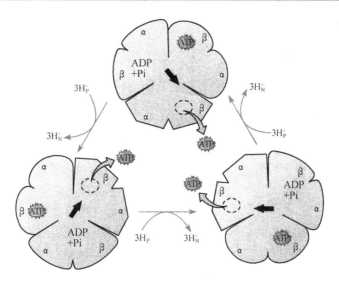

图 5-9 ATP 合酶的"结合变构"模型 (Nelson and Cox,2000)

$F_1$ 上有 3 个不同的腺嘌呤核苷酸结合位点,每一个 β 亚基中有一个。在任一特定时刻,一位点处于 β-ATP(与 ATP 紧密结合)构象,第二个处于 β-ADP(松散结合)构象,而第三个则处于 β 空缺(非常松散的结合)构象。质子驱动力引起中央轴 γ 亚基(图中以箭头表示)旋转,它依次与每个 β 亚基相结合。这种旋转产生一种协同性的构象改变,其中 β-ATP 位点转换成 β 空缺构象,并且 ATP 解离;β-ADP 位点转化为 β-ATP 构象,并促使 ADP+Pi 缩合成 ATP;β 空缺位点变成 β-ADP 构象,松散地结合来自溶剂中的 ADP 和 Pi。这个基于实验发现而提出的模型至少需要 3 个催化位点中的 2 个在活性上交替改变;只有当 ADP 和 Pi 结合到另一位点上时,ATP 才可以从一个位点上被释放

重新回到高 $pK_a$ 态,$H^+$ 从 61 位的 Asp 中释放出来,同时 c 亚基极性环与 γε 亚基解离。如此往复,当 $F_0$ 上 $H^+$ 的转运积累到足够的扭力矩时,驱动 γε 在 $α_3β_3$ 中央旋转 120°,导致 β-ATP 亚基释放一个 ATP 分子。

Walker(2000)发表了 0.28nm 分辨率的牛心线粒体 $F_1$-ATP 酶的晶体结构,为 Boyer 提出的结合变构机制和旋转催化假说提供了结构基础,他也因此与 Boyer 分享了 1997 年的诺贝尔化学奖。

## 第三节　线粒体的遗传、增殖与起源

### 一、线粒体是半自主性细胞器

20 世纪 60 年代以前,普遍认为 DNA 只存在于细胞核中。1963 年 Nass 和 Nass 观察到,在线粒体中一种纤维经 DNA 酶处理后,其纤维结构消失,表明线粒体中含有 DNA。而后在许多动、植物细胞线粒体中均能分离出 DNA。进一步研究发现,在线粒体中还有 mRNA、tRNA、核蛋白体、氨基酸活化酶等。已有资料表明,线粒体是一个含有 DNA 并能进行转录和翻译的细胞器。1966 年 Slonimski 等分析了野生型酵母线粒体和呼吸缺陷型酵母线粒体 DNA,首次证明了线粒体 DNA 具有遗传功能。实验表明线粒体 DNA 的变化和线粒体结构与功能变化具相关性。因此,线粒体 DNA 也被认为是真核细胞的第二遗传系统。

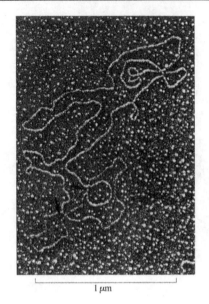

图 5-10 在 DNA 复制过程中动物线粒体 DNA 分子电镜图。两个箭头之间所示是已被复制的环状 DNA 基因（Alberts，2003）

## （一）线粒体 DNA 的结构

线粒体 DNA（mtDNA）定位在线粒体基质中，有时也附着在线粒体内膜上。除了在一些藻类和原生动物外，线粒体 DNA 一般呈环形，与细菌基因组相似不含有组蛋白。例如，在哺乳动物细胞中，线粒体基因组一般是一个裸露的共价闭合环状 DNA 分子（图 5-10），其大小为 16 500 碱基对（bp）左右。英国 Barrell 在 20 世纪 80 年代初报道了人线粒体 DNA 全长 16 569bp。人类线粒体基因编码的功能也基本清楚。这些基因在 DNA 分子上排列紧凑，相邻之间没有或只有很少的几个非编码的碱基。通常植物细胞中线粒体 DNA 较动物细胞大得多。高等植物线粒体 DNA 大小为 $1.5 \times 10^5 \sim 2.5 \times 10^6$ bp。一个线粒体中含有不同数量的 DNA 分子，在动物细胞中，线粒体 DNA 含量一般仅为全细胞 DNA 含量的 1% 左右，但在卵细胞线粒体中 DNA 含量则较多，如蛙卵细胞中线粒体 DNA 占到 99%。

线粒体 DNA 以半保留方式进行自我复制，复制时间不局限于 S 期，同时也发现在其他的间期（interphase）时相中。复制时可能附着在线粒体内膜上并以此作为复制起始点。

## （二）粒体基因组 DNA 编码的 RNA 和蛋白质

线粒体基因组 DNA 可编码各种 RNA（tRNA、mRNA、rRNA），它们在线粒体核蛋白体中进行蛋白质合成。实验表明，人线粒体 DNA 可编码 2 种 rRNA（12S、16S）、22 种 tRNA 和 13 种多肽；酵母线粒体基因组 DNA 则可编码 15S、21S rRNA 和 23～25 种 tRNA 及 8 种左右酶蛋白亚基。与细胞核类似，在线粒体中被线粒体 DNA 转录的 RNA 前体也存在广泛的剪切加工过程。

通过线粒体 DNA 转录的 rRNA、tRNA 均通过线粒体核蛋白体用于合成线粒体蛋白质。可能与线粒体起源有关，一般说真核生物线粒体核蛋白体的 RNA 组分和蛋白质的构成、大小及对抗生素敏感性方面均不同于细胞质核蛋白体，但在某些方面却较类似原核生物核蛋白体。与细菌类似，线粒体中转录和翻译是紧密连在一起的。现已知，由人线粒体 DNA 编码、在线粒体核蛋白体中合成的多肽是细胞色素氧化酶 3 个亚基、ATP 合酶中 $F_0$ 的 2 个亚基、NADH-CoQ 还原酶 7 个亚基和 CoQ-细胞色素 c 还原酶中细胞色素 b 亚基；由酵母线粒体 DNA 编码、在线粒体核蛋白体中合成的蛋白质是细胞色素氧化酶 3 个亚基、CoQ-细胞色素 c 还原酶中细胞色素 b 亚基、ATP 合酶 3 个亚基和核蛋白体中的一个蛋白。线粒体基因组编码的是具有功能的蛋白质，一旦该基因缺失，就会导致相应功能的缺陷。

不难看出，在富含多种蛋白质的线粒体中，由线粒体 DNA 编码合成的蛋白质很少，线粒体基因组 DNA 信息是有限的。线粒体中的大多数蛋白质是由细胞核基因编码,在细胞质核蛋白体中合成的。因此,线粒体基因在转录与转译过程中受到核基因的控制,对核基因表现出很大的依赖性,但也表明线粒体具有自身的基因组并能进行转录与转译。因此,线粒体是一个半自主性细胞器。

### 二、线粒体蛋白质的运送与装配

由核基因编码,在细胞质核糖体上合成的线粒体蛋白,需运送至线粒体的功能部位上进行更新或装配。前体蛋白由成熟形式(mature form)的蛋白和 N 端的一段称为导肽(leader-sequence,leader peptide,precursor chain)的序列共同组成。现已有 40 多种线粒体蛋白质导肽的一级结构被阐明,它们含 20~80 个氨基酸残基。导肽的结构有以下特征:①含有丰富的带正电荷的碱性氨基酸,特别是精氨酸,带正电荷的氨基酸残基有助于前导肽序列进入带负电荷的基质中;②羟基氨基酸,如丝氨酸含量也较高;③几乎不含带负电荷的酸性氨基酸;④可形成既具亲水性又具疏水性的 α 螺旋结构,这种结构特征有利于穿越线粒体的双层膜。导肽内不仅含有识别线粒体的信息,并且有牵引蛋白质通过线粒体膜进行运送的功能。

含导肽的前体蛋白在跨膜运送时,首先被线粒体表面的受体识别,同时还需要位于外膜上的 GIP 蛋白(general insertion protein)的参与,它能促进线粒体前体蛋白从内外膜的接触点通过内膜。内膜两侧的膜电位 $\Delta\Psi$ 对前体蛋白进入内膜起着启动作用,但转运过程的完成并不一定依靠 $\Delta\Psi$。前体蛋白在跨膜运送之前需要解折叠为松散的结构,以利跨膜运送。前体蛋白在通过内膜之后,其导肽即被基质中的线粒体加工肽酶(mitochondrial processing peptidase,MPP)和加工增强性蛋白(processing enhancing protein,PEP)两种酶水解,并同时重新卷曲折叠为成熟的蛋白质分子。跨膜运送的蛋白质在解折叠(unfolding)与重折叠(refolding)的过程中都需要某些被称为"分子伴侣"(molecular chaperone)的分子参与。分子伴侣具有解折叠酶(unfoldase)的功能,并能识别蛋白质解折叠之后暴露出的疏水面并与之结合,防止相互作用产生凝聚或错误折叠,同时还参与蛋白质跨膜运送后分子的重折叠以及装配(assembly)过程。水解 ATP 释放的能量可能用以帮助蛋白质解折叠以及进入线粒体基质后促使输入的蛋白质与分子伴侣复合物分离。

基因融合实验证明,导肽的不同片断含有不同的导向信息,不同的导肽所含的信息不同,可使不同的线粒体蛋白质运送至线粒体的基质中,或定位于内膜或膜间隙(图 5-11)。

蛋白质进入线粒体的部位是由其导肽所含信息决定的。但是,并非所有线粒体蛋白质合成时都含有导肽。例如,外膜蛋白 Porin,内膜蛋白 ADP/ATP 载体,基质中的 3-氧酰基-CoA 硫解酶(3-oxoacyl-CoA thiolase)等。有人认为这些蛋白的靶向信息很有可能蕴藏于这些分子内的氨基酸序列中。

### 三、线粒体的增殖

实验表明,线粒体是通过已有线粒体的生长与分裂进行繁殖的。David Luck 将链孢酶培养在含有 $^3$H-胆碱(膜磷脂的前身物)培养基中,使线粒体膜被同位素标记,然后再将

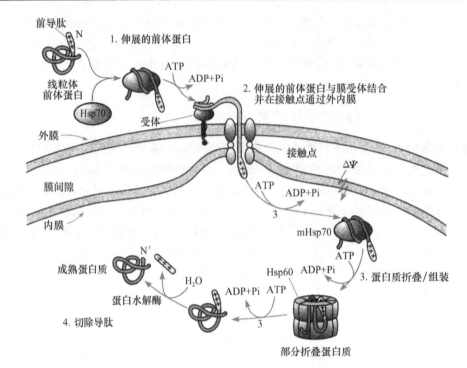

图 5-11 线粒体蛋白质跨膜转运过程图解(Karp,1999)

其转移至没有同位素标记物的培养基中,发现在以后生长的几代线粒体上都出现有放射性的标记。该实验说明了线粒体是从原先存在的线粒体经过生长与分裂而来的。

通过电镜观察发现,线粒体的增殖有以下几种方式:

间壁或隔膜分离:线粒体分裂时,先由内膜向中心皱褶,或是线粒体的某一个嵴延伸到对缘的内膜而形成贯通嵴,把线粒体一分为二,使之成为只有外膜相连的两个独立细胞器,接着线粒体完全分离。这种方式常出现在鼠肝和植物分生组织中(图 5-12)。

收缩分离:分裂时线粒体中部缢缩并向两端拉长,整个线粒体略呈哑铃形,最后分开形成两个线粒体。这种方式常见于蕨类和酵母中(图 5-12)。

出芽:一般是先从线粒体上出现球形小芽,然后与母体分离,不断长大而形成新的线粒体。这种方式常见于酵母和藓类植物中(图 5-13)。

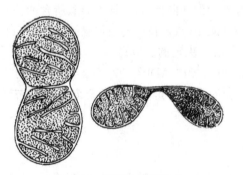

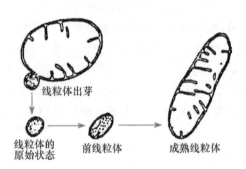

图 5-12 线粒体增殖方式
间壁或隔膜分离(左)收缩分离(右)(郑国锠,1992)

图 5-13 线粒体的出芽增殖(郑国锠,1992)

## 四、线粒体的起源

关于线粒体的起源有两种假说：内共生学说和非内共生学说。

内共生学说(endosymbiont hypothesis)：该学说认为线粒体来源于细菌，即细菌被真核生物吞噬后，在长期的共生过程中，通过演变，形成了线粒体。该学说认为，线粒体祖先原线粒体(一种可进行三羧酸循环和电子传递的革兰氏阴性菌)被原始真核生物吞噬后与宿主间形成共生关系。在共生关系中，对共生体和宿主都有好处，原线粒体可从宿主处获得更多营养，而宿主可借用原线粒体具有的氧化分解功能获得更多的能量。在漫长的进化过程中，原线粒体逐渐失去了原有的一些特征，关闭、丢失或向核内转移了一些基因，演化成现在的线粒体。近年来分子进化研究的成果提供了大量的事实证实并丰富了内共生学说，得到了许多学者的支持。

非内共生学说：又称细胞内分化学说，认为线粒体的发生是质膜内陷的结果。目前有几种模型，其中 Uzzell 的模型认为，在进化的最初阶段，原核细胞基因组进行复制，并不伴有细胞分裂，而是在基因组附近的质膜内陷形成双层膜，将分离的基因组包围在这些双层膜的结构中，从而形成结构相似的原始的细胞核和线粒体、叶绿体等细胞器。后来在进化的过程中，核膜失去了呼吸和光合作用，线粒体成了细胞的呼吸器官。这一学说解释了核膜的演化渐进的过程。

## 五、线粒体与疾病

线粒体是细胞内最易受损伤的一个敏感细胞器，它可显示细胞受损伤的程度。许多研究工作表明，线粒体与人的疾病、衰老和细胞凋亡有关，线粒体的异常会影响整个细胞的正常功能，从而导致在病变细胞内较早出现的线粒体极为明显的病理变化，称为"线粒体病"(mitochondriopathy disease，MD)。

克山病就是一种心肌线粒体病(mitochondrial cardiomyopathy)。它是以心肌损伤为主要病变的地方性心肌病，因缺硒而引起。硒对线粒体膜有稳定作用，患者因缺硒而导致心肌线粒体出现膨胀、嵴稀少和不完整；琥珀酸脱氢酶、细胞色素氧化酶和 ATP 合酶活性及其对寡霉素的敏感性都有明显降低；膜电位下降，膜流动性减低；对电子传递和氧化磷酸化偶联均有明显影响。

随着研究工作的不断深入，发现人的细胞中线粒体的数量随年龄增长而减少，而体积却随年龄增长而增大。在膨大的线粒体中有时可见其内容物网状化而呈多囊性。同时线粒体病的研究已与线粒体 DNA(mtDNA)的损伤、缺失相联系，随着年龄的增长，损伤mtDNA 的积累越来越多。有实验证明，在心或脑中缺失 7.4kb 或 5.0kb 片段的 mtDNA的含量随年龄增长有明显增加。人脑部区域 mtDNA 损伤程度 63～77 岁比 24 岁的增长14 倍，80 岁又比 63～77 岁的增大 4 倍。目前已知的 100 多种人类线粒体疾病，其原发机制都是 mtDNA 异常(突变、缺失、重排)引起的遗传性疾病，表现为呼吸链的电子传递酶系和氧化磷酸化酶系的异常。

许多研究表明，线粒体是细胞内自由基的源泉，它们是决定细胞衰老的生物钟，机体95%以上的氧自由基都来自线粒体的呼吸链，电子传递过程中的单电子被分子氧俘获是氧自由基(和过氧化氢)等活性氧生成的主要原因,复合物Ⅰ、Ⅱ和Ⅲ是其产生的主要部位,Q循环反应中的QH或还原性细胞色素 $b_{566}$ 是这类单电子的主要电子供体。正常情况下,氧自由基可被线粒体中的 $Mn^{2+}$-SOD 所清除,机体衰老及退行性疾病时 $Mn^{2+}$-SOD 活性降低,氧自由基就积累在线粒体中,从而导致多种疾病的发生。据估计,因生物氧化而产生的氧自由基,造成 mtDNA 氧化损伤的积累量可比核 DNA 高 16 倍;氧自由基也易引起 mtDNA 突变,mtDNA 突变的频率比核 DNA 高 10 倍以上,核 DNA 有各种预防 DNA 损伤的修复系统,而线粒体中是没有的。损伤后的 mtDNA 复制又较完好的 mtDNA 要快得多,这样,经过一定时间的累积就会导致线粒体内膜参与能量转换的酶系功能异常。许多常见的由年龄增长而引发的神经疾病(如帕金森病)可能是线粒体退行性变化的结果。

此外,线粒体还与细胞凋亡有关。1995 年 Wang 等发现各种凋亡诱导因子诱发细胞凋亡后,胞质中细胞色素 c 含量增加。进一步研究还发现,只有成熟的细胞色素 c(cytochrome c)才有引起细胞凋亡的作用,而在胞质中内质网核糖体合成的细胞色素 c 前体(apocytochrome c)则无此作用,亦即只有线粒体释放的细胞色素 c 才有凋亡作用。这表明线粒体是通过释放细胞色素 c 参与细胞凋亡的。

**本章内容提要**

线粒体是广泛存在于真核细胞中的细胞器,由两层单位膜包围,即外膜和内膜,外膜含有孔蛋白,通透性高,内膜向内折叠成嵴,通透性低。线粒体膜的化学成分主要是蛋白质和脂质,蛋白质和脂质的比例,外膜约为 1:1,而内膜大于 3:1。线粒体基质中除含有许多酶外,还含有遗传系统,包括 DNA、RNA、核糖体和转录、翻译遗传信息所必需的各种装置。

线粒体是氧化代谢的中心,是糖类、蛋白质、脂质等物质最终彻底氧化代谢的场所,主要功能是进行三羧酸循环和经氧化磷酸化合成 ATP。在线粒体基质中存在三羧酸循环酶系,通过一系列的脱氢、脱羧反应,将胞质中糖酵解产生的丙酮酸彻底氧化分解。三羧酸循环过程中底物脱下的氢交给 $NAD^+$ 或 $FAD^{2+}$ 两种辅酶,生成 NADH 和 $FADH_2$,这两种辅酶将质子和电子交给线粒体内膜上的呼吸链,电子传递给分子氧,生成水。电子在传递过程中释放的能量用于建立跨线粒体内膜的电化学梯度,质子有规律地经 ATP 合酶跨膜流回线粒体基质时,催化产生 ATP。

呼吸链由一系列电子载体组成,参与呼吸链的电子载体有 5 种:黄素蛋白、细胞色素、泛醌、铁硫蛋白和铜原子。黄素蛋白和泛醌能够接受和提供电子和氢原子,而细胞色素、铁硫蛋白和铜原子只能接受和提供电子。呼吸链上的电子载体是按氧化还原电位从低向高排序。各种载体组成四个多蛋白复合物,由复合物Ⅰ、Ⅲ、Ⅳ组成 NADH 呼吸链,传递氧化 NADH 释放的电子,由复合物Ⅱ、Ⅲ、Ⅳ组成 $FADH_2$ 呼吸链,传递氧化 $FADH_2$ 释放的电子,从 NADH 或 $FADH_2$ 释放的电子经过呼吸链传递给氧的过程中发生氧化磷酸化形成 ATP。

氧化磷酸化的化学渗透假说认为:呼吸链电子传递过程中生成的质子不能自由通过内膜,由此形成线粒体内膜两侧的质子动力势,这种势能驱动 ADP 合成 ATP。

催化 ATP 生成的酶称为 ATP 合酶,该酶包含两部分:$F_1$ 头部和 $F_0$ 基部。$F_1$ 头部含有催化位点,$F_0$ 基部形成一个通道,质子由此通道从膜间隙转运到基质中。ATP 生成的结合变构假说认为,质子有控制地通过 ATP 合酶的 $F_0$ 部分的运动,引起 $F_0c$ 亚基环的旋转,继而带动与其相连的 γ 亚基的旋转,γ 亚基的旋转引发 $F_1$ 催化位点的构象改变,从而驱动 ATP 的生成。

线粒体是半自主性细胞器。在基质中含有环状 DNA 和蛋白质合成的全套机构,但其自身合成蛋白质的种类有限,构成线粒体的绝大多数蛋白质都是由核 DNA 编码,在细胞质的核糖体上合成。在细胞质中线粒体蛋白质被合成后输送入线粒体各部位是一个多步骤、由多种蛋白质参与且需要能量的过程。"分子伴侣"在跨膜运送、解折叠和重新折叠过程中起重要作用。

线粒体通过已有线粒体的生长与分裂进行繁殖。线粒体功能的异常与疾病、衰老、细胞凋亡密切相关。

**本章相关研究技术**

1. 氧化和磷酸化偶联的实验研究

氧化(放能)和磷酸化(贮能)是同时进行并密切偶联在一起的,但却是由两个不同的结构系统实现的。1968 年 E. Racker 等用超声波将线粒体破碎,线粒体内膜碎片可自然卷成颗粒朝外的小膜泡,这种小膜泡称为亚线粒体小泡(submitochondrial vesicle)或亚线粒体颗粒(submitochondrial particle)。这些亚线粒体小泡具有电子传递和磷酸化的功能。例如,用胰蛋白酶或尿素处理,则小泡外面的颗粒可解离下来,这样的小泡便只能进行电子传递,而不能使 ADP 磷酸化生成 ATP。如果将这些颗粒重新装配到无颗粒的小泡上时,则小泡又恢复了电子传递和磷酸化相偶联的能力。由此可见,由 NADH 脱氢酶至细胞色素氧化酶的整个呼吸链的各种组分均存在于线粒体内膜中,而颗粒是氧化磷酸化的偶联因子,位于内膜的基质侧,它是基粒(ATP 酶复合物)的组分之一。

2. 旋转催化假说的实验研究

Noji 等利用晶体结构的结果,精心设计了一系列的标记、突变,并采用最新的荧光显微镜摄象技术,将 γ 亚基的转动运动展现在了我们面前。他们首先通过基因工程的方法在嗜热菌的亚复合物中 β 亚基的 N 端连上了一个含 10 个组氨酸残基的尾巴(histidine tag),使 $F_1$ 复合物能够通过此组氨酸尾巴立体专一地连接到一个镀 $Ni^{2+}$ 的玻璃表面上。将玻璃板用与 $Ni^{2+}$-氨基三乙酸连接的辣根过氧化物酶(horseradish peroxidase)包被,此板与组氨酸的尾巴有很高的亲和力,通过突变体酶上的组氨酸尾巴将亚复合物的 β 亚基固定在玻璃板上,获得了独立于膜一侧的亚复合物。通过定点突变技术使此亚复合物中仅在 γ 亚基有一个半胱氨酸残基能够专一性地与生物素(biotin)结合,通过生物素与荧光标记的肌动蛋白细丝结合。这样获得了在 γ 亚基上连接了荧光标记的肌动蛋白细丝的 $α_3β_3γ$ 亚复合物。在倒置荧光显微镜连接的摄像系统(epifluorescence microscope)上观察,当加入 2mmol/L ATP 时,在荧光屏上显示了转动的亮点,肌动蛋白的细丝像鞭子一样甩动起来。直接观察到多数转动的细丝是以细丝的一端为转动轴的,也有一些像飞机的螺旋桨一样以细丝的中端为转动轴。此运动可以持续至少 25s。这个结果清楚地表明,γ 亚基是在 $\alpha_3\beta_3$ 形成的圆筒中转动的。跟踪单个肌动蛋白细丝转动的时间过程表明运动是单方向的、反时针的。此反时针的转动使中心的 γ 亚基能够与 3 个 β 亚基按顺序由空部位,ADP 结合形式到 AMP-PNP 结合形式接触(Walker 根据晶体结构结果给出的),这个顺序正好与预言的 ATP 水解反应从 ATP→ADP→空位点的转动顺序一致。这个实验让我们清楚地看到 $H^+$-ATP 酶确实是一个分子转动马达,证明了 Boyer 旋转催化假说的正确性。

**复习思考题**

1. 名词解释:电子传递链　导肽 ATP 合酶　内共生假说
2. 简介线粒体的超微结构。
3. 线粒体各部分的标志酶是什么?
4. 电子传递链与氧化磷酸化之间有何关系?
5. 氧化磷酸化偶联机制的化学渗透假说的主要论点是什么?
6. 介绍 ATP 合酶的分子结构及合成 ATP 的结合变构机制。
7. 由核基因编码、在细胞质核糖体上合成的蛋白质是如何运送至线粒体的?
8. 为什么说线粒体是一个半自主性的细胞器?
9. 你对线粒体的来源有何认识?

# 第六章　叶绿体与光合作用

**本章学习目的**　叶绿体是植物细胞和真核藻类的重要细胞器，是进行光合作用的场所。植物通过光合作用把太阳的光能转换为化学能，储存在糖类、脂肪和蛋白质等大分子有机物中，为生物体所利用。

通过本章介绍，主要要求学生认识叶绿体是存在于植物细胞中的一种产能细胞器，能高效地合成 ATP。它具有封闭的双层膜结构：内膜和外膜，内膜向内折叠并在能量转换中起着主要作用，同时形成一个能进行催化化学反应的多种酶反应的内腔。

叶绿体有环状 DNA 及自身转录 RNA 与翻译蛋白质的体系，是一种半自主性的细胞器。

## 第一节　叶绿体的形态与结构

植物细胞与动物细胞的一个重要区别是植物细胞具有质体细胞器。质体呈颗粒状、杆菌状或线条状，含有色素，以不同的形态和功能存在，通常分为叶绿体（chloroplast），有色体（chromatoplast）和白色体（leucoplast）。叶绿体是质体中最重要的一种细胞器，是植物细胞所特有的能量转换细胞器，其主要功能是进行光合作用。

### 一、叶绿体的形状、大小、数目和分布

叶绿体的形状、大小和数目因物种、细胞种类和生理状态不同而不同。高等植物的叶绿体大多呈香蕉形，一般直径为 $3\sim6\mu m$，厚 $2\sim3\mu m$。低等植物的叶绿体形状差别很大，可呈螺旋带状、杯状、星状等。

大多数高等植物的叶肉细胞一般有 $50\sim200$ 个叶绿体，占细胞质体积的 $40\%\sim90\%$。藻类一般只有一个大叶绿体。通常叶绿体多分布在核周围和近壁处，但有时也均匀分布。

叶绿体是一种不稳定的细胞器，外界条件也可影响叶绿体的分布、大小及数量，如在阳光充足的条件下，叶绿体的体积较大、数目较多。

### 二、叶绿体的结构和化学组成

在电子显微镜下观察，叶绿体由叶绿体被膜、类囊体和基质三部分构成（图 6-1）。

（一）叶绿体被膜

**1. 叶绿体被膜的结构**

叶绿体表面由双层单位膜组成，即由外膜和内膜组成，膜厚 $6\sim8nm$，内外膜之间的间隙称为膜间隙，厚 $10\sim20nm$。叶绿体的被膜具有控制代谢物进出叶绿体的功能，其中

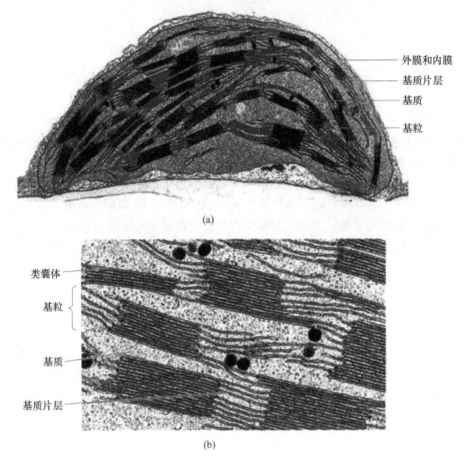

图 6-1 叶绿体的电子显微图(Zhang,2010)

(a) 10 000 倍;(b) 50 000 倍

外膜通透性大,可以使相对分子质量约 10 000 的物质自由地进入膜间隙,而内膜对许多物质是半通透的,是细胞质和叶绿体间的功能屏障。

**2. 叶绿体被膜的化学组成**

　　叶绿体膜的主要成分是蛋白质和脂质,被膜蛋白质的含量占叶绿体蛋白质的 0.3%～0.5%,其余的蛋白质分布在基质和类囊体中。脂质中以磷脂和糖脂最多。在叶绿体膜中已知的酶类有:ATP 酶、腺苷酸激酶、半乳糖基转移酶以及参与糖脂合成和代谢有关的一些酶等。

（二）类囊体

**1. 类囊体的结构**

　　叶绿体基质中,有许多由单位膜形成的封闭的、沿叶绿体长轴平行排列的扁平小囊,称为类囊体。在叶绿体基质有些部位,类囊体叠成垛,称为基粒,组成基粒的类囊体称为基粒类囊体,其片层称为基粒片层。基粒类囊体的直径为 0.25～0.8 $\mu$m,厚约 0.01 $\mu$m。一个叶绿体含有 40～80 个基粒,一个基粒由 5～30 个基粒类囊体组成,最多可达上百个。

贯穿在两个或两个以上基粒之间没有发生垛叠的类囊体,称为基质类囊体,其片层称为基质片层。类囊体的垛叠是动态的,即垛叠与非垛叠是可逆发生的。类囊体垛叠成基粒,是高等植物细胞所特有的膜结构,这种结构大大增加了膜片层的总面积,能更有效地捕获光能,加速光反应。类囊体内的空隙,称为类囊体腔。相邻的基粒类囊体由基质片层相连,类囊体腔彼此相通,形成完整连续的封闭膜囊系统。

类囊体膜是植物进行光合作用的场所,在这个部位进行电子传递,合成 NADPH 及 ATP 并同时放出 $O_2$ 等一系列生物化学反应。类囊体膜中镶嵌了进行光合作用能量转换功能的全部组分,包括捕光素(天线色素)、两个光反应中心、各种电子载体、合成 ATP 的系统和从水中抽取电子的系统等。它们分别装配在光系统 I(PS I)、光系统 II(PS II)、细胞色素 $b_6f$、$CF_0$-$CF_1$ ATP 酶等主要的膜蛋白复合物中。

PS I 和 PS II 系统由捕光色素复合物(LHC)和反应色素核心复合物组成,但它们在组分、结构以及功能上是不同的。PS II 系统是由 20 多个不同的多肽组成的叶绿素蛋白质复合体,它的反应中心多肽很可能是两个 Mr 为 $3.2×10^4$ 的蛋白 D1 和蛋白 D2,还含有 Mn 簇合物和外周蛋白;PS I 的核心复合物的反应中心是一个包含多种不同还原中心的多蛋白复合体,但无与 $O_2$ 有关的 Mn 簇合物和外周蛋白。LHC 无光化学活性,只传递光能。PS I 和 PS II 是光合单位,每一单位由 250~300 个色素和载体分子组成,含有一个称为反应中心的叶绿素 a 分子。PS I 的反应中心叶绿素 a 分子为 P700,PS II 的反应中心叶绿素 a 分子为 P680。

$CF_0$-$CF_1$ ATP 酶是由跨膜的 $H^+$ 通道 $CF_0$ 和在类囊体膜基质侧起催化作用的 $CF_1$ 两部分所组成,$CF_0$ 的分子质量为 170kDa,由 I、II、III、IV 4 个亚基构成,$CF_1$ 的分子质量约为 400kDa,由 5 个亚基组成,分别为 α、β、γ、δ、ε 亚基,激活其催化作用需有—SH 化合物,如二硫苏糖醇,同时还需 $Mg^{2+}$。寡霉素对 $CF_1$ 无抑制作用。

细胞色素 $b_6f$ 由 4 个主要的大亚基 Cytf(33/34kDa),$Cytb_6$(23.5kDa),Ricske 铁硫蛋白,和亚基 IV;以及 4 个小亚基(Mw<5kDa:PetG,Petl,PetM,PetN);2~3 个 Chla 分子和 1~2 个类胡萝卜素分子组成。

这些超分子蛋白复合物在类囊体膜中呈不对称分布。PS II 几乎全部分布在基粒与基质非接触区的膜中;PS I 主要分布在基粒与基质接触区及基质类囊体的膜中;细胞色素 $b_6f$ 在类囊体膜上分布较为均匀;ATP 合成酶位于基粒与基质接触区及基质类囊体的膜中。

**2. 类囊体的化学组成**

类囊体膜是由双脂层分子组成的单位膜,主要成分是蛋白质和脂质(比例约 60∶40)。脂质中主要是磷脂和糖脂,还有色素等。磷脂中有磷脂酰甘油和磷脂酰胆碱等,占类囊体脂质总量 10% 左右;糖脂中主要有单个乳糖二酰甘油,占 40%;两个乳糖二酰甘油(DGDC),占 20%;硫脂等占 10%~15%;色素包括叶绿素、类胡萝卜素,占 20%~25%,它们是吸收光能的重要物质。脂质中的脂肪酸主要是不饱和的亚麻酸,约占 87%,因此类囊体膜的脂双层分子流动性较大。

类囊体膜的蛋白质分为外在蛋白和内在蛋白两类。外在蛋白主要是 $CF_1$、与光反应有关的酶;已知的内在蛋白主要有:与 PS I 和 PS II 的活性有关的两种叶绿素-蛋白质复合物,此外还有电子传递体,电子传递体是位于类囊体膜上在光合作用中起转运电子和质子作用的物质,它们通过接受电子被还原和供出电子被氧化的氧化还原反应的方式传送电子和质子,包括各种醌类物质,其中最重要的是质体醌和泛醌、质体蓝素 PC、细胞色素、铁氧还蛋白 Fd 以及黄素蛋白。

### (三) 基质

叶绿体内膜与类囊体之间的是基质。基质的主要成分是可溶性蛋白质,其中有一个关键性光合酶是核酮糖-1,5-二磷酸羧化酶,占可溶性蛋白质总量的 60%,是光合作用中一个起重要作用的酶复合体。全酶由 8 个大亚基 LSU(53kDa)和 8 个小亚基 SSU(14kDa)组成;酶的活性中心位于大亚基上,小亚基只具有调节功能。基质还含有环状 DNA,位于靠近或附着在叶绿体内膜的位置上,RNA、核糖体、嗜锇滴。

# 第二节　叶绿体的功能

叶绿体的主要功能是进行光合作用,将光能转换为化学能,储存在糖类、脂肪和蛋白质等大分子有机物中,为生物体所利用。

光合作用可分为三大过程:①原初反应;②电子传递和光合磷酸化;③碳同化。这三步是一个连续的互相配合的过程,最终有效地将光能转换为化学能。光合作用的前两步属于光反应,它是在类囊体膜上由光引起的光化学反应,通过叶绿素等光合色素分子吸收、传递光能,并将光能转换为电能,进而转换为活跃的化学能,形成 ATP 和 NADPH 的过程。碳同化属于暗反应,在基质中进行,利用光反应产生的 ATP 和 NADPH,使 $CO_2$ 还原为糖类等有机物,即将活跃的化学能转换为稳定的化学能储存于有机物中。

## 一、原初反应

光合作用过程中光能的吸收、传递与转换过程称为原初反应。原初反应是在光合"反应中心"进行,因此"反应中心"是进行原初反应的最小单位。它发生在 PS I 和 PS II 中。

在绿色植物中,吸收光能的主要分子是叶绿素,包括叶绿素 a 和叶绿素 b,另一类色素分子是类胡萝卜素,包括胡萝卜素和叶黄素。某些细菌和藻类中还有藻胆素和叶绿素 c 或 d 等。叶绿素 a 除吸收光能外,少数 Chl a 还具有光敏化的特征,能进行光化学反应。Chl b 主要是吸收和传递光能,无光敏化的特征,不能进行光化学反应。这些色素分子按其作用可分为两类:一类为捕光色素,这类色素只能吸收、聚集光能和传递激发能给反应中心,无光化学活性,又称为天线色素,由全部的叶绿素 b 和大部分的叶绿素 a、胡萝卜素及叶黄素等所组成。另一类属反应中心色素,由一种特殊状态的叶绿素 a 分子组成,按最大吸收峰的不同分为两类:吸收峰为 700nm 者称为 P700,为 PS I 的中心色素;吸收峰为 680nm 者称为 P680,为 PS II 的中心色素。它们既是光能的捕捉器,又是光能的转换器,具有光化学活性,能将光能转换为电能。

捕光色素及反应中心构成光合作用单位,它是进行光合作用的最小结构单位。反应中心由一个中心色素分子 Chl 和一个原初电子供体 D 及一原初电子受体 A 组成

（图 6-2）。反应中心的基本成分是蛋白质和脂质，数量很少的叶绿素 a 分子与这些脂蛋白结合，有序地排列在片层结构上，形成特殊状态的非均一系统。反应中心色素的主要特点是直接吸收光量子或从其他色素分子传递来的激发能被激发后，产生电荷分离和能量转换。

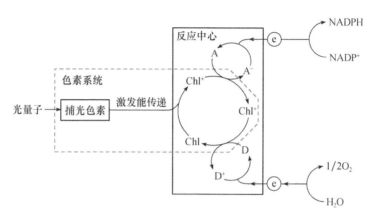

图 6-2　光合作用原初反应的能量吸收、传递与转换图解（翟中和，2003）
Chl 为反应中心色素分子；D 为原初电子供体；A 为原初电子受体

　　原初反应过程中，中心色素分子接受捕光色素分子吸收的光能变为激发态而失去电子，Chl 被氧化，同时放出电子给原初电子受体 A，受体 A 被还原。氧化的中心色素从原初电子供体 D 获得电子，这样不断地氧化还原，就不断地把电子传递给原初电子受体 A，这就完成了光能转换为电能的过程，结果是 D 被氧化而 A 被还原。在 PSⅠ中，电子供体是质体蓝素，中心色素分子是 P700，其原初电子受体可能是铁氧还蛋白，当吸收光能变为激发态后，把电子传给 Fd，在 NADP 还原酶参与下，Fd 把 NADP 还原为 NADPH。NADPH 可用于暗反应中二氧化碳的还原。PSⅡ中心色素分子是 P680，它失去电子后又立即从水中夺取电子，引起水的光解，释放出 $O_2$ 和 $H^+$（图 6-2）。

## 二、电子传递和光合磷酸化

### （一）电子传递

　　光合作用的电子传递是在 PSⅠ和 PSⅡ进行的，通过质体醌、细胞色素 b559、细胞色素 bf、和质体蓝素 PC 等组成的电子链来完成的。电子的传递路线呈"Z"形，故称 Z 链或光合链。

　　类囊体膜中的各种化学成分与蛋白质相结合组成不同的超分子蛋白质复合体进行了电子传递，实现了光合磷酸化。高等植物类囊体上的超分子蛋白质复合体主要包括：PSⅠ、PSⅡ、细胞色素 $b_6f$ 蛋白复合体、ATP 合酶。

　　PSⅡ接受红光后，激发态 P680* 从水光解得到电子，传送给 $NADP^+$，电子传递经过两个光系统，在传递过程中产生的 $H^+$ 梯度驱动 ATP 的形成（图 6-3）。在这个过程中，电子传递是一个开放的通道，故称为非循环式光合磷酸化，其产物除 ATP 外，还有 NADPH（在绿色植物中）或 NADH（在光合细菌中）。

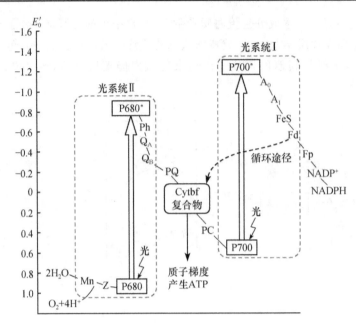

图 6-3　光合作用中的两个光系统和电子传递途径(翟中和,2003)

PS I 接受远红光后,产生的电子经过 $A_0$、$A_1$、FeS 和 Fd,又传给 Cytbf 和 PC 面流回到 PS I (图 6-3)。电子循环流动,产生 $H^+$ 梯度,从而驱动 ATP 的形成。这种电子的传递是一个闭合的回路,故称为循环式光合磷酸化。

(二) 光合磷酸化

电子传递的过程也是一种释放能量的过程,其中部分能量可以把无机磷和 ADP 转化成 ATP,由于它是由光推动的,故称光合磷酸化。这种由光照所引起的电子传递与磷酸化作用相偶联而生成 ATP 的过程,称为光合磷酸化。

光合磷酸化作用是与光合链电子传递相偶联的,没有光合链的电子传递,就没有光合磷酸化,电子传递在前,磷酸化作用在后,磷酸化的存在,又可促进电子传递。已知呼吸作用消耗有机物,通过氧化磷酸化作用形成 ATP。光合作用通过光合磷酸化由光能形成 ATP,光合作用把 $CO_2$ 同化为能量高的有机物质,也就是靠 ATP 和 NADPH 的"换能"作用完成的。按照电子传递方式可将光合磷酸化分为两种形式:

(1) 非循环式光合磷酸化。光照后,激发态 $P680^*$ 从水中得到电子,经两个光系统进行电子传递。每一个光合磷酸化过程均需供体分子提供新的电子。目前认为非循环式光合磷酸化有两个部位:$H_2O$ 与 PQ 之间,PQ 与 Cytbf 之间。两个部位 ATP/O 均为 0.6,加起来 ATP/O 为 1.2。每放出 1 分子 $O_2$ 只能形成 2.4 ATP 分子,但每同化一个分子 $CO_2$ 需要 3 个分子的 ATP,因此非循环式光合磷酸化达不到形成 3 个分子 ATP 的要求,这就需要循环式光合磷酸化形成的 ATP 来补充,推动 $CO_2$ 的同化过程。

(2) 循环式光合磷酸化。PS I 的 P700 在光能激发下所发出的电子通过铁氧还蛋白、细胞色素 $b_{563}$、细胞色素 f 和质体蓝素又返回 P700,是电子循环过程,不需外部供体提供电子,在电子循环传递过程中形成 ATP。形成部位在铁氧还蛋白和细胞色素 $b_{563}$ 之间,循环式光合磷酸化与 PSⅡ无关;在整个过程中,只有 ATP 的产生,不伴随 NADPH 的生成,不产生氢。当植物缺乏 $NADP^+$ 时,就会发生循环式光合磷酸化。

（三）光合磷酸化的作用机制

在类囊体膜中,呼吸链的各组分均按一定的顺序排列,呈不对称分布。当两个光系统发生原初反应时,类囊体腔中的水分子发生光解,释放出氧分子、质子和电子,引起电子从水传递到 $NADP^+$ 的电子流。P680 分子吸收光量子后,激发出的电子,经 Q 传至膜外侧的电子受体 PQ;PQ 接受电子,并从基质中摄取 2 个质子,还原为 $PQH_2$;$PQH_2$ 移到膜的内侧,将 2 个质子释放到类囊体腔中,把电子传递给细胞色素 bf,随后又经位于膜内侧的质体蓝素(PC),把电子传递给 P700;P700 分子吸收光量子后,放出电子,被铁硫蛋白(4Fe-4S)所接受,随即又传给位于膜外侧的铁氧还蛋白(Fd),最后,将电子交给 $NADP^+$,使之还原成 NADPH。因此,在上述所有的电子传递体中,PQ 既是电子载体又是质子载体,通过 PQ 的氧化与还原,使 $H^+$ 从膜外侧进入膜内侧,水的光解所产生的 $H^+$ 也留在膜内侧,结果使膜内侧的 $H^+$ 浓度增加,形成类囊体膜内外两侧的 $H^+$ 浓度差。由于在膜两侧存在质子电动势差,从而推动 $H^+$ 通过膜中的 $CF_0$ 到膜外的 $CF_1$ 发生磷酸化作用,使 ADP 与 Pi 形成 ATP。$CF_1$ 在类囊体膜的基质侧,所以新合成的 ATP 立即被释放到基质中。同样 PSⅠ所形成的 NADPH 也在基质中,这样光合作用的光反应产物 ATP 和 NADPH 都处于基质中,便于被随后进行的碳同化的暗反应所利用。

叶绿体中 ATP 合成时,在光合磷酸化中,ATP 的形成都是由 $H^+$ 移动所推动的;叶绿体的 $CF_1$ 因子催化 ADP 与 Pi 形成 ATP;光合磷酸化需要完整的膜等。叶绿体中通过 1 对电子的 2 次穿(跨)膜传递,在基质中摄取 3 个 $H^+$,在类囊体腔中产生 4 个 $H^+$,每 3 个 $H^+$ 穿过 $CF_1$—$CF_0$ ATP 酶,生成 1 个 ATP 分子。

## 三、光合碳同化

叶绿体利用光反应所生成的 ATP 和 NADPH 中的活跃化学能,将 $CO_2$ 同化成碳水化合物,同时转换并贮存稳定的化学能。高等植物的碳同化有三条途径:卡尔文循环、$C_4$ 途径和景天科酸代谢途径。其中卡尔文循环是碳同化最重要最基本的途径,只有这条途径才具有合成淀粉等产物的能力。其他两条途径起固定和转运 $CO_2$ 的作用,不能单独形成淀粉等产物。

（一）卡尔文循环

卡尔文循环固定 $CO_2$ 的最初产物是 3-磷酸甘油酸,故也称 $C_3$ 途径,$C_3$ 途径是所有植物进行光合碳同化所共有的基本途径,可分为三个阶段,即羧化、还原和 RuBP 再生阶段。

羧化阶段:$CO_2$ 在被 NADPH 的 $H^+$ 还原之前,必须经过羧化阶段,固定成羧酸,然后才被还原。核酮糖-1,5-二磷酸(RuBP)是 $CO_2$ 的受体,在 RuBP 羧化酶的催化下,$CO_2$ 与 RuBP 反应形成 2 分子 3-磷酸甘油酸(PGA)。

还原阶段:PGA 在 3-磷酸甘油酸激酶催化下被 ATP 磷酸化,形成 1,3-二磷酸甘油酸,然后在甘油醛磷酸脱氢酶催化下被 NADPH 还原形成 3-磷酸甘油醛,这一阶段是一个吸能反应,光反应中形成的 ATP 和 NADPH 主要是在这一阶段被利用。所以,还原阶段是光反应与暗反应的连接点。一旦 $CO_2$ 被还原成 3-磷酸甘油醛,光合作用的贮能过程便完成。

RuBP 再生阶段:已形成的 3-磷酸甘油醛经一系列的相互转变,最终生成 5-磷酸核酮糖,在磷酸核酮糖激酶的催化下又会发生磷酸化作用形成 RuBP,再消耗一分子 ATP。综上所述,$C_3$ 途径是靠光反应合成的 ATP 及 NADPH 作能源,推动 $CO_2$ 的固定、还原。每循环一次固定一个 $CO_2$ 分子,循环六次才能把 6 个 $CO_2$ 分子同化成一个己糖分子。

### (二) $C_4$ 途径

$C_4$ 途径固定 $CO_2$ 的最初产物是草酰乙酸,它是四碳化合物,所以称为 $C_4$ 植物,如甘蔗、玉米、高粱等。其主要特点是:在叶脉周围有一团含叶绿体的维管束鞘细胞,其外面又环列着叶肉细胞。$C_4$ 植物对 $CO_2$ 的固定是由这两类细胞密切配合而完成的,其利用 $CO_2$ 的效率特别高,即使 $CO_2$ 浓度很低时,还可固定 $CO_2$。因此,这类植物积累干物质的速度很快,为高产型植物。$C_4$ 植物固定 $CO_2$ 的途径称为 $C_4$ 途径或 Hatch-Slack 循环。

### (三) 景天科酸代谢

生长在干旱地区的景天科等肉质植物的叶子,气孔白天关闭,夜间开放,因而夜间吸进 $CO_2$,在磷酸烯醇式丙酮酸羧化酶(PEPC)催化下,与磷酸烯醇式丙酮酸(PEP)结合,生成草酰乙酸,进一步还原为苹果酸。白天 $CO_2$ 从贮存的苹果酸中经氧化脱羧释放出来,参与卡尔文循环,形成淀粉等。所以植物体在夜间有机酸含量很高,而糖含量下降;白天则相反,有机酸含量下降,而糖分增多。这种有机酸日夜变化的类型,称为景天科酸代谢。这些植物称为 CAM 植物,如景天,落地生根等。CAM 途径与 $C_4$ 途径相似,只是 $CO_2$ 固定与光合作用产物的生成,在时间及空间上与 $C_4$ 途径不同。

# 第三节   叶绿体是半自主性细胞器

## 一、叶绿体的 DNA

叶绿体 DNA(ct DNA)呈双链环状,大小为 200 000～2 500 000bp。ct DNA 一般周长为 40～60μm,分子质量约为 38 000kDa。在目前已知 ct DNA 长度的物种中,刺松藻的最小,只有 85 000bp,而衣藻的最大,达 292 000bp。

ct DNA 可自我复制,其复制是以半保留方式进行的。用 [3] H-嘧啶核苷标记证明 ct DNA 复制的时间在 $G_1$ 期。它们的复制受核的控制,复制所需的 DNA 聚合酶是由核 DNA 编码,在细胞质核糖体上合成的。

叶绿体虽能合成蛋白质,但其种类十分有限。参加叶绿体组成的蛋白质来源有三种:①由 ct DNA 编码,在叶绿体核糖体上合成;②由核 DNA 编码,在细胞质核糖体上合成;③由核 DNA 编码,在叶绿体核糖体上合成。

## 二、叶绿体蛋白质的运送与装配

细胞质中合成的叶绿体蛋白是叶绿体前体蛋白,在 N 端含有一个额外的氨基酸序列,称为转运肽。这种转运肽对叶绿体蛋白质的运送是必要的,它不仅牵引叶绿体蛋白,而且可牵引外源蛋白。目前研究较多的是类囊体膜和类囊体腔中蛋白质的运送过程(图6-4),如捕光色素蛋白,它的转运肽含有35个氨基酸残基,能引导其穿过叶绿体膜进入基质,在基质中由特异的蛋白酶加工切去转运肽成为成熟蛋白质,成熟捕光色素蛋白又通过成熟蛋白C端跨膜区域的信息整合到类囊体膜上。重组实验表明,捕光色素蛋白整合到类囊体膜上至少需要ATP和基质中的可溶蛋白因子,才能与叶绿素和类胡萝卜素结合组成捕光复合物。定位于类囊体中的蛋白,其前体蛋白N端的转运肽可分为两个区域,分别引导两步转运,N端含有导向基质的序列,引导其穿过叶绿体膜上蛋白形成的通道进入基质;而C端含有导向类囊体的序列又引导其穿过类囊体膜,进入类囊体腔,它的转运肽经历两次水解,一次在基质内,另一次在类囊体腔;定位于基质中的蛋白,其前体蛋白N端的转运肽仅具导向基质的序列,引导其穿过类囊体膜进入基质,由基质中特异的蛋白水解酶切去转运肽成为成熟蛋白质。正是这些运入的蛋白质与叶绿体自身合成的蛋白质共同组成复合物,发挥各自的功能。

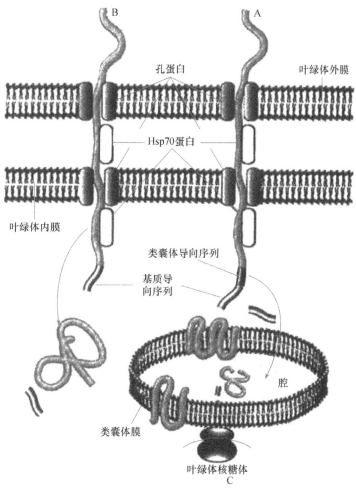

图6-4 叶绿体蛋白跨膜装运过程图解(Karp,1999)
A. 定位于类囊体基质中的蛋白;B. 定位于类囊体中的蛋白;
C. 由叶绿体基因编码并在叶绿体类囊体核糖体上合成的蛋白

### 三、叶绿体的增殖与起源

在个体发育中,叶绿体由前质体分化而来。前质体存在于根和芽的分生组织细胞中,为双层膜所包被的卵圆形或球形小体,其内部为均匀的基质,无片层结构,但含 DNA、核糖体和淀粉或其他糖类。叶绿体是通过分裂而增殖,通常是在叶绿体的近中部处向内收缩,最后分开成为两个子叶绿体。叶绿体数目的增多主要靠幼龄叶绿体的分裂,成熟叶绿体通常不再分裂,前质体不能进行分裂。叶绿体的分裂一般并不需要光,但光对叶绿体的发育是重要的。

关于叶绿体的起源,目前主要存在两种截然相反的观点:内共生起源学说与非共生起源学说。两个学说各有其实验证据和支持者。近 10 多年古细菌的发现与研究,以及古细菌可能是真核细胞起源的祖先的论断,有利于叶绿体内共生起源学说的巩固与发展。内共生起源学说的支持者认为,叶绿体起源于原始真核细胞内共生的蓝藻。

非共生起源学说的支持者提出一种线粒体和叶绿体起源的设想,认为真核细胞的前身是一个进化上地位比较高的好氧细菌,它比典型的原核细胞大,这样就要逐渐增加具有呼吸功能的膜表面,开始是通过细菌细胞膜的内陷、扩张和分化,后逐渐形成了叶绿体的雏形。

**本章内容摘要**

叶绿体是存在于植物细胞中的一种产能细胞器,它能高效地将太阳光能转换成细胞进行各种生命活动的直接能源 ATP。

叶绿体的形状、大小、数目和分布因细胞种类、生理功能及生理状况不同而有较大差别。其形态结构特征主要是具有封闭的两层单位膜,内膜向内折叠,叶绿体的类囊体构成多酶体系行使功能的结构框架,从而使氧化磷酸化和光合作用等化学反应能有条不紊地顺利进行。叶绿体的化学成分主要是蛋白质和脂质,在它们的基质中含有许多酶、核糖体、DNA、RNA 及无机离子等。

叶绿体的主要功能是进行光合作用,包括两个阶段:光反应阶段和暗反应阶段,具体过程可分为三大步骤:①原初反应;②电子传递和光合磷酸化;③碳同化。前两步属于光反应,它是发生在类囊体膜上,是由光引起的光化学反应,其产物是 ATP 和 NADPH。碳同化属于暗反应,是在叶绿体的基质中进行的不需光的酶促化学反应,即利用光反应产生的 ATP 和 NADPH 的化学能,使 $CO_2$ 还原合成糖。光合作用的电子传递是在 PS I 和 PS II 中进行的,这两个光系统互相配合,利用所吸收的光能把一对电子从 $H_2O$ 传递给 $NADP^+$。光合磷酸化按照电子传递的方式分为非循环式和循环式两种类型。

叶绿体是半自主性细胞器,在基质中含有环状 DNA 和蛋白质合成的全套机构,但其自身合成蛋白质的种类十分有限,构成叶绿体的绝大多数蛋白质都由核 DNA 编码,在细胞质核糖体上合成。

叶绿体的增殖主要是通过分裂进行的。叶绿体的起源主要有内共生起源学说和非共生起源学说两种观点。

**本章相关研究技术**

1. 透射电镜技术:研究叶绿体超微结构时可采用其进行观察。

2. 二维电泳技术、Edman 测序技术和质谱技术:叶绿体是植物体特有的细胞器,而且相对其他细胞器而言更容易分离,所以是植物研究中最为深入的细胞器,研究工作主要集中在对类囊体蛋白质、叶绿体膜蛋白和叶绿体内蛋白复合体等方面的蛋白质组学研究。近年来,美国康奈尔大学植物学系的 Van Wijt 首先组合运用以上技术分析纯化了类囊体膜和类囊体腔组分的蛋白质组成,又通过盐、去垢剂、有机溶剂等提取了拟南芥叶绿体类囊体的外周和膜整合蛋白,并进行了蛋白质组学分析。Peltier 等对叶绿体基质内的寡聚体蛋白进行了蛋白质组学分析,在高度纯化的拟南芥叶绿体内共鉴定了 241 个组装成寡聚体复合物的蛋白质,并表明很多膜蛋白都具有 10 个以上的跨膜结构域。另外对叶绿体膜系统上的蛋白质尤其是疏水性蛋白质进行了研究,采用氯仿-甲醇抽提菠菜膜蛋白,SDS-PAGE 分离,再用串联质谱的方法鉴定。除了研究叶绿体亚细胞器外,很多研究对叶绿体总蛋白质组进行了分析,Phee 等通过双向电泳-质谱联用技术鉴定了对强光照射敏感的 52 个拟南芥叶绿体蛋白质。目前,对于叶绿体蛋白组学已有很多研究。

**复习思考题**

1. 名词解释

光合磷酸化　光合作用单位　光反应　暗反应

2. 选择题

(1) 类囊体 EFs 面上 PC 在非循环式光合磷酸化中是: 　　　　　　　　　　　( 　 )

A. 质子递体　　　　B. 电子递体　　　　C. 细胞色素　　　　D. 质子和电子递体

(2) 类囊体膜中主要的外周蛋白是: 　　　　　　　　　　　　　　　　　　( 　 )

A. $CF_1$　　　　B. 细胞色素 f　　　　C. $CF_0$　　　　D. 质体蓝素

(3) 不能进行光合作用的原核细胞是: 　　　　　　　　　　　　　　　　　( 　 )

A. 蓝藻　　　　B. 紫细菌　　　　C. 绿细菌　　　　D. 支原体

3. 叶绿体的光合磷酸化和线粒体的氧化磷酸化有何区别?

4. 叶绿体的 DNA 结构如何? 有什么特点?

5. 光合作用中,水光解的意义何在?

6. 试比较光合碳同化三条途径的主要异同点。

7. 光系统、捕光复合物和作用中心的结构与功能的关系如何?

# 第七章　细胞质基质与细胞内膜系统

**本章学习目的**　本章中需理解细胞质基质的含义,了解内质网的两种类型及其与基因表达的调控和溶酶体的结构类型,掌握细胞质基质、内质网、高尔基体的功能和溶酶体的功能和发生。

20世纪初,观察染色的组织学切片提示人们,在细胞质内似乎存在一个膜相网络。电镜超薄技术出现后,通过形态学观察和生化证据使人们确认,真核细胞的细胞质内具有发达的内膜系统(endomembrane system),将细胞质区分为不同的隔室。细胞内区室化(compartmentalization)是真核细胞结构和功能的基本特征之一。

细胞的内膜系统是在结构、功能乃至发生上相关的,由膜围绕的细胞器或细胞结构。主要包括内质网、高尔基体、溶酶体、胞内体和分泌泡等。各种细胞器之间通过生物合成、蛋白质分选、膜泡运输和各种质量监控机制维系细胞内膜系统的动态平衡。

## 第一节　细胞质基质

在真核细胞的细胞质中,除去可分辨的细胞器以外的胶状物质,称细胞质基质(cytoplasmic matrix)。细胞质基质是细胞的重要的结构成分,其体积约占细胞质的一半(表7-1)。

表7-1　肝细胞中细胞质基质及细胞其他组分的数目及所占的体积比

| 细胞组分 | 数目 | 体积比 |
| --- | --- | --- |
| 细胞质基质 | 1 | 54 |
| 细胞核 | 1 | 6 |
| 内质网 | 1 | 12 |
| 高尔基体 | 1 | 3 |
| 溶酶体 | 300 | 1 |
| 胞内体 | 200 | 1 |
| 过氧化物酶体 | 400 | 1 |
| 线粒体 | 1700 | 22 |

### 一、细胞质基质的含义

细胞与环境、细胞质与细胞核,以及细胞器之间的物质运输、能量交换、信息传递等都要通过细胞质基质来完成,很多重要的中间代谢反应也发生在细胞质基质中。在研究细胞质基质过程中,曾赋予它诸如细胞液(cell sap)、透明质(hyaloplasm)、胞质溶胶(cytosol)、细胞质基质等十几个名称,其含义也不断地更新与完善。由于细胞质基质的独特结构特征及较大的研究难度,以至于现在还没有一个确切而统一的概念。目前常用的名称是细胞质基质和胞质溶胶,二者虽有差异但常常等同使用。也有的学者把它们看作既密切相关但又明显不同的两个概念。

很多学者特别是生物化学家曾一度把细胞质基质看成是酶的溶液。然而,无论从结构还是功能上看,细胞质基质都不是简单的酶溶液,越来越多的证据表明,细胞质基质很可能是高度有组织的体系(图 7-1)。

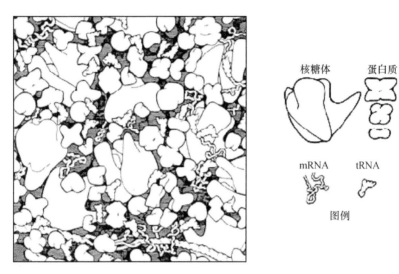

图 7-1 根据细胞质中各种生物大分子结构的实际数目与相对
大小所绘制的细胞质基质结构示意图(Glldscll,1991)

用差速离心的方法分离细胞匀浆物中的各种细胞组分,先后除去细胞核、线粒体、溶酶体、高尔基体和细胞膜等细胞器或细胞结构后,存留在上清液中的主要是细胞质基质的成分。生物化学家多称之为胞质溶胶。

在细胞质基质中蛋白质含量占 20%～30%,形成一种黏稠的胶体,多数的水分子是以水化物的形式紧密地结合在蛋白质和其他大分子表面的极性部位,只有部分水分子以游离态存在,起溶剂作用。细胞质基质中蛋白质分子和颗粒性物质的扩散速率仅为水溶液中的 1/5,更大的结构如分泌泡和细胞器等则固定在细胞质基质的某些部位上,或沿细胞骨架定向运动。细胞质基质是蛋白质与脂肪合成的重要场所。

目前,人们仍在从细胞超微结构与生物化学等不同侧面的互相结合来研究细胞质基质中特殊的复杂结构体系。在细胞质基质中,蛋白质与蛋白质之间,蛋白质与其他大分子之间都是通过弱键而相互作用的,并且常常处于动态平衡之中。这种结构体系的维持只能在高浓度的蛋白质及其特定的离子环境的条件之下实现。一旦细胞破裂,甚至在稀释的溶液中,这种靠分子之间脆弱的相互作用而形成的结构体系就会遭到破坏。这正是研究细胞质基质比研究其他细胞器困难的主要原因。

## 二、细胞质基质的功能

细胞质基质担负着一系列重要的功能。目前了解最多的是许多中间代谢过程都在细胞质基质中进行,如糖酵解过程、磷酸戊糖途径、糖醛酸途径、糖原的合成与部分分解过程等。蛋白质的合成与脂肪酸的合成也在细胞质基质中进行。

细胞质基质另外的功能是与细胞质骨架相关的。细胞质骨架作为细胞质基质的主要结构成分,不仅与维持细胞的形态、细胞的运动、细胞内的物质运输及能量传递有关(见第十章细胞骨架),而且也是细胞质基质结构体系的组织者,为细胞质基质中其他成分和细胞器提供锚定位点。在细胞质基质中不是靠生物膜来划分和把蛋白质分子限定在膜的二维平面上,而是通过与骨架蛋白分子间的选择性结合,使生物大分子锚定在细胞骨架三维空间的特定区域。

除此之外,细胞质基质在蛋白质的修饰、蛋白质选择性的降解等方面也起着重要作用。

**1. 蛋白质的修饰**

已发现有 100 余种的蛋白质侧链修饰,绝大多数的修饰都由专一的酶作用于蛋白质侧链特定位点上。侧链修饰对细胞的生命活动是十分重要的,但很多修饰的生物学意义至今尚不清楚。在细胞质基质中发生蛋白质修饰的类型主要有:

(1) 辅酶或辅基与酶的共价结合。

(2) 磷酸化与去磷酸化。用以调节很多蛋白质的生物活性。

(3) 糖基化。糖基化主要发生在内质网和高尔基体中,在细胞质基质中发现的糖基化是指在哺乳动物的细胞中把 N-乙酰葡萄糖胺分子(N-acetyl-glucosamine)加到蛋白质的丝氨酸残基的羟基上。

(4) 对某些蛋白质的 N 端进行甲基化修饰。这种修饰的蛋白质,如很多细胞骨架蛋白和组蛋白等,不易被细胞内的蛋白水解酶水解,从而使蛋白在细胞中维持较长的寿命。

(5) 酰基化。最常见的一类酰基化的修饰是内质网上合成的跨膜蛋白在通过内质网和高尔基体的转运过程中发生的,它由不同的酶催化,把软脂酸链共价地连接在某些跨膜蛋白暴露在细胞质基质中的结构域;另一类酰基化修饰发生在诸如 src 基因和 ras 基因这类细胞癌基因的产物上,催化这一反应的酶可识别蛋白中的信号序列,将脂肪酸链共价地结合到蛋白质特定的位点上,如 src 基因编码的酪氨酸蛋白激酶,与豆蔻酸的共价结合。酰基化与否并不影响酪氨酸蛋白激酶的活性,但只有酰基化的激酶才能转移并靠豆蔻酸链结合到细胞膜上,也只有这样,细胞才可能被转化。

**2. 控制蛋白质的寿命**

细胞中的蛋白质处于不断降解与更新的动态过程中。细胞质基质中的蛋白质大部分寿命较长,其活性可维持几天甚至数月,但也有一些寿命很短,合成后几分钟就降解了,其中包括在某些代谢途径中,催化限速反应步骤的酶和 fos 等细胞癌基因产物。因此,只要通过改变它们的合成速度,就可以控制其浓度,从而达到调节代谢途径或细胞生长与分裂的目的。

在蛋白质分子的氨基酸序列中,除了有决定蛋白质在细胞内定位的信号和与修饰作用有关的信号外,还有决定蛋白质寿命的信号。这种信号存在于蛋白质 N 端的第一个氨基酸残基上,若 N 端的第一个氨基酸是 Met(甲硫氨酸)、Ser(丝氨酸)、Thr(苏氨酸)、Ala(丙氨酸)、Val(缬氨酸)、Cys(半胱氨酸)、Gly(甘氨酸)、Pro(脯氨酸),则蛋白质是稳定的;如是其他 12 种氨基酸之一,则是不稳定的。每种蛋白质开始合成时,N 端的第一个氨基酸都是甲硫氨酸(细菌中为甲酰甲硫氨酸),但合成后不久便被特异的氨基肽酶水解出去,然后由氨酰-tRNA 蛋白转移酶(aminoacyl-tRNA-protein transferase)把一个信号氨基酸加到某些蛋白质的 N 端,最终在蛋白质的 N 端留下一个不稳定的或稳定的氨基酸残基。

对控制这一反应的机制还了解不多。在真核细胞的细胞质基质中,有一个很复杂的机制,识别蛋白质 N 端不稳定的氨基酸信号并准确地将这种蛋白质降解,是依赖于泛素的降解途径(ubiquitin-dependent pathway)。泛素是一个由 76 个氨基酸残基组成的小分子蛋白,具有多种生物学功能。在蛋白质降解过程中,多个泛素分子共价结合到含有不稳定氨基酸残基的蛋白的 N 端,然后一种 26S 的蛋白酶复合体或称蛋白酶体(proteasome)将蛋白质完全水解。26S 的蛋白酶体由一个筒状的 20S 的催化核心(由 14 种多肽,28 个亚基组成)和一个称为 PA700 的调节部分(由 15 个亚基组成)组成(图 7-2)。蛋白酶体的含量占细胞蛋白总量的 1%。这种依赖与泛素的蛋白酶体,还参与细胞周期调控过程(详见第十一章)。

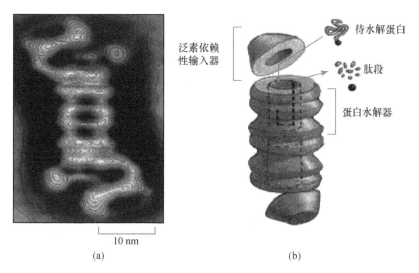

图 7-2　通过电镜负染照片获得的蛋白酶体结构图(a)及水解蛋白过程的示意图(b)

### 3. 降解变性和错误折叠的蛋白质

细胞质基质中的变性蛋白、错误折叠的蛋白、含有被氧化或其他非正常修饰氨基酸的蛋白,不管其 N 端氨基酸残基是否稳定,也常常很快被清除。推测这种蛋白质的降解作用,可能涉及对畸形蛋白质所暴露出来的氨基酸疏水基团的识别,并由此启动对蛋白质 N 端第一个氨基酸残基的作用,其结果形成了 N 端不稳定的氨基酸,同样依赖于泛素的蛋白降解途径彻底水解。在细胞质基质中,正在合成的蛋白质的构象与错误折叠的蛋白质有很多类似之处,如加入蛋白质合成抑制剂,则停留在不同阶段大小不等的多肽链很快被降解,说明蛋白质合成的复合物对延伸中的肽链有暂时的保护作用。

### 4. 帮助变性或错误折叠的蛋白质重新折叠,形成正确的分子构象

这一功能主要靠热激蛋白(heat shock protein,Hsp;或称 stress-response protein)来完成。DNA 序列分析表明,热激蛋白有主要 3 个家族,即 Mr 为 $2.5 \times 10^4$、$7.0 \times 10^4$ 和 $9.0 \times 10^4$ 的蛋白,每一家族中都有由不同基因编码的数种蛋白成员。有的基因在正常条件

下表达,有些则在温度增高或其他异常情况下大量表达,以保护细胞,减少异常环境的损伤。有证据表明,在正常细胞中,热休克蛋白选择性地与畸形蛋白质结合形成聚合物,利用水解ATP 释放的能量是聚集的蛋白质溶解,并进一步折叠成正确构象的蛋白质。

# 第二节 内膜系统及其功能

细胞内膜系统是指在结构、功能乃至发生上相互关联、由膜包被的细胞器或细胞结构,主要包括内质网、高尔基体、溶酶体、胞内体和分泌泡等。研究内膜系统的有效技术主要包括:揭示超微结构的电镜技术,用于功能定位研究的免疫标记和放射自显影技术,用于组分分离与分析的离心技术和用于研究膜泡运输和功能机制研究的遗传突变体分析技术。这些技术对于阐明内膜系统的结构与功能、各组分的相互关系和动态特征发挥了重要作用。

## 一、内质网的形态结构与功能

内质网(endoplasmic reticulum,ER)是真核细胞重要的细胞器。它的发现比较晚,1945 年,Porter 等在电子显微镜下观察培养的小鼠成纤维细胞时,初次观察到细胞质中有一些管状和囊状结构,相互吻合形成网状结构,集中于细胞核附近的细胞内胞质区域,故称为内质网。它由一层厚 5～6nm 的封闭膜系统及其周围的腔形成互相沟通的网状结构(图 7-3)。在靠近细胞核的部位,内质网膜常与核膜外层连接,在靠近细胞膜的部位它也可以与细胞内褶相连。

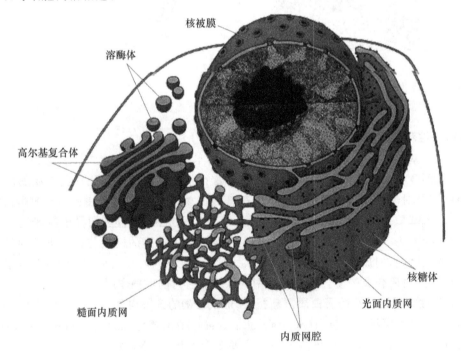

图 7-3 内质网结构模式图(Albert,1989)

内质网通常占细胞膜系统的一半左右,体积约占细胞总体积的10%以上。在不同类型的细胞中,内质网的数量、类型与形态差异很大。同一细胞在不同发育阶段和不同的生理状态下,内质网的结构与功能也发生明显变化。在细胞周期的各个阶段,内质网的变化是极其复杂的。

内质网是细胞内一系列重要的生物大分子,如蛋白质、脂质和糖类合成的基地,其合成上述物质的种类与细胞质基质中合成的物质有明显的不同。

生物化学家曾从细胞质中分离出大量称为微粒体(microsome)的结构,实际上这是在细胞匀浆和超速离心过程中,由破碎的内质网形成的近似球形的囊泡结构,它包含内质网膜与核糖体两种基本组分。虽然这是形态上的人工产物,但在生化研究中,常常把微粒体与内质网等同看待。在体外实验中,微粒体仍具有蛋白质合成、蛋白质的糖基化和脂质合成等内质网的基本功能。

(一) 内质网的类型

根据结构与功能,内质网可分为两种基本类型:糙面内质网(rough endoplasmic reticulum,rER)和光面内质网(smooth endoplasmic reticulum,sER)。

糙面内质网多呈扁囊状,排列较为整齐,因在其膜表面分布着大量的核糖体而命名。它是内质网与核糖体共同形成的复合机能结构,其主要功能是合成分泌性的蛋白和多种膜蛋白。因此在分泌细胞(如胰腺腺泡细胞)和分泌抗体的浆细胞中,糙面内质网非常发达(图7-3),而在一些未分化的细胞与肿瘤细胞中则较为稀少。内质网膜上有一种称为易位子(translocon)的蛋白复合体,直径约8.5nm,中心有一个直径为2nm的"通道"(图7-4),其功能与新合成的多肽进入内质网有关。在哺乳动物细胞中,易位子的主要成分是与蛋白分泌相关的一种多肽Sec 61p等组成的复合物。

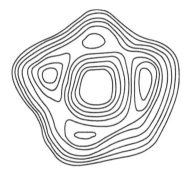

图7-4　根据冷冻蚀刻技术绘制的移位子示意图

表面没有核糖体结合的称光面内质网。光面内质网常为分支管状形成的较为复杂的立体结构。光面内质网是脂质合成的重要场所,细胞中几乎不含有纯的光面内质网,它们只是作为内质网这一连续结构的一部分。光面内质网所占的区域通常较小,往往作为出芽的位点,将内质网上合成的蛋白质或脂质转移到高尔基体内。在某些细胞中,光面内质网非常发达并具有特殊的功能,如合成固醇类激素的细胞、精巢的间质细胞、肾上腺皮质及肝细胞等。

内质网对外界因素的作用(如射线、化学毒物、病毒等)非常敏感,糙面内质网发生的最普遍的病理变化是内质网腔扩大并形成空泡,继而核糖体从内质网膜上脱落,蛋白质合成受阻。

(二) 内质网的功能

内质网的重要功能在于它不仅是蛋白质、脂类与糖类的重要合成基地,而且还与物质运输、物质交换、解毒作用以及对细胞的机械支持等都有密切关系。两种内质网在功能上有所不同，粗面内质网主要负责蛋白质的合成与转运，而滑面内质网主要负责一些小分子的合成与代谢以及细胞的解毒作用等。从已积累的材料可看出，内质网是行使多种重要功能的复杂的结构体系。

**1. 蛋白质的合成是糙面内质网的主要功能**

细胞中的蛋白质都是在核糖体上合成的，并都是起始于细胞质基质之中。有些蛋白质刚起始合成后不久便转移至内质网膜上，继续进行蛋白质合成。在糙面内质网上，多肽链一边延伸一边穿过内质网膜进入内质网腔中，以这类方式合成的蛋白质主要包括：

（1）向细胞外分泌的蛋白。向细胞外分泌的蛋白质，包括胰腺细胞分泌的酶、浆细胞分泌的抗体、小肠杯状细胞分析的黏蛋白（mucin）、内分泌腺分泌的多肽类激素以及胞外基质成分等。这类蛋白质常以分泌泡的形式通过细胞的胞吐作用输送到细胞外，而且这种蛋白运输的方式也利于分泌过程的调控。

（2）膜的整合蛋白。细胞质膜上的膜蛋白及内质网、高尔基体和溶酶体膜上的膜蛋白都具有方向性，其方向性在内质网上合成时就已确定，在以后的转运过程中，其拓扑学特性始终保持不变。

（3）构成内膜系统细胞器总的可溶性驻留蛋白。有些驻留蛋白需要与其他细胞组分严格隔离，如溶酶体与植物液泡中的酸性水解酶类，内质网、高尔基体和胞内体（endosome）中固有的蛋白质以及其他有重要生物活性的蛋白，在合成后进入内质网，便于其他细胞组分进一步区分，也有利于对他们的加工与活化。

另外，有些蛋白质在合成后需要进行某些修饰与加工，这是由内质网及高尔基体中一系列酶来完成的。细胞质基质中合成的蛋白质与内质网上合成的蛋白质各具有自己的特点，内质网为这些蛋白质准确有效地到达目的地提供了必要的条件。

**2. 内质网蛋白合成的折叠及质量控制**

近年来的研究发现，体内新生肽链的折叠需要其他分子的帮助。因此产生了蛋白质折叠的"辅助性组装"（assisted assembly）学说（穿膜两次的跨膜蛋白整合到内质网膜中）说，使经典的蛋白质折叠的"自组装学说"发生了革命性的转变。新的观点认为，新生肽链折叠并组装成有功能的蛋白质并非都能自发完成，在相当多的情况下是需要其他蛋白质（分子伴侣，molecular chaperone）帮助的。分子伴侣这个概念被解释为一类与其他蛋白不稳定构象相结合并使之稳定的蛋白，它们通过控制结合和释放来帮助多肽在体内的折叠、组装、转运或降解等（Hendrick，1993；Hartl，1996），常见的有热激蛋白、蛋白质二硫键异构酶 PDI（protein disulfide isomerase）、肽基脯氨酰顺反异构酶 PP I（peptidyl proly *cis-trans* isomerase）、结合蛋白（binding protein，BIP）等。分子伴侣为驻留蛋白，内质网合成的驻留蛋白之所以能滞留于内质网，是由于其羧基端含保留信号序列：赖氨酸—天冬氨酸—谷氨酸—亮氨酸—COO—（KDEL），能够和内质网膜上的 KDEL 受体结合，驻留在内质网腔内。

内质网含有丰富的分子伴侣。膜蛋白和分泌蛋白大多是含有二硫键或糖基化位点的蛋白质，具有多个结构域，新生肽链转位至内质网后信号肽被切除，边翻译边开始部分折叠，尤其是含有多个结构域的蛋白，可形成部分的二级结构或三级结构，而单结构域的蛋白则须等翻译完毕才进行折叠；蛋白质在翻译时和翻译后的折叠和组装受到帮助蛋白的介导或催化，使之在极短的时间内（短至几毫秒或几分钟）即能完成。内质网中的分子伴侣及其他帮助蛋白，不仅介导和辅助新生肽链的正确折叠与组装，还组建成一个蛋白质折叠调控的"质控系统"（quality control system），结合蛋白质的折叠中间体、未完全折叠或组装的多肽链、错误折叠的蛋白质或蛋白质聚合体，使之滞留在内质网，直到发生正确的折叠，否则，被运到细胞质溶酶体中降解。

### 3. 粗面内质网与蛋白质的修饰和加工

进入糙面内质网中的蛋白质发生的主要化学修饰作用有糖基化、羟基化、酰基化与二硫键的形成等。糖基化伴随着多肽合成同时进行，是内质网中最常见的蛋白质修饰。蛋白质的糖基化（glycosylation）是指单糖或寡糖与蛋白质共价结合形成糖蛋白的过程。附着核糖体上合成的蛋白质进入内质网囊腔之后，大部分都要糖基化，而在游离核糖体上合成的可溶性蛋白在胞质中都不进行糖基化。糖蛋白中，糖与蛋白的连接有两种方式：一种是 $N$-连接的寡糖蛋白，这种糖基化主要发生在内质网腔中；另一种是 $O$-连接的寡糖蛋白，其糖基化发生在高尔基复合体内。在内质网腔中进行的糖基化，主要是一种由 $N$-乙酰葡萄糖胺、甘露糖和葡萄糖组成的寡糖（约 14 个糖的分支寡糖）与蛋白质的天冬酰胺（Asn）残基侧链上的氨基基团连接。

这种 $N$-连接寡糖（图 7-5）与蛋白质连接之前，先要与内质网膜上的多萜醇分子连接而被活化，当核糖体上合成的肽链中天冬酰胺一进入内质网腔，已被活化的寡糖就在糖基转移酶（glycosyltransferase）的作用下，将寡糖基由磷酸多萜醇转移到相应的天冬酰胺残

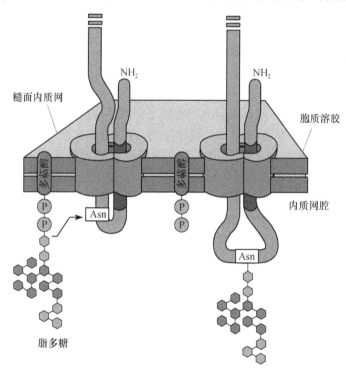

图 7-5 $N$-连接的糖基化（Alberts, 2002）

基上。寡糖基转移到天冬酰胺残基上称 *N*-乙酰葡萄糖胺（*N*-linked glycosylation），与天冬酰胺直接结合的糖都是 *N*-乙酰葡萄糖胺。

被糖化的天冬酰胺总是位于三肽序列：天冬酰胺—X—丝氨酸（或苏氨酸）之中，其中 X 可以是任一氨基酸。糖基转移酶是位于内质网膜腔侧面的一种膜嵌蛋白，所以这种糖基化是在内质网的腔侧面进行的。这也就可以理解为什么在胞质中的游离核糖体合成的可溶性蛋白质不进行糖基化了。

蛋白质上的寡糖有着很多功能：①保护蛋白质不被降解，使其留在内质网中直到蛋白质正确折叠；②起信号转导作用，使蛋白质包装进正确的转运小泡中（如在后面讨论溶酶体蛋白时）；③当在细胞的表面时，寡糖形成糖萼的一部分，在细胞识别中起作用；④某些蛋白只有在糖基化以后才能正确折叠。

酰基化发生在内质网的胞质侧，通常是软脂酸共价结合在跨膜蛋白的半胱氨酸残基上，类似的酰基化也发生在高尔基体甚至膜蛋白向细胞膜转移的过程中。

**4. 光面内质网是脂质合成的重要场所**

光面内质网合成构成细胞所需的包括磷脂和胆固醇在内的几乎全部的膜脂，其中最重要的磷脂是磷脂酰胆碱（卵磷脂）。合成磷脂所需的 3 种酶都定位在内质网膜上，其活性部位在膜的细胞质基质一侧。合成磷脂的底物是来自细胞质基质，反应的第一步是增大膜面积；第二、三两步是确定新合成磷脂的种类。除磷脂酰胆碱外，其他几种磷脂，如磷脂酰乙醇氨、磷脂酰丝氨酸以及磷脂酰肌醇等都以类似的方式合成。

在内质网膜上合成的磷脂几分钟后就由细胞质基质转向内质网腔面，其转位速度比自然转位速度高 $10^5$ 倍，可能是借助一种磷脂转位因子（phospholipid translocator）或称转位酶（transposase）的帮助来完成的。这种因子对含胆碱的磷脂要比对含丝氨酸、乙醇胺和肌醇的磷脂转位能力强，因此磷脂酰胆碱更容易转到内质网膜的腔面。

合成的磷脂由内质网向其他膜的转运主要有两种方式：一种是以出芽的方式转运到高尔基体、溶酶体和细胞膜上；另一种方式是凭借一种水溶性的载体蛋白，称为磷脂转换蛋白（phospholipid exchange protein，PEP）在膜之间转移磷脂。其转运模式是，PEP 与磷脂分子结合形成水溶性的复合物进入细胞质基质，通过自由扩散，直至遇到靶膜时，PEP 将磷脂释放出来，并安插在膜上，结果是磷脂从含量高的膜转移到缺少磷脂的膜上，即从磷脂合成部位转移到线粒体或过氧化物酶体膜上。可能线粒体和过氧化物酶体是唯一缺少磷脂的细胞器。每种 PEP 只能识别一种磷脂，推测磷脂酰丝氨酸就是以这种方式转移到线粒体膜上，然后脱羧基而产生磷脂酰乙醇胺，而磷脂酰胆碱则不加任何修饰地转移到线粒体膜上。

**5. 内质网的其他功能**

一般情况下，光面内质网所占比例很小，但在某些细胞中非常发达。肝细胞中的光面内质网很丰富，它是合成外输性脂蛋白颗粒的基地。肝细胞中的光面内质网中还含有一些酶，用以清除脂溶性的废物和代谢产生的有害物质，因为光面内质网具有解毒功能。其中研究较为深入的是细胞色素 P450 家族酶系的解毒反应过程，是使聚集在光面内质网膜上的不溶于水的废物或代谢产物羟基化而完全溶于水并转送出细胞进入尿液中。某些药物如苯巴比妥（phenobarbital）进入体内，肝细胞中与解毒反应有关的酶便大量合成，几天之中光面内质网的面积成倍增加。一旦毒物消失,多余的光面内质网随之被溶酶体消化,5 天内又恢复到原来的大小。

肌细胞中含有发达的特化的光面内质网,它由滑面内质网围绕在每条肌原纤维的周围,形成一个十分精致的网络状结构系统,称为肌质网(sarcoplasmic reticulum)。当肌纤维膜的兴奋传到肌质网时,引起肌质网释放 $Ca^{2+}$ 到肌微丝之间,$Ca^{2+}$ 激活 ATP 酶,使 ATP 转变为 ADP 并释放能量,激发肌丝的滑行,引起肌肉的收缩。当肌纤维松弛时,肌质网又重新获得 $Ca^{2+}$。因此,滑面内质网在肌纤维中通过摄取和释放 $Ca^{2+}$ 以参与肌肉的收缩活动。

在多数真核细胞中,细胞外的信号物质也可引起 $Ca^{2+}$ 向细胞质基质中释放。内质网储存 $Ca^{2+}$ 的功能,在内质网膜上也存在于肌细胞的肌质网膜上相同的三磷酸肌醇($IP_3$)的受体。此外,在内质网中至少发现包括 Bip 在内的 4 种以上的钙结合蛋白,其中一种与肌质网中的钙结合蛋白相同。每个钙结合蛋白的分子可与 30 个左右的 $Ca^{2+}$ 结合,因为内质网腔中钙结合蛋白的浓度可达 $30\sim100mg/mL$,从而使内质网中的 $Ca^{2+}$ 浓度高达 $3mmol/L$。内质网不仅作为的 $Ca^{2+}$ 储存库,而且由于高浓度的 $Ca^{2+}$ 及与之结合的钙结合蛋白的存在,可能阻止内质网以出芽的方式形成运输小泡。因此 $Ca^{2+}$ 浓度的变化对运输小泡的形成,可能起重要的调节作用。

除此之外,内质网还为细胞质基质中很多蛋白,包括多种酶类,提供了附着位点。有人认为内质网的扁囊和管道还有储存与运输物质的功能,在能量与信息的传递、细胞的支持和运动等方面可能也具有一定的作用。

(三) 内质网与基因表达的调控

内质网蛋白主要在糙面内质网上合成,也有一部分是在细胞质基质中合成后转入内质网中。多种蛋白需要在内质网中折叠、组装、加工、包装及向高尔基体转运。这一过程显然需要有一个精确调控的过程。人们发现至少有三种不同的从内质网到细胞核的信号转导途径,其中涉及一系列信号转导分子最终调节细胞核内特异基因表达。

① 内质网腔内未折叠蛋白的超量积累。

② 折叠好的膜蛋白的超量积累。

③ 内质网膜上膜脂成分的变化——主要是固醇缺乏。这些变化将通过不同的信号转导途径诱导不同的基因活化,最终细胞表现出相应的对策,如启动未分化的固醇类合成基因等,以保证内质网正常行使其功能。

## 二、高尔基体的形态结构与功能

高尔基体(Golgi body)又称高尔基器(Golgi apparatus)或高尔基复合体(Golgi complex),是比较普遍地存在于真核细胞内的一种细胞器。1898 年,意大利医生 Camillo Golgi 用银染的方法在光镜下观察猫的神经细胞时,在细胞核的周围发现有一黑色网状结构,遂命名为内网器(internal reticular apparatus)。后来许多学者证明这种结构几乎存在于所有细胞中。高尔基体从发现至今已有百年历史,其中一半以上的时间是进行关于高尔基体的形态甚至对它是否存在的争论。直到 20 世纪 50 年代以后随着电子显微镜技术的应用和超薄切片技术的发展,才证实了高尔基体的存在。它不仅存在于动植物细胞中,而且也存在于原生动物和真菌细胞内。

（一）高尔基体的形态结构

在电镜下,高尔基体的结构由一些（常为 4～8 个）排列较为整齐的扁平膜囊和一群小囊泡、大囊泡三部分共同构成（图 7-6）。

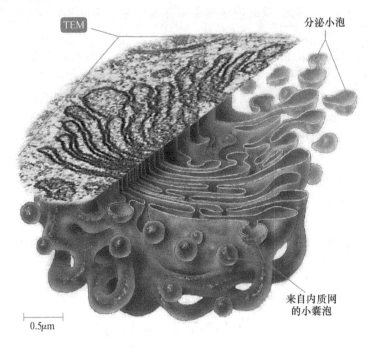

图 7-6　高尔基复合体（Karp,1999）

### 1. 扁平膜囊

扁平囊（saccule,扁平膜囊）是高尔基复合体的主体部分。一般由 3～10 层膜囊平行排列在一起,称高尔基堆（Golgi stack）,相邻的扁平囊间距离 20～30nm,每个囊腔宽 6～15nm,内含中等电子密度的物质。扁平囊通常略弯曲呈盘状,横切面似弓形,其凸面称为顺面（cisface）或形成面（formingface）；凹面称为反面（transface）或成熟面（matureface）。扁平囊的中央部分较平,其上有孔,可与相邻的扁平囊或其周围的小泡、小管相连通。

高尔基复合体在形态结构、化学组成以及功能上均显示出一定的极性。在形态结构方面扁平囊的形成面一般靠近细胞核或内质网,囊较小而狭,囊膜较薄,厚约 6nm,近似于内质网膜；随着形成面向成熟面的过渡,囊渐变大而宽,膜也逐渐加厚,至成熟面膜厚约 8nm,与细胞膜相似。因此,从发生和分化的角度看,扁平囊可看成是内质网和细胞膜的中间分化阶段。在化学组成上高尔基复合体膜脂也是明显居于内质网和细胞膜中间。生化实验表明,成熟面的膜较形成面的膜含有更多的酶,能促使分泌物的浓缩、成熟。例如,溶酶体的酶就是在成熟面的囊中或附近的囊泡中浓缩,表明溶酶体就是在此区域装配的。最近证明,高尔基堆至少可分为顺面（形成面）扁囊、中央扁囊和反面

（成熟面）扁囊三个区室，每个区室中含有不同的酶，对从内质网进入的蛋白质加工和修饰都各有不同的功能。

**2. 小囊泡**

小囊泡（vesicle）为直径 30～80nm 的球形小泡，膜厚约 6nm，其内容物较透明，多集中分布于肝细胞内质网膜、高尔基复合体膜、细胞膜的脂类含量平囊的形成面与内质网之间。一般认为，它们是由粗面内质网"芽生"而来，载有粗面内质网合成的蛋白质成分转运至扁平囊中，故又称为运输小泡（transitional vesicle）。电镜下可见到运输小泡与扁平囊形成面融合的图像，从而使扁平囊的膜成分和内含物不断得到补充。

**3. 大囊泡**

大囊泡（vacuole）直径 100～500nm，膜厚约 8nm，多见于扁平囊的末端或成熟面，数量少于小囊泡。一般认为，大囊泡是由扁平囊周边或局部呈球状膨突而后脱落形成，并带有扁平囊所含有的分泌物质。大囊泡有对所含分泌物继续浓缩的作用，故又称浓缩泡（condensing vacuoles）或分泌泡（secreting vacuole）。大囊泡的形成不仅带走了分泌物，而且扁平囊的膜也不断地被消耗。随着分泌物被排到细胞外，大囊泡的膜又补充到细胞膜上。由此可见，内质网、小囊泡、扁平囊、大囊泡和细胞膜之间的膜成分，不断地进行着新陈代谢，并保持着一种动态平衡。

根据高尔基体的各部分膜囊特有的成分，可用电镜细胞化学的方法对高尔基体的结构成分做进一步的分析。常用的 4 种标志细胞化学反应是：

（1）嗜锇反应，高尔基体的顺面被特异地染色。

（2）焦磷酸硫胺素酶（TPP 酶）的细胞化学反应，可特异地显示高尔基体反面的 1～2 层膜囊。

（3）胞嘧啶单核苷酸酶（CMP 酶）的细胞化学反应，显示靠近反面上的一些膜囊状和管状结构，CMP 酶也是溶酶体的标志酶。

（4）烟酰胺腺嘌呤二核苷磷酸酶（NADP 酶）的细胞化学反应，是高尔基体中间膜囊的标志反应。

（二）高尔基复合体的功能

高尔基体的主要功能是将内质网合成的多种蛋白质进行加工、分类与包装，然后分门别类地运送到细胞特定的部位或分泌到细胞外。内质网上合成的脂质一部分也要通过高尔基体向细胞质膜和溶酶体膜等部位运送，因此可以说，高尔基体是细胞内大分子运输的一个主要交通枢纽。此外，高尔基体还是细胞内糖类合成的工厂，在细胞生命活动中起多种重要的作用。

**1. 高尔基体与细胞的分泌活动**

虽然早期的形态学观察结果已经提示了高尔基体可能与细胞分泌活动有关，但对这一功能的了解却经历了一个较长的认识过程。

20 世纪 70 年代初，Caro 用 $^3$H-亮氨酸对胰腺的腺泡细胞进行脉冲标记，发现在脉冲标记 3min 后，放射自显影银粒主要位于内质网；20min 后，银粒出现在高尔基体；120min 后则位于分泌泡并开始在顶端释放。实验显示了分泌性蛋白在细胞内的合成与转运途径,其转运的过程是通过高尔基体来完成的,后来的研究进一步表明,除分泌性蛋白外,很多细胞膜上的膜蛋白、溶酶体中的酸性水解酶及胶原纤维等胞外基质成分都是通过高尔基体完成其定向转运过程。

作为蛋白质合成主要场所的内质网常常同时合成多种蛋白质,那么高尔基体怎么样完成对这些蛋白质的分类与转运功能呢?

20 世纪 60 年代,人们发现溶酶体中所有的酶都有共同的标志,70 年代证明这一共同标志就是 6-磷酸甘露糖(M6P),80 年代纯化了与这一反应有关的醇及 M6P 受体,从而把溶酶体酶在高尔基体中的分选过程作为了解高尔基体功能的一个重要例子。

溶酶体中有几十种酸性水解酶类,它们在内质网上合成后进入高尔基体。在内质网上合成时发生了 N-连接的糖基化修饰,即把一个寡糖键共价结合到溶酶体酶分子中的天冬酰胺残基上。在高尔基体的顺面膜囊中存在 N-乙酰葡萄糖胺磷酸转移酶和 N-乙酰葡萄糖胺磷酸糖苷酶。在这两种酶的催化作用下,寡糖链中的甘露糖残基磷酸化产生 M6P。这种特异的反应只发生在溶酶体的酶上,而不发生在其他的糖蛋白上。估计溶酶体酶本身的构象含有某种磷酸化的信号,如果改变其构象则不能被识别也就不能形成 M6P。在高尔基体反面膜囊上结合着 M6P 的受体,由于溶酶体酶的许多位点上都可形成 M6P,从而大大增加了与受体的亲和力,这种特异的亲和力使溶酶体的酶与其他蛋白质分离并起到局部浓缩的作用。有一种称为 I 细胞(inclusion cell)的疾病,患者由于 N-乙酰葡萄糖胺转移酶单基因的缺损,因此不能合成 M6P,溶酶体的酶也就不能被受体识别,因而无法转运到溶酶体中。

在内质网合成的蛋白质很多都是糖蛋白,而且这些蛋白质的糖链要在高尔基体中经历十分复杂的修饰。于是人们猜测这种修饰作用可能与蛋白质在高尔基体中的分选有关。然而用 DNA 重组技术证明,多种糖蛋白在去掉糖链后仍能正常地输送到细胞的特定部位,说明糖链在多数蛋白质的分选中并不起决定性的作用。上述溶酶体酶的分选途径可能仅是一个特例,并不是溶酶体酶唯一的分选途径。已发现在肝细胞中溶酶体酶还存在不依赖于 M6P 的另一种分选途径。

### 2. 高尔基复合体对蛋白质的加工修饰

在粗面内质网合成的各种蛋白质被运至高尔基复合体后,要进行一系列的修饰加工才能形成具有特定功能的成熟的蛋白质分子,而后经大囊泡运输,或分泌到细胞外,或保留在细胞膜上成为细胞膜的一部分。

糖蛋白的合成和修饰前已述及,糖蛋白中有两种寡糖链:一种是 N-连接的寡糖链;另一种是 O-连接的寡糖链(表 7-2)。后一种糖蛋白的糖链全部是在高尔基复合体内合成的。这些蛋白质的酪氨酸、丝氨酸、苏氨酸残基侧链的—OH 与寡糖共价结合、糖基化,形成 O-连接寡糖蛋白,它与 N-连接的寡糖不同,是由不同的糖基转移酶依次催化,加上一个个单糖,最后加上唾液酸残基,完成糖蛋白的合成。N-连接的寡糖蛋白的合成开始在粗面内质网腔内,所形成的糖蛋白 N-连接寡糖链有相同的寡糖结构。待转运到高尔基复合体后要进行一系列精确的修饰,一些寡糖链残基(如大部分的甘露糖)被切掉,而后又加上另外一些糖残基(如半乳糖、唾液酸),完成糖蛋白的合成。这样形成的糖蛋白的寡糖结构上表现出差异,呈现多样性。

表 7-2　N-连接与 O-连接的寡糖比较

| 特征 | N-连接 | O-连接 |
|---|---|---|
| 合成部位 | 糙面内质网 | 糙面内质网或高尔基体 |
| 合成方式 | 来自同一个寡糖前体 | 一个个单糖加上去 |
| 与之结合的氨基酸残基 | 天冬酰胺 | 丝氨酸、苏氨酸、羟赖氨酸、羟脯氨酸 |
| 最终长度 | 至少 5 个糖残基 | 一般 1~4 个糖残基,但 ABO 血型抗原较长 |
| 第一个糖残基 | N-乙酰葡萄糖胺 | N-乙酰半乳糖胺等 |

高尔基复合体对糖蛋白的合成和修饰过程,通过同位素标记和放射自显影等方法得到了证实。例如,用 $^3$H 标记甘露糖进行短期培养,经放射自显影观察,只在粗面内质网发现银粒;用 H 标记半乳糖和唾液酸,放射自显影观察,银粒仅存在于高尔基复合体;用 H 标记 N-乙酰葡萄糖胺,结果显示,在粗面内质网和高尔基复合体同时发现银粒。说明 N-乙酰葡萄糖胺、甘露糖存在于糖蛋白寡糖链的核心部分,是在粗面内质网上的糖基转移酶的作用下加在肽链上的。这些未完全糖基化的蛋白质经运输小泡转运到高尔基复合体扁平囊中,再在其膜上糖基转移酶的作用下,在糖链的远端加入半乳糖、唾液酸,组成糖链的周围部分,这个过程具有严格的顺序性。

**3. 高尔基复合体参与蛋白酶的水解和其他加工**

有些多肽,如某些生长因子和某些病毒囊膜蛋白,在糙面内质网中切除信号肽后便成为有活性的成熟多肽。还有很多肽激素和神经多肽(neuropeptide),当转运至高尔基体的 TGN 或 TGN 所形成的分泌小泡中时,在与 TGN 膜相结合的蛋白水解酶的作用下,经特异地水解(常发生在与一对碱性氨基酸相邻的肽键上)才成为有生物活性的多肽。

不同的蛋白质在高尔基体中酶解加工的方式各有不同,可归纳为以下几种类型:

(1)比较简单的形式是没有生物活性的蛋白原(proprotein)进入高尔基体后,将蛋白原 N 端或两端的序列切除形成成熟的多肽。如胰岛素、胰高血糖素及血清蛋白(如白蛋白等)。

(2)有些蛋白质分子在糙面内质网中合成时便是含有多个相同氨基酸序列的前体,然后在高尔基体中水解成同种有活性的多肽,如神经肽等。

(3)某些蛋白分子的前体中含有不同的信号序列,最后加工成不同的产物;有时同一种蛋白质前体在不同的细胞中可能以不同的方式加工而产生不同种的多肽,这样大大增加了细胞信号分子的多样性。

硫酸化作用也在高尔基体中进行。硫酸化反应的硫酸根供体,是 3′-磷酸腺苷-5′-磷酸硫酸(PAPS),它从细胞质基质中转入高尔基体膜囊中,在酶的催化下,将硫酸根转移到肽链中酪氨酸(tyrosine)残基的羟基上。硫酸化的蛋白质主要是蛋白聚糖。

(三)高尔基体与细胞内的膜泡运输及膜的转运

从前面讲过的高尔基复合体膜的角度以及化学组成上看,它都介于内质网膜与细胞膜之间。

Palade(1997)将豚鼠胰腺组织块浸入含有 H 标记的亮氨酸培养液中,以脉冲方式标记 3min 后,利用放射自显影显示出银粒主要集中在细胞基部富有糙面内质网的区域,表明标记的亮氨酸已掺入到该区合成的蛋白质中;17min 后,银粒绝大部分集中在高尔基复合体的扁平囊以及周围的囊泡中;117min 后,银粒完全集中在细胞顶部的酶原颗粒上,此时在胰腺的腺泡腔内也可见到标记物,表明分泌物已排出细胞。

从生理功能上看,分泌蛋白首先在糙面内质网的附着核糖体上合成,然后进入内质网腔内运输,以芽生方式形成运输小泡脱离内质网。运载合成的蛋白质至高尔基复合体的扁平囊中进行浓缩、加工,形成分泌颗粒,继而移向细胞膜,经胞吐作用排出细胞外;从来源上看,由内质网"芽生"的小泡与高尔基复合体顺面的膜融合成为扁平囊的膜。与此同时,在反面又不断"芽生"分泌泡,移向细胞膜,最终与其融合而成为细胞膜的膜,并将分泌物排出。像这种细胞的各种膜性结构间相互联系和转移的现象称为膜流(membrane flow)。由膜流现象可以看出,高尔基复合体的膜处于一种不断消耗又不断补充的动态平衡中(图 7-7)。实验证明,高尔基复合体在 40min 内可完全更新一次,可见它与膜的转变密切相关。

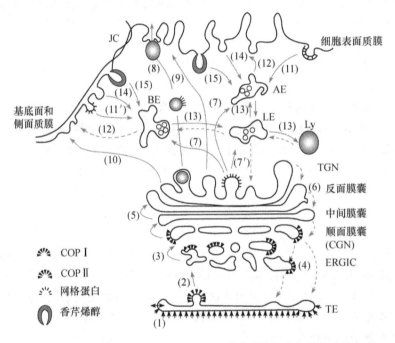

图 7-7 膜泡运输的主要途径(1)~(15),其中多数与高尔基体直接相关

从膜芽生出来的小泡通常在胞质溶胶面有蛋白质外被,因此芽生小泡称为有被小泡。在出芽完成之后,外被消失,小泡的膜直接与它要融合的膜相互作用。有被小泡有多种,每一种都有特定蛋白质的外被。外被至少有两种功能:使膜形成芽体,并有助于对外转运时捕获分子。已知三类具有代表性的衣被蛋白,即笼形蛋白(clathrin)、COPⅠ和COPⅡ。

笼形蛋白有被小泡是最早发现的有被小泡,它们从向外途径中的高尔基体上,或是从向内胞吞途径中的质膜上芽生出来。例如,在高尔基体上,每一个小泡最初从被有笼形蛋白的小窝开始的。笼形蛋白分子由 3 个重链和 3 个轻链组成(图 7-8),形成一个具有 3 个膜泡转运曲臂的形状(triskelion)。许多笼形蛋白的曲臂部分交织在一起,装配成一个具有五边形网孔的笼子,就是这个装配过程使膜成为小泡。

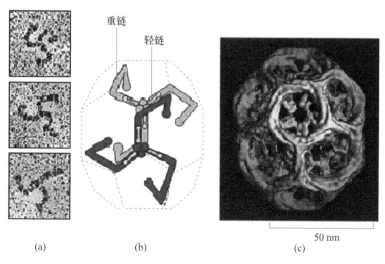

图 7-8 笼形蛋白的结构(Alberts,2002)
(a) 电镜照片;(b) 分子模型;(c) 衣被模型

笼形蛋白形成的衣被中还有衔接蛋白(adapter protein)。它介于笼形蛋白与配体受体复合物之间起连接作用。动力蛋白(dynein)是一种 GTP 结合蛋白,当笼形蛋白衣被小泡形成时,动力蛋白聚集成一圈围绕在小窝的颈部,动力蛋白水解其结合的 GTP,引起环收缩,衣被小泡从膜上释放下来;随后衣被很快就解体(图 7-9)。

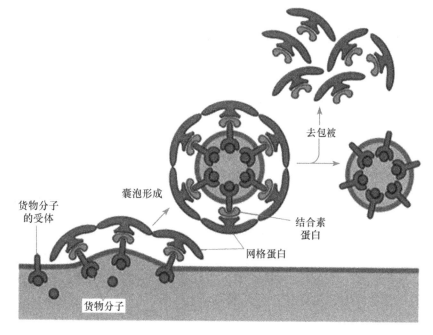

图 7-9 笼形衣被小泡的形成过程

目前认为,经内质网折叠好的蛋白质在向高尔基复合体运送过程中需要两种衣被的参与,即 COPⅠ和 COPⅡ。COPⅡ的功能是直接包裹经内质网折叠的蛋白质,并使它们向高尔基复合体输送。而具有 COPⅠ衣被的小泡则靠近高尔基体顺面,其功能与回收运输小泡中内质网蛋白有关。例如,内质网腔中的蛋白二硫键异构酶和协助折叠的分子伴侣,不管在腔中还是在膜上,如果它们意外地进入运输小泡并从内质网运至高尔基体顺面,则顺面的膜上有一种受体结合蛋白能特异地识别滞留蛋白的回收信号,将它们返回内质网。衣被小泡沿着细胞内的微管被运输到靶细胞器,各类运输小泡之所以能够被准确地和靶膜融合,是因为运输小泡表面的标志蛋白能被靶膜上的受体识别,其中跨膜蛋白质 SNARE(soluble NSF attachment protein receptor)是介导运输小泡特异性停泊和融合的。位于运输小泡上的称为 v-SNARE,位于靶膜上的称为 t-SNARE。v-SNARE 能被 t-SNARE 专一地识别,每一个细胞器和每一类型转运小泡可能都带有特定的 SNARE,SNARE 之间的相互作用保证转运小泡只和匹配的膜融合。

### (四)高尔基复合体的异常改变

高尔基复合体的形态、数量在不同类型的细胞中不同,即使是在同一类型的细胞中,不同的分化阶段以及在不同的生理、病理条件下高尔基复合体的形态、数量也会发生变化。

#### 1. 高尔基复合体的肥大和萎缩

高尔基复合体可因功能亢进或代偿性功能亢进而肥大。例如,大白鼠实验性肾上腺皮质再生过程中,在垂体前叶分泌促肾上腺皮质激素(ACTH)的细胞内,高尔基复合体显著肥大。当再生将结束时,ACTH 水平下降,高尔基复合体又恢复正常大小。高尔基复合体的萎缩、破坏或消失,常见于中毒等病理情况下的肝细胞,这是由于脂蛋白合成及分泌功能障碍所致。

#### 2. 高尔基复合体内容物改变

由于高尔基复合体与脂蛋白的合成与分泌有关。因此在肝细胞的高尔基复合体内可见到电子密度不等的颗粒,其中含饱和或不饱和脂肪酸。当某些中毒因子(如四氯化碳)引起脂肪肝时,肝细胞内充满大量脂质体,高尔基复合体中所含脂蛋白颗粒可以消失,而以大量扩张或断裂的大泡取而代之。又如骨关节炎患者的滑膜细胞,其中一部分细胞内的高尔基复合体明显的小而少,而在附近的另一些滑膜细胞中又可以很多很大。但是这两种高尔基复合体的大囊泡中分泌物均很少,说明一些细胞尽管高尔基复合体代偿性肥大,但其功能减退,反映在这些患者身上,则见关节滑液中透明质酸的含量下降。

#### 3. 高尔基复合体在癌细胞中的改变

人和动物肿瘤研究资料表明,一般在迅速生长、发生恶变的肿瘤细胞中,高尔基复合体几乎都不发达。对某一类型的癌细胞来说,分化程度越低,高尔基复合体越不发达,如人胃低分化腺癌细胞。而分化较好的癌细胞中,高尔基复合体较发达。有时在癌细胞内还可见到高尔基复合体的肥大和变形,如人的肝癌细胞。

### 三、溶酶体与过氧化物酶体

溶酶体(lysosome)是单层膜围绕、内含多种酸性水解酶类的囊泡状细胞器。其主要功能是进行细胞内的消化作用。早在1949年末,有人就怀疑在鼠肝匀浆离心的沉淀物中有一种酸性磷酸酶(acid phosphatase,ACPase)的颗粒。1955年,Duve首次用电子显微镜证明了溶酶体的存在,而且用细胞化学方法显示出颗粒内部富含各种水解酶,进而命名为溶酶体,意思是一种能溶解或消化分解其他物质的小体。

溶酶体几乎存在于所有的动植物细胞中,是细胞内重要的消化和免疫器官。内含有60多种水解酶,其中AcP和TMP酶作为溶酶体的标识酶。植物细胞内也有与溶酶体功能类似的细胞器——圆球体及植物中央液泡,原生动物细胞中也存在类似溶酶体的结构。典型的动物细胞中约含有数百个溶酶体,但在不同的细胞内溶酶体的数量和形态有很大差异,即使在同一种细胞中,溶酶体的大小、形态也有很大区别,这主要是由于每个溶酶体处于其不同生理功能阶段的缘故。

溶酶体在维持细胞正常代谢活动及防御等方面起着重要作用,自噬和异噬相互关联构成了溶酶体生活周期,溶酶体可反复参加自噬和异噬周期,使溶酶体发挥最大的效率。溶酶体的自噬作用被看作是细胞为生存而做出的一种自我保护性反应。特别是在病理学中具有重要意义,因此越来越引起人们对溶酶体研究的高度重视。

#### (一)溶酶体的结构类型

溶酶体是一种异质性(heterogeneity)细胞器,这是指不同的溶酶体的形态大小,甚至其中所包含的水解酶的种类都可能有很大的不同。根据溶酶体所处的完成其生理功能的不同阶段,大致可分为初级溶酶体(primary lysosome)、次级溶酶体(secondary lysosome)和残余体(residual body)。

初级溶酶体呈球形,直径$0.2\sim0.5\mu m$,内容物均一,不含有明显的颗粒物质,外面由一层脂蛋白膜围绕,厚度为7.5nm。其中含有多种水解酶类,如蛋白酶、核酸酶、糖苷酶、酯酶、磷脂酶、磷酸酶和硫酸酶等,其共同的特征是都属酸性水解酶,即酶的最适pH为5左右。

次级溶酶体是初级溶酶体与细胞内的自噬泡或异噬泡、胞饮泡或吞噬泡融合形成的复合体,分别称之为自噬溶酶体(autophagolysosome)和异噬溶酶体(phagolysosome),二者都是进行消化作用的溶酶体。次级溶酶体中可能包含多种生物大分子、颗粒性物质、线粒体等细胞器乃至细菌等,因此其形态不规则,直径可达几微米。电镜显示其内部结构非常复杂,常含有颗粒、膜片甚至某些细胞器。

经过一段时间的消化后,小分子物质可通过膜上的载体蛋白转运到细胞质基质中,供细胞代谢使用。未被消化的物质残存在溶酶体中形成残余小体或称后溶酶体。残余小体可通过类似胞吐的方式将内容物排出细胞(图7-10)。

溶酶体膜在成分上也与其他生物膜不同:①嵌有质子泵,借助水解ATP释放出的能量将$H^+$泵入溶酶体内,使溶酶体中的$H^+$浓度比细胞质中高100倍以上,以形成和维持

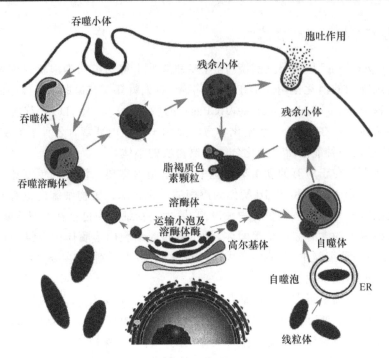

图 7-10　动物细胞溶酶体系统示意图

酸性的内环境;②具有多种载体蛋白用于水解的产物向外转运;③膜蛋白高度糖基化,可能有利于防止自身膜蛋白的降解。

　　用溶酶体的标志酶反应,可辨认出不同形态与大小的溶酶体。酸性磷酸酶(acid phosphatase)是常用的标志酶,用这种方法不仅有助于研究溶酶体的发生与成熟过程,而且还发现了多泡体、线状溶酶体等多种类型的溶酶体,但其功能尚不完全清楚。

（二）溶酶体的功能

　　溶酶体的基本功能是对生物大分子的强烈的消化作用,这对于维持细胞的正常代谢活动及预防微生物的侵染都有重要的意义。

**1. 清除无用的生物大分子、衰老的细胞器及衰老损伤和死亡的细胞**

　　处于不同的细胞周期,不同的分化阶段及不同生理状态下的细胞,都需要一系列特定的酶系统。为了保证细胞正常的代谢活动与调控,必须不断地清除衰老的细胞器和生物大分子。很多生物大分子的半寿期只有几小时至几天,肝细胞中线粒体的平均寿命约 10 天,细胞质膜也处在不断地更新之中。占成人细胞总数的 1/4 的红细胞仅能存活 120 天,因此人体每天清除的红细胞多达 $10^{11}$ 个,这些任务主要由溶酶体和蛋白酶体共同负担,即溶酶体起着"清道夫"的作用。其中还包括清除在发育和成体中凋亡的细胞,如两栖类发育过程中蝌蚪尾巴的退化,哺乳动物断奶后乳腺的退行性变化等都涉及某些特定细胞编程性死亡及周围活细胞对其的清除,这些过程都与溶酶体有关。对衰老细胞的清除主要是由巨噬细胞完成,如衰老的红细胞膜骨架发生改变,导致细胞韧性的改变,而不能进入比其直径更小的毛细血管中。同时细胞表面糖链中的唾液酸残基脱落,暴露出乳糖残基,从而被巨噬细胞识别并捕获,进而被吞噬和降解。

当溶酶体缺失或产生溶酶体酶的某个环节出现故障时,上述物质就不能被水解而积留在溶酶体中,结果细胞成分与结构得不到更新,直接影响细胞的代谢,引起疾病。如台-萨氏(Tay-Sachs)病就是由于溶酶体中缺少 $\beta$-氨基己糖脂酶 A($\beta$-N-hexosaminidase A)。在正常人体或哺乳动物细胞中,特别是神经细胞中,细胞膜的神经节苷脂(ganglioside)GM2 一直处于合成与降解的不断更新状态。由于缺少 $\beta$-氨基己糖脂酶 A,GM2 不能被溶酶体水解而积累在细胞内,特别是脑细胞中,造成神经呆滞,2～6 岁死亡。除台-萨氏病外,已发现几十种这类型的疾病,其共同特征是细胞溶酶体内充满了未被降解的物质,因此称为储积症,它是一种隐性的遗传病,已越来越引起人们的重视。

**2. 防御功能**

防御功能是某些细胞特有的功能,它可以识别并吞噬入侵的细胞或病毒,在溶酶体作用下将其杀死并进一步降解,它可以识别并吞噬入侵的病毒或细菌,在溶酶体作用下将其杀死并进一步降解。动物细胞中有几种吞噬细胞(phagocyte),常位于肝、脾和其他血管通道中,用以清除清除抗原抗体复合物的有机颗粒及吞噬的细菌、病毒等入侵者。同时也不断清除衰老死亡的细胞核血管中颗粒物质。当机体被感染后,单核细胞(monocyte)移至感染或发炎的部位,分化成巨噬细胞,巨噬细胞中溶酶体非常丰富,并含有过氧化氢、超氧物($O_2^-$)等与溶酶体酶等共同作用杀死细菌,电镜下巨噬细胞内常可以见到较多残余小体,这也可能是它的寿命只有 1～2 天的缘故。

某些病原体被细胞摄入,进入吞噬细胞或胞饮泡中但并未被杀死,如麻风杆菌(*Mycobacterium leprae*)、利什曼原虫(*Leishmania*)等,它们可以在巨噬细胞的吞噬泡中繁殖,其原因主要是通过抑制吞噬细胞的酸化从而抑制了溶酶体酶的活性。一些病毒也是借助受体介导的细胞胞吞作用而侵入到宿主细胞的,它们巧妙地利用胞内体中的酸性环境将病毒核壳释放到细胞基质中。如在细胞培养液中加入氢氧化氨或氯喹等碱性试剂,将胞吞泡中的 pH 提高到 7 左右,则病毒虽然能进入细胞,但却不能将其核壳从胞内体中释放到细胞质基质中,因而也就不能在细胞中繁殖。

**3. 其他重要的生理功能**

作为细胞内的消化"器官"为细胞提供营养,如降解内吞的血清脂蛋白,获得胆固醇等营养成分。很多单细胞真核生物如黏菌、变形虫等靠吞噬细胞和某些真核微生物而生存,其溶酶体的消化作用就显得更为重要。饥饿状态下,溶酶体可分解细胞内的生物大分子以保证机体所需的能量。在肝细胞中,每小时降解的蛋白质占肝细胞蛋白总量的 4.5%,这一过程主要由溶酶体完成。

在分泌腺细胞中,溶酶体常含有摄入的分泌颗粒,可能参与分泌过程的调节。在甲状腺中,甲状腺球蛋白(thyroglobin)储存在腺体内腔中,通过吞噬作用进入分泌细胞内并与溶酶体融合,甲状腺球蛋白被水解成甲状腺素,然后分泌到细胞外的毛细血管中。

在受精过程中的作用,精子的顶体(acrosome)相当于特化的溶酶体,其中含多种水解酶类,如透明质酸酶、酸性磷酸酶、$\beta$-N-乙酰葡萄糖胺酶及蛋白水解酶等,它能溶解卵细胞的外被及滤泡细胞,产生孔道,使精子进入卵细胞。精子冷冻保存中的技术难题之一就是防止顶体的破裂。

（三）溶酶体的发生

　　在高尔基体一节已提到溶酶体酶是在糙面内质网上合成并经 *N*-连接的糖基化修饰，然后转至高尔基体，在高尔基体的顺面膜囊中寡糖链上的甘露糖残基发生磷酸化形成 M6P，在高尔基体的反面膜囊和 TGN 膜上存在 M6P 的受体，这样溶酶体的酶与其他蛋白区分开来，并得以浓缩，最后以出芽的方式运转到溶酶体中（图 7-11）。对这一过程的细节已有了进一步的了解。

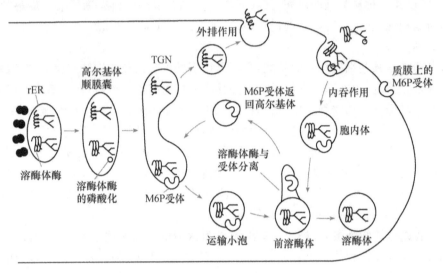

图 7-11　溶酶体的发生过程

　　溶酶体酶甘露糖残基的磷酸化先后由两种酶催化：一种是 *N*-乙酰葡萄糖胺磷酸转移酶（*N*-acetylglucosamine phosphotransferase，GlcNAc-P-*trans*ferase）；另一种是磷酸葡萄糖苷酶（phospho glycosidase）。当溶酶体酶进入高尔基体的顺面膜囊后，*N*-乙酰葡萄糖胺磷酸转移酶将单糖核苷酸（sugar nucleotide）UDP-GlcNAc 上的 GlcNAc-P 转移到高甘露糖寡糖链上的 α-1,6-甘露糖残基上，再将第二个 GlcNAc-P 加到 α-1,3-甘露糖残基上，接着在高尔基体中间囊膜中磷酸葡萄糖苷酶除去末端的 GlcNAc 暴露出磷酸基团，形成 M6P 标志。

　　上述反应涉及磷酸转移酶如何从自内质网转入高尔基体的多种蛋白质中识别溶酶体酶，现已确定在溶酶体酶分子中存在的识别信号，这种信号不是一段肽链而是依赖于溶酶体酶的构象或三级结构形成的信号区（signal patch）。其他部位可使识别信号作用更为有效。

　　一旦磷酸酶转移酶识别了溶酶体酶的信号区后，在每条寡糖链上便可以同时形成几个 M6P，而多数溶酶体酶分子上具有多个 *N*-连接的寡糖链。在高尔基体的 TGN 中，受体分子集中地分布在 TGN 膜的某些部位，使溶酶体酶与其他的蛋白质分离并起到局部浓缩的作用，从而保证了它们以出芽的方式向溶酶体中转移。M6P 受体有两种，其中一种是依赖钙的受体，它也作为胰岛素类生长因子 II 的受体，这种受体已被纯化，它在 pH 为 7 左右时与 M6P 结合，而 pH 为 6 以下则与 M6P 分离。

　　TGN 上形成的转移小泡首先将溶酶体酶转运到前溶酶体（prelysosome）中，前溶酶体的基本特征是脂蛋白膜上具有质子泵,腔内呈酸性,pH 为 6 左右。用抗 M6P 受体的抗体进行免疫标记显示 M6P 受体存在于高尔基体的 TGN 和前溶酶体膜上,但不存在于溶酶体膜上。如用弱碱性试剂处理体外培养细胞,则 M6P 受体从高尔基的 TGN 上消失而仅存在于前溶酶体膜上。这一结果提示,M6P 受体穿梭于高尔基体和前溶酶体之间。在高尔基体的中性环境中,M6P 受体与 M6P 结合,进入前溶酶体的酸性环境中后,M6P 受体与 M6P 分离,并返回高尔基体中。同时在前溶酶体中,溶酶体酶蛋白中的 M6P 去磷酸化,进一步促使 M6P 受体与之彻底分离。载有溶酶体酶的运输小泡从 TGN 出芽的过程需要网格蛋白的帮助,运输小泡形成后网格蛋白便脱离运输小泡。

溶酶体酶的 M6P 特异标志是目前研究高尔基体分选机制中了解得较为清楚的一条途径。然而这一分选体系的效率似乎不很高,一部分含有 M6P 标志的溶酶体酶会通过运输小泡直接分泌到细胞外。在细胞膜上,存在依赖于 $Ca^{2+}$ 的 M6P 受体,它同样可与胞外的溶酶体酶结合,在网格蛋白协助下通过受体介导的胞吞作用,将酶送至前溶酶体中。M6P 受体也同样可返回细胞膜,反复使用。分泌到细胞外的溶酶体酶多数以酶前体的形式存在,且具有一定的活性,但蛋白酶是一例外,其前体没有活性。蛋白酶需要进一步切割与加工才能成为有活性的蛋白酶,这一过程是否发生在前溶酶体或溶酶体中,尚不清楚。M6P 分选途径并非溶酶体酶分选的唯一方式,前面已提到在 I 细胞病患者的肝细胞中虽然不能形成 M6P 标志,但仍可产生溶酶体,说明至少还存在另一条不依赖于 M6P 的分选途径。

实际上,溶酶体的发生可能是多种途径的复杂过程。不同种类的细胞可能采取不同的途径,同一种细胞也可能有不同的方式,甚至某些酶还可能通过不同的渠道进入溶酶体中。如酸性磷酸酶合成时是一种跨膜蛋白,但它并不涉及 M6P 途径,而像其他质膜蛋白那样经高尔基体转运到细胞表面,随后依赖于其细胞质基质部分酪氨酸残基信号,从细胞表面转运到溶酶体中,在细胞质中的巯基蛋白酶和溶酶体中的天冬氨酸蛋白酶的作用下成为水溶性的酶。酸性磷酸酶常作为鉴定溶酶体的主要标志酶,如果能进一步了解它的合成与复杂的转运机制,显然有助于我们对实验结果的正确理解与分析。

（四）过氧化物酶体与溶酶体的区别

过氧化物酶体和初级溶酶体的形态与大小类似,但过氧化物酶体中的尿酸氧化酶等常形成晶格状结构,因此可作为电镜下识别的主要特征。此外,这两种细胞器在成分、功能及发生方式等方面都有很大的差异,详见表 7-3 所示。

表 7-3　过氧化酶体与初级溶酶体的特征比较

| 特征 | 溶酶体 | 微体 |
| --- | --- | --- |
| 形态大小 | 多呈球形,直径 $0.2\sim0.5\mu m$,无酶晶体 | 球形,哺乳动物细胞中直径多在通常情况 $0.15\sim0.25\mu m$,内常有酶晶体 |
| 酶种类 | 酸性水解酶 | 含有氧化酶类 |
| pH | 5 左右 | 7 左右 |
| 是否需 $O_2$ | 不需要 | 需要 |
| 功能 | 细胞内的消化作用 | 多种功能 |
| 发生 | 酶在糙面内质网合成经高尔基体出芽形成 | 酶在细胞质基质中合成,经分裂与装配形成 |
| 识别的标志酶 | 酸性水解酶等 | 过氧化氢酶 |

过氧化物酶体可降解生物大分子,最终产生 $H_2O_2$,而其中的多数反应在其他细胞器中也可进行,并不产生 $H_2O_2$。因此有的学者提出,过氧化物酶体的另一种功能是,分解脂肪酸等高能分子向细胞直接提供热能,而不必通过水解 ATP 的途径获得热能。在植物细胞中过氧化物酶体起着重要的作用。一是在绿色植物叶肉细胞中,它催化 $CO_2$ 固定反应副产物的氧化,即所谓光呼吸反应;二是在种子萌发过程中,过氧化物酶体降解储存在种子中的脂肪酸产生乙酰辅酶 A,并进一步形成琥珀酸,琥珀酸离开过氧化物酶体进一步转变成葡萄糖。因上述转化过程伴随着一系列称为乙醛酸循环的反应,因此又将这种过氧化物酶体称为乙醛酸循环体(glyoxysome)。在动物细胞中没有乙醛酸循环反应,因此动物细胞不能将脂肪中的脂肪酸直接转化成糖。

### 四、过氧化物酶体

过氧化物酶体(peroxisome)又称微体(microbody),是由单层膜围绕的内含一种或几种氧化酶类的细胞器。1954 年,美国学者 Rhedin 在观察小鼠肾小管上皮细胞时,发现了胞质中有一种较为独特的小体,并命名为微体(microbody)。两年后,在大鼠肝细胞中也观察到同种小体。现在已发现微体广泛分布在动、植物界的某些细胞中。

微体是一个形态学的名词概念,实际上包括外观相似、但内含物(主要指酶)不同的几种细胞器。目前已知微体包括过氧化物酶体、乙醛酸循环体、氢酶体及糖酶体四种。

乙醛酸循环体仅见于植物细胞内,氢酶体和糖酶体只见于一些原生动物细胞,人体或高等细胞内至今未发现,故上述三种将不在本节中讨论。本节只重点讨论过氧化物酶体。

对人体或高等动物细胞来说,属于微体的唯一代表是过氧化物酶体(peroxisome),又称过氧化氢体。所以,在有些书中,往往将过氧化物酶体与微体等同起来。

在哺乳动物中,过氧化物酶体以肝细胞和肾近曲小管细胞中分布较多。有人计算过,大鼠肝细胞中的过氧化物酶体的数目为 440~810 个。肺和细支气管的无纤毛细胞、成牙本质细胞、小肠上皮吸收细胞、睾丸间质细胞、骨细胞、肾上腺和一些外分泌腺细胞中也有这种细胞器,但其数量较少。

#### (一)过氧化物酶体的形态特征

过氧化物酶体多数呈圆形或卵圆形,但有时亦可见半月形或长方形,最小者直径 $0.1\mu m$,最大者可达 $1.5\mu m$,但以 $0.3\sim0.5\mu m$ 直径者居多。在普通光镜切片上,看不到这种细胞器。这不是因为光镜的分辨率达不到这个水平,而是普通染色难以区别细胞质与它的染色差异。用一种叫 3,3-二氨基联苯胺(DAB)的试剂进行酶细胞化学反应、染色,则能在光镜下看到过氧化物酶体内有棕褐色的颗粒。电镜下可清楚见到它外周有生物膜即界膜包裹,电子密度较高,与溶酶体不易区别。但如果是大鼠的肝细胞,则可见到过氧化物酶体内有结晶状的核心(core),称为类核体(nucleoid)或类晶体(crystalloid)。这些类晶体的化学组分,现在认为是尿酸氧化酶(urate-oxidase)。从超微结构上分析,类晶体是许多微管的组合。每根直径 5nm 的微管是它的基本单位。10根微管围成一个直径约 50nm 的细管。多个细管互相平行并按一定几何图形组合即成为类晶体。

有时,在过氧化物酶体界膜的内表面还能看到一条基本与界膜平行的线状结构,叫边缘板(marginal plate)。边缘板宽约12nm,电子密度很高,对过氧化物酶体的形状有很大影响。如果过氧化物酶的一侧有边缘板则呈半月形,如果两侧都有则表现为长方形。

人类、鸟类细胞的过氧化物酶体内无尿酸氧化酶,因而亦无类晶体。过氧化物酶体直径小,一般为 $0.1 \sim 0.2\mu m$。有人将这样的过氧化物酶体称之为微过氧化物酶体(microperoxisome)。

### (二)过氧化物酶体所含的酶

过氧化物酶体内含有丰富的酶。虽然在各组织细胞内酶总数和种类不尽相同,但大致上可划分为三类,即氧化酶、过氧化氢酶和过氧化物酶。

**1. 氧化酶**

包括尿酸氧化酶、D-氨基酸氧化酶、L-氨基酸氧化酶和L-α-羟基酸氧化酶。氧化酶的量较大,约占总酶量的一半。各种氧化酶作用的具体底物不同,但共同特征是氧化底物的同时,能将氧还原成过氧化氢。

**2. 过氧化氢酶**

在过氧化物酶体中,该酶的数量也不少,约占40%。它的作用是对氧化酶作用底物后形成的过氧化氢还原成水。因为几乎所有的过氧化物酶体都含有过氧化氢酶,故可将它看成是一种标志酶。

**3. 过氧化物酶**

过氧化物酶的分布远没有过氧化氢酶那么普遍,目前认为只有几种细胞(如血细胞)的过氧化物酶体中含有此酶。它的作用与过氧化氢酶一样,即能将过氧化氢还原成水。

除了上述三类酶之外,过氧化物酶体中还含有柠檬酸脱氢酶、苹果酸脱氢酶等。

### (三)过氧化物酶体的功能

长期以来,人们认为过氧化物酶体的主要功能是通过过氧化氢酶的作用,将有害于细胞的代谢产物过氧化氢($H_2O_2$)分解成水和氧,防止该物质在细胞内堆积,起到保护细胞的作用。

但近年来,陆续有资料表明它的功能远非这么简单,可能还有下述作用:

**1. 对有毒物质的解毒作用**

除上面提到的过氧化氢之外,还能对酚、甲醛、甲酸、亚硝酸盐及乙醇等进行分解。这种反应在肝、肾细胞中特别重要。例如,大量饮酒的同时饮进了不少乙醇,乙醇在体内超过一定限度后会导致许多不良后果,肝细胞的过氧化物酶体就能将乙醇氧化成乙醛,后者对细胞通常是无害的。

**2. 对细胞氧张力的调节作用**

过氧化物酶体中含有很多氧化酶。现在认为,氧化酶能利用分子氧作为氧化剂,催化化学反应。这一反应对细胞内氧水平有很大的影响。有人计算过,在肝细胞中,有20%左右的氧是由过氧化物酶体消耗的,其余80%供给线粒体的氧化磷酸化作用。但两者利用氧的结果和对氧的敏感性是不一样的。在过氧化物酶体中氧化产生的能量以热能方式消失,而在线粒体中氧化产生的能量以 ATP 的形式贮存在线粒体中。线粒体氧化所需的最佳氧浓度是 2% 左右。当细胞中氧浓度增加时并不能相应地增加线粒体的氧化能力。过氧化物酶体则不同,它的氧化能力随氧的浓度增多而增强,呈正相关。因此,如果细胞中出现高浓度氧状态时(高浓度氧对细胞不利),通过过氧化物酶体的强氧化作用,调节了氧的浓度,避免细胞遭受高浓度氧的毒性作用。

**3. 对氧化型辅酶Ⅰ(NAD)的再生作用**

细胞内的一些化合物在过氧化物酶体内氧化后,又可在胞质中转变成原来的物质,当然这种转变需要酶的参与。现在认为,这类酶是一些依赖还原型辅酶Ⅰ(NADH)的酶。在物质的这种转化中,NADH 转变成氧化型辅酶Ⅰ(NAD)。过氧化物酶体可帮助 NADH 转变成 NAD。

**4. 参与核酸、脂肪和糖的代谢**

过氧化物体中的尿酸氧化酶和其他一些酶类参入核酸中嘌呤碱基的分解代谢;能利用一种特殊的 $H_2O_2$ 生成酶,催化脂肪酸降解为乙酰辅酶 A;还能参入糖原异生的反应过程。

**(四)过氧化物酶体的起源**

从功能上看,过氧化物酶体是一种需氧发挥功能的细胞器;从形态上看,它是一种圆形或卵圆形小体,与溶酶体(主要是初级溶酶体)相似。有关它的起源研究人员曾进行了长时期的探索。传统上认为它是由内质网芽生而来。后来又考虑与溶酶体的形成相似,即先由内质网合成蛋白质,经小泡形式运送到高尔基复合体,高尔基复合体进行小泡的加工和分拣,然后在成熟面以分泌泡的形式释放。近年来不少实验表明,过氧化物酶体的形成不同于溶酶体,它所有的酶类、蛋白质都是由胞质输送,而膜的形成与粗面内质网有关。在膜上,一种特殊的膜蛋白暴露一部分在胞质中,起受体作用,识别输入蛋白质。

过氧化物酶体既非内质网芽生,也非高尔基复合体加工提炼而成,那么,新的过氧化物酶体是如何产生的呢?现在认为,是由原来存在的过氧化物酶体分裂而成。

# 第三节 细胞内蛋白质的分选和细胞结构的组装

除线粒体和叶绿体中能合成少量蛋白质外,细胞中的绝大多数蛋白质是在细胞质基质中合成的,这些蛋白质只有转运至细胞的特定部位并装配成一定结构和功能的复合体后,才能进一步参与细胞的生命活动,这一过程称为蛋白质分选(protein sorting),它包括蛋白质从合成到降解的全过程。蛋白质的分选与细胞结构的装配是一个依赖多种信号调控的复杂生物学过程,对维持细胞的结构和功能至关重要。

## 一、蛋白质的分选信号

1975 年,G. Blobel 和 D. Sabatini 等在大量实验的基础上提出了信号假说(signal hypothesis),即分泌性蛋白 N 端的一段序列作为信号肽指导分泌性蛋白质在糙面内质网上的合成,蛋白质合成结束之前,该信号肽再被切除。这一学说强调信号肽在控制蛋白质在细胞内的转运和定位中的重要作用。研究表明,指导分泌性蛋白质在糙面内质网上合成的决定因素是蛋白质 N 端的信号肽。原核细胞的一些分泌性蛋白的 N 端也有信号序列。体外非细胞体系蛋白质合成的实验证实了信号肽与信号识别蛋白和停泊蛋白的关系。

线粒体和叶绿体中的绝大多数蛋白质及过氧化酶体中的蛋白质也是在某种信号序列的指导下分选进入这些细胞器的。为区别起见,把它们的信号序列称为导肽或前导肽(leader peptide),它引导细胞质基质中合成的蛋白质再转移到特定的细胞器中,也称为后转移(post translocation)。该转移方式在蛋白质的跨膜运输过程中需要 ATP 参与,使肽链折叠,同时还需要一些分子伴侣(如热激蛋白 Hsp70)的协助,才能正确折叠成有功能的蛋白质。到目前为止,人们已相继发现了多种蛋白质分选信号序列,统称为信号序列(signal sequence),它们指导蛋白质转运至细胞的特定部位。

## 二、蛋白质分选的基本途径与主要类型

### (一)蛋白质分选的基本途径

细胞内蛋白质的分选有两种基本途径,第一种是多肽链在细胞质基质中合成后转运到具有膜的细胞器,如线粒体、叶绿体、过氧化物酶体、细胞核、内质网及细胞质基质的某些特定部位;第二种是蛋白质合成起始后即由信号肽牵引转移至糙面内质网腔内,再经高尔基复合体运至溶酶体、细胞膜或分泌到细胞外。内质网和高尔基复合体自身蛋白成分的分选也是通过第二种途径进行的。

### (二)蛋白质分选的主要类型

(1)跨膜运输(transmembrane transport)。细胞质基质中合成的蛋白质跨越膜结构,转运到内质网、线粒体、叶绿体或过氧化物酶体等细胞器中的蛋白质分选方式。其机制因进入不同细胞器而有所不同。

(2)膜泡运输(vesicular transport)。糙面内质网上合成的蛋白质通过各种类型的运输小泡运至高尔基复合体,再运至细胞不同部位的分选方式(见高尔基复合体一节)。包括各种不同运输小泡的定向运输及膜泡出芽与融合的过程。

(3)选择性转运。细胞质中合成的蛋白质通过核孔复合体选择性的进行核输入或核输出的分选方式。植物细胞间通过胞间连丝运送蛋白的方式也属此类。

(4)细胞基质中蛋白质的运转。细胞质基质中及粗面内质网上合成的蛋白质是在细胞质基质中分选的。此分选过程与细胞骨架系统的分布与活动密切相关,机制尚不十分清楚。

## 三、细胞结构体系的装配

蛋白质等生物大分子物质经过逐级装配,形成具有生命活动功能的细胞结构体系。生物大分子物质的装配方式主要包括自我装配、辅助装配和直接装配。

(1)自我装配。主要依赖自身所携带的信息进行亚基的自我装配,同时还依赖细胞提供的环境,如 pH、离子浓度等。

（2）辅助装配。装配过程中除依赖自身所携带的信息进行亚基的自我装配外，还需要其他成分的参与或对亚基进行修饰，以保证装配的顺利进行。

（3）直接装配。亚基直接装配到已形成的结构上，如细胞膜的装配。其过程是：先将蛋白质与蛋白质、蛋白质与核酸、蛋白质与磷脂等装配成复合物，以此为基础进一步装配出各种具特定功能的细胞器，参与细胞的代谢与功能活动。同时，细胞结构体系之间相互协同、相互配合，共同完成细胞的生命活动。其中细胞骨架体系在细胞结构体系的整体装配过程中具有重要作用。

细胞结构体系装配的生物学意义表现在：装配过程中通过一系列装配校正机制，减少和校正蛋白质合成中的错误；减少所需遗传物质的信息量；装配过程中调节和控制多种生物学过程。

## 本章内容提要

内膜系统是指由结构、功能或发生上相关的膜围绕的细胞器或细胞结构，包括核膜、内质网、高尔基复合体、溶酶体、过氧化物酶体及一些膜性运转小泡等膜系结构。

内质网是分泌蛋白（酶、激素、抗体）、糖类、脂质合成及加工的基地。由一层生物膜围成的扁平囊和管泡组成。在不同的细胞中，内质网的形态、数量和分布不同，在同一细胞的不同发育时期和不同生理状态下，其形态、数量和分布也是变化的。内质网的基本成分是脂质和蛋白质，还有一些酶类及少量 RNA。根据内质网表面有无核糖体附着，将内质网分为糙面内质网和光面内质网。糙面内质网的主要功能是分泌性蛋白的合成、膜蛋白的合成、蛋白质的糖基化修饰、肽链的折叠与装配及蛋白质的转运；光面内质网的主要功能是脂质的合成、糖原代谢及解毒作用。

高尔基复合体是由单层膜包被的囊、泡状结构构成的，包括扁平囊泡、小泡和大泡三种基本成分。无论在形态结构、细胞化学，还是生化特征和功能上，高尔基复合体均表现出极性特征。高尔基复合体的各部分含有不同的膜组分及酶类，具有不同的功能，它们对底物进行加工和修饰，完成蛋白质及脂质的分选、加工、修饰及产物的浓缩和转运排出等分泌活动。同时，高尔基复合体与溶酶体的形成、膜的转变等也密切相关。

溶酶体是细胞内最无规律的多形性囊状小体。其外有一层包膜，内含基质和内含物。基质中含有多种酸性水解酶、底物及其他非酶活性物质。其中，酸性磷酸酶为其特征性酶。根据溶酶体内有无底物或底物被消化状态，将溶酶体分为初级溶酶体、次级溶酶体及后溶酶体。溶酶体为细胞内起消化作用的细胞器，其主要功能有自噬、参与细胞摄取营养和防卫、细胞的自溶、组织改建作用及粒溶作用等。

过氧化物酶体为由一层单位膜包裹的球形或卵圆形小体，其基质中含有细小的颗粒状物质。已知过氧化物酶体中有 20 种以上的酶类，主要包括过氧化氢酶和过氧化物酶类、氧化酶类及其他酶类。过氧化物酶体能够分解过氧化氢为水，防止细胞中毒；参与脂肪转化为糖类的过程；参与两栖类和鸟类的烟酰胺腺嘌呤二核苷酸的氧化作用；为糖类氧化提供辅助场所；同时还参与部分脂肪的代谢。

蛋白质的分选与细胞结构的装配是一个依赖多种信号调控的复杂生物学过程，它对维持细胞的结构和功能至关重要。蛋白质分选的主要类型包括跨膜运输、膜泡运输、选择性转运及细胞基质中蛋白质的转运。生物大分子物质通过自我装配、辅助装配和直接装配等方式进行细胞结构体系的装配。

**本章相关研究技术**

**1. DNA 重组技术**

重组 DNA 技术(recombinant DNA technique)又称遗传工程,在体外重新组合脱氧核糖核酸(DNA)分子,并使它们在适当的细胞中增殖的遗传操作。这种操作可把特定的基因组合到载体上,并使之在受体细胞中增殖和表达,因此它不受亲缘关系限制,为遗传育种和分子遗传学研究开辟了崭新的途径。1980 年 Hobom 采用合成生物学(synthetic biology)的概念来表述基因重组技术,随着基因组计划的成功,系统生物学突现为前沿学科,2000 年 Kool 重新定义合成生物学为基于系统生物学的遗传工程,从而 DNA 重组技术与转基因生物技术发展到了人工设计与合成全基因、基因调控网络,乃至基因组的一个新的历史时期。

广义的遗传工程包括细胞水平上的遗传操作(细胞工程)和分子水平上的遗传操作,即重组 DNA 技术(有人称之为基因工程)。狭义的遗传工程则专指后者。

**2. 同位素标记**

同位素示踪法(isotopic tracer method)是利用放射性核素作为示踪剂对研究对象进行标记的微量分析方法,示踪实验的创建者是 Hevesy。Hevesy 于 1923 年首先用天然放射性 $^{212}$Pb 研究铅盐在豆科植物内的分布和转移。继后 Jolit 和 Curie 于 1934 年发现了人工放射性,以及其后生产方法的建立(加速器、反应堆等),为放射性核素示踪法更快地发展和广泛应用提供了基本的条件和有力的保障。

**3. 放射自显影**

放射自显影(autoradiography)的原理是利用放射性同位素所发射出来的带电离子(α 或 β 粒子)作用于感光材料的卤化银晶体,从而产生潜影,这种潜影可用显影液显示,成为可见的"像",因此,它是利用卤化银乳胶显像检查和测量放射性的一种方法。

放射性核素的原子不断衰变,当衰变掉一半时所需要的时间称为半衰期。各种放射性核素的半衰期长短不同,在自显影实验中多选用半衰期较长者。对于半衰期较短的核素,应选用较快的样品制备方法,所用剂量也应加大。

**复习思考题**

1. 名词解释

信号肽 初级溶酶体 过氧化物酶体 细胞质基质 Signal Sequence and Signal Patch 信号识别颗粒 有被小窝 蛋白质分选

2. 判断题

从细胞匀浆中分离出来微粒体不是一种细胞器。 ( )

3. 选择题

(1)高尔基体的极性反映在它们自形成面到成熟面酶成分的不同,成熟面含有较多的: ( )

A. 甘露糖磷酸化酶 B. 唾液酸转移酶 C. 半乳糖转移酶 D. N-乙酰葡萄糖胺转移酶

(2)下面那种细胞器不属于细胞内膜系统? ( )

A. 溶酶体 B. 内质网 C. 高尔基体 D. 过氧化物酶体

(3) 所有膜蛋白都具有方向性,其方向性在什么部位中确定?      (    )

A. 细胞质基质     B. 高尔基体     C. 内质网     D. 质膜

(4) 膜蛋白高度糖基化的细胞器是:       (    )

A. 溶酶体     B. 高尔基体     C. 过氧化物酶体     D. 线粒体

(5) 信号蛋白的信号肽的切除发生在:       (    )

A. 高尔基体     B. 过氧化物酶体     C. 线粒体膜     D. 内质网膜

(6) hnRNA 的修饰加工发生在:       (    )

A. 粗面内质网     B. 光面内质网     C. 细胞基质     D. 细胞核

(7) 内质网有许多功能,下列哪个不在内质网中发生:      (    )

A. 蛋白质合成     B. 脂类合成     C. 糖合成     D. 解毒作用

(8) 经常接触粉尘的人会导致肺部疾病,如粉末引起的矽肺。____逐步形成细胞器与矽肺类疾病相关

A. 内质网     B. 线粒体     C. 高尔基体     D. 溶酶体

4. 填空题

(1) 溶酶体中的酶是在细胞的_____合成的。溶酶体内部的 pH 为_____左右。

(2) 细胞表面糖蛋白是在细胞的_____合成的,在_____糖基化,经_____加工包装后转运到细胞表面。

(3) 光面内质网是主要合成_____的场所,除此之外它还具有_____功能。

(4) 磷脂合成是在光面内质网的_____面上进行的,合成的磷脂向其他细胞部位转移的方式主要是_____和_____。

(5) 糙面内质网是合成_____的场所,其合成的产物在糙面内质网中可能发生的修饰和变化有_____、_____、_____和_____,折叠成正确的空间结构。

(6) 经高尔基体加工,分类的蛋白质的主要去向是_____、_____、_____和_____。

(7) 溶酶体膜上有一些特定的膜蛋白,它们的主要功能是_____和_____。

(8) 信号肽学说是用来解释_____的学说,完成这一过程的关键结构因子是_____和_____。

(9) 糙面内质网的主要功能有_____、_____、_____等,光面内质网的功能有_____、_____、_____、_____等。

(10) 一个典型的分泌蛋白质的信号肽 N 端 1~3 个_____和 C 端一段_____组成。

(11) 糖蛋白中糖链的主要作用是_____。

(12) 糙面内质网膜上含有核糖体结合蛋白是_____,这类蛋白对核糖体有高度亲和力可与核糖体_____结合。

(13) 内质膜的标志酶为_____;溶酶体的标志酶为_____;高尔基复合体的标志酶为_____。

(14) 细胞质基质在蛋白质的修饰过程中起重要作用,例如,可以将_____加到蛋白质丝氨酸残基的羟基上,使其糖基化;或使某些蛋白(如 src 编码的酪氨酸激酶)与_____共价结合,从而定位与细胞质膜。

(15) 某跨膜蛋白的氨基酸序列已被测定,发现它除具有 N 端信号肽之外,还存在 14 个疏水性肽段,其中 7 段各含 25 个氨基酸残基,3 段各含 16 个氨基酸残基,4 段各含 10 个氨基酸残基。经过上述分析可知,此肽链将来能形成_____跨膜区域。

(16) 在匀浆和离心的过程中,细胞中破碎的内质网常形成近似球形的囊泡结构,称为_____。

(17) 在细胞生物学研究中,经常使用细胞化学的方法对内膜性细胞器加以分析和鉴别,其中显示

溶酶体常用的标志酶为_____。

（18）某些特殊的氨基酸序列可以作为分选标记影响蛋白质的定位,C 端具有序列的蛋白质通常驻留在内质网腔,而带有 PkkKRKV 序列的蛋白质则会被输送到_____。

（19）溶酶体直径一般为_____ μm,最小为_____ μm,最大为_____ μm。

5. 简述

（1）简述溶酶体在细胞内的合成,修饰直至转运到初级溶酶体中的过程与可能的机制。

（2）某分泌蛋白在分泌过程中所经历的细胞器及它们的作用。

（3）简述从合成溶酶体酶开始到形成初级溶酶体的过程,结合作图表示。

（4）说明内质网在蛋白质合成过程中的作用。

（5）试述溶酶体的形成过程及其基本功能。

（6）新生的多肽链折叠成的蛋白质分子受哪些因素控制?

（7）简述蛋白质的信号假说。

（8）信号肽假说的主要内容。

（9）如果细胞内某种蛋白质分子其 N 端含有一段 ER 信号序列,中间含有一段核定位信号序列(NJS),请问该蛋白质的转运命运如何,为什么?

（10）简述真核细胞内蛋白质的合成、修饰与分选途径。

（11）简述内质网的类别和功能。

（12）以溶酶体的形成为例说明内质网、高尔基体及溶酶体在结构和功能上的联系。

（13）简述含信号肽的蛋白在细胞质合成后到内质网的主要过程。

（14）简述蛋白质糖基化修饰中 N-连接与 O-连接之间的主要区别。

（15）溶酶体膜有何特点与其自身相适应?

（16）简述溶酶体在细胞中的主要功能。

# 第八章 细胞核与染色体

**本章学习目的** 细胞核是真核细胞内最大、最重要的细胞器，是细胞遗传与代谢的调控信息中心。细胞核由核被膜、染色质、核仁及核骨架等结构组成。不同细胞的细胞核形状不一（圆形、网状或分枝状），数量不等（一个或多个），多位于细胞中央（成熟植物细胞其核位于细胞边缘）。本章主要介绍细胞核的基本概念、结构组成（核孔复合体、核纤层、染色体、核仁等）、形态特征以及在生命活动过程中承担的生物学功能。

## 第一节 核被膜与核孔复合体

### 一、核被膜的结构

核被膜（nuclear envelope）位于间期细胞核的最外层，是细胞核与细胞质之间的界膜，由内外两层平行但不连续的单位膜构成（图 8-1）。每层单位膜的厚度约为 7.5nm。由外到内分别为：外核膜（outer nuclear membrane），表面附有大量的核糖体颗粒，常常与糙面内质网膜相连续。内核膜（inner nuclear membrane），面向核质，表面光滑没有核糖体颗粒，有特定的蛋白成分（如核纤层蛋白 B 受体）等。核纤层（nuclear lamina），位于内核膜的内表面的纤维网络结构，可支持核膜，并于染色质及核骨架相连。在核内、外膜之

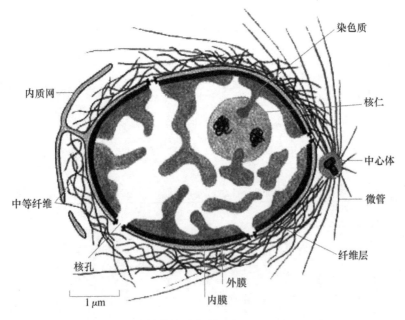

图 8-1 细胞核结构示意图（Alberts et al.，2002）

间有宽 20～40nm 的透明空隙,称为核周间隙(perinuclear space),与内质网腔相连通。内外核膜常常在某些部位相互融合形成环状开口,称为核孔(nuclear pore),核孔的直径为 80～120nm,它是核质间相互交流的双向选择性通道。在核孔上镶嵌着一种复杂的结构,叫做核孔复合体。

## 二、核孔复合体

核孔复合体(nuclear pore complex,NPC)镶嵌在内外核膜融合的核孔上。它像一个塞子嵌在核孔中间,伸进细胞质和核质。有关核孔复合体的精细结构,长期以来一直是细胞生物学形态结构功能研究的重点之一,尽管不断有新的结构模型提出,但由于受到技术和方法的限制,仍有一些关键性的问题需要完善。近年来,随着高分辨率场发射扫描电镜技术(HR-FESEM)和快速冷冻干燥制样技术的发展,人们对核孔复合体的形态结构有了更深入的了解。综合起来,该复合体由环、辐、栓等结构亚单位组成(图 8-2)。由外向内有四种结构组分:①胞质环(cytoplasmic ring),位于核孔边缘的胞质面一侧,又称外环,在环上有 8 条短纤维对称分布并伸向胞质;②核质环(nuclear ring),位于核孔边缘的核质面一侧,又称内环,环上也连有 8 条纤维伸向核内,并且在纤维末端形成一个小环,这样整个核质环就像一个"捕鱼笼"(fish-trap)样的结构,也有人称为核篮(nuclear basket)结构;③辐(spoke),由核孔边缘伸向核孔中央,呈辐射状排列,连接内外环,起支撑作用;④中央栓(central plug),位于核孔的中心,推测其可能在核质交换中起一定作用,所以也被称为转运器(transporter)。核孔复合体主要由蛋白质构成,可能含有 100 余种不同的多肽,共1000 多个蛋白质分子。其中 gp210 蛋白是一种定位于核孔的跨膜糖蛋白,其作用是介导核孔复合体与核被膜的连接,将核孔复合体锚定在孔膜上,对稳定核孔复合体的结构有重要作用。此外,它可能在内外核膜融合形成核孔及核孔复合体的核质交换功能活动中起一定作用。P62 代表一类功能性的核孔复合体蛋白,也参与核质交换活动,在维持核孔复合体行使正常功能中发挥作用。

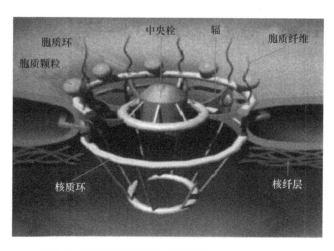

图 8-2　核孔复合体结构模型(Alberts et al.,2002)

### 三、核被膜的功能

核被膜的功能有：①构成核、质之间的天然选择性屏障，避免生命活动的彼此干扰；②保护核内 DNA 分子不受细胞骨架运动所产生的机械力的损伤；③核质之间的物质交换与信息交流。

### 四、核孔复合体的功能

核孔复合体在功能上可被认为是一种特殊的跨膜运输蛋白复合体，并且是一个双功能、双向性的亲水性核质交换通道。双功能表现在它有两种运输方式：被动扩散与主动运输。双向性表现在信号介导的核输入和信号介导的核输出（图 8-3）。

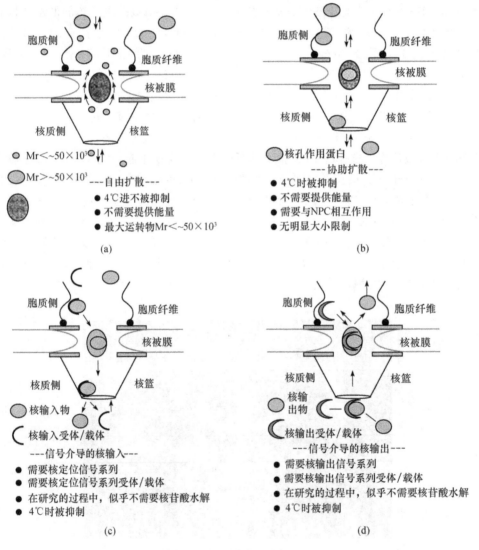

图 8-3　通过核孔复合体物质运输的功能示意图（Talcott and Moore, 1999）
(a) 自由扩散；(b) 协助扩散；(c) 信号介导的核输入；(d) 信号介导的核输出

（一）通过核孔复合体的被动扩散

核孔复合体作为被动扩散的亲水通道，通道功能有效直径为 9～10nm，离子、小分子和 10nm 以下的物质原则上可以自由通过。通过实验表明，相对分子质量小的分子（小于 $5\times10^3$）注射于细胞质中，可自由扩散通过核被膜，相对分子质量为 $1.7\times10^4$ 的蛋白质在 2min 内可达到核质间平衡，相对分子质量为 $4.4\times10^4$ 的蛋白质需 30min 达到平衡，而相对分子质量大于 $6.0\times10^4$ 的球蛋白几乎不能进入核内，即不能经自由扩散通过核孔。因此，当低分子质量的溶质注入细胞质，它们通过简单扩散快速通过核孔。现在认为这样的溶质通过连接 NPC 的胞质环和核质环的辐之间的缝隙进行扩散。大分子蛋白（大多数重要的蛋白和核糖核蛋白）通过细胞质进入核的能力则与它们在细胞中所处的位置有关。当非核蛋白，如牛血清白蛋白，经放射性标记后注入细胞质，它将留在细胞质中。而对核质蛋白做相同的实验，标记蛋白很快进入细胞核。

（二）通过核孔复合体的主动运输

生物大分子的核质分配主要是通过核孔复合体的主动运输完成的，具有高度的选择性，并且是双向的。主动运输是一个信号识别与载体介导的过程，需要消耗能量。亲核蛋白（nucleophilic protein）是指在细胞质内合成后，需要或能够进入细胞核内发挥功能的一类蛋白质，亲核蛋白在向核内运输时，核孔复合体对它们是有选择性的。Robert Laskey 及其同事 1982 年发现核质蛋白（nucleoplasmin），它是一种丰富的亲核蛋白，具有明确的头、尾两个不同的结构域。用蛋白水解酶进行有限水解，可将其头尾分开。体外实验证明只要有一个尾部结构，就可将全部的头部带入细胞核。通过对核质蛋白的入核转运的进一步研究，发现了入核信号又称核定位信号（nuclear localization signal，NLS）。NLS 是存在于亲核蛋白内的一段特殊的氨基酸序列，富含碱性氨基酸残基，如 Lys、Arg，此外还常含有 Pro。典型的 NLS 由一个或两个短的带正电荷的氨基酸片段组成。例如，病毒 SV40 编码的 T 抗原含有一个 NLS，这个 NLS 由 8 个氨基酸残基构成：Pro—Pro—Lys—Lys—Lys—Arg—Lys—Val，如果该序列中的碱性氨基酸之一被非极性的氨基酸取代，则阻断了 T 抗原向核内转移，经免疫荧光技术检测，可见后者细胞核内无荧光，表明 T 抗原保留在细胞质中（图 8-4）。相反，如果该 NLS 融合到一个非核蛋白上，如血清白蛋白，将其注入细胞质后，被修饰的蛋白也能转移到核内。以后又发现一些其他亲核蛋白的 NLS 序列。这些内含的特殊短肽保证了整个蛋白质能够通过核孔复合体被转运到细胞核内。因此靶蛋白运输到细胞核的原理原则上与其他蛋白运输到细胞器，如线粒体或过氧化物酶体是相似的。在所有这些情况下，需要特殊的“定位”、“定向”序列，蛋白具有特殊的“地址”，能被特异的受体识别，并通过该受体介导到细胞器中。所不同的是，NLS 序列可定位在亲核蛋白的不同部位，而且与输入其他细胞器的信号肽或导肽不同，在指导完成核输入后并不被切除。

近年来研究表明，带有 NLS 序列的亲核蛋白进入细胞核分为几个不同的阶段：①结合：NLS 识别并结合核孔复合体，不消耗能量；②转移：需 GTP 水解提供能量。该转运过

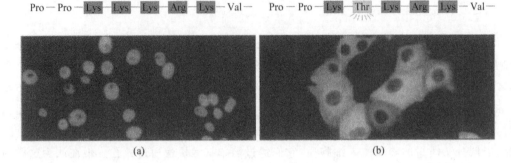

图 8-4　免疫荧光法显示含有或缺少作为核定位信号的短肽的 SV40 病毒 T 抗原的细胞定位

(a) 野生型 T 抗原蛋白含有赖氨酸(Lys)丰富的序列,它可被输入核内的作用位点;(b) 当 T 抗原蛋白带

有一个改变的核定位信号时,即苏氨酸(Thr)代替赖氨酸(Lys),则 T 抗原保留在细胞质中

程还有其他蛋白因子的参与,并受多个因素的影响,因此 NLS 只是亲核蛋白入核的一个必要条件。

对于大分子通过 NPC 的出核转运机制了解甚少。多数输出核的分子是各种 RNA(mRNA、rRNA 和 tRNA)它们在细胞核内合成,在细胞质发挥作用。这些 RNA 以核糖核蛋白(RNP)形式通过 NPC 输出核。RNP 的蛋白组分带有特定氨基酸序列,称为核输出信号(nuclear export signal,NES),由转运受体识别,并由输出蛋白携带穿过 NPC 到达细胞质。例如,由 RNA 聚合酶 I 转录的 rRNA 分子,总是在核仁中与从细胞质中转运来的核糖体蛋白形成核糖核蛋白颗粒,再转运出核,该过程需要能量。因此与核输入类似,核蛋白亚基和转录产物 RNA 的核输出也是一种由受体介导的信号识别的主动运输过程。

## 第二节　染色质与染色体

### 一、染色质与染色体的基本概念

1882 年,W. Flemming 提出了染色质(chromatin)这一术语,后来,1888 年 W. Waldeyer 正式提出染色体(chromosome)的命名。染色质、染色体是遗传信息的载体,历经一个多世纪的研究,对其已有了相当深入的认识。染色质是指间期细胞核内由 DNA、组蛋白、非组蛋白及少量 RNA 组成的线性复合结构,是间期细胞遗传物质存在的形式。染色体是指细胞在有丝分裂或减数分裂过程中,由染色质聚缩而成的棒状结构。因此,染色质与染色体是同一种物质在细胞周期中不同时期的两种表现形态。

染色质根据对碱性染料反应的差异,可分为常染色质(euchromatin)和异染色质(heterochromatin)。

常染色质是指间期核内染色质纤维折叠压缩程度低,处于伸展状态,用碱性染料染色时着色浅的那些染色质。构成常染色质的 DNA 主要是单一序列 DNA 和中度重复序列 DNA。常染色质状态是基因具有转录活性所必需的,但并非所有基因都具有转录活性,基因转录激活还需要其他条件。

异染色质是指间期核中,染色质纤维折叠压缩程度高,处于聚缩状态,用碱性染料染色时着色深的那些染色质。异染色质又分结构异染色质或组成型异染色质(constitutive heterochromatin)和兼性异染色质(facultative heterochromatin)。结构异染色质在细胞周期中除复制期以外均处于聚缩状态,形成多个染色中心。在中期染色体上多定位于着丝粒区、端粒、次缢痕及染色体臂的某些节段,具有显著的遗传惰性,不转录也不编码蛋白质,具有保护着丝粒、控制同源染色体配对以及调节作用。

兼性异染色质是指在某些细胞类型或一定的发育阶段,原来的常染色质聚缩,并丧失基因转录活性,变为异染色质。例如,雌性哺乳动物体细胞核内有两条 X 染色体,但其中只有一条具有转录活性。另一条 X 染色体保持固缩成为染色质块(图 8-5),称为巴氏小体(Barr body),以发现者名字命名。异染色质化的 X 染色体可用于性别鉴定,如检查羊水中的胚胎细胞可预测胎儿的性别;也可用于检查不正常的性染色体,如 XXX 女性、XXY 男性等。

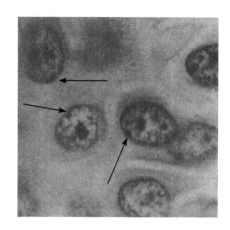

图 8-5　失活的 X 染色体(Karp,1999)

## 二、染色质的化学组成

真核生物染色质的主要成分是 DNA、组蛋白、非组蛋白及少量 RNA。其中 DNA 与组蛋白含量的比率相近似,非组蛋白蛋白质含量比率变动较大,而 RNA 的含量则较少(表 8-1)。下面主要对染色质 DNA 和染色质蛋白质进行叙述。

表 8-1　染色质的化学组成比率

| 成分 | 核酸 | | 蛋白质 | |
| --- | --- | --- | --- | --- |
| | DNA | RNA | 组蛋白 | 非组蛋白 |
| 比率 | 1 | 0.05 | 1 | 0.5~1.5 |

### (一)染色质 DNA

凡是具有细胞形态的所有生物其遗传物质都是 DNA,只有少数病毒的遗传物质是 RNA。在真核细胞中每条未复制的染色体含有一个 DNA 分子。狭义而言,某一生物的细胞中储存于单倍染色体组中的总的遗传信息,组成该生物的基因组(genome)。真核细胞的 DNA 含量远远大于原核细胞,但基因组的大小与生物有机体的复杂性并不完全相关。在生物界存在有"C 值矛盾现象"(C-value paradox)。所谓 C 值是指物种单倍体基因组 DNA 的总量。真核生物中 C 值一般随生物进化而增加,但是某些生物出现反常现象,如肺鱼的 C 值为 112.2,两栖鲵是 84,而人的 C 值为 3.2。

染色质 DNA 存在重复序列(repeated sequence)。根据重复序列的频率可将 DNA 分为三类:非重复序列 DNA、中度重复序列 DNA 和高度重复序列 DNA。非重复序列 DNA 在基因组内一般只有一个拷贝(单一基因),如丝心蛋白基因、卵清蛋白基因。中度重复序列 DNA 的平均长度约为 300bp，在基因组中有多个拷贝，所占比例大，包括组蛋白基因、rRNA 基因、tRNA 基因、5S RNA 基因等。在物种进化过程中，是基因组中可移动的遗传元件，并且影响基因表达。高度重复 DNA 序列由一些短的 DNA 序列呈串联重复排列，可进一步分为几种不同类型：①卫星 DNA（satellite DNA），重复单位长 5～100bp，主要分布在染色体着丝粒部位；②小卫星 DNA（minisatellite DNA），重复单位长 12～100bp，重复 3000 次之多，又称数量可变的串联重复序列，常用于 DNA 指纹技术（DNA finger-printing）做个体鉴定；③微卫星 DNA（microsatellite DNA），重复单位序列最短，只有 1～5bp，具高度多态性，在不同个体间有明显差别，但在遗传上却高度保守，因此可作为重要的遗传标记，用于构建遗传图谱（genetic map）及个体鉴定等。

DNA 分子一级结构具有多样性，其二级结构和高级结构也具有多态性。DNA 二级结构构型分三种：B 型 DNA（右手双螺旋 DNA），生理条件下，DNA 双螺旋最主要的存在形式，是活性最高的 DNA 构象；A 型 DNA，是 B 型 DNA 的重要变构形式，仍有活性；Z 型 DNA，呈左手螺旋，也是 B 型 DNA 的另一种变构形式，活性明显降低。在这几种构象的 DNA 结构特征中，沟（特别是大沟）的特征在遗传信息表达过程中起关键作用，因为它是调控蛋白识别遗传信息的位点。同时沟的宽窄及深浅也直接影响碱基对的暴露程度，从而影响调控蛋白对 DNA 遗传信息的识别。三种构型的 DNA 处于动态转变之中，通过构型转变来调节活性。此外，DNA 通过正、负超螺旋进一步扭曲盘绕形成特定的高级结构，DNA 二级结构的变化与高级结构的变化是相互关联的，这种变化在 DNA 复制、修复、重组与转录中具有重要的生物学意义。

## （二）染色质蛋白质

与染色质 DNA 结合，并负责 DNA 分子遗传信息的组织、复制和阅读的蛋白质，分为组蛋白和非组蛋白两类。

组蛋白（histone）是真核生物染色质的主要结构蛋白，它在基因表达调控中也起重要作用。组蛋白是一类碱性蛋白，等电点一般在 pH10.0 以上，这是由于它们富含带正电荷的碱性氨基酸（如 Lys、Arg 等）所致。属碱性蛋白质，可与酸性的 DNA 紧密结合，这种结合是非序列特异性的。用聚丙烯酰胺凝胶电泳可以区分 5 种不同的组蛋白：H1、H2A、H2B、H3 和 H4。这 5 种组蛋白几乎存在于所有的真核细胞。从功能上 5 种组蛋白可分为两组：①核小体组蛋白（nucleosomal histone），包括 H2A、H2B、H3 和 H4，它们有相互作用形成聚合体的趋势。这 4 种组蛋白没有种属及组织特异性，在进化上十分保守，帮助 DNA 卷曲形成核小体的稳定结构。②H1 组蛋白。在进化上不如核小体组蛋白那么保守，有一定的种属和组织特异性。H1 组蛋白在构成核小体时起连接作用，它赋予染色质以极性。

非组蛋白（non-histone）主要是指与特异 DNA 序列相结合的蛋白质，又称序列特异性 DNA 结合蛋白（sequence specific DNA binding protein）。非组蛋白也称为酸性蛋白（acidic protein）以区别于碱性的组蛋白。近年来根据非组蛋白特异 DNA 序列亲和的特点，通过凝胶延滞实验（gel retardation assay），可以在细胞抽提物中进行检测。未结合蛋白质的 DNA 迁移最快，结合蛋白质的 DNA，有迁移延滞现象，结合蛋白质分子越大的

DNA,其迁移延滞现象越明显;再经放射自显影,可见一系列 DNA 带谱,每条带代表不同的 DNA-蛋白质复合物;然后再用细胞组分分离法将其进一步分开。非组蛋白有以下特性:①多样性和异质性;②具有识别、结合的特异性;③具有功能多样性,包括基因表达的调控和协助染色质高级结构的形成。

在真核细胞中迄今已发现诸多的特异 DNA 序列结合蛋白,根据它们与 DNA 结合的结构域不同,可将其分为不同的结合蛋白家族。下面是 DNA 结合蛋白的几种主要结构模式(图 8-6)。

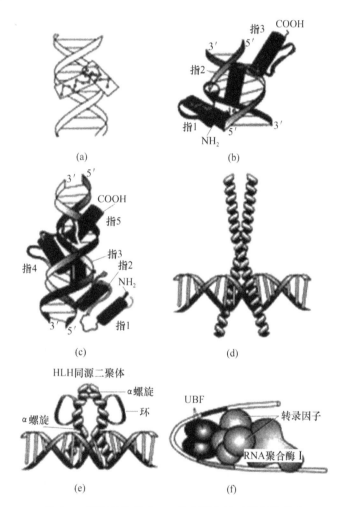

图 8-6　序列特异性 DNA 结合蛋白的不同结构模式
(a) α 螺旋-转角-α 螺旋;(b)、(c) 锌指;(d) 亮氨酸拉链;(e) 螺旋-环-螺旋结构模式;(f) HMG 蛋白及其作用

(1) α 螺旋-转角-α 螺旋模式(helix-turn-helix motif):该模式最早在原核基因的激活蛋白和阻遏蛋白中发现,也是最简单的 DNA 结合蛋白模式。这种蛋白与 DNA 结合形成对称的同型二聚体结构。构成二聚体的每个单位由 20 个氨基酸组成 α 螺旋-转角-α 螺旋结构,两个 α 螺旋相互连接构成转角,其中一个 C 端的 α 螺旋为识别螺旋(recognition helix),负责识别 DNA 大沟的特异碱基信息,另一个螺旋没有特异性,与 DNA 磷酸戊糖骨

架接触,在与 DNA 特异结合时,以二聚体形式发挥作用,识别螺旋的氨基酸侧链与 DNA 特定碱基对间以氢键结合。

(2) 锌指模式(zinc finger motif):该模式的共同特点是以锌作为活性结构的一部分,同时都通过 α 螺旋结合于 DNA 双螺旋结构的大沟中。许多转录因子中都含有锌指结构。每个"手指"上的锌离子与两个半胱氨酸残基和两个组氨酸残基形成共价键。两个半胱氨酸残基是位于锌指一侧的双链 β 折叠的一部分,而两个组氨酸残基是位于锌指另一侧的短的 α 螺旋的一部分。这些蛋白通常含有多个指状结构,它们独立起作用,相互间有一定距离,以便于插入靶 DNA 相邻的大沟内。第一个发现的锌指蛋白是 TFⅢA,含 9 个锌指。其他锌指包括 Egr(参与细胞分裂相关基因的激活)和 GATA(参与心肌发育)。许多锌指蛋白的比较表明,锌指结构为多种氨基酸序列提供了识别各种 DNA 序列的结构框架。

(3) 亮氨酸拉链模式(leucine zipper motif,ZIP):其得名来自在约 35 个残基的 α 螺旋中,每 7 个氨基酸就有一个亮氨酸。由于 α 螺旋每 3.5 个残基重复一次,所以这些亮氨酸残基都在螺旋的同一个方向出现。像大多数其他的转录因子一样,这类蛋白与 DNA 特定的结合都是以二聚体形式发挥作用的。具有该类结构模式的转录因子有酵母转录激活因子(GCN4)、癌蛋白 Jun、Fos 以及增强子结合蛋白 C/EBP 等。

(4) 螺旋-环-螺旋结构模式(helix-loop-helix motif,HLH):顾名思义,这种结构模式由两个 α 螺旋和它们之间的环状结构组成。每个 α 螺旋由 15～16 个氨基酸残基组成,并含有几个保守的氨基酸残基。与上述亮氨酸拉链结构模式相似,HLH 同样形成蛋白二聚体并与靶 DNA 序列结合。研究表明,α 螺旋在 HLH 蛋白与 DNA 的结合过程中起重要作用。如缺少与 DNA 结合的 α 螺旋时,HLH 蛋白虽能形成异源二聚体,但不能与 DNA 牢固结合。参与引发肌肉细胞分化的二聚体转录因子 MyoD、原癌基因产物 Myc 等具有此类结构。

(5) HMG-盒结构模式(HMG-box motif):HMG 盒以一组含量丰富的被称为高迁移率蛋白家族(high mobility group,HMG)的蛋白来命名。HMG 盒由 3 个 α 螺旋组成,形成可移动平台样的结构模式,具有弯曲 DNA 的能力。因此,具有 HMG 框结构的转录因子又称"构件因子"(architectural factor),它们通过弯曲 DNA,促进了结合位点附近的转录因子间的相互作用。SRY 是一种 HMG 蛋白,在男性性别分化中起关键作用。SRY 蛋白由 Y 染色体上的基因编码,在睾丸分化途径中激活基因转录。SRY 基因突变使其编码的蛋白不能结合 DNA,导致"性反转"。性反转个体虽然具有 XY 染色体但却发育成女性。另一种 HMG 蛋白为 UBF,它激活由 RNA 聚合酶Ⅰ所执行的 rRNA 基因的转录。UBF 以二聚体的形式结合 DNA,其两个亚基包含 10 个 HMG 框,通过与 DNA 上连续位点的相互作用,UBF 扭曲 DNA 双螺旋链,并使 DNA 缠绕在蛋白质分子上。DNA 环化使相距 120bp 的两个调控序列靠近,导致一个或更多的转录因子协同结合,从而有利于进行转录。

### 三、染色质的基本结构单位——核小体

1974 年,Kornberg 等对染色质进行酶切和电镜观察,发现核小体(nucleosome)是染

色质的基本结构单位,提出了染色质结构的"串珠"模型。

主要的实验证据有:①铺展染色质的电镜观察。未经处理的染色质自然结构为30nm 的纤丝,经盐溶液处理后解聚的染色质呈现一系列核小体彼此连接的串珠状结构,串珠直径为 10nm(图 8-7)。②用微球菌核酸酶(micrococcal nuclease)消化核小体链适当时间后,连接 DNA 被降解,获得了核小体的核心颗粒。③应用 X 射线衍射、中子散射和电镜三维重建技术研究,发现核小体颗粒是直径为 11nm、高 6.0nm 的扁圆柱体,具有二分对称性(dyad symmetry),核心组蛋白的构成是先形成(H3)$_2$・(H4)$_2$ 四聚体,然后再与两个 H2A・H2B 异二聚体结合形成八聚体(图 8-8)。④SV40 微小染色体(minichromosome)分析与电镜观察结果基本一致,证明约 200bp 构成一个核小体。

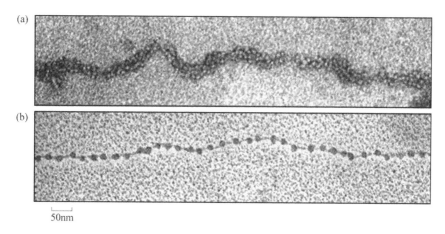

图 8-7　处理前后的染色质丝的电镜照片(Alberts et al.,2002)

(a) 自然结构:30nm 的纤丝;(b) 解聚的串珠结构

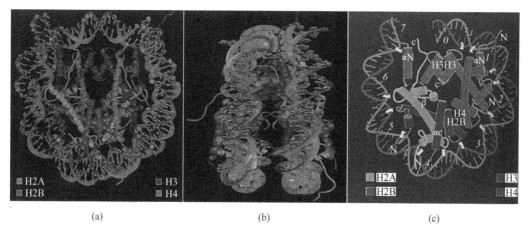

图 8-8　由 X 射线晶体衍射所揭示的核小体三维结构(Luger et al.,1997)

(a) 通过 DNA 超螺旋中心轴所显示的核小体核心颗粒 8 个组蛋白分子的位置;(b) 垂直与中心轴的角度所见到的核小体核心颗粒的盘状结构;(c) 半个核小体核心颗粒的示意模型,一圈 DNA 超螺旋(73bp)和 4 种核心组蛋白分子,每种组蛋白由三个 α 螺旋和一个伸展的 N 端尾部组成

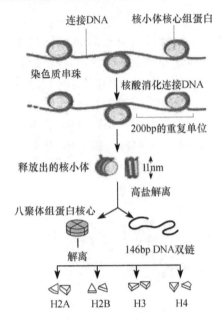

图 8-9 核小体的性质及结构要点
示意图(Alberts et al. ,2002)

核小体结构要点：①每个核小体单位包括200bp左右的DNA超螺旋和一个组蛋白八聚体及一个分子H1;②组蛋白八聚体构成核小体的盘状核心结构,八聚体各含两个分子的H2A、H2B、H3和H4;③146bp的DNA分子超螺旋盘绕组蛋白八聚体1.75圈,组蛋白H1在核心颗粒外结合额外20bp DNA,锁住核小体DNA的进出端,起稳定核小体的作用;④两个相邻核小体之间以连接DNA(linker DNA)相连,典型长度为60bp,不同物种变化值为0~80bp(图8-9);⑤组蛋白与DNA之间的结合基本不依赖于核苷酸的特异序列,实验表明,核小体具有自组装(self-assembly)的性质;⑥核小体沿DNA的定位受不同因素的影响,进而通过核小体相位改变影响基因表达。

## 四、染色质的包装

核小体的发现使在电镜下看到的10nm左右的纤维得到了合理的解释,但是,在生活的细胞内染色质很少呈伸展的串珠样结构,而是由核小体链包装成更紧密有序的高一级结构,形成30nm的染色质纤维。这些纤维是怎样形成的呢？染色质又如何进一步组装成更高级的结构,直至最终形成染色体的过程尚不是非常清楚,目前主要有两种模型。

### (一)多级螺旋模型(multiple coiling model)

由DNA与组蛋白自组装成核小体,在组蛋白H1的介导下核小体彼此连接形成直径约10nm的核小体串珠结构,这是染色质包装的一级结构。在组蛋白H1存在时,由核小体链螺旋盘绕,形成每圈6个核小体,外径30nm、内径10nm、螺距11nm的螺线管(solenoid)(图8-10)。组蛋白H1对螺线管的稳定起重要作用。螺线管是染色质包装的二级结构。Bak等(1977)在光镜和电镜下研究人胎儿成纤维细胞的染色体,分离出直径0.4μm的11~60μm长的染色质纤维,称其为单位线(unit fiber)。在电镜下观察其横切面,表明它是由螺线管进一步螺旋化形成的直径为0.4μm的圆筒状结构,称为超螺线管(supersolenoid),这是染色质包装的三级结构。由超螺线管进一步螺旋折叠,形成长2~10μm的染色单体,即染色质包装的四级结构,故又称染色体的四级结构模型。总之,由DNA到形成染色体经过四级包装,其DNA的压缩比例为：

图 8-10 核小体串珠结构如何
包装成30nm直径的螺旋管的
图解(Alberts et al. ,2002)

$$\text{DNA} \xrightarrow{\text{压缩7倍}} \text{核小体} \xrightarrow{\text{压缩6倍}} \text{螺线管} \xrightarrow{\text{压缩40倍}} \text{超螺线管} \xrightarrow{\text{压缩5倍}} \text{染色单体}$$

四级包装结构共压缩了 8400 倍。

（二）骨架-放射环结构模型（scaffold radial loop structure model）

关于染色质的包装，虽然在一级结构和二级结构上已基本取得了一致的看法，但从直径 30nm 的螺线管如何进一步包装成染色体尚有不同的看法。

Laemmli 和 Laemmli（1977）提出了染色质包装的放射环结构模型。该模型认为，30nm 的染色线折叠成环，沿染色体纵轴锚定在染色体骨架上，由中央向四周伸出，构成放射环（图 8-11）。Pienta 和 Coffey（1984）对该模型进行了详细的描述：首先是直径 2nm 的双螺旋 DNA 与组蛋白八聚体构建成连续重复的核小体，其直径为 10nm。然后以 6 个核小体为单位盘绕成 30nm 的螺线管。由螺线管形成 DNA 复制环，每 18 个复制环呈放射状平面排列，结合在核基质上形成微带（miniband）。微带是染色体高级结构的单位，大约 $10^6$ 个微带沿纵轴构建成子染色体。

上述两种关于染色体高级结构的组织模型，前者强调螺旋化，后者强调环化与折叠。二者都有一些实验和观察的证据，然而染色体的超微结构具有多样性，染色体的结构模型也同样具有多样性。

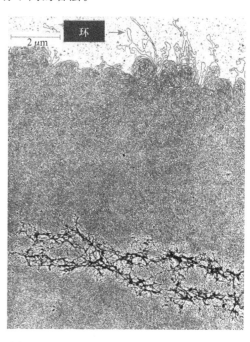

图 8-11　HeLa 细胞去除组蛋白的中期染色体电镜照片（杜传书和刘祖洞，1992）

### 五、中期染色体的形态结构

细胞分裂的中期染色体具有比较稳定的形态，它由两条相同的姐妹染色单体（chromatid）构成，彼此以着丝粒相连。根据着丝粒在染色体上所处的位置，可将染色体分为 4 种类型（表 8-2，图 8-12）：中着丝粒染色体（metacentric chromosome）两臂长度相等或大致相等；亚中着丝粒染色体（submetacentric chromosome）；亚端着丝粒染色体（subtelocentric chromosome）具微小短臂；端着丝粒染色体（telocentric chromosome）。

表 8-2　根据着丝粒位置进行的染色体分类

| 着丝粒位置 | 染色体符号 | 着丝粒比[①] | 着丝粒指数[②] |
|---|---|---|---|
| 中着丝粒 | m | 1.00～1.67 | 0.500～0.375 |
| 亚中着丝粒 | sm | 1.68～3.00 | 0.374～0.250 |
| 亚端着丝粒 | st | 3.01～7.00 | 0.294～0.125 |
| 端着丝粒 | t | 7.01～∞ | 0.124～0.000 |

注：①长臂长度/短臂长度；②短臂长度/染色体总长度。

资料来源：Levan et al.，1964；Green et al.，1980。

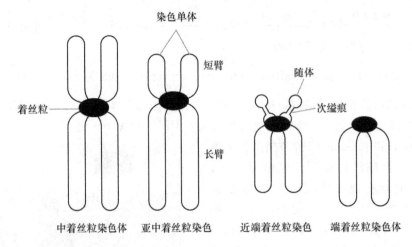

图 8-12　根据着丝粒位置进行的染色体分类图示(汪堃仁等,1998)

染色体各部的主要结构:

(1) 着丝粒(centromere)与着丝点(动粒,kinetochore):位于染色体臂的缢缩处或染色体端部,该缢缩处称为主缢痕(primary constriction)。它与纺锤丝相连,与染色体移动有关,在分裂后期时,使染色单体分开移向两极。着丝粒是一种高度有序的整合结构,可将其分为 3 个结构域:动粒结构域(kinetochore domain)、中央结构域(central domain)和配对结构域(pairing domain)(图 8-13)。动粒结构域位于着丝粒表面,具 3 层结构及其外的纤维冠(fibrous corona)。中央结构域包括着丝粒的大部分区域,是着丝粒区的主体,由富含高度重复序列的 DNA 构成,在人类基因组为高度重复的 α 卫星 DNA 组成。位于着丝粒内表面的配对结构域是中期两条染色单体的相互作用位点。虽然 3 种结构域具有不同的功能,但它们并不独自发挥作用,正是 3 种结构域的整合功能,才确保细胞在有丝分裂中染色体与纺锤体整合,发生有序的染色体分离。

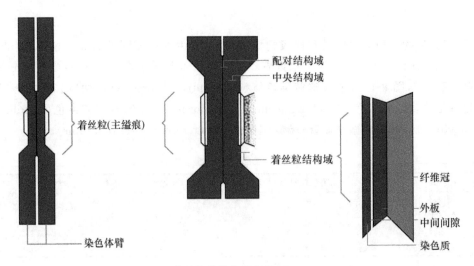

图 8-13　着丝粒的结构域组织(Rattner,1991)

（2）次缢痕（secondary constriction）：除主缢痕外，在染色体上其他的浅染缢缩部位，它的数目、位置和大小是某些染色体所特有的形态特征，因此可作为鉴别染色体的标志。

（3）核仁组织区（nucleolar organizing region，NOR）：位于染色体的次缢痕部位，但并非所有的次缢痕都是 NOR。染色体 NOR 的 rRNA 基因所在部位（5S rRNA 基因除外），与间期细胞核仁形成有关。

（4）随体（satellite）：指位于染色体末端的球形染色体节段，通过次缢痕与染色体主体部分相连。它是识别染色体重要形态特征之一，带有随体的染色体称为 sat 染色体。

（5）端粒（telomere）：位于每条染色体的端部，通常由富含嘌呤的串联重复序列组成，如 TTAGGG 重复上千次，为染色体端部的异染色质结构。其作用在于维持染色体的独立性和稳定性，与染色体在核内的空间排布及减数分裂时同源染色体的配对有关。近年来的研究表明，端粒的长度与细胞及生物个体的寿命有关。

## 六、染色体 DNA 的三种功能元件

在细胞世代中确保染色体的复制和稳定遗传，起码应具备 3 种功能元件（functional element）：一个 DNA 复制起点，使染色体能自我复制，维持其遗传的稳定性；一个着丝粒，使复制的染色体在细胞分裂时平均分配到两个子细胞中；最后，在染色体两端必须有端粒，使 DNA 能完成复制，并保持染色体的独立性和稳定性。构成染色体 DNA 的这 3 种关键序列（key sequence），称为染色体 DNA 的功能元件（图 8-14）。采用分子克隆技术，可将真核细胞染色体的复制起点、着丝粒和端粒这 3 种关键序列分别克隆出来，再将它们互相搭配连接构成人工染色体（artificial chromosome），或称人造微小染色体（artificial minichromosome）。

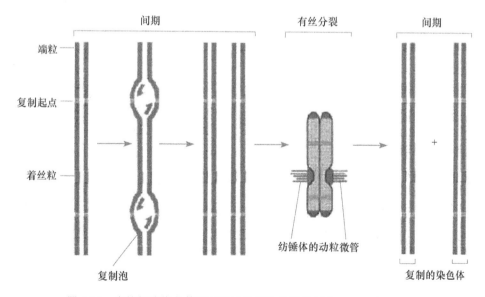

图 8-14　真核细胞染色体的三种功能元件示意图（Alberts et al.，2002）

（一）自主复制 DNA 序列（autonomously replicating DNA sequence，ARS）

应用 DNA 重组技术，将酵母的 DNA 片段（含遗传标记）重组到大肠杆菌的质粒中，以此重组质粒去转化酵母细胞，结果，重组质粒能在酵母细胞中复制、表达，而单纯的质粒则不能转化酵母细胞。这说明酵母 DNA 片段除具有遗传标记的基因外，还含有酵母染色体 DNA 自主复制起始序列。该序列首先在酵母基因组 DNA 序列中发现，它能使重组质粒高效表达，也能在酵母细胞中独立于宿主染色体而存在。对不同来源的 ARS 序列进行分析，发现它们都具有一段 11～14bp 的同源性很强的富含 AT 的共有序列（consensus sequence），此序列及其上下游各约 200bp 左右的区域是维持 ARS 的功能所必需的。大部分真核细胞的染色体具有许多 DNA 复制起始序列，以确保整个染色体能快速地复制。

（二）着丝粒 DNA 序列（centromere DNA sequence，CEN）

上述插入 ARS 的重组质粒，虽然能在酵母细胞中复制和表达，但由于缺少着丝粒，因此不能在酵母细胞有丝分裂时平均分配到子细胞中去。如果将酵母染色体着丝粒 DNA 序列再插入到这个 ARS 重组质粒中，结果这种新的重组质粒便能表现出正常染色体的行为——复制后分离。对不同来源的 CEN 序列分析结果表明，它们的共同特点是都有两个相邻的核心区，一个是 80～90bp 的 AT 区，另一个是 11bp 的保守区。如果一旦伤及这两个核心区序列，CEN 便丧失其生物学功能。

（三）端粒 DNA 序列（telomere DNA sequence，TEL）

如果将插入 ARS 和 CEN 序列的环状重组质粒 DNA 在单一位点切开，形成一个具有两个游离端的线性 DNA 分子，虽然可以在酵母细胞中复制并附着到有丝分裂的纺锤体上，但最终还是要从子细胞中丢失。这是因为环状 DNA 变成线性 DNA 分子后无法解决"末端复制问题"，即新合成的 DNA 链 5′端 RNA 引物被切除后变短的问题。真核细胞对这一问题的解决，有赖于每条染色体末端进化形成了特殊的端粒 DNA 序列及能够识别和结合端粒序列的蛋白质（端粒酶，telomerase）。端粒酶是一种反转录酶，以 RNA 为模板合成 DNA，但又与大多数反转录酶不同，端粒酶本身就含有作为模板的 RNA，能将新的重复单位加到突出链的 3′端。研究发现在人的生殖细胞和部分干细胞中有端粒酶活性，而在所有体细胞里则尚未发现端粒酶活性。肿瘤细胞具有表达端粒酶活性的能力，使癌细胞得以无限制增殖。

## 七、核型及染色体显带技术

核型（karyotype）是指染色体组在有丝分裂中期的表型，包括染色体数目、大小、形态特征的总和。核型分析通常是将显微摄影得到的染色体照片剪贴、分组排列、测量统计并进行分析的过程。由于染色体的长度随其包装紧密程度不同而异，因此一般论及染色体的长短是指其相对长度，即该染色体长度占整套单倍染色体组总长的百分数。如果将一个染色体组的全部染色体逐个按其形态特征绘制下来，再按长短、形态等特征排列起来的图像称为核型模式图（idiogram），它代表一个物种的核型模式。

　　核型分析主要是根据染色体的形态特征——着丝粒的位置和长度进行的,因此有时对染色体仍不易精确地识别和区分。1968 年瑞典学者 Casperson 首先应用荧光染料氮芥喹吖因(quinacrine mustard)处理染色体标本,在荧光显微镜下发现每条染色体沿其长轴出现宽窄和亮度不同的带纹,是为荧光带,而且每条染色体都有其特殊的带型(banding pattern)。通过带型可清楚地识别每条染色体,这样显带技术为深入研究染色体异常和基因定位等提供了基础,从此发展了多种显带技术。

　　经染色体显带技术处理所显示的染色体带纹类型,一类是染色体带分布在整个染色体长度上,如 Q、G 带和 R 带;另一类是局部性显带,如 C、N、F、cd、T 带等。Q 带(Q band)是用氮芥喹吖因或双盐酸喹吖因等荧光染料对有丝分裂中期的染色体进行染色,可使异染色质染色粒着色,从而在染色体的不同部位显示出不同的荧光带。在紫外线照射下呈现荧光亮带和暗带,一般富含 AT 碱基的 DNA 区段表现为亮带,富含 GC 碱基的 DNA 区段表现为暗带。G 带(G band)又称吉姆萨带(Giemsa band),是以胰酶或碱、热、尿素、去污剂等处理有丝分裂中期的染色体,然后用 Giemsa 染液染色后所呈现的染色体区带。它与 Q 带相似,但又不完全一致。R 带(R band)又称反带(reverse band),用低 pH4.0~4.5 的磷酸盐缓冲液,在 88℃ 恒温条件下处理中期染色体,以吖啶橙或 Giemsa 染色,结果所显示的带型和 G 带明暗相间带型正好相反。C 带(C band)主要显示着丝粒结构异染色质及其他染色体区段的异染色质部分,一般在着丝粒区、次缢痕处或端部。N 带(N band)又称核仁形成区带(nucleolus organizer region band),可在核仁形成区产生深色带纹。T 带(T band)又称端粒带(telomeric band),是中期染色体经吖啶橙染色后在端粒部位所呈现的带纹,可用于分析染色体末端的结构畸变。

　　核型和染色体带型具有种属特异性。染色体标准带型与核型是一个物种在进化上稳定的特征,特别是染色体带型在应用上具有更高的准确性。由于染色体带型能明确鉴别一个核型中的任何一条染色体,乃至一个易位片段,因此,通过核型和带型分析,可研究一些物种的分类和进化,以及研究遗传变异进行杂交育种,并应用染色体畸变染色体带型所显示的 SCE 作为手段和指标检测环境中的致突变物。

## 八、巨型染色体

　　顾名思义,巨型染色体(giant chromosome)是由于它比一般染色体巨大而得名。这类染色体包括多线染色体和灯刷染色体。

### (一)多线染色体

　　多线染色体(polytene chromosome)是 1881 年由意大利细胞学家 Balbiani 首先在双翅目昆虫摇蚊(*Chironomus* sp.)幼虫的唾腺细胞中发现的。它存在于双翅目昆虫的唾腺、气管、肠和马氏管的细胞内,此外,在原生动物纤毛虫类的棘尾虫(*Stylonichia mytilus*)的大核内以及植物的助细胞和反足细胞中也发现了多线染色体。

　　多线染色体来源于核内有丝分裂(endomitosis),即核内 DNA 多次复制而细胞不分裂,复制后的子染色体不能分配到子细胞中,且有序地并行排列;又由于体细胞内同源染色体配对,紧密结合在一起从而阻止染色质纤维进一步聚缩,最终形成体积很大的多线染色体(图 8-15)。同种生物的不同组织以及不同生物的同种组织的多线化程度各不相同。在果蝇唾腺细胞中,染色体进行 10 次 DNA 复制,因而形成 $2^{10}=1024$ 条同源 DNA 拷贝,形成的多线染色体比同种有丝分裂染色体长 200 倍以上,4 条配对染色体其全长可达 2mm。

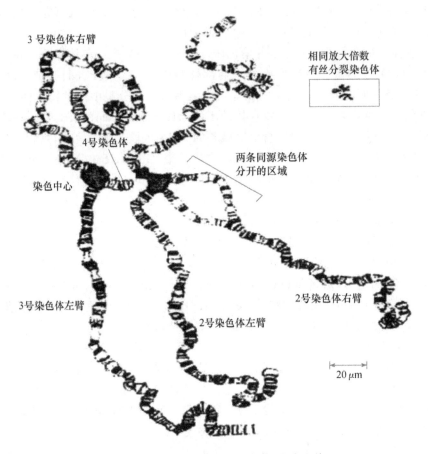

图 8-15　果蝇唾腺细胞全套多线染色体(翟中和等,2007)

在光镜下观察多线染色体,可见每条染色体上有一系列交替分布的带(band)和间带(interband)(图 8-16)。每条带和间带代表着一套 1024 个相同的 DNA 序列。带区的包装程度比带间高得多,估计有 85% 的 DNA 分布在带上,15% 的 DNA 分布在带间,所以带区为深染,而间带浅染。带和间带都含有基因,可能"持家基因"(housekeeping gene)位于间带,而有细胞类型特异的"奢侈基因"(luxury gene)位于带上。多线染色体上带的形态、大小及分布都相当稳定,每条带能按其宽窄和间隔予以识别,并给以标号,由此得到了多线染色体的(带型)图(polytene chromosome map)。

在果蝇个体发育的某个阶段,多线染色体的某些带区变得疏松膨大而形成涨泡(puff)。最大的涨泡称为 Balbiani 环。用 $^3H$ 标记的尿嘧啶核苷掺入多线染色体,以放射自显影检测,发现涨泡被标记,说明涨泡是基因活跃的形态学标志(图 8-17)。控制果蝇多线染色体基因转录活性的主要因素之一是蜕皮激素,这种激素在幼虫发育期间具有周期性的变化,当机体从一个发育阶段向另一阶段进行时,新的涨泡出现,老的涨泡缩回。一定的涨泡在发育的一定时间出现和消失,即当转录单位被激活或失去活性,则产生不同的 mRNA 和蛋白质。因此,涨泡的出现、发育和消失过程直接反映了基因转录的活性谱。

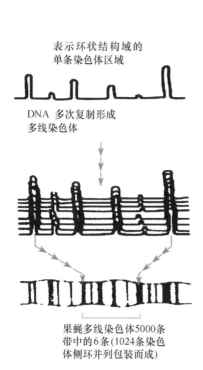

图 8-16  图解表明多线染色体上的带是如何通过同源染色体绊环区对应并行排列而成的(Alberts et al.,2002)

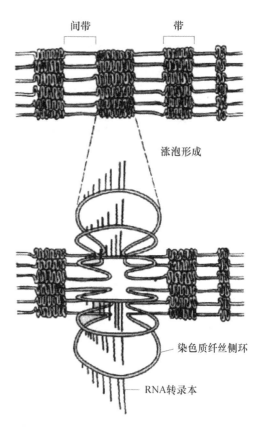

图 8-17  多线染色体的涨泡形成和 RNA 转录

(二) 灯刷染色体

灯刷染色体(lampbrush chromosome)在 1882 年由 Flemming 在研究美西螈卵巢切片时首次报道,但由于其形态特殊而未肯定它是一种染色体。1892 年,Rukert 研究鲨鱼卵母细胞时,给灯刷染色体以正式命名。灯刷染色体几乎普遍存在于动物界的卵母细胞中,其中两栖类卵母细胞的灯刷染色体最典型(图 8-18)。在植物界,也有灯刷染色体报道,如一种大型单细胞藻——地中海伞藻(*Acetabularia mediterranea*)有典型的灯刷染色体,高等植物如玉米、垂花葱(*Alliun cernuum*)在雄性配子减数分裂中出现不典型的灯刷染色体。

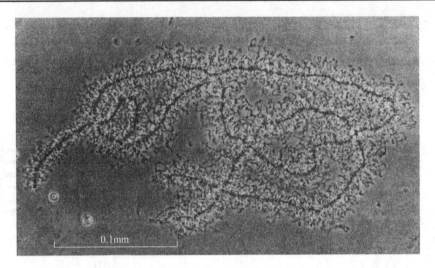

图 8-18　两栖类卵母细胞中的一个灯刷染色体(潘大仁，2007)

　　灯刷染色体是卵母细胞进行减数第一次分裂时停留在双线期的染色体，它是一个二价体，包含 4 条染色单体。双线期染色体的主要特点是交叉(chiasma)现象明显，常可见两同源染色体间有几处交叉。这一状态在卵母细胞可维持数月或数年之久。

　　每条染色单体由一条染色质纤维构成，每条纤维分化为主轴以及主轴两侧数以万计的侧环，状如灯刷，故名灯刷染色体。大部分 DNA 包装于主轴上的染色粒中，没有转录活性，侧环是 RNA 转录活跃的区域。一个侧环往往是一个大的转录单位，有的是几个转录单位组合构成的。

# 第三节　核仁与核仁周期

　　核仁(nucleolus)是间期细胞核内最显著的结构。在光学显微镜下，核仁通常是匀质的球形小体，一个或多个。核仁的大小、形状和数目随生物的种类、细胞形状和生理状态而异。蛋白质合成旺盛、生长活跃的细胞如分泌细胞、卵母细胞等，核仁很大；不具蛋白质合成能力的细胞如肌肉细胞、休眠的植物细胞，其核仁很小，说明核仁与蛋白质合成关系密切。核仁中主要含蛋白质，为核仁干重的 80% 左右，RNA 为核仁干重的 10% 左右，DNA 含量较少，脂类含量极少。在细胞周期中，核仁又是一个高度动态的结构，在有丝分裂期间表现出周期性的消失与重建。真核生物的核仁具有重要功能，它是 rRNA 合成、加工和核糖体亚单位的组装场所。

## 一、核仁的结构

　　在电镜下显示出的核仁超微结构与胞质中大多数细胞器不同，在核仁周围没有界膜包裹，可识别出有 3 个特征性区域：纤维中心、致密纤维组分、颗粒组分(图 8-19)。

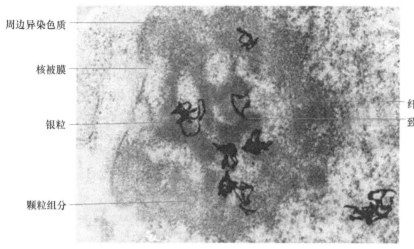

图 8-19　BHK－21 细胞核仁的电镜照片(翟中和等,2007)
银颗粒示 rRNA 转录部位

周边异染色质
核被膜
银粒
颗粒组分
纤维中心
致密纤维组分

(一) 纤维中心

在电镜下观察,纤维中心(fibrillar center,FC)是被密集的纤维成分不同程度地包围着的浅染的低电子密度区域。电镜细胞化学和放射自显影研究已经确证,在纤维中心存在 rDNA、RNA 聚合酶Ⅰ和结合的转录因子,并且光镜和电镜水平的原位杂交也证明了这种 DNA 具有 rRNA 基因(rDNA)的性质。另外,有证据表明,FC 中的染色质不形成核小体结构,并无转录活性,也没有组蛋白存在,但存在嗜银蛋白,其中磷蛋白 C23 的存在已得到免疫电镜的证明,并认为它是和 rDNA 结合在一起的,可能与核仁中染色质结构的调节有关。

(二) 致密纤维组分

致密纤维组分(dense fibrillar component,DFC)是核仁超微结构中电子密度最高的部分,染色深,呈环形和半月形包围 FC,由致密纤维组成,通常见不到颗粒。用 $^3$H 作为 RNA 前体物对细胞进行脉冲标记,放射自显影观察及电镜原位分子杂交等实验表明,DFC 是 rDNA 进行合成 rRNA 并进行加工的区域,在该区域还存在一些特异性结合蛋白,如 fibrillarin、核仁素(nucleolin)和 Ag-NOR 蛋白。核仁素的存在,使核仁能被特征性地银染。由于 DFC 和 FC 在结构上非常靠近,有人认为应合在一起视为一个单位。

(三) 颗粒组分

在代谢活跃的细胞的核仁中,颗粒组分(granular component,GC)是核仁的主要结构。该区域是由电子密度较高的、直径 15～20nm 的核糖核蛋白(RNP)颗粒构成,可被蛋白酶和 RNase 消化,这些颗粒是正在加工、成熟的核糖体亚单位前体颗粒,间期核中核仁的大小差异主要是由颗粒组分数量的差异造成的。

除了上述 3 种基本核仁组分外,核仁被一些染色质包裹,称为核仁相随染色质(nucleolar associated chromatin):一部分是包围在核仁周围的染色质,称为核仁周边染色质(perinucleolar chromatin),另一部分是伸入到核仁内的染色质,称为核仁内染色质(intranucleolar chromatin)。此外,应用 RNase 和 DNase 处理核仁,在电镜下看到的残余部分,称为核仁基质(nucleolar matrix)或核仁骨架。FC、DFC 和 GC 这 3 种组分都湮没在这种无定形的核仁基质中。

虽然核仁 3 种特征性区域的结构和它们以某种方式与 rRNA 的转录和加工有关的特性已被人们所共识,然而,关于 rRNA 基因转录的精确位点仍有许多争议。通常认为 PC 区域是 rDNA 基因的储存位点,DFC 与 FC 的交界处是 rDNA 进行转录的位点,GC 区域是核糖体亚基成熟和储存的位点。

## 二、核仁的功能

核仁的主要功能是合成、加工核糖体 RNA 和核糖体亚单位的装配。

### (一) rRNA 的合成

如前所述,蛋白质合成旺盛的细胞核仁大。蛋白质合成是在细胞质的核糖体进行的,而 rRNA 是在核仁中生成的。因此蛋白质合成旺盛的细胞,核仁中大量合成 rRNA,故核仁体积增大。

合成 rRNA 需要有 rRNA 基因,这种基因被定位在核仁组织区,该区域的基因编码 18S、28S 和 5.8S rRNA。通过实验表明,缺失核仁组织区(无核仁)的非洲爪蟾(*Xenopus laevis*)纯合突变型是致死的,胚胎发育一个星期后即死亡。因为它不能合成 rRNA 和形成核糖体。

由 rRNA 基因转录成 rRNA 的形态学过程,最早是 Miller 等(1969)在非洲爪蟾卵母细胞的核仁中看到的。他们首先从这种动物中分离出卵母细胞的核仁,低渗处理使核仁的颗粒状外层迅速散去,而由纤维状结构组成的核仁的核心部分张开,经福尔马林固定,制成电镜标本进行观察。结果发现,核仁的核心部分是由纠缠在一起的一根长 DNA 纤维组成。新生的 RNA 链从 DNA 长轴两侧垂直伸展出来,而且是从一端到另一端有规律地增长,构成箭头状,外形似“圣诞树”(Christmas tree)。沿 DNA 长纤维有一系列重复的箭头状结构单位,每个箭头状结构代表一个 rRNA 基因转录单位,所有的箭头具有相同的“极性”,都指向同一方向,表明了 rRNA 基因在染色质轴丝上串联重复排列的特征(图 8-20)。在箭头的结构间存在着裸露的不被转录的 DNA 间隔片段。由图可见,在 DNA 长轴和 RNA 纤维相连接的部位存在颗粒,即 RNA 聚合酶 I,它们一边读码一边沿 DNA 分子移动,结果使转录合成中的 RNA 逐渐加长,最终形成一个 18S、28S 和 5.8S rRNA 前体分子。

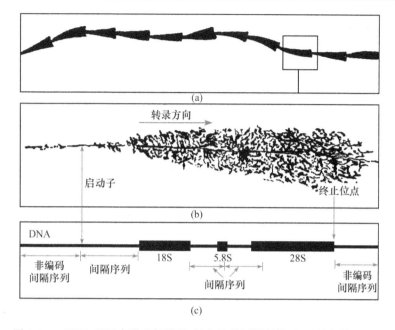

图 8-20　rRNA 基因串联重复排列,被非转录间隔所分开(汪堃仁等.1998)
(a) 一个 NOR 铺展的电镜标本,可见 11 个转录单位;(b) 一个 rDNA 转录单位的放大图;
(c) 一个 rDNA 单位的基因图谱示意图

（二）rRNA 前体的加工

　　每个 rRNA 基因转录单位在 RNA 聚合酶Ⅰ作用下产生原初转录产物 rRNA 前体。但在不同的细胞中 rRNA 前体和最终剪切分子大小是不同的。如哺乳动物 rRNA 前体为 45S,果蝇为 38S,酵母为 37S,大肠杆菌为 30S。由于真核生物的 rRNA 加工过程比较缓慢,其中间产物可从各种细胞中分离出来,因此真核生物的 rRNA 加工过程比较清楚。

　　用 $^3$H 标记 HeLa 细胞的 RNA,则可通过凝胶电泳分离到 45S rRNA 前体及其加工后产物。实验表明,rRNA 前体 45S(约 13kb)约在几分钟内合成,在核仁中很快被甲基化,然后 45S rRNA 分裂为较小的组分约 41S、32S 和 20S 等中间产物,20S 很快裂解为 18S rRNA,迅速被释放至细胞质中。32S 中间产物保留在核仁颗粒组分并被剪切为 28S 和 5.8S rRNA。真核生物中的 5S rRNA 基因(120bp)不定位在 NOR,由 RNA 聚合酶Ⅲ所转录,经适当加工后即参与到核糖体大亚单位的组装。

　　在核糖体生物发生过程中,rRNA 前体被广泛修饰和加工,涉及一系列的核酸降解切割以及碱基修饰。与其他 RNA 转录物相比,rRNA 前体有两个特点,即含有大量甲基化的核苷酸和假尿嘧啶残基。甲基团和假尿嘧啶的功能还不十分清楚,推测这些修饰核苷酸可能在某种程度上保护 rRNA 前体免受酶的切割,促进 rRNA 折叠成最终的三维结构或促进 rRNA 与其他分子的相互作用。rRNA 前体的加工是在大量的核仁小 RNA 的帮助下完成的,这些 RNA 与特定的蛋白质包装成小分子核仁核糖核蛋白颗粒(small nucleolar ribonucleoprotein,snoRNP)。

（三）核糖体亚单位的组装

实验表明，45S rRNA 前体被转录后很快与蛋白质结合，因此，在细胞内 rRNA 前体的加工成熟过程是以核蛋白方式进行的。根据带有放射性标记的核仁组分分析，发现完整的 45S rRNA 前体首先与蛋白质结合被包装成 80S 核糖核蛋白颗粒（RNP）。在加工过程中，该颗粒再逐渐丢失一些 RNA 和蛋白质，然后剪切形成两种大小不同的核糖体亚单位前体，最后在核仁中形成大、小亚单位被输送到细胞质中。放射性脉冲标记和示踪实验表明，首先成熟的核糖体小亚单位（含 18S rRNA）出现在细胞质中，而核糖体大亚单位的组装（包含 28S、5.8S 和 5S rRNA）则完成较晚（图 8-21）。因此在核仁中包含较多的未成熟的核糖体大亚单位。其他被加工下来的蛋白质和小的 RNA 存留在核仁中，可能起着催化核糖体构建的作用。

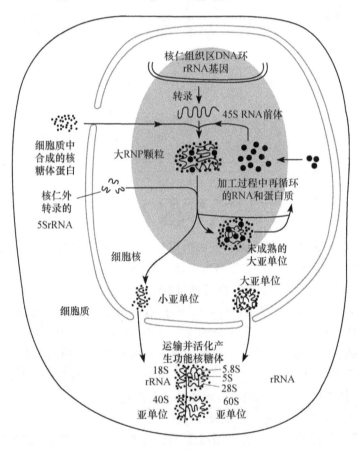

图 8-21　核仁在核蛋白体合成与组装中的作用（Albers et al. ,2002）

一般认为，核糖体的成熟作用发生在细胞质，即大、小亚单位被转移到细胞质后才能形成功能单位。这可能与阻止有功能的核糖体与细胞核中加工不完全的 hnRNA 发生作用有关。

### 三、核仁周期

在细胞周期中,核仁是一种高度动态的结构。在有丝分裂过程中其形态和功能上发生了一系列的变化(图 8-22)。当细胞进入有丝分裂时,核仁变形和变小,然后随着染色质凝集,核仁消失,所有 rRNA 合成停止,致使在中期和后期中没有核仁;进入有丝分裂末期,核仁组织区 DNA 解凝集,重新开始 rRNA 合成,极小的核仁重新出现在核仁组织区附近,而重现的核仁物质可能由一些小的核仁前体物聚集而来。

在细胞周期中核仁周期性变化的分子过程还不是十分清楚,但研究表明,核仁的动态变化是 rDNA 转录和细胞周期依赖性的。在细胞周期的间期,核仁结构整合性的维持,以及有丝分裂后核仁结构的重建,都依赖 rRNA 基因的转录活性。

### 四、核基质

在真核细胞的核内除染色质、核膜与核仁外,还有一个以蛋白质成分为主的网架结构体系。这种网架结构最初由 Berezney 和 Coffey 等(1974)从大鼠肝细胞核中分离出来。他们用核酸酶(DNase 和 RNase)与高盐溶液对细胞核进行处理,将 DNA、组蛋白和 RNA 抽提后发现核内仍残留有纤维蛋白的网架结构,他们将其命名为核基质(nuclear matrix),也有被称为核骨架(nuclear skeleton)。目前对核基质

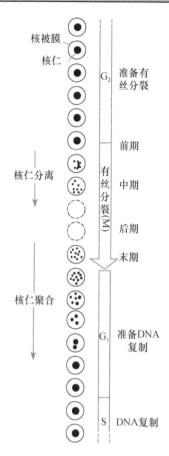

图 8-22 人的细胞周期不同时相中核仁的变化图解
(刘凌云等,2002)

或核骨架的概念有两种理解:狭义概念仅指核基质,即细胞核内除了核被膜、核纤层、染色质与核仁以外的网架结构体系;广义概念应包括核基质、核纤层(或核纤层-核孔复合体结构体系),以及染色体骨架。

核基质的主要成分是纤维蛋白,并含有少量的 RNA。通常认为 RNA 在核基质结构之间起着某种联结和维系作用,它对保持核基质三维网络的完整性可能是必需的。在分离的核基质中常含有少量的 DNA,但一般认为是核基质结构与 DNA 有功能的结合。组成核基质的蛋白成分较为复杂,并且在不同类型的细胞中也有差异。除了组成核基质的蛋白外,还发现有不少与核基质结合的蛋白,如与 DNA、RNA 代谢合成有关的 DNA 多聚酶、RNA 多聚酶;与细胞信号转导有关的蛋白,如蛋白激酶 C 和钙调素结合蛋白等;癌基因与抑癌基因产物如 C-Myc 蛋白、RB 蛋白等。这些核基质结合蛋白与核基质蛋白一起共同完成核基质多种生物学功能。

近年来研究表明,细胞核内许多生命活动与核基质的作用密切相关,如提出了核基质可能是 DNA 复制的基本位点。DNA 以袢环(loop)形式锚定(anchor)在核基质纤维上,Pardolla 等(1980)、Berezney 和 Buchholtz(1981)分别以 3T3 成纤维细胞和小鼠再生肝细

胞为材料,不仅证实了 DNA 袢环固定在核基质上,而且实验也显示了新合成的 DNA 结合在核基质上,然后逐步转移,电镜放射自显影的实验也表明了 DNA 复制的位点结合于核基质上。现认为核基质可能是 DNA 复制的空间支架,DNA 袢环的根部结合在核基质上。DNA 袢环与 DNA 复制有关的酶和因子,如 DNA 聚和酶等锚定在核基质上形成 DNA 复制体进行 DNA 复制和合成。近年来也有人提出核基质还可能是细胞核内 hnR-NA 的加工场所。

此外,一些学者认为核基质参与了染色体构建过程。Pienta 和 Coffey(1984)提出 DNA 袢环与核基质共同构建染色体的模型。这个模型表明,核基质可能对于间期 DNA 有规律的空间构型起着维系和支架的作用,它们参与了染色质高级包装的过程。有人认为核基质的某些结构组分可能转变为染色体骨架,也有人将核基质与染色体骨架完全等同起来,因此,迄今为止,有关分裂期染色体骨架与间期核基质的关系仍有待进一步深入研究。

核基质的研究已有了很大进展,一系列工作表明核基质与 DNA 复制、RNA 转录与加工、染色体构建等密切相关,但仍有许多方面,如在核基质的结构组分和生化功能、核基质空间构型与 DNA 复制、转录装置结构及染色体构建的作用等许多问题,均有待进一步研究。

## 本章内容提要

细胞核是细胞中最大、最重要的细胞器,是细胞内 DNA 复制和 RNA 转录的场所,是细胞生命活动的调控中心。

细胞核主要由核被膜(包括核孔复合体)、核纤层、染色质、核仁及呈网络状的核基质组成。核被膜是真核细胞特有的结构,由内、外两层单位膜组成,将细胞分成核与质两大结构与功能区域,从而使转录与翻译这两个基因表达的基本过程在时空上分开。在细胞周期中,核被膜经历有规律的解体与重建。在核被膜上存在核孔复合体的结构,核孔复合体是一种复杂的跨膜蛋白运输复合体,核孔复合体由环、辐、栓等结构亚单位组成。主要有:①胞质环;②核质环;③辐;④中心栓。

核孔复合体构成了核质间双向选择性交换的亲水通道,通过被动扩散和主动运输完成核物质的输入与输出。大分子通过核孔复合体的主动运输,是一个信号识别与载体介导且需要能量、具双向性和选择性的过程。核纤层是位于细胞核内膜与染色质之间的纤维网络结构,可为核膜及染色质提供结构支架,并对核膜的崩解和重建起调控作用。

染色质、染色体是遗传信息的载体。染色质存在于细胞的间期核内,在分裂期由染色质纤维包装形成染色体。染色质根据其形态结构和功能不同,分为常染色质和异染色质,异染色质又分为结构异染色质和兼性异染色质。每个物种的细胞内都有一定数目的染色体,单倍染色体及其上的全部基因称为该生物的基因组。

真核生物染色质的主要成分是 DNA、组蛋白、非组蛋白及少量 RNA。构成染色质的 DNA 包括 B 型、A 型和 Z 型 3 种构型,其中双螺旋的 B-DNA 二级结构较稳定,在活细胞中多以此构象存在。

染色质组蛋白是真核生物的主要结构蛋白,与 DNA 结合没有序列特异性,在基因表达调控中起重要作用。组蛋白分为 H1、H2A、H2B、H3 和 H4 五种,其中 H2A、H2B、H3 和 H4 相互聚集成八聚体结构,这 4 种组蛋白没有种属和组织特异性,在进化上相当保守。H1 组蛋白有一定的种属和组织特异性,在构成核小体时起连接作用。除组蛋白外,所有与真核染色质结合的蛋白统称为非组蛋白。间期核中非组蛋白是指那些与染色质特异 DNA 序列相结合的蛋白质,分为不同的结合蛋白家族,各以不同的模式与特异 DNA 序列结合,具有多种功能,包括基因表达的调控和染色质高级结构的形成。

染色质结构的基本单位是核小体。染色质的包装是一个动态过程,目前所公认的有两种模型,多级螺旋模型和骨架-放射环结构模型,其中螺旋结构和辐射环结构是染色体的基本结构,它们分别或共同存在于许多真核生物染色体。

不同物种具有一定数目、一定形态类型的染色体。中期染色体包装紧密,具有较为稳定的形态特征。根据着丝粒在染色体上的位置可将染色体分为 4 种类型。将分裂相中期染色体,按其着丝粒的位置和各对染色体的相对长度分组排列所构成的图像称为核型,如用荧光染料或其他方法可显示出染色体的带型(如 Q 带、G 带、R 带等)。核型和染色体带型具有种属特异性。此外,在某些生物细胞内或发育的一定阶段还可以观察到特殊的巨型染色体,包括多线染色体和灯刷染色体。

染色体在细胞世代中能稳定遗传,起码要具备 3 种功能元件:一个 DNA 复制起点,一个着丝粒和两个端粒。采用分子克隆技术将染色体的这 3 种关键序列分别克隆出来,再加以拼接,导入酵母细胞,构成人工染色体。

核仁是真核细胞间期核中最明显的结构。核仁的超微结构有 3 个特征性区域。通常认为纤维中心(FC)区域是 rRNA 基因的储存位点;致密纤维组分(DFC)区域是 rRNA 基因的转录位点;颗粒组分(GC)区域是核糖体亚单位成熟和储存位点。在细胞周期中,核仁是一种高度动态结构,在有丝分裂过程中表现出周期性的解体和重建。核仁的主要功能涉及核糖体的生物发生,该过程包括 rRNA 合成、加工和核糖体亚单位的组装。

狭义的核基质概念是指在细胞核中存在一个由纤维蛋白构成的网架结构体系,它与核纤层、核孔复合体、染色质等有结构与功能联系,其主要成分是纤维蛋白,并含有少量 RNA。核基质可能与 DNA 复制、基因表达和染色体组装等有密切关系。

**本章相关研究技术**

**1. 放射自显影技术**

放射自显影技术(autoradiography)是利用放射性核素的电离辐射对乳胶(含 AgBr 或 AgCl)的感光作用,对细胞内生物大分子进行定性、定位与半定量研究的一种细胞化学技术。对细胞内生物大分子进行动态研究和追踪是这一技术独具的特征。放射自显影技术包括两个主要步骤:同位素标记的生物大分子的前体的掺入和细胞内同位素所在位置的显示。

显微放射自显影的基本实验步骤如下:首先用合适的放射性前体分子脉冲标记活细胞,在不同的时间取样,固定细胞和组织,把细胞和组织切片置于载玻片上,在暗室中把感光乳胶或感光薄膜覆盖在细胞和组织上,并在暗处保持一段时间。在这段时间内,由于放射性核素衰变使感光胶片曝光,再经显影、定影处理后于显微镜下观察,细胞中银粒所在部位即代表放射性核素的标记部位。

研究 DNA 合成时通常用氚($^3$H)标记的胸腺嘧啶脱氧核苷($^3$H-TdR),例如,用$^3$H-

TdR 标记 3T3 细胞 20min，洗去放射性核素，涂布核乳胶，在暗处曝光，经显影、定影后观察，掺入 $^3$H-TdR 的细胞的细胞核中有黑色银粒，因为 DNA 合成在细胞核中。研究 RNA 合成时用氚标记的尿嘧啶核苷（$^3$H-U），发现开始积集在细胞核中，然后很快积累在细胞质中。在研究含硫蛋白分子代谢时，可用 $^{35}$S 标记的甲硫氨酸和半胱氨酸。

电镜放射自显影技术的基本原理和操作过程与显微放射自显影相似，但对样品制备与敷乳胶的要求更为严格，曝光时间可长达数月。

**2. X 射线衍射晶体分析法**

X 射线衍射晶体分析法（X-ray crystallography）是用来确定结晶状物质或表现重复结构的生物大分子的立体构造的技术。该技术提供了揭示蛋白质和核酸等生物大分子的各原子间空间位置的唯一方法，所以它对分子生物学的贡献是独一无二的。

这项分析技术的原理是：X 射线中有 0.154nm 的波长，相当于分子中原子之间的距离。当 X 射线束通过样品时，射线即穿过蛋白质或其他大分子，X 射线束即被大分子的原子衍射（或散射）。根据照相底片上的资料可推断结晶内的原子结构。

X 射线衍射非常适合测定可溶蛋白质的结构。肌红蛋白是第一个用 X 射线衍射测定结构的蛋白质。在肌红蛋白中，6Å 的分辨率足以显示多肽链折叠的方式和血红素基团的位置，但是不足以显示多肽链内的结构。在 2Å 的分辨率时，可以分开原子基团，而在 1.4Å 时，可以确定各个原子的位置。多年来，X 射线衍射技术不断改进并用于分析越来越大的蛋白质分子。例如，在对蓝舌病毒颗粒的研究中，通过 2100 万反射分析，确定了约 3 000 000 个原子的位置。

X 射线衍射分析也用于 DNA 的研究，并且是 Watson 和 Crick 1953 年提出 DNA 双螺旋结构的最重要的数据来源。

**3. 核型分析和染色体显带技术**

将细胞分裂中期的染色体，按着染色体着丝粒的位置、长短臂之比（臂比）、次缢痕的位置、随体的有无等特征予以分类和编号，这种对生物细胞核内全部染色体的形态特征所进行的分析，称为核型分析（analysis of karyotype）。如果将一个染色体组的全部染色体逐个按其特征绘制下来，再按长短、形态等特征排列起来的图像称为核型模式图（idiogram），它代表一个物种的核型模式。

染色体显带技术是利用特殊的处理程序和染色方法，使染色体显示出深浅不同相间排列的特定带型。这是 20 世纪 60 年代末期兴起的一项细胞学新技术。由于染色体的数目、部位、宽窄及浓淡在不同物种染色体上具有相对的稳定性，从而可作为鉴别染色体的重要标志之一。

通过对染色体分带的研究分析，可以反映出染色体在成分、结构、行为、功能等方面的许多问题。它是细胞学、遗传学的理论研究以及在医疗诊断、植物育种等方面十分有用的一项新技术。主要染色体带型有 Q、G、R、C、T、N 带。

**复习思考题**

1. 简述核被膜的超微结构与功能。
2. 怎样理解核孔复合体在核质物质交换中的双功能和双向性特点？
3. 比较组蛋白与非组蛋白的特点及其作用。

4. 试述染色质结构与基因转录的关系。

5. 试述从 DNA 到染色体的包装过程(多级螺旋模型)。

6. 试述核小体的结构要点及主要实验证据。

7. 分析中期染色体的三种功能元件的结构特点及其作用。

8. 巨大染色体在细胞学研究中有何重要意义?

9. 试述核仁的超微结构与功能。为什么凡是蛋白质合成旺盛的细胞核仁都明显偏大?

10. 什么是核骨架? 其作用是什么?

# 第九章 核 糖 体

**本章学习目的** 掌握核糖体的结构特征和功能;核糖体上的活性部位在多肽合成中的作用以及在蛋白质合成中多聚核糖体所行使的功能及其生物学意义。了解 RNA 在生命起源中的地位。

核糖体(ribosome)是生物体内最小的细胞器,是光镜下观察不到的结构。在 1953 年由 Ribinson 和 Broun 用电镜观察植物细胞时发现胞质中存在一种颗粒物质。1955 年 Palade 在动物细胞中也看到同样的颗粒,进一步研究了这些颗粒的化学成分和结构。1958 年 Roberts 根据化学成分命名为核糖核蛋白体,简称核糖体(ribosome),又称核蛋白体。

核糖体呈颗粒状,没有被膜,有较强的嗜碱性。大小不等,平均直径为 $23\sim25nm$,个别小的只有 8nm,大的可达 30nm。

除哺乳类成熟的红细胞外,一切活细胞(真核细胞、原核细胞)中均有核糖体,它是进行蛋白质合成的重要细胞器。其存在数量与细胞蛋白质合成功能有关,可以从几百个到数万个不等。一般真核细胞中,$10^6\sim10^7$ 个/细胞,原核细胞中,$1.5\times10^4\sim1.8\times10^4$ 个/细胞,在快速增殖、分泌功能旺盛的细胞中更多,可达 $1\times10^{12}$ 个/细胞。

## 第一节 核糖体的类型与结构

### 一、核糖体的基本类型与成分

核糖体由 rRNA 和蛋白质组成,核糖体 rRNA 称为 rRNA,核糖体蛋白质称为 r 蛋白质,r 蛋白质含量约占 $40\%$,rRNA 含量约占 $60\%$。r 蛋白质主要分布在核糖体的表面,而 rRNA 则位于内部,二者靠非共价键组合在一起。单核糖体有两个亚基,分别称为大亚基和小亚基,与核糖体大、小亚基结合的 r 蛋白分别记为 L 蛋白和 S 蛋白。

在原核细胞和真核细胞中核糖体的组成既具有相似性,也具有区别(图 9-1)。

$$
核糖体 \xrightarrow{存在的部位}
\begin{cases}
细胞质核糖体
\begin{cases}
原核生物核糖体:70S
\begin{cases}
50S(23S、5S)\\
30S(16S)
\end{cases}\\
真核生物核糖体:80S
\begin{cases}
60S(28S、5S、5.8S)\\
40S(18S)
\end{cases}
\end{cases}\\
细胞器核糖体
\begin{cases}
线粒体核糖体:55\sim80S\\
叶绿体核糖体:70S
\begin{cases}
50S(23S、4.5S、5S)\\
30S(16S)
\end{cases}
\end{cases}
\end{cases}
$$

真核细胞中,核糖体进行蛋白质合成时,既可以游离在细胞质中,称为游离核糖体(free ribosome);也可以附着在内质网的表面,称为膜旁核糖体或附着核糖体(图 9-2)。

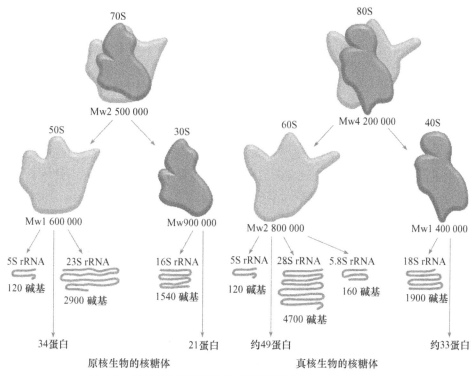

图 9-1　原核生物和真核生物核糖体的组成（Alberts,2008）

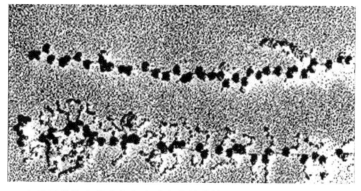

图 9-2　电子显微镜真核生物细胞质中的核糖体,包括附着核糖体和游离核糖体
（上半部分为排列整齐的附着核糖体,下半部分即为游离核糖体）（Daniel,1996）

　　rRNA 中的某些核苷酸残基被甲基化修饰,其中 16S rRNA 一般有 10 个甲基化位点,23S rRNA 中约有 20 个甲基化位点。哺乳类动物核糖体的 18S rRNA 和 28S rRNA 中甲基化位点分别为 43 个和 74 个,远高于原核生物细胞的 rRNA。

　　与 rRNA 或核糖体亚基结合的蛋白质有两类。一类是与 rRNA 或核糖体亚基紧密连接,需高浓度盐和强解离剂(如 3mol/L LiCl 或 4mol/L 尿素)才能将其分离,这类蛋白质称为"真"核糖体蛋白质(real ribosomal protein)或简称为核糖体蛋白质。另一类蛋白质则为与有功能的核糖体亚基疏松缔合,能被 0.5mol/L 单价阳离子(如 $K^+$,$NH_4^+$)从亚基上洗脱,并对核糖体循环发挥调节作用。

## 二、核糖体的形成

20 世纪 60 年代初期 Robert Perry 用紫外微光束破坏活细胞的核仁,发现破坏了核仁的细胞丧失合成 rRNA 的能力,这一发现提示核仁与核糖体的形成有关。后来 Perry 又发现低浓度的放线菌素 D 能够抑制[3]H-尿嘧啶掺入 rRNA 中,而不影响其他种类的 RNA 合成。显微放射自显影也显示放线菌素 D 能够选择性阻止核仁 RNA 的合成,表明核仁与 rRNA 的合成有关。因此,Robert Perry 发现核糖体的合成是在核仁中进行的。

真核细胞中核糖体的形成:首先要合成与核糖体装配有关的蛋白质,这些蛋白质包括核糖体结构蛋白和与前体 rRNA 加工有关的酶。它们都是在细胞质的游离核糖体上合成,然后迅速集中到细胞核并在核仁区参与核糖体亚基的装配。在核仁部位 rRNA 转录出 45S rRNA,是 rRNA 的前体分子,与胞质运来的蛋白质结合,再进行加工,经酶裂解成 28S、18S 和 5.8S 的 rRNA,而 5S rRNA 却是在细胞核中转录后运送到核仁中参与核糖体亚基的装配,28S、5.8S 及 5S rRNA 与蛋白质结合,形成核糖核蛋白(ribonucleoprotein,RNP)分子团,为大亚基前体,分散在核仁颗粒区,再加工成熟后,经核孔入运送到细胞质中称为大亚基,18S rRNA 也与蛋白质结合,经核孔入胞质为小亚基,但是这个过程比较慢。如果这时有 mRNA 同小亚基结合的话,大亚基即可结合上去形成完整的核糖体,并进行蛋白质的合成。

当细胞质中 $Mg^{2+}$ 浓度大于 0.001mol/L 时,大小亚基结合形成完整单核糖体;当 $Mg^{2+}$ 浓度小于 0.001mol/L 时,大、小亚基又重新解离。

## 三、核糖体的超微结构

非膜相结构,大小 15~20nm,可单个或成群分布于细胞质中,也可附着在核外膜、内质网上,或存在于线粒体、叶绿体中,用负染色高分辨电镜观察,核糖体不是圆形颗粒,而是由大、小两个亚基组成的不规则颗粒(图 9-3)。

大亚基侧面观是低面向上的倒圆锥形,底面不是平的,边缘有三个突起,中央为一凹陷,似沙发的靠背和扶手。小亚基是略带弧形的长条,一面稍凹陷,一面稍外凸,约 1/3 处有一细缢痕,将其分成大小两个不等部分。小亚基趴在大亚基上,似沙发上趴了一只小猴。大小亚基凹陷部位彼此对应相结合,就形成了一个内部空间。此部位可容纳 mRNA、tRNA 及进行氨基酸结合等反应。

此外,在大亚基内有一垂直的通道为中央管,所合成的多肽链由此排放,以免受蛋白酶的分解。

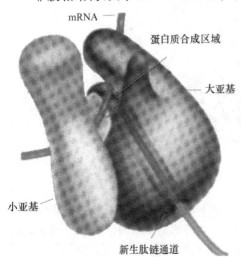

mRNA

蛋白质合成区域

大亚基

小亚基

新生肽链通道

图 9-3　大肠杆菌 70S 核糖体三维结构模型
(Lake,1976)

## 四、核糖体蛋白质与 rRNA 的功能分析

核糖体的主要成分为蛋白质和 rRNA,二者比例在原核细胞中为 1.5:1,在真核细

胞中为 1：1,每个亚基中,以一条或两条高度折叠的 rRNA 为骨架,将几十种蛋白质组织起来,紧密结合,使 rRNA 大部分围在内部,小部分露在表面。由于 RNA 的磷酸基带的负电荷超过了蛋白质带的正电荷,故呈负电,易与阳离子和碱性染料结合。

（一）核糖体上活性位点

核糖体上具有一系列与蛋白质合成有关的结合位点(图 9-4),各活性位点的功能,位置及组分不同(表 9-1)。

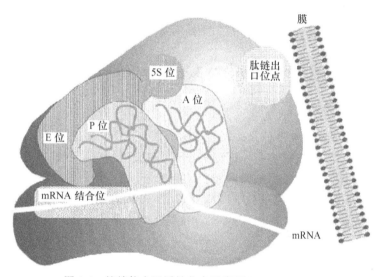

图 9-4　核糖体主要活性位点示意图(Lewin,1997)

表 9-1　核糖体上各活性位点的功能、位置及组分

| 活性位点 | 功能 | 位置 | 组分 |
| --- | --- | --- | --- |
| RNA 结合位点 | 负责与 mRNA 和起始因子结合 | 30S,P 位点附近 | S1、S18、S21；及 S3、S5、S12,16S rRNA3′端区域 |
| P 位点 | 与起始氨酰 tRNA 结合 | 大部分在 30S 亚基,一部分位于 50S 亚基 | L2、L27 及 L14、L24、L33、16S 及 23S rRNA3′端区域 |
| A 位点 | 与新的氨基酰-tRNA 结合 | 靠近 P 位,主要在 50S 亚基 | L1、L5、L7/L12、L13、L33、16S 和 23S rRNA(16S 的 1400 区) |
| E 位 | 结合脱酰 tRNA | 50S 亚基 | 23 SrRNA 是重要的 |
| 5S 位 | 和 23S rRNA 结合 | P 和 A 位点的附近 | L5、L18、L25 复合体 |
| 肽酰基转移酶位 | 将肽链转移到氨基酰-tRNA 上 | 50S 的中心突起 | L2、L3、L4、L15、L16 23S rRNA 是重要的 |
| EF-Tu 结合位点 | 氨基酰-tRNA 的进入 | 30S 外部 | |
| EF-G 结合位点 | 移位 | 50S 亚基的界面上,L7/L12 附近,近 S12 | |
| GTP 酶位点 | 催化肽基-tRNA 从 A 位点到 P 位点提供能量 | 50S 的柄 | L7、L12 |

（1）与 mRNA 的结合位点,位于小亚基上。

（2）A 位点,又称氨酰基位点或受位:主要位于大亚基上,接受新掺入的氨酰-tRNA

的位点。

（3）P 位点：又称肽酰基位点或供位，主要位于小亚基上，与延伸中的肽酰-tRNA 的结合位点，是肽酰-tRNA 移交肽链后，tRNA 释放的部位。

（4）E 位点：主要位于大亚基上，肽酰转移后与即将释放的 tRNA 结合的位点。

（5）与肽酰 tRNA 从 A 位点转移到 P 位点有关的转移酶（即延伸因子 EF-G）的结合位点。

（6）肽酰转移酶的催化位点（肽合成酶），简称 T 因子，主要位于大亚基上，催化氨基酸间形成肽键，使肽链延长。

（7）GTP 酶位点：即转位酶，简称 G 因子，可水解 GTP，为催化肽基-tRNA 从 A 位点到 P 位点提供能量。

（8）与蛋白质合成有关的其他起始因子、延伸因子和终止因子的结合位点。

（二）在蛋白质合成中肽酰转移酶的活性研究

核糖体中最主要的活性部位是肽酰转移酶的催化位点。早些时候人们普遍认为既然酶的本质是蛋白质，那么核糖体中一定有某种 r 蛋白质与蛋白质合成中的催化作用有关。虽然 RNA 占核糖体的 60%，但长期以来它仅仅被看作是 r 蛋白的组织者，即形成核糖体的内部结构或是与蛋白质合成过程中所涉及的 RNA 碱基配对有关。现在，人们利用化学方法和遗传突变株对 r 蛋白和 rRNA 的功能进行大量研究。

**1. r 蛋白**

（1）很难确定哪一种蛋白具有催化功能：在 *E. coli* 中核糖体蛋白突变甚至缺失对蛋白质合成并没有表现出"全"或"无"的影响。

（2）多数抗蛋白质合成抑制剂的突变株，并非由于 r 蛋白的基因突变，而往往是 rRNA 基因发生了突变。

（3）在整个进化过程中 rRNA 的结构比核糖体蛋白的结构具有更高的保守性。

**2. 在核糖体中 rRNA 是起主要作用的结构成分**

Noller 用高浓度的蛋白酶 K、强离子去污剂以及苯酚等试剂处理大肠杆菌 50S 的大亚基单位，去掉与 23S rRNA 结合的各种 r 蛋白，结果发现，得到的 23S rRNA 仍具有肽酰转移酶的活性。

用对肽酰转移酶敏感的抗生素处理或用核酸酶处理 rRNA 均可抑制起合成多肽的活性，但用阻断蛋白质合成其他步骤的抗生素处理 rRNA，则肽酰转移酶的活性不受影响。当然抽提后的 23S rRNA 中，还残存不到 5% 的 r 蛋白，这些 r 蛋白可能是维持 rRNA 构象所必需的。

1985 年，Cech 发现 RNA 具有催化 RNA 拼接过程的活性。

1992 年，Cech 又证明了 RNA 具有催化蛋白质合成的活性，这一重要的发现不仅有力地推动了对核糖体结构与功能的研究，而且对生命的起源与进化过程的探索也提供了重要的依据。

在核糖体中 rRNA 起主要作用的结构成分及功能是：

（1）具有肽酰转移酶的活性。

（2）为 tRNA 提供结合位点（A 位点、P 位点和 E 位点）。

（3）为多种蛋白质合成因子提供结合位点。

（4）在蛋白质合成起始时参与同 mRNA 选择性地结合以及在肽链的延伸中与 mR-NA 结合。

（5）核糖体大小亚单位的结合、校正阅读（proofreading）、无意义链或框架漂移的校正，以及抗菌素的作用等都与 rRNA 有关。

**3. r 蛋白的主要功能**

r 蛋白在翻译过程中也起重要的作用，如果缺失某一种 r 蛋白或对它进行化学修饰，或者 r 蛋白的基因发生突变，都将会影响核糖体的功能，降低多肽合成的活性。目前，关于 r 蛋白活性的推测有：

（1）对 rRNA 折叠成有功能的三维结构是十分重要的；

（2）在蛋白质合成中，某些 r 蛋白可能对核糖体的构象起"微调"作用；

（3）在核糖体的结合位点上甚至可能在催化作用中，核糖体蛋白与 rRNA 共同行使催化功能。

# 第二节 多聚核糖体与蛋白质的合成

## 一、多聚核糖体

### （一）多聚核糖体（polyribosome 或 polysome）的概念

核糖体在细胞内并不是单个独立地执行功能，而是由多个甚至几十个核糖体串联在一条 mRNA 分子上高效地进行肽链的合成，这种具有特殊功能与形态结构的核糖体与 mRNA 的聚合体称为多聚核糖体（图 9-5）。

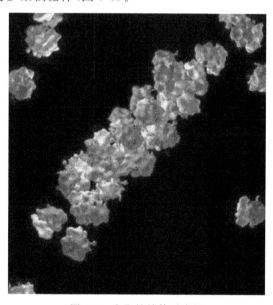

图 9-5 多聚核糖体示意图

（二）多聚核糖体的形成

在 mRNA 的起始密码子部位,核糖体亚基装配成完整的起始复合物,然后向 mRNA 的 3′端移动,直到到达终止密码子处。当第一个核糖体离开起始密码子后,空出的起始密码子的位置足够与另一个核糖体结合时,第二个核糖体的小亚基就会结合上来,并装配成完整的起始复合物,开始蛋白质的合成。同样,第三个核糖体、第四个核糖体……依次结合到 mRNA 上形成多聚核糖体。根据电子显微照片推算,多聚核糖体中,每个核糖体间相隔约 80 个核苷酸(图 9-6)。

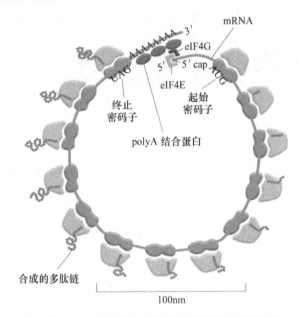

图 9-6　真核生物 mRNA 被多聚核糖体同时翻译的示意图(Alberts,2008)

原核生物在 mRNA 合成的同时,核糖体就结合到 mRNA 上,基因转录和蛋白质翻译是同时并几乎在同一部位进行,所分离的多聚核糖体常常与 DNA 结合在一起。

（三）多聚核糖体的生物学意义

由于蛋白质的合成是以多聚核糖体的形式进行,因此,同一条 mRNA 被多个核糖体同时翻译成蛋白质,大大提高了蛋白质合成的速率,更重要的是减轻了细胞核的负荷,减少了基因的拷贝数,也减轻了细胞核进行基因转录和加工的压力。

不论细胞内合成多肽分子质量的大小或是 mRNA 的长短如何,单位时间内所合成的多肽分子数目都大体相等。

二、蛋白质的合成

蛋白质生物合成是一个复杂而重要的生命活动,它在细胞中有粗细的结构基础,进行得十分迅速有效,是依靠分子水平上的严密组织和准确控制进行的。

蛋白质合成不仅要有合成的场所,而且还必须有 mRNA、tRNA、20 种氨基酸原料和一些蛋白质因子及酶。$Mg^{2+}$、$K^+$ 等参与,并由 ATP、GTP 提供能量,合成中 mRNA 是编码合成蛋白质的模板,tRNA 是识别密码子,转运相应氨基酸的工具。核糖体则是蛋白质的装配机,它不仅组织了 mRNA 和 rRNA 的相互识别,将遗传密码翻译成蛋白质的氨基酸顺序,而且控制了多肽链的形成,下面以真核生物为例简述蛋白质合成的过程。

蛋白质生物合成过程可分成两个阶段。

**1. 氨基酸的激活和转运阶段**

在胞质中进行,氨基酸本身不认识密码,自己也不会到核糖体上,必须靠 tRNA。

$$氨基酸 + tRNA \longrightarrow 氨基酰\,tRNA\,复合物$$

每一种氨基酸均有专一的氨基酰-tRNA 合成酶催化,此酶首先激活氨基酸的羟基,使它与特定的 tRNA 结合,形成氨基酰 tRNA 复合物。所以,此酶是高度专一的,能识别并作用于对应的氨基酸与其 tRNA,而 tRNA 能以反密码子识别密码子,将相应的氨基酸转运到核糖体上合成肽链。

**2. 在多聚核糖体上的 mRNA 分子上形成多肽链**

氨基酸在核糖体上的聚合作用,是合成的主要内容,可分为三个步骤(图 9-7):

(1)多肽链的起始:mRNA 从核到胞质,在起始因子 eIF 和 $Mg^{2+}$ 以及 GTP 的作用下,40S 亚基与带帽的 mRNA 5′端接触,并沿着 mRNA"扫描"一直到抵达第一个 AUG 处再开始翻译,甲硫氨酰-tRNA 的反密码子与 mRNA 上的起始密码 AUG 互补配对,接着大亚基结合上去,形成起始复合物。GTP 水解,eIF 释放,甲硫氨酸分子占据 P 位点,确定读码框架。

(注:原核生物多肽链的起始是甲酰甲硫氨酸 tRNA 的反密码子识别并与 mRNA 的 AUG 配对形成起始复合物)

(2)多肽链的延伸:包括 3 个步骤:①氨酰 tRNA 与延伸因子 EF-1、2 和 GTP 形成的复合物结合;②延伸因子 EF-1 将氨酰 tRNA 放在 A 位点,mRNA 上的密码子决定酰胺 tRNA 的种类,到位后 EF-1 上的 GTP 水解,EF-1 连同结合在一起的 GDP 离开核糖体。

(注:原核生物延伸因子 EF-Tu 不与甲酰甲硫氨酰-tRNA 发应,因此起始的 tRNA 不能送入 A 位点,所以 mRNA 中间的 AUG 密码子不能被起始的 tRNA 识读。)③肽链生成与移位,肽酰转移酶在延伸因子 EF1 及其结合的 GTP 作用下,促使形成二肽酰 RNA,使肽酰 tRNA 从 A 位转移至 P 位。原 P 位点无载的 tRNA 移到 E 位点后脱落,A 位点空出,如此反复循环,就使 mRNA 上的核苷酸顺序转变为氨基酸的排列顺序。

(3)多肽链的终止与释放:肽链的延长不是无限止的,当 mRNA 上出现终止密码时(UGA、UAA 和 UGA),就无对应的氨基酸运入核糖体,肽链的合成停止,释放因 eRF 和 GTP 结合到核糖体上抑制转肽酶作用,并促使多肽链与 tRNA 之间水解脱下,顺着大亚基中央管全部释放出,离开核糖体,同时大、小亚基与 mRNA 分离,可再与 mRNA 起始密码处结合,也可游离于胞质中或被降解,mRNA 也可被降解。

这时在一个核糖体上氨基酸聚合成肽链,每一个核糖体一秒钟可翻译 40 个密码子形成 40 个氨基酸肽键,其合成肽链效率极高。可见,核糖体是肽链的装配机。

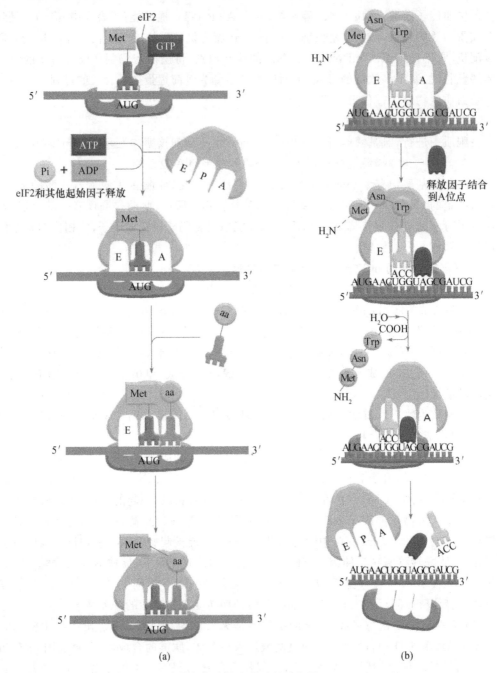

图 9-7　核糖体与多肽链合成过程示意图(Alberts,2008)

(a) 在起始因子和 GTP 的作用下,甲硫氨酸 tRNA 与小亚基结合的 mRNA 的起始密码子 AUG 结合,位于 P 位点。GTP 水解释放能量,并释放起始因子,大亚基与小亚基结合,氨酰 tRNA 结合到 A 位点,肽酰转移酶催化形成新的肽键,核糖体沿着 5′→3′方向向前移动 3 个核苷酸的位置,空出 A 位点,下一个氨酰 tRNA 又结合 A 位点,如此循环延长肽链;(b) 多肽合成的最后阶段。释放因子结合到 A 位点终止翻译,完整的多肽链释放,核糖体大小亚基分离,这一系列反应需要蛋白因子和 GTP 水解提供能量

原核生物蛋白质合成与真核生物的基本相同。关于蛋白质合成过程的细节及其与核

糖体的关系,详见生物化学中的专题阐述。

### 三、核糖体的异常改变和功能抑制

电镜下,多聚核糖体的解聚和粗面内质网的脱离都可看作是蛋白质合成降低或停止的一个形态指标。

多聚核糖体的解聚:是指多聚核糖体分散为单体,失去正常有规律排列,孤立地分散在胞质中或附在粗面内质网膜上。一般认为,游离多聚核糖体的解聚将伴随着内源性蛋白质生成的减少。脱离是指粗面内质网上的核糖体脱落下来,分布稀疏,散在胞质中,RER上解聚和脱离将伴随外输入蛋白合成。

正常情况下,蛋白质合成旺盛时,细胞质中充满多聚核糖体,RER上附有许多念珠线状和螺旋状的多聚核糖体,当细胞处于有丝分裂阶段时,蛋白质合成明显下降,多聚核糖体也出现解聚,逐渐为分散孤立的单体所代替。

在急性药物中毒性(四氯化碳)肝炎和病毒性肝炎,以及肝硬化患者的肝细胞中,经常可见到大量多聚核糖体解聚呈离散单体状,固着多聚核糖体脱落,分布稀疏,导致分泌蛋白合成减少,所以,患者血浆白蛋白含量下降。

另外,一些药物、致癌物可直接抑制蛋白质合成的不同阶段,有些抗菌素,如链霉素、氯霉素、红霉素等对原核与真核生物的敏感性不同,能直接抑制细菌核糖体上蛋白质的合成作用。有的抑制在起始阶段,有的抑制肽链延长和终止阶段,有的阻止小亚基与 mRNA 的起始结合,如四环素抑制氨基酰-tRNA 的结合和终止因子,氯霉素抑制转肽酶,阻止肽链形成,红霉素抑制转位酶,不能相应移位进入新密码。所以,抗菌素的抗菌作用就是干扰了细菌蛋白合成而抑制细菌生长来起作用的。

### 四、RNA 在生命起源中的地位及其演化过程

生命是自我复制的体系。最早出现的简单生命体中的生物大分子,应该既具有信息载体功能又具有酶的催化功能。生物三种大分子 DNA、RNA 和蛋白质中,只有 RNA 分子既具有信息载体功能又具有酶的催化功能,因此,推测 RNA 可能是生命起源中最早的生物大分子。

为了避免先有蛋还是先有鸡的无休止争论,从根本上探索生命的起源,人们从化学进化和生物学进化的角度,提出了 RNA 学说。即认为生物大分子的进化过程可分为四个阶段:前 RNA 世界,RNA 世界,RNA—蛋白质世界和 DNA—RNA—蛋白质世界(图 9-8)。

认为生命起源于 RNA,其主要根据有:

(1)研究表明,许多病毒只含单链 RNA 而不含 DNA。

(2)研究发现,一些 RNA 具有酶的催化活性,如原核生物 70S 的核糖体中的大亚基中的 23S rRNA 就具有肽酰转移酶的活性。

(3)由于 RNA 酶的发现,人们提出了从多核苷酸到多肽的学说。

(4)在真核生物基因组中发现了断裂基因,即外显子与内含子相间出现基因结构形式。

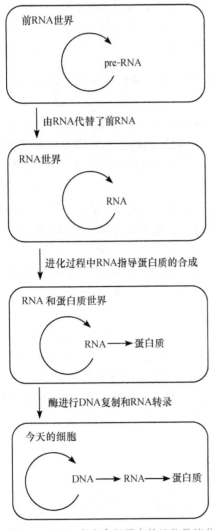

图 9-8　RNA 在生命起源中的地位及演化
过程示意图(Alberts,2008)

（5）RNA 各种编辑变换的发现,使人们对 RNA 功能的多样性有了更多的认识。

（6）在一些病毒(如 HIV,即 AIDS 病毒)中发现了反转录现象。

（7）生物分子的功能与其结构(主要是三维结构)密切相关。

生命的基本特征是能够携带遗传信息,能够自我复制和能够催化生命过程的生物化学反应,并且为了适应环境的变化在生命进程中要能够不断地从低级到高级进化。以上结果正好说明 RNA 具有体现这些特征的功能。不过,迄今为止,RNA 学说很大程度上是建立在 RNA 催化作用的若干实验的基础上的,而对于作为原初信息载体则缺乏更多的实验事实的支持。

蛋白质的催化功能

在"RNA 世界"假说中,核酸酶的功能在于利用它本身以外的 RNA 作为模板延长已有的 RNA 片段的长度,RNA 可能负责原始体系中的 RNA 复制。随着生物的进化,蛋白质以其侧链的多样性和构象的多变性取代 RNA 成为主要催化剂。

DNA 作为遗传信息的载体

在"RNA 世界假说"中进化的猜想是正确的,早期的细胞中 RNA 是储存遗传信息的载体,而不是 DNA。在进化过程中 RNA 先于 DNA 产生的证据是二者的化学组成不同。核糖像葡萄糖或者其他的碳水化合物很容易在实验室模拟原始地球大气的条件下通过甲烷的化学反应获得,而脱氧核糖很难获得。现在细胞中的脱氧核糖主要是通过蛋白酶的催化形成,因此,表明核糖比脱氧核糖产生的早。尽管 DNA 后来出现,但是 DNA 比 RNA 更适合作为永久遗传信息的储存仓库。特别是糖磷酸骨架中的脱氧核糖使 DNA 链的比 RNA 链更具有化学的稳定性,因此很长的 DNA 链不会被破坏。其次,DNA 双链比 RNA 单链结构稳定;DNA 链中胸腺嘧啶代替了 RNA 链中的尿嘧啶,使之易于修复。

今天,在拥有大量的生物学实验结果和定性分析以及部分定量规律的条件下,生物学的研究正在从现象的描述走向机制的阐明,从直观走向抽象,从分散走向综合,从定性走向定量。在这样的格局下,对生命起源的研究,将会极大地推动对现实生命现象、生命过程、遗传信息流、大分子结构与功能,以及与人类生存和发展息息相关的重大科学问题的揭示和解决。

**本章内容提要**

核糖体是细胞合成蛋白质的细胞器,广泛存在于一切细胞内(除哺乳动物成熟的红细胞等个别高度分化的细胞)。因此,核糖体是细胞最基本的不可缺少的重要结构,其唯一的功能是按照 mRNA 的指令由氨基酸高效且精确地合成多肽链。

核糖体是一种没有被膜包裹的颗粒状结构,其主要成分是蛋白质(称 r 蛋白)和 RNA(称 rRNA)。r 蛋白主要分布在核糖体的表面,而 rRNA 则位于核糖体的内部,二者靠共价键结合在一起。核糖体在细胞内以两种状态存在:一种是附着在内质网表面的核糖体,称为附着核糖体;另一种是游离状态分布在细胞质基质中的核糖体,称为游离核糖体。两种状态所合成的蛋白质种类不同,但它们的结构和化学成分却完全相同。

核糖体有两种基本类型:一种是 70S 的核糖体,主要存在于原核细胞中;另一种是80S 的核糖体,存在于所有真核细胞中(叶绿体和线粒体除外)。不论是 70S 或 80S 的核糖体,均由大小不同的两个亚单位组成。核糖体大小亚单位常游离于细胞质中,只有当小亚单位与 mRNA 结合后,大亚单位才与小亚单位结合形成完整的核糖体。肽链合成终止后,大小亚单位解离,又游离于细胞质中。

核糖体的装配是一个自我装配的过程。研究表明,不同细胞中的核糖体可能来源于一个共同的祖先,在进化上是非常保守的。

核糖体在细胞内不是单个独立地执行功能,而是由多个甚至几十个核糖体串联在一条 mRNA 分子上构成多聚核糖体,高效地进行肽链的合成。每种多聚核糖体所含核糖体的数量是由 mRNA 的长度决定的,蛋白质的合成是以多聚核糖体的形式进行的,这可大大提高多肽合成的速度。原核细胞和真核细胞在合成蛋白质上的主要区别之一是,原核细胞由 DNA 转录 mRNA 和由 mRNA 翻译成蛋白质是同时并几乎在同一个部位进行;而真核细胞的 DNA 转录在核内,蛋白质的合成在胞质。

核糖体的活性部位约占其结构成分的 2/3,远高于一般酶的活性中心,其最主要的活性部位是 A 位点、P 位点、E 位点和肽酰转移酶的催化中心。

生命是自我复制的体系,推测最早出现的简单生命体中的生物大分子,应是既具有信息载体功能又具有酶的催化功能,因此,RNA 可能是生命起源中最早的生物大分子。

**本章相关研究技术**

1. 发现核糖体及核糖体功能鉴定的两个关键技术:核糖体最早是 Albert Claude 于20 世纪 30 年代后期用暗视野显微镜观察细胞的匀浆物时发现的,当时称为微体(microsome),直到 50 年代中期,George Palade 在电子显微镜下观察到这种颗粒的存在。当时 George Palade 和他的同事研究了多种生物的细胞,发现细胞质中有类似的颗粒存在,尤其在进行蛋白质合成的细胞中特别多。后来 Philip Siekevitz 用亚细胞组分分离技术分离了这种颗粒,并发现这些颗粒总是伴随内质网微粒体一起沉积。化学分析揭示,这种微粒富含核苷酸,随之命名为 ribosome,主要成分是核糖体 RNA(rRNA),约占 60%、蛋白质(r 蛋白质)约占 40%。核糖体的蛋白质合成功能是通过放射性标记实验发现的。将细胞与放射性标记的氨基酸短暂接触后进行匀浆,然后分级分离,发现在微粒体部分有大量新合成的放射性标记的蛋白质。后将微粒体部分进一步分离,得到核糖体和膜微粒,这一实验结果表明核糖体与蛋白质合成有关。两个关键技术是亚细胞组分分离技术和放射性标记技术。其中亚细胞组分分离技术是根据各组分的沉降系数、质量、密度等的不同,应用强大的离心力使物质分离、浓缩和提纯的方法。放射性标记技术主要是放射性元素作为一种标记,制备含有此标记的化合物,然后根据放射性元素不断地放出特征射线的核物理性质,利用核探测器随时追踪它在体内或体外的位置、数量及其转变的技术。

2. 自 20 世纪 60 年代以来,人们运用化学、物理学和免疫学方法,主要对 *E. coli* 核糖体进行了大量的研究,完成了对 *E. coli* 核糖体 54 种蛋白质氨基酸序列及三种 rRNA 一级和二级结构的测定,初步认识了核糖体颗粒的基本建造(architecture)。这些技术主要包括:

(1) 免疫化学法(immunocytochemistry):是利用免疫反应定位组织和细胞中抗原成分分布的一类技术,分为体液免疫和细胞免疫测定。体液免疫测定主要是利用抗原与相应抗体在体外发生特异性结合,并在一些辅助因子参与下出现反应,从而用已知抗原或抗体来测定未知抗体或抗原。此外,还包括检测体液中的各种可溶性免疫分子,如补体、免疫球蛋白、循环复合物、溶菌酶等;细胞免疫测定主要是根据各种免疫细胞(T 细胞、B 细胞、K 细胞、NK 细胞及巨噬细胞等)表面所具有的独特标志和产生的细胞因子等,测定各种免疫细胞及其亚群的数量和功能,以帮助了解机体的细胞免疫水平。

(2) 中子衍射技术(neutron scattering):由准直管从反应堆中引出热中子流,先用晶体反射使之单色化,再照射到试样上,使热中子流被固体、液体或气体中的原子散射引起的衍射现象,用于研究物质(金属)的微观结构。

(3) 双功能试剂交联法(bifunctional crosslinking reagent):借助双功能试剂将抗体分子固定到硅表面。双功能试剂本身具有两个功能基团,固定时,双功能试剂一端先与硅表面基团反应,另一端再与抗体表面的活性基团反应。这种固定方法所选择的一些双功能试剂通常具有一定的分子臂长,保证抗体分子在结构上处于空间伸展状态,有助于其功能的发挥;另外双功能试剂本身能钝化硅表面,减少硅表面的非特异性吸附。常采用的双功能试剂有戊二醛、顺丁烯二酸酐等。

(4) 不同染料间单态—单态能量转移(singlet-singlet energy transfer)测定:测定不同染料处于电子激发单线态的能量给体,通过激发能的转移使能量受体的染料处于激发单线态的过程所需要的能量。

**复习思考题**

1. 多聚核糖体(polyribosome)的概念。
2. 试述原核细胞与真核细胞的核糖体主要区别。
3. 说明核仁中核糖体亚基的组配过程。
4. 已知核糖体上有哪些活性位点?它们在多肽合成中各起什么作用?
5. 核糖体的大小亚单位在蛋白质合成中的装配和解离有何生物学意义。
6. 举例说明进行核糖体方面的研究所采用的实验技术或方法。
7. 为什么说 RNA 最可能是生命进化早期遗传信息的载体和具有催化功能的生物大分子?

# 第十章 细胞骨架

**本章学习目的** 细胞骨架的研究是当前细胞生物学中最为活跃的领域之一,在诸多细胞生命活动中起着重要作用。狭义的细胞骨架指细胞质骨架,包括微丝、微管和中间纤维;广义的细胞骨架包括核骨架、核纤层和细胞外基质,形成贯穿于细胞核、细胞质、细胞外的一体化网络结构。微丝和微管分别由肌动蛋白和微管蛋白装配而成,微丝和微管没有组织特异性,动态装配与永久性结构是与其执行功能相适应的。微管组织中心包括:中心体、动粒、基体、皮层微管射线和成膜体等。中间纤维为直径约 10nm 纤维状结构,中间纤维蛋白的表达具有组织特异性。广义的细胞核骨架包括核基质、核纤层-核孔复合体体系、残存的核仁和染色体骨架;狭义的核骨架仅指核内基质,即细胞核内除核膜、核纤层、染色质、核仁和核孔复合体以外的以纤维蛋白成分为主的纤维网架体系。染色体支架是指染色体中由非组蛋白构成的结构支架。核纤层蛋白是中间丝蛋白家属成员。细胞骨架往往与其相应的结合蛋白协同作用执行功能。

细胞骨架(cytoskeleton)是指真核细胞中的蛋白纤维网架体系。早期的细胞骨架仅指微丝和微管,目前,狭义的细胞骨架指细胞质骨架,包括微丝(microfilament)、微管(microtubule)和中间纤维(intemediatefilament);广义的细胞骨架包括核骨架(nucleoskeleton)、核纤层(nuclear lamina)和细胞外基质(extracellular matrix),形成贯穿于细胞核、细胞质、细胞外的一体化网络结构。近年来发现细胞骨架不仅在维持细胞形态,承受外力、保持细胞内部结构的有序性方面起重要作用,而且还参与许多重要的生命活动,如参与细胞运动、物质运输、能量转换、信息传递、细胞分裂、基因表达、细胞分化等生命活动。

## 第一节 微 丝

微丝首先发现于肌细胞中,在横纹肌和心肌细胞中肌动蛋白成束排列组成肌原纤维,具有收缩功能。微丝也广泛存在于非肌细胞中。在细胞周期的不同阶段或细胞流动时,它们的形态、分布可以发生变化。因此,非肌细胞的微丝同胞质微管一样,在大多数情况下是一种动态结构,以不同的结构形式来适应细胞活动的需要。

微丝和它的结合蛋白(association protein)以及肌球蛋白(myosin)三者构成化学机械系统,利用化学能产生机械运动。

### 一、形态结构和成分

在细胞中,肌动蛋白以两种形式存在:单体和多聚体。单体的肌动蛋白是由一条多肽链构成的球形分子,又称为球形肌动蛋白 G-actin(globular actin,G-肌动蛋白),相对分子质量为 $4.3 \times 10^4$。肌动蛋白单体外观呈哑铃状(图 10-1)。外形类似花生果(哑铃形)。

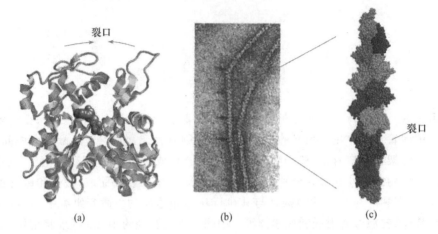

图 10-1　肌动蛋白三维结构与肌动蛋白纤维(Lodish et al. ,1995)

(a) 肌动蛋白单体一维结构,一分子 ATP 和 $Ca^{2+}$ 结合于分子中间核苷结合槽(nucleutide-binding cleft);
(b) 肌动蛋白纤维电镜照片;(c) 肌动蛋白纤维分子模型

肌动蛋白的多聚体形成肌动蛋白丝,称为纤维形肌动蛋白 F-actin(fibrous actin,F-肌动蛋白)。在电子显微镜下,F-肌动蛋白呈双股螺旋状,直径为 8nm,螺旋间的距离为 37nm。微丝是双股肌动蛋白丝以螺旋的形式组成的纤维,两股肌动蛋白丝是同方向的。微丝也是一种极性分子,具有两个不同的末端,一个是(＋)端,另一个是(－)端。

肌动蛋白存在于所有真核细胞中,肌动蛋白在真核细胞进化过程中高度保守,根据等电点的不同可将高等动物细胞内的肌动蛋白分为 $\alpha$-、$\beta$-、$\gamma$-三类。在哺乳动物和鸟类细胞中至少已分离到 6 种肌动蛋白,4 种称为 $\alpha$-肌动蛋白,分别为横纹肌、心肌、血管平滑肌和肠道平滑肌所特有,另两种为 $\beta$-肌动蛋白和 $\gamma$-肌动蛋白,见于所有肌肉细胞和非肌肉细胞胞质中。这些肌动蛋白基因是从同一个祖先基因进化而来。

肌动蛋白在进化上高度保守,酵母和兔子肌肉的肌动蛋白有 88% 的同源性。不同类型肌肉细胞的 $\alpha$-肌动蛋白分子一级结构(约 400 个氨基酸残基)仅相差 4～6 个氨基酸残基,$\beta$-肌动蛋白或 $\gamma$-肌动蛋白与 $\alpha$-横纹肌肌动蛋白相差约 25 个氨基酸残基。多数简单的真核生物,如酵母或黏菌,含单个肌动蛋白基因,仅合成一种肌动蛋白。真核生物含有多个肌动蛋白基因,如海胆有 11 个,网柄菌属(*Dictyostelium*)有 17 个,在某些植物中有 60 个。肌动蛋白要经过翻译后修饰,如 N 端乙酰化或组氨酸残基的甲基化。

二、装配

微丝是由球形肌动蛋白(G-actin)单体形成的多聚体[图 10-1(b)]。比较传统的模型认为微丝是由两条肌动蛋白单链螺旋盘绕形成的纤维,近年来则认为微丝是由一条肌动蛋白单体链形成的螺旋,每个肌动蛋白单体周围都有 4 个亚单位,呈上、下及两侧排列[图 10-1(c)]。体内肌动蛋白的装配在两个水平上受到结合蛋白的调节:①游离肌动蛋白单体的浓度;②微丝横向连接成束或成网的程度。细胞内许多微丝结合蛋白参与调节肌动蛋白的装配。

G-肌动蛋白在裂口的地方有一个 ATP 结合位点。实际上,每一个 G-肌动蛋白通常

都是结合有 $Mg^{2+}$ 以及 ATP 或 ADP 的复合物。ATP-actin(结合 ATP 的肌动蛋白)对微丝纤维末端的亲和力高,ADP-actin 对纤维末端的亲和力低,容易脱落。当溶液中 ATP-actin 浓度高时,微丝快速生长,在微丝纤维的两端形成 ATP-actin"帽子",这样的微丝有较高的稳定性。伴随着 ATP 水解,微丝结合的 ATP 就变成了 ADP,当 ADP-actin 暴露出来后,微丝就开始去组装而变短。

在含有 ATP 和 $Ca^{2+}$ 以及低浓度的 $Na^+$、$K^+$ 等阳离子溶液中,微丝趋于解聚成 G-actin;而在 $Mg^{2+}$ 和高浓度的 $Na^+$,$K^+$ 溶液诱导下,G-actin 则装配为纤维状肌动蛋白,新的 G-actin 加到微丝末端,使微丝延伸。微丝具有极性,肌动蛋白单体加到(+)极的速度要比加到(-)极的速度快 5~10 倍。溶液中 ATP-肌动蛋白的浓度也影响组装的速度。当处于临界浓度时,ATP-actin 可能继续在(+)端添加、而在(-)端开始分离,表现出一种"踏车"现象(tread milling)(图 10-2)。发生踏车时,虽然 F-肌动蛋白的净长度没有发生变化,但是装配与去装配仍在进行,只不过添加到微丝上的 G-肌动蛋白分子与脱下来的速率相等。在电子显微镜下观察,通过负染技术发现 F-肌动蛋白是一种长的、具有弹性的纤维,直径是可变的,平均为 7~9nm。肌动蛋白可在体外装配成微丝,其结构与细胞中分离的微丝相同,可以通过聚合—解聚纯化微丝。在适宜的温度下,存在 ATP、$K^+$、$Mg^{2+}$ 的条件下,肌动蛋白单体可自组装为纤维。这个过程是可逆的,当降低溶液中离子的浓度,F-肌动蛋白纤维能够解聚成 G-肌动蛋白。

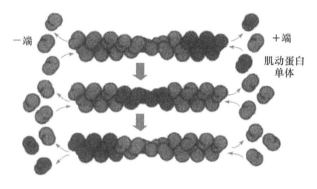

图 10-2　肌动蛋白的"踏车"现象(翟中和等.2007)

细胞松弛素(cytochalasin)是真菌的一种代谢产物,可以切断微丝,并结合在微丝末端阻抑肌动蛋白聚合,但对解聚没有明显影响,因而可以破坏微丝的三维网络。鬼笔环肽(phalloidine)是一种由毒蕈(*Amanita phallodies*)产生的双环杆肽,与微丝有强亲和作用,使肌动蛋白纤维稳定,抑制解聚,且只与 F-肌动蛋白结合,而不与 G-肌动蛋白结合,荧光标记的鬼笔环肽可清晰地显示细胞中的微丝。

### 三、微丝结合蛋白

微丝系统的主要组分是肌动蛋白纤维。此外,还包括许多微丝结合蛋白(microfilament-associated protein)。肌动蛋白可以装配成不同的微丝网络结构,参与细胞内各种生命活动。肌动蛋白纤维的不同存在形式与微丝结合蛋白的种类有关。微丝结合蛋白参与形成微丝纤维高级结构,对肌动蛋白纤维的动态装配有调节作用,以行使特定的功能。

微丝结合蛋白包括肌肉系统中微丝结合蛋白、非肌肉系统微丝结合蛋白。目前,已经分离出来的微丝结合蛋白有 100 多种,可分为不同类型(表 10-1)。

表 10-1　微丝结合蛋白的主要类型与功能

| 微丝结合蛋白类型与名称 | 相对分子质量/$10^3$ | 功能 |
|---|---|---|
| 成核蛋白:<br>　Arp2/3 复合物 | 由 7 个亚基聚合而成 | 在微丝开始组装时起成核作用 |
| 单体隔离蛋白:<br>　胸腺蛋白(thymosin)<br>　切丝蛋白(cofilin) | 5 | 与肌动蛋白单体结合,调节肌动蛋白的组装<br>与肌动蛋白单体或肌动蛋白纤维结合,促使肌动蛋白纤维的解聚 |
| 单体聚合蛋白:<br>　抑制蛋白(profilin) | 12~15 | 一种 ATP-肌动蛋白结合蛋白,能够在细胞运动过程中促进肌动蛋白的聚合 |
| 成束蛋白:<br>　丝束(毛缘)蛋白(fimbrin)<br>　绒毛蛋白(villin)<br><br><br>　$\alpha$-辅肌动蛋白($\alpha$-actinin) | 68<br>95<br><br><br>57 | 横向连接相邻微丝形成紧密的微丝束<br>一种 $Ca^{2+}$ 调节微丝结合蛋白,在低 $Ca^{2+}$ 时促进微丝装配核心,形成微丝束;高 $Ca^{2+}$ 时将微丝切成片段,在微绒毛的发生中可能起关键作用<br>参与微丝与膜的结合,可横向连接微丝形成束,在肌节中具结构作用 |
| 封端蛋白:<br>　$\beta$-辅肌动蛋白($\beta$-actinin)<br>　Cap Z<br>　加帽蛋白(capping protein) | 35~37<br>32~34<br>28~31 | 结合于纤维一端,阻止肌动蛋白单体的增加或减少 |
| 纤维解聚蛋白:<br>　切丝蛋白(cofilin)<br>　ADF<br>　蚕食蛋白(depactin) | | 与肌动蛋白单体或肌动蛋白纤维结合,促使肌动蛋白纤维的解聚 |
| 网络形成蛋白:<br>　细丝蛋白(filamin)<br>　肌动蛋白结合蛋白(ABP)<br>　凝胶蛋白(gelatin)<br>　截断蛋白(fragmin,serverin) | 250<br>250<br>23~28<br>40~42 | 横向连接相邻微丝,形成三维网络结构 |
| 纤维切割蛋白:<br>　凝溶胶蛋白(gelsolin)<br><br>　短杆素(brevin)<br>　血影蛋白(spectrin)<br><br>　踝蛋白(talin) | 90<br><br>93<br>240($\alpha$)<br>220($\beta$)<br>235 | 高[$Ca^{2+}$](1mol/L)时将长微丝切成片段,使肌动蛋白由凝胶向溶胶转化<br><br>红细胞膜骨架的主要组分之一,相邻微丝间横向连接<br><br>见于细胞黏着斑,与细胞黏着有关 |
| 膜结合蛋白:<br>　纽蛋白(vinculin)<br>　肌营养不良蛋白(dystrophin)<br>　膜桥蛋白(ponticulin) | 130<br>427<br>17 | 在细胞连接和细胞粘着部位富集,通过结合于 $\alpha$-辅肌动蛋白,介导微丝结合于细胞膜 |

## 四、微丝的功能

在微丝结合蛋白的协助下,微丝在真核细胞中形成了广泛存在的骨架结构。与细胞许多重要的功能活动有关。

（一）支撑作用

**1. 形成应力纤维**

应力纤维（stress fiber）位于细胞内紧邻质膜下方，是由微丝束构成的较为稳定的纤维状结构，也称为张力纤维，常与细胞的长轴成平行分布并贯穿细胞的全长。微丝束具有极性，一端与质膜的特定部位相连，另一端插入到细胞质中，或与中间丝结合。非肌细胞中的应力纤维与肌原纤维有很多类似之处，都包含 myosin Ⅱ、原肌球蛋白、filamin 和 $\alpha$-actinin。应力纤维具有收缩功能，但不运动，用于维持细胞的形状和赋予细胞韧性和强度。培养的成纤维细胞中具有丰富的应力纤维，并通过黏着斑固定在基质上。在体内应力纤维使细胞具有抗剪切力。

**2. 形成微绒毛**

肠上皮细胞表面有大量的微绒毛，微绒毛对扩大小肠的表面积、增强消化和吸收功能具有重要意义。微绒毛骨架是由微丝形成的微丝束构成的，此外还有一些微丝结合蛋白，在调节微绒毛长度和保持其形状方面具有重要作用。微绒毛侧面质膜由侧臂与肌动蛋白丝束相连，从而将肌动蛋白丝固定。肌动蛋白丝之间由许多绒毛蛋白和毛缘蛋白组成的横桥相连，毛缘蛋白与微丝束的形成有关。绒毛蛋白的作用受 $Ca^{2+}$ 浓度的调节，在低 $Ca^{2+}$ 浓度下绒毛蛋白可使微丝聚集成束，而在高 $Ca^{2+}$ 浓度下又能使微丝断裂。

（二）参与细胞运动

**1. 变形运动**

动物细胞在进行位置移动时多采用变形运动的方式。如变形虫、巨噬细胞、成纤维细胞和白细胞以及早期发育时的胚胎细胞等，这些细胞含有丰富的微丝，依赖肌动蛋白和微丝结合蛋白的相互作用，可进行变形运动（图 10-3）。细胞的变形运动分为四步：①微丝纤维生长，使细胞表面突出，形成片足（lamellipodium）也称为片状伪足或丝状伪足；②在片足与基质接触的位置形成黏着斑；③在 myosin 的作用下微丝纤维滑动，使细胞主体前移；④解除细胞后方的黏和点。如此不断循环，细胞向前移动。

**2. 细胞分裂**

有丝分裂的末期，两个即将分离的子细胞内产生收缩环（contractile ring）或称缢缩环，收缩环由平行排列的微丝和 myosin Ⅱ组成，这些微丝具有不同的极性。通过肌动蛋白与肌球蛋白分子的相互作用产生收缩的动力，在肌球蛋白的作用下，不同极性的微丝之间发生相对滑动，使收缩环收缩，形成分裂沟，使细胞一分为二。干扰肌动蛋白或肌球蛋白都能抑制收缩环的功能，如在细胞松弛素存在的情况下，不能形成胞质分裂环，因此形成双核细胞。

**3. 肌肉收缩**

骨骼肌细胞的收缩单位是肌原纤维，肌原纤维由粗肌丝和细肌丝装配形成，粗肌丝的主要成分是肌球蛋白，而细肌丝的主要成分是肌动蛋白、原肌球蛋白和肌钙蛋白。关于肌小节的构造请参阅生理学或组织学书籍。

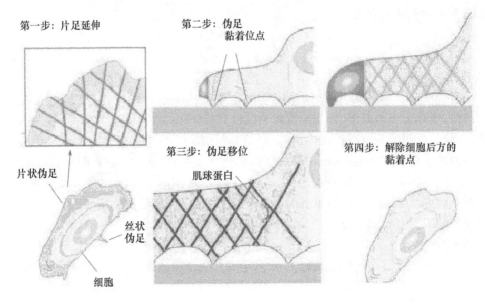

第一步：片足延伸

片状伪足

丝状伪足

细胞

第二步：伪足黏着位点

第三步：伪足移位

肌球蛋白

第四步：解除细胞后方的黏着点

图 10-3  细胞的移动过程示意图（Ablerts et al.，2002）

1）肌球蛋白（myosin）

属于马达蛋白，可利用 ATP 产生机械能，趋向微丝的（＋）极运动，最早发现于肌肉组织（myosin Ⅱ），20 世纪 70 年代后逐渐发现许多非肌细胞的 myosin，目前已知的有 15 种类型（myosin Ⅰ- ⅩⅤ）。

myosin Ⅱ是构成肌纤维的主要成分之一。由两个重链和 4 个轻链组成，重链形成一个双股 α 螺旋，一半呈杆状，另一半与轻链一起折叠成两个球形区域，位于分子一端，球形的头部具有 ATP 酶活性。

myosin Ⅴ结构类似于 myosin Ⅱ，但重链有球形尾部。

myosin Ⅰ由一个重链和两个轻链组成。

myosin Ⅰ、Ⅱ、Ⅴ都存在于非肌细胞中，Ⅱ型参与形成应力纤维和胞质收缩环，Ⅰ、Ⅴ型结合在膜上与膜泡运输有关，经细胞富含 myosin Ⅴ。

2）原肌球蛋白

原肌球蛋白（tropomyosin，Tm）分子质量 64kDa，是由两条平行的多肽链扭成螺旋，每个 Tm 的长度相当于 7 个肌动蛋白，呈长杆状。原肌球蛋白与肌动蛋白结合，位于肌动蛋白双螺旋的沟中，主要作用是加强和稳定肌动蛋白丝，抑制肌动蛋白与肌球蛋白结合。

3）肌钙蛋白

肌钙蛋白（troponin，Tn），分子质量 80kDa，含三个亚基，肌钙蛋白 C 特异地与钙结合，肌钙蛋白 T 与原肌球蛋白有高度亲和力，肌钙蛋白 Ⅰ抑制肌球蛋白的 ATP 酶活性，细肌丝中每隔 40nm 就有一个肌钙蛋白复合体。

4）肌肉的收缩

肌细胞上的动作电位引起肌质网 $Ca^{2+}$ 电位门通道开启，肌浆中 $Ca^{2+}$ 浓度升高，肌钙蛋白与 $Ca^{2+}$ 结合，引发原肌球蛋白构象改变，暴露出肌动蛋白与肌球蛋白的结合位点。

肌动蛋白通过结合与水解 ATP、不断发生周期性的构象改变、引起粗肌丝和细肌丝的相对滑动。肌动蛋白的工作原理可概括如下：①肌球蛋白结合 ATP，引起头部与肌动蛋白纤维分离；②ATP 水解，引起头部与肌动蛋白弱结合；③Pi 释放，头部与肌动蛋白相结合，头部向 M 线方向弯曲（微丝的负极），引起细肌丝向 M 线移动；④ADP 释放 ATP 结合上去，头部与肌动蛋白纤维分离（图 10-4）。如此循环。

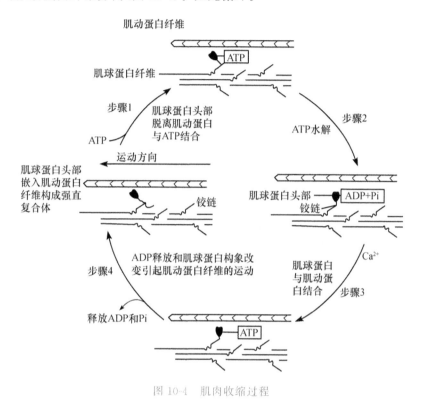

图 10-4 肌肉收缩过程

## （三）参与胞内信息传递

细胞表面的受体在受到外界信号作用时，可触发细胞膜下肌动蛋白的结构变化，从而启动细胞内激酶变化的信号转导过程。微丝主要参与 Rho 蛋白家族有关的信号转导，Rho 蛋白家族（Rho protein family）是与单体的 GTP 酶有很近亲缘关系的蛋白质，它的成员有：Cdc42、Rac 和 Rho。Rho 蛋白通过 GTP 结合状态和 GDP 结合状态循环的分子转变来控制细胞转导信号的作用。活化的 Cdc42 触发肌动蛋白聚合作用和成束作用，形成线状伪足或微棘。活化的 Rac 启动肌动蛋白在细胞外周的聚合形成片足和褶皱。活化的 Rho 既可启动肌动蛋白纤维通过肌球蛋白 II 纤维成束形成应力纤维，又可通过蛋白质的结合形成点状接触。

## （四）顶体反应

在精卵结合时，微丝使顶体突出，穿入卵子的胶质里，融合后受精卵细胞表面积增大，形成微绒毛，微丝参与形成微绒毛，有利于吸收营养。

（五）其他功能

如细胞器运动、质膜的流动性、胞质环流均与微丝的活动有关，抑制微丝的药物（细胞松弛素）可增强膜的流动、破坏胞质环流。

# 第二节　微　管

微管（microtubule）是存在于所有真核细胞中由微管蛋白（tubulin）装配成的长管状细胞器结构，通过其亚单位的装配和去装配能改变其长度，对低温、高压和秋水仙素等药物敏感。细胞内微管呈网状或束状分布，在细胞内造成了一个轨道系统，各种小囊泡、细胞器以及其他组分沿着微管可以在细胞内移动。胞质微管是细胞骨架的一部分，引导胞内运输以及胞内膜性细胞器的定位。并能与其他蛋白共同装配成纺锤体、基粒、中心粒、鞭毛、纤毛、轴突、神经管等结构，参与细胞形态的维持、细胞运动和细胞分裂。

## 一、形态结构与组成

微管由两种类型的微管蛋白亚基，即 $\alpha$-微管蛋白和 $\beta$-微管蛋白组成，$\alpha$-微管蛋白和 $\beta$-微管蛋白均含酸性 C 端序列。除极少数例外，如人的红细胞，微管几乎存在于从阿米巴到高等动植物所有真核细胞胞质中，而所有原核生物中没有微管。微管蛋白分子在生物进化上可能是最稳定的蛋白分子之一。最近，微管蛋白三维结构研究取得突破性进展，采用结晶电子显微学方法研究了微管蛋白异二聚体的三维结构，对从分子水平阐述微管的装配与调节，微管蛋白与引擎蛋白之间的相互作用有深远影响。在细胞质中基本上无游离的 $\alpha$-微管蛋白或 $\beta$-微管蛋白，二者靠非共价键结合以异二聚体的形式存在，$\alpha$-微管蛋白在下，$\beta$-微管蛋白在上。异二聚体是构成微管的基本亚单位，若干异二聚体亚单位首尾相接，形成了原纤维。每一微管蛋白异二聚体上含有鸟嘌呤核苷酸的两个结合位点，微管蛋白与 GTP 结合而被激活，引起分子构象变化，从而聚合成微管；还含有一个长春碱的结合位点和二价阳离子 $Mg^{2+}$ 的结合位点。另外，$\alpha$-微管蛋白肽链中的第 201 位的半胱氨酸为秋水仙素分子的结合部位。

微管是由微管蛋白二聚体装配成的长管状细胞器结构（图 10-5），在横切面上，微管呈中空状，外径为 24～26nm，内径 15nm，微管壁由 13 根原纤维（protofilament）排列构成。在各种细胞中微管的形态和结构基本相同，但长度不等，有的可达数微米。每一根原纤维由微管蛋白二聚体排列而成。微管蛋白主要成分为 $\alpha$-微管蛋白和 $\beta$-微管蛋白，占微管总蛋白质含量的 80%～95%。$\alpha$-微管蛋白与 $\beta$-微管蛋白在化学性质上极为相似。二者的分子的顺序相同，而且各种生物的微管蛋白几乎完全相同，说明 $\alpha$-微管蛋白和 $\beta$-微管蛋白分子质量均为 50kDa 氨基酸数分别为 450 个和 445 个。氨基酸序列分析表明，二者有 35%～40% 的氨基酸序列同源，表明具有同一个基因祖先，并在进化过程中极为保守。微管蛋白二聚体的两种亚基均可结合 GTP，$\alpha$-球蛋白结合的 GTP 从不发生水解或交换，是 $\alpha$-球蛋白的固有组成部分，$\beta$-球蛋白结合的 GTP 可发生水解，结合的 GDP 可交换为 GTP，可见 $\beta$ 亚基也是一种 G 蛋白。

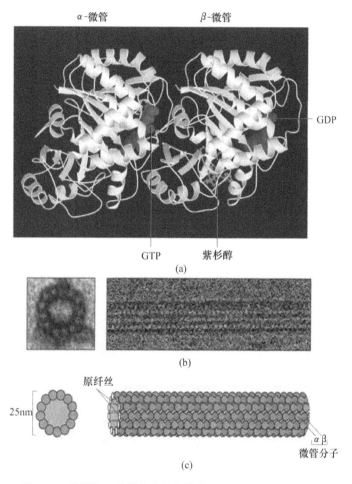

α-微管    β-微管

GDP

GTP    紫杉醇

(a)

(b)

原纤丝

25nm

α β
微管分子

(c)

图 10-5    微管蛋白及微管的结构模式图(Alberts et al. ,2002)
(a) 微管蛋白异二聚体结构;(b) 原纤维结构;(c) 微管结构

　　微管具有极性,(+)极(plus end)生长速度快,(-)极(minus end)生长速度慢,也就是说微管蛋白在(+)极的添加速度高于(-)极。(+)极的最外端是 β-球蛋白,(-)极的最外端是 α-球蛋白。微管装配过程和微丝一样具有踏车行为。

　　微管形成的有些结构是比较稳定的,是由于微管结合蛋白的作用和酶修饰的原因。如神经细胞轴突、纤毛和鞭毛中的微管纤维。大多数微管纤维处于动态的组装和去组装状态,这是实现其功能所必需的过程(如纺锤体)。

　　微管可装配成单管(singlet),二联管(doublet)(纤毛和鞭毛中),三联管(triplet)(中心粒和基体中)。在多数情况下,微管都是以简单的单管存在,大部分细胞质微管是单管,它在低温、$Ca^{2+}$ 和秋水仙素作用下容易解聚,属于不稳定微管。虽然绝大多数单体是由 13 根原纤维组成的一个管状结构,在极少数情况下,也有由 11 根或 15 根原纤维组成的微管,如线虫神经节微管就是由 11 或 15 条原纤维组成。

　　双联体是构成纤毛和鞭毛的周围小管,是运动类型的微管。组成双联体的单管分别称为 A 管和 B 管,其中 A 管是由 13 根原纤维组成,B 管是由 10 根原纤维组成,与 A 管共用 3 根原纤维,一个二联管有 23 根原纤维。三联管见于中心粒和基体,由 A、B、C 三个单管组成,A 管由 13 根原纤维组成,B 管和 C 管均由 10 根原纤维组成,分别与 A 管和 B 管共用 3 根原纤维,所以一个三联管共有 33 根原纤维。二联管和三联管对于低温、$Ca^{2+}$ 和秋水仙素的作用是稳定的。

近年来人们在微管蛋白家族发现了第三个成员——$\gamma$-微管蛋白,它不是构成微管的主要成分,占微管蛋白总含量的不足 1%,但在微管执行功能过程中是必不可少的。$\gamma$-微管蛋白分子质量约 50kDa,由 455 个左右的氨基酸组成。运用 $\gamma$-微管蛋白特异性抗体标记染色显示,定位于微管组织中心,对微管的形成、微管的数量和位置、微管极性的确定及细胞分裂起重要作用。编码 $\gamma$-微管蛋白的基因若发生突变,可引起细胞质微管在数量、长度上的减少和由微管组成的有丝分裂器的缺失,而且可以强烈地抑制核分裂从而影响细胞分裂。

$\gamma$-微管蛋白在细胞质中是以一种约 25S 复合物形式存在于微管组织中心,称为 $\gamma$-微管蛋白环状复合物(the $\gamma$-tubulin ring complex,$\gamma$-TURC)(图 10-6)。这一复合物是由 $\alpha$-微管蛋白、$\beta$-微管蛋白、$\gamma$-微管蛋白和 4 种其他蛋白质(P75、P109、P133 和 P195)组成。非微管蛋白决定螺旋形支架(基底部分),13 个 $\gamma$-微管蛋白和 1~2 个 $\alpha$-微管蛋白/$\beta$-微管蛋白异二聚体结合到支架上。$\gamma$-TURC 的作用是促进微管核心的形成,即成核作用,使微管的负端稳定。

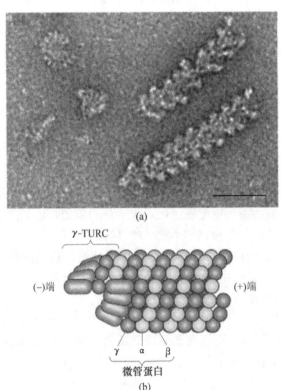

图 10-6　$\gamma$-微管蛋白环复合体($\gamma$-TURC)组装微管成核模型(Keating and Borisy,2000)

$\gamma$-微管蛋白环复合体($\gamma$-TURC 环),成核微管装配。(a) 电子显微图,体外组装微管,显示正负两端;
(b) $\gamma$-TURC 微核如何装配形成一个微管负极模板

### 二、微管的装配

活着的细胞依据生理活动需要,微管蛋白表现聚合或解聚,形成微管的组装或去组装,从而改变微管的结构与分布。如细胞在有丝分裂开始与结束时,纺锤体的快速装配与去装配;有些细胞中含有稳定的微管结构,如纤毛中的微管束结构。若组装与去组装保持平衡状态,则微管维持稳定的结构。

(一)装配过程

所有微管遵循同一原则由相似的蛋白亚基装配而成,微管蛋白以环状的 $\gamma$-球蛋白复合体为模板核化,帮助 $\alpha$- 和 $\beta$-球蛋白聚合为微管纤维。$\alpha$-微管蛋白和 $\beta$-微管蛋白形成长度为 8nm $\alpha\beta$ 二聚体,$\alpha\beta$ 二聚体先形成原纤维(protofilament),经过侧面增加而扩展为片层,至13根原纤维时,即合拢形成一段微管。游离的微管,在 $\beta$-微管蛋白的交换位点结合有 GTP,$\alpha\beta$ 二聚体会不断地结合到这一端点使之延长。最终微管蛋白与微管达至平衡(图 10-7)。在同一根微管的 13 条原纤维中,所有 $\alpha\beta$ 二聚体的取向都是相同的,形成的微管两个末端在结构上不是等同的,形成了微管的极性,即所有的微管都有确定的极性。细胞内所有由微管构成的亚细胞结构也是有极性的。

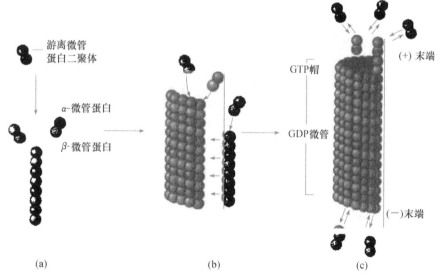

图 10-7 微管装配过程与踏车模型(崔中和等,2000)
(a)原纤维装配;(b)侧面层装配;(c)微管延伸

目前的微管装配动态模型认为,在一定条件下,微管两个端点的装配速度不同,表现出明显的极性。微管的一端发生 GTP-微管蛋白的添加,使微管不断延长,称为正端,而在另一端具有 GDP-微管蛋白发生解聚而使微管缩短,则为负端,微管的这种装配方式称为踏车运动(图 10-7)。

(二)体外微管装配条件

在适当的条件下,微管能进行自我装配,其装配要受到微管的浓度、pH、温度的影响。

当微管蛋白低于一定浓度(临界浓度约为 1mg/mL)时,不发生微管装配,临界浓度随温度和其他聚合条件的变动而异。

1972 年 Weisenberg 证明提纯的微管,在微酸性环境(pH＝6.9),适宜的温度下,存在 GTP、$Mg^{2+}$ 和去除 $Ca^{2+}$ 的条件下能自发的组装成微管。但这种微管只有 11 条原纤维,可能是因为没有 $\gamma$-微管球蛋白构成的模板。

37℃微管蛋白二聚体装配成微管,0℃微管解聚为二聚体。

微管 $\beta$-球蛋白结合的 GTP 水解并不是微管组装所必需的步骤,但是 $\alpha$-微管蛋白/$\beta$-微管蛋白异二聚体同 GTP 结合后而被激活,引起微管蛋白分子的构象呈直线型,从而使异二聚体结合成微管,而 GTP 则分解为 GDP 和磷酸。微管两端的微管蛋白具有 GTP 帽(与 GTP 结合)时,微管继续组装;而具有 GDP 帽(与 GDP 结合)时,改变异二聚体的构象使原纤维弯曲而不能形成微管的管壁,微管则趋向于解聚。

### (三) 体内微管装配动态

微管在生理状态及实验处理解聚后重新装配的发生处称为微管组织中心(microtubule organizing center,MTOC),它包括:中心体(动物细胞中主要的微管组织中心)、动粒(染色体与纺锤丝相连的部位)、纺锤体的极体(真菌)、基体(原生动物鞭毛、纤毛)、皮层微管射线和成膜体(植物细胞)等。微管组织中心决定细胞微管的极性,微管的正端指向微管组织中心,负端背向微管组织中心。

微管在细胞内的装配和去装配在时间和空间上是高度有序的。微管形成时,$\gamma$-TURC 存在于微管组织中心,$\alpha$-微管蛋白/$\beta$-微管蛋白异二聚体结合到 $\gamma$-TURC 上,通过微管蛋白彼此间相互作用而稳定,形成一短的微管,由于 $\gamma$TURC 像帽子一样戴在微管的负端而使微管负端稳定。$\gamma$-TURC 组织微管形成的能力似乎被细胞周期调节机制所开闭。最明显的模式是:在间期组织微管形成的能力被关闭,而在 $G_2$ 期到 M 期的转换时期,一种涉及细胞周期调节的激酶可能使 $\gamma$-微管蛋白或 $\gamma$-TURC 中的某些蛋白质磷酸化,从而打开 $\gamma$-TURC 组织微管形成的能力。

微管蛋白的合成是自我调节的,多余的微管蛋白单体结合于合成微管蛋白的核糖体上,导致微管蛋白 mRNA 降解。

### 三、微管特异性药物

有些微管特异性药物在微管结构与功能研究中起重要作用,这些药物主要有:秋水仙素(colchicine)、长春碱(vinblastine)、紫杉酚(taxol)和 nocodazole 等。用低浓度的秋水仙素(colchicine)处理活细胞,可立即破坏纺锤体结构。秋水仙素结合的微管蛋白可加合到微管上,阻止其他微管蛋白单体继续添加,从而破坏纺锤体结构,长春碱具有类似的功能。秋水仙素不像 $Ca^{2+}$、高压和低温等因素那样直接破坏微管,而是阻断微管蛋白装配成微管。紫杉酚和微管紧密结合防止微管蛋白亚基的解聚,加速微管蛋白的聚合作用,并使已形成的微管稳定。同样重水($D_2O$)也会促进微管装配,增加其稳定性。nocodazole 能结合微管蛋白,阻断微管蛋白的聚合反应。

## 四、微管相关蛋白

现已发现有几种蛋白与微管密切相关,附着于微管多聚体上,参与微管的装配并增加微管的稳定性。然而,在实验条件下,微管蛋白可以在去除这些蛋白的情况下装配。因此这些蛋白称为微管相关蛋白(microtubule associated protein,MAP)。包括 MAP1,MAP2,MAP4,tau 蛋白等。一般认为微管相关蛋白质与骨架纤维间的连接有关。

一般认为,微管结合蛋白由两个区域组成:一个是碱性的微管结合区域,该结构域可与微管结合,可明显加速微管的成核作用;另一个是酸性的突出区域,以横桥的方式与其他骨架纤维相连接,突出区域的长度决定微管在成束时的间距大小。

MAP1:对热敏感,是一类高分子质量(200~300kDa)的蛋白质,常见于神经轴突和树突中。在微管间形成横桥,但并不使微管成束。MAP1 常在微管间形成横桥,它可以控制微管的延长,但不能使微管成束。MAP1 有三种不同的亚型:MAP1A、MAP1B 和 MAP1C[MAP1C 是一种胞质动力蛋白(dynein),是一个由 9~12 个亚基组成的蛋白质复合体,具有 ATP 酶活性,与轴突中逆向的物质运输有关]MAP1A 见于成熟轴突中;MAP1B 见于新生长的轴突中。

MAP2:是一类高分子质量(200~300kDa)的蛋白质,具有热稳定性,存在于神经细胞的胞体和树突中。MAP2 能在微管间以及微管与中间丝之间形成横桥;与依赖于 cAMP 的蛋白激酶有高度亲和性。与 MAP1 不同,MAP2 能使微管成束。MAP2 有三种不同的亚型:MAP2A、MAP2B 和 MAP2C。MAP2A 分子质量为 270kDa,在神经元发育过程中不断增加表达;MAP2B 的分子质量也为 270kDa,在神经元发育过程中的表达保持恒定;MAP2C 的分子质量为 70kDa,存在于不成熟的神经元树突中。

MAP4:分子质量为 200kDa 左右,广泛存在于各种细胞中。在进化上具有保守性,具高度热稳定性。

Tau 蛋白:Tau 蛋白有 5 种不同的类型,由同一基因编码,是一类低分子质量(55~62kDa)的辅助蛋白,也称装饰因子,存在于神经细胞轴突中。具有热稳定性。其功能是加速微管蛋白的聚合,形成 18nm 臂,横向连接相邻微管以稳定微管。另外 Tau 蛋白也有控制微管延长的作用。Tau 蛋白可被钙调素激酶 Ⅱ、蛋白激酶 A 及 $P_{42}$ MAP 激酶磷酸化。

正端追踪蛋白:最近研究表明,还有一类称为正端追踪蛋白(plus-end-tracking protein)或"+TIPs"的微管结合蛋白,定位于微管的正端,它在微管形成的控制、微管与细胞膜或动粒的连接及微管的踏车运动(tread milling)中起作用。"+TIPs"有两个亚系:CLIP-170 家族和 EB1 家族。CLIP-170 结合到游离的微管蛋白异二聚体或寡聚体,然后通过共聚合作用,共同结合到微管的正端。在动物细胞中,CLIP-170 家族的调节因子也已经发现,被称为 CLIP 相关蛋白(CLIP-associated protein,CLASP),通过磷酸化来调节与微管之间的联系。有一些正端结合蛋白如 EB1 微管戴帽蛋白结合在微管的末端可以控制微管的定位,可以帮助生长的微管末端特异性地靶向细胞皮层的蛋白质。

stathmin:是一种小分子的蛋白质,一分子 stathmin 结合两个微管蛋白异二聚体以阻止异二聚体添加到微管的末端。细胞中高活性水平的 stathmin,会降低微管延长的速率。

stathmin 的磷酸化会抑制 stathmin 结合到微管蛋白上,导致 stathmin 磷酸化的信号能加速微管的延长和动力学上的不稳定。

XMAP215:是一种普遍存在的蛋白质,能优先结合在微管旁边,稳定微管的游离末端,抑制微管从生长到缩短的转变。在有丝分裂过程中 XMAP215 的磷酸化可抑制这种活性。

### 五、微管的功能

#### (一) 支架作用

在神经细胞的轴突和树突中,微管束沿长轴排列,起支撑作用,在胚胎发育阶段微管帮助轴突生长,突入周围组织,在成熟的轴突中,微管是物质运输的路轨。在培养的细胞中,微管呈放射状排列在核外,(+)端指向质膜,形成平贴在培养皿上的形状。

#### (二) 细胞内运输

微管起细胞内物质运输的路轨作用,单根微管上的物质运输可以是双向的,破坏微管会抑制细胞内的物质运输。与微管结合而起运输作用的马达蛋白有两大类:驱动蛋白(kinesin),动力蛋白(dynein),两者均需 ATP 提供能量。

驱动蛋白发现于 1985 年,是由两条轻链和两条重链构成的四聚体,外观具有两个球形的头(具有 ATP 酶活性)、一个螺旋状的杆和两个扇子状的尾。通过结合和水解 ATP,导致颈部发生构象改变,使两个头部交替与微管结合,从而沿微管"行走",将"尾部"结合的"货物"(运输泡或细胞器)转运到其他地方。据估计哺乳动物中类似于 kinesin 的蛋白(KLP,kinesin-like protein or KRB,kinesin-related protein)超过 50 种,大多数 KLP 能向着微管(+)极运输小泡,也有些如 Ncd 蛋白(一种着丝点相关的蛋白)趋向微管的(一)极。

动力蛋白发现于 1963 年,因与鞭毛和纤毛的运动有关而得名。动力蛋白分子质量巨大(接近 1.5MDa),由两条相同的重链和一些种类繁多的轻链以及结合蛋白构成(鞭毛二联微管外臂的动力蛋白具有三个重链)。其作用主要有以下几个方面:在细胞分裂中推动染色体的分离、驱动鞭毛的运动、向着微管(一)极运输小泡。

在有些动物体内存在色素细胞,色素颗粒也是沿微管运输的。例如,许多两栖类的皮肤和鱼类的鳞片的色素细胞,在神经肌肉控制下,这些细胞中的色素颗粒可在数秒钟内迅速分布到细胞各处,从而使皮肤颜色变黑;又能很快运回细胞中心,而使皮肤颜色变浅,以适应环境的变化。研究发现,色素颗粒实际上是沿微管而转运的。

#### (三) 纺锤体组装与解聚

纺锤体是一种微管构成的动态结构,其作用是在分裂细胞中牵引染色体到达分裂极。

当细胞从间期进入分裂期时,间期细胞胞质微管网架崩解,微管解聚为微管蛋白,经重装配形成纺锤体,介导染色体的运动;分裂末期,纺锤体微管解聚为微管蛋白,经重装配形成胞质微管网。

纺锤体微管可分类如下:①动粒微管:连接动粒与两极的微管;②极微管:从两极发出,在纺锤体中部互相交错重叠的微管;③星微管:组成星体的微管(见细胞周期与细胞分裂图10-7)。

有关染色体运动的分子机制曾有两种学说:①动力平衡学说:认为染色体的运动与微管的装配—去装配有关;②滑行学说:认为染色体的运动与微管间的相互滑动有关。

(四)纤毛与鞭毛的运动

纤毛(cilia)和鞭毛(flagellae)是细胞表面相似的两种细胞特化结构,具有运动功能。前者较短,5～10μm;后者较长,约150μm,两者直径相似,均为0.15～0.3μm。

纤毛和鞭毛均由基体和鞭杆两部分构成,纤毛轴心含有一束"9+2"排列的平行微管,中央微管均为完全微管,外围二联体微管由A、B亚纤维组成,A亚纤维为完全微管,由13个球形亚基环绕而成,B亚纤维仅由10个亚基构成,另3个亚基与A亚纤维共用(图10-8)。

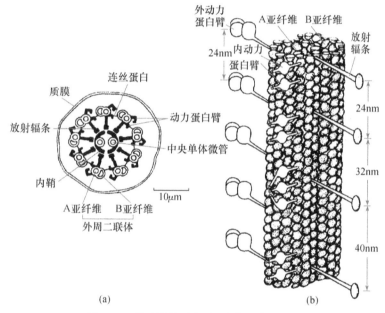

图10-8 纤毛结构示意图(翟中和等,2007)

(a)纤毛横切面;(b)二联体微管及其附属结构

轴心的主要蛋白结构:①微管蛋白二聚体。二联体中的微管蛋白二聚体无秋水仙素结合部位。②动力蛋白臂(dynein arm)。由微管二联体A亚纤维伸出,同相邻微管二联体B亚纤维相互作用使纤毛弯曲。动力蛋白最初在鞭毛和纤毛中发现,是一种多亚单位高分子ATP酶,能为$Ca^{2+}$、$Mg^{2+}$所激活。近年来在胞质中亦发现动力蛋白,与微管多种功能活动有关,如细胞内运输、染色体趋极运动。③微管连接蛋白(nexin)。将相邻微管二联体结合在一起。④放射辐条(radial spoke)。有9条,由外围微管二联体A亚纤维伸向中央微管。⑤中央鞘(图10-8)。

纤毛运动机制:滑动学说认为纤毛运动由相邻二联体间相互滑动所致(图10-9)。①动力蛋白头部与β-亚纤维的接触促使动力蛋白结合的ATP水解产物释放,同时造成头部角度的改变；②新的 ATP 结合使动力蛋白头部与 β-亚纤维脱开；③ATP 水解，其释放的能量使头部的角度复原；④带有水解产物的动力蛋白头部与 B 亚纤维上另一位点结合，开始又一次循环。

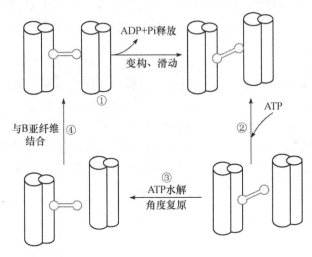

图 10-9　纤毛或鞭毛运动过程中相邻二联体微管滑动的模型（翟中和等，2007）

鞭毛中的微管为 9+2 结构，即由 9 个二联微管和一对中央微管构成，其中二联微管由 AB 两个管组成，A 管由 13 条白纤维组成，B 管由 10 条白纤维组成，两者共用三条。A 管对着相邻的 B 管伸出两条动力蛋白臂，并向鞭毛中央发生一条辐。

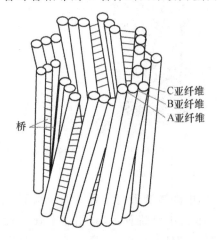

图 10-10　基体与轴丝结构图
（翟中和等，2000）

（五）基体和中心粒

基体和中心粒均是微管性结构，呈圆柱状，平均大小为 0.2～0.5μm。其壁由 9 组微管三联体组成，亚纤维 A 为完全微管，亚纤维 B 和 C 为不完全微管（图 10-10）。亚纤维 A 和 B 跨过纤毛板与纤毛轴线中相应的亚纤维相延续，亚纤维 C 终止于纤毛板或基板附近。中心粒和基体是同源的，在某些时候可以相互转变。

中心体（centrosome）是动物细胞中主要的微管组织中心，纺锤体微管和胞质微管由中心体基质囊多个 γ-管蛋白形成的环状核心放射出来，中心体由一对相互垂直的中心粒（centriole）及周围基质构成。位于鞭毛和纤毛根部的类似结构称为基体（basal body）。

基体和中心粒均具有自我复制性质。基体中含有一个长度为 6000～9000kb 的 DNA 分子，编码基粒功能所必需的几种蛋白。一般情况下，新的中心粒由原来的中心粒于 S 期复制，在某些细胞中，中心粒能自我发生。

## 第三节 中间纤维

20 世纪 60 年代中期,在哺乳动物细胞中发现 10nm 纤维状结构,直径介于粗肌丝和细肌丝之间,称为中间纤维(又称中间丝,intermediate filament,IF)(图 10-11)。与微管不同的是中间纤维是最稳定的细胞骨架成分,它主要起支撑作用。中间纤维在细胞中围绕着细胞核分布,成束成网,并扩展到细胞质膜,与质膜相连接。

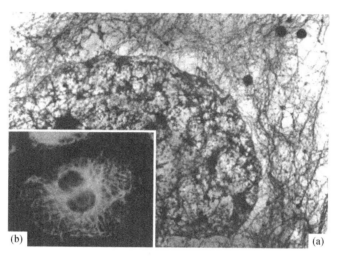

图 10-11 HeLa 细胞中间纤维(翟中和等,2000)

(a) 电镜照片;(b) 荧光显微镜照片

### 一、形态结构与组成

中间纤维蛋白来源于同一基因家族,具有高度同源性。中间纤维蛋白分子由一个 310 个氨基酸残基形成的 α 螺旋杆状区,以及两端非螺旋化的球形头(N 端)和尾(C 端)部构成。螺旋杆状区是高度保守的,由螺旋 1 和螺旋 2 构成,螺旋区形成双股超螺旋,即 40～50nm 的杆部(rod),装配为中间纤维的主干(backbone)。这是中间纤维的共同结构特征(图 10-12)。同一型的中间纤维蛋白其杆状区氨基酸顺序有 70%～90% 的同源性,但不同型的中间纤维蛋白的同源性则低于 30%。中间纤维蛋白杆状区由螺旋 1 和螺旋 2 构成,螺旋 1 和螺旋 2 的长度约为 22nm,杆状区长度约在 47nm。螺旋 1 和螺旋 2 又可分为 A,B 两个亚区,4 个螺旋区间由 3 个非螺旋式的连接区相连接,其中 L12 连接螺旋 1 和螺旋 2,L1 和 L2 分别连接 1A 与 1B 和 2A 与 2B。

中间纤维蛋白分子非螺旋化的头部(N 端)和尾部(C 端)的氨基酸顺序和肽链长度在各类不同中间纤维蛋白分子中有很大差异。对于每一特定类型的中间纤维蛋白,其头部和尾部又可进一步分为不同的亚区,①H 亚区:同源区;②V 亚区:可变区;③E 亚区:末端区。

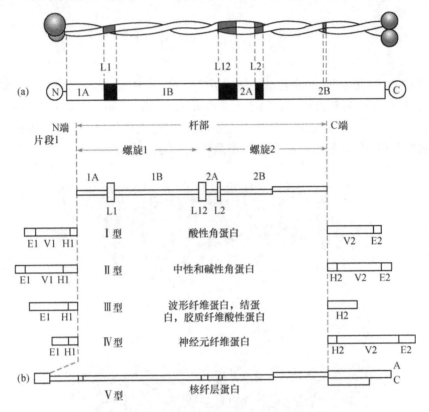

图 10-12　中间纤维蛋白分子结构示意图(翟中和等,2000)
(a) 中间纤维蛋白分子杆状区模式图;(b) 各型中间纤维蛋白分子一级结构模式图

依据中间纤维组织来源及免疫原性可分为 5 类:①角蛋白纤维(keratin filament),存在于上皮细胞,分子质量 40~68kDa;②波形纤维(vimentin filament),存在于间质细胞和中胚层来源的细胞,分子质量 55kDa;③结蛋白纤维(desmin filament),存在于肌细胞,分子质量 53kDa;④神经元纤维(neurofilament),存在于神经元,分子质量 68~200kDa;⑤神经胶质纤维(neuroglial filament),存在于神经胶质细胞,分子质量 51kDa。中间纤维的分布具有严格的组织特异性。这一点已被应用于肿瘤临床鉴别诊断,以鉴别肿瘤细胞的组织来源。

根据中间纤维蛋白的氨基酸顺序的同源性,近年对中间纤维成分又提出新的分类(图 10-12):Ⅰ. 酸性角蛋白;Ⅱ. 中性和碱性角蛋白;Ⅲ. 波形纤维蛋白,结蛋白,胶质纤维酸性蛋白,神经中间纤维蛋白;Ⅳ. 神经元纤维蛋白;Ⅴ. 核纤层蛋白。最近又发现一种新的中间纤维蛋白叫巢蛋白(nidogen)。中间纤维具有组织特异性,不同类型细胞含有不同 IF 蛋白质。肿瘤细胞转移后仍保留源细胞的 IF,因此可用 IF 抗体来鉴定肿瘤的来源。如乳腺癌和胃肠道癌,含有角蛋白,因此可断定它来源于上皮组织。大多数细胞中含有一种中间纤维,但也有少数细胞含有两种以上,如骨骼肌细胞含有结蛋白和波形蛋白。

(1) 角蛋白:分子质量 40~70kDa,出现在表皮细胞中。分为 α-和 β-两类。α-角蛋白为头发、指甲等坚韧结构所具有。β-角蛋白又称胞质角蛋白(cyto-keratin),分布于体表、体腔的上皮细胞中。根据角蛋白组成氨基酸的不同,角蛋白可分为:酸性角蛋白(Ⅰ型)和中性或碱性角蛋白(Ⅱ型),角蛋白组装时必须由Ⅰ型和Ⅱ型以 1∶1 的比例混合组成异二聚体,才能进一步形成中间纤维。

(2)结蛋白:分子质量约 52kDa,存在于肌肉细胞中,又称骨骼蛋白 skeletin,它的主要功能是使肌纤维连在一起。

(3)胶质原纤维酸性蛋白:分子质量约 50kDa,存在于星形神经胶质细胞和周围神经的神经膜细胞,又称胶质原纤维 glial filament,它主要起支撑作用。

(4)波形纤维蛋白:分子质量约 53kDa,广泛存在于间充质细胞及中胚层来源的细胞中,波形蛋白一端与核膜相连,另一端与细胞表面处的桥粒或半桥粒相连,将细胞核和细胞器维持在特定的空间。

(5)神经纤丝蛋白:由三种多肽 NF-L(low,60～70kDa)、NF-M(medium,105～110kDa)和 NF-H(heavy,135～150kDa)组成的异聚体。神经纤丝蛋白提供弹性使神经纤维易于伸展和防止断裂。

二、装配

根据 X 射线衍射,电镜观察和体外装配的实验结果推测,中间纤维的装配过程如下(图 10-13):

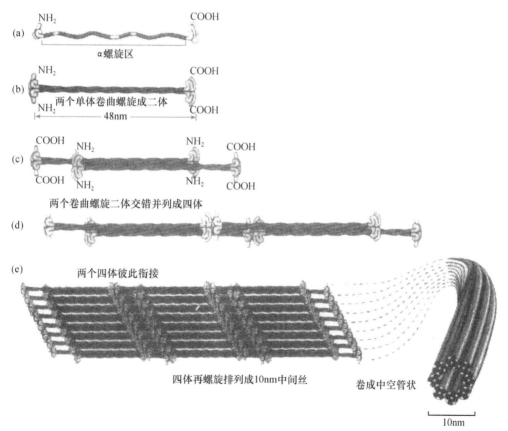

图 10-13 中间纤维的装配过程示意图(Alberts et al.,1994)
(a)中间纤维蛋白单体;(b)相同单体形成二体;(c)二体并列成四体;(d)四体中二体彼此交错排列;
(e)若干四体纽缠为杆状的 10nm 中间纤维

首先,两个相邻亚基的对应。螺旋区形成双股超螺旋,即二聚体。Ⅰ、Ⅱ型中间纤维蛋白分子(角蛋白)装配为异二聚体(heterodimer),尽管在体外装配中同二聚体是可能的。一般由一种Ⅰ型角蛋白和一种与之相配对的Ⅱ型角蛋白装配成二聚体。Ⅲ~Ⅳ型中间纤维蛋白分子由相同的分子装配为二聚体,即同二聚体(isodimer)。

目前认为第二步由两对超螺旋形成四聚体(tetramer),四聚体可能是中间纤维解聚的最小亚单位。

对于四聚体如何排列形成中间纤维,目前尚不十分清楚。装配好的中间纤维具有多态性,一般是由8个四聚体或4个八聚体装配为中间纤维,中间纤维横截面可由32个分子组成;也有一些中间纤维,在横截面上包含5~6个或11~12个四聚体。此外,中间纤维可能有原纤维(四聚体)或原丝(八聚体,protofilament)等中间类型。

中间纤维蛋白杆部形成中间纤维的核心,直径为8~9nm。中间纤维蛋白的末端大多凸出于中间纤维的核心之外。中间纤维真正的直径取决于肽链末端的大小,通常为12~16nm,中间纤维在电镜下一般为10nm左右。由中间纤维核心伸出的末端区可能和中间纤维与细胞内结构相互作用及功能有关。

IF是一类形态上非常相似,而化学组成上有明显差异的蛋白质,组成成分比微丝和微管复杂。IF是由反向平行的α螺旋组成的,所以它没有极性。另外,细胞内的中间纤维蛋白绝大部分组装成中间纤维,而不像微丝和微管那样存在蛋白库,仅约50%的处于装配状态。再者IF的装配与温度和蛋白浓度无关,不需要ATP或GTP(表10-2)。

表 10-2  三种细胞骨架主要特征比较

| 主要特征 | 微管 | 微丝 | 中间纤维 |
| --- | --- | --- | --- |
| 直径 | 25nm | 6~7nm | 10nm |
| 基本结构分子 | α-微管蛋白,β-微管蛋白 | 肌动蛋白 | 杆状蛋白 |
| 结合核苷酸 | GTP | ATP | 无 |
| 结构分子大小 | 50kDa | 43kDa | 40~200kDa |
| 结构 | 13根原纤维围成的中空管 | 双链螺旋 | 8个4聚体或4个8聚体组成的空心管状纤维 |
| 极性 | 有 | 有 | 无 |
| 组织特异性 | 无 | 无 | 有 |
| 蛋白库 | 有 | 有 | 无 |
| 装配方式 | 踏车运动式 | 踏车运动式 | 逐级装配,极性聚合 |
| 特异性药物 | 秋水仙素、鬼白素等 | 细胞松弛素等 | 无 |
| 运动相关的主要结合蛋白 | 动力蛋白、驱动蛋白 | 肌球蛋白 | 无 |
| 主要功能 | 细胞运动、支持作用、胞内运输 | 形状维持、变形运动、胞质环流、细胞连接 | 骨架作用、细胞连接、信息传递 |

研究表明中间纤维的装配与去装配是动态的。细胞内的中间纤维蛋白均受到不同程度的化学修饰,包括乙酰化、磷酸化等,可能与中间纤维的动态变化及功能活动有关。

在一定的生理条件或实验条件下,中间纤维或中间纤维网会发生改变,如有丝分裂过程中中间纤维发生解聚和重装配。其他如胰酶消化、秋水仙素处理、显微注射中间纤维蛋白抗体、热休克、病毒感染、酒精肝、Alzhemer's病都可对细胞内中间纤维网的组织状态产生影响,使中间纤维网崩塌。

### 三、IF 的结合蛋白

中间纤维结合蛋白(intermediate filament associated protein,IFAP)是一类在结构和功能上与中间纤维有密切联系,但其本身不是中间纤维结构组分的蛋白。确定 IFAP 的标准:①在细胞内与中间纤维共分布;②抗高盐与非离子去垢剂抽提,与中间纤维共同分离;③与中间纤维经历相同的解聚和重装配周期;④在体外能与中间纤维结合。

迄今为止已报道了大约 15 种 IFAP,分别与特定的中间纤维结合,如 Flanggrin 使角蛋白交联成束。Plectin 将波形蛋白纤维与微管交联在一起。Ankyrin 把结蛋白纤维与质膜连在一起。

IFAP 的共同特点是:①具有中间纤维特异性。②表达有细胞专一性。③不同的 IF-AP 可存在于同一细胞中与不同的中间纤维组织状态相联系。④在细胞中某些 IFAP 的表达与细胞的功能和发育状态有关。

### 四、功能

近年来,采用转基因(transgene)和基因缺失(gene deletion)小鼠研究中间纤维蛋白及中间纤维结合蛋白的功能,取得重大突破。初步认为中间纤维具有如下功能:

(1)支架作用。一般认为,中间纤维在细胞质中起支架作用,并与细胞核定位有关。同时,中间纤维在细胞间或者组织中起支架作用,①角蛋白纤维参与桥粒的形成和维持。②结蛋白纤维是肌肉 Z 盘的重要结构组分,对于维持肌肉细胞的收缩装置起重要作用。

(2)与 mRNA 的运输有关。近年来发现中间纤维与 mRNA 的运输有关,胞质 mRNA 锚定于中间纤维可能对其在细胞内的定位及是否翻译起决定作用。

(3)中间纤维与细胞分化。微丝和微管在各种细胞中都是相同的,而中间纤维蛋白的表达具有组织特异性,中间纤维与细胞分化的关系非常密切,如在胚胎发育和上皮分化方面:①胚胎发育。小鼠胚胎发育过程中,最初胚胎细胞中表达角蛋白,胚胎发育到第8~9 天,将要发育为间叶组织的细胞中,角蛋白表达下降并停止,同时出现波形纤维蛋白的表达。类似的表型变化见于神经外胚层发育中,首先是出现角蛋白的表达,第 11 天左右,角蛋白表达停止,波形纤维蛋白出现;一些将要发育为星形细胞的细胞在第 18 天左右开始同时表达波形纤维蛋白和胶质酸性蛋白,而另一些将要发育为神经细胞的细胞在表达角蛋白向波形纤维蛋白表达转变后短时间内即开始表达神经元纤维蛋白,继而波形纤维蛋白表达下降并停止。由此可见,胚胎细胞能根据其发育的方向调节中间纤维蛋白基因的表达。②上皮分化。在上皮组织的分化过程中,角蛋白表达的变化为研究中间纤维与细胞分化的关系提供了一个重要例证,在上皮细胞中,酸性角蛋白(Ⅰ型)和中性-碱性角蛋白(Ⅱ型)成对表达,A 单层上皮细胞中特异表达;复层上皮细胞中特异表达;食管上皮细胞中特异表达;角膜上皮细胞中特异表达;皮肤细胞中特异表达角蛋白对。角蛋白对中,迄今关于中间纤维在细胞分化中的变化已积累了很多资料,但有关中间纤维在细胞分化中的作用尚不清楚。

# 第四节　细胞核骨架

## 一、核基质

细胞核骨架(nuclear skeleton)是存在与真核细胞核内的以蛋白纤维为主的网架体系。Berezney 和 Coffey 等(1974)首次将核骨架作为细胞核内独立的结构体系进行研究,用非离子去垢剂、核酸酶与高盐缓冲液对大鼠肝细胞进行处理,当核膜、染色质与核仁被抽提后,发现核内仍存留有一个以纤维蛋白成分为主的网架结构。近年来,核骨架的研究取得很大进展,成为细胞生物学研究的一个新的生长点,它与 DNA 的复制、RNA 的转录和加工、染色体的组装、病毒感染以及肿瘤的发生等一系列重要的细胞生命活动密切相关。目前对核骨架的概念有两种理解,广义的细胞核骨架包括核基质、核纤层-核孔复合体体系、残存的核仁和染色体骨架;狭义的核骨架仅指核内基质(inner nuclear matrix, inner nucleoskeleton),即细胞核内除核膜、核纤层、染色质、核仁和核孔复合体以外的以纤维蛋白成分为主的纤维网架体系。

### (一) 形态结构

在核骨架研究中,一般首先分离核骨架,然后研究其结构成分及功能。最早是 Coffey 等用非离子去垢剂、核酸酶与高盐缓冲液(2mol/L NaCl)处理细胞核,分离核骨架。值得一提的是 Penman 等建立的细胞分级抽提方法。先用非离子去垢剂处理细胞,溶解膜结构系统,胞质中可溶性成分随之流失,主要存留细胞骨架体系;再用 Tween-40 和脱氧胆酸钠处理,胞质中的微管、微丝与一些蛋白结构被溶去,胞质中只有中间纤维网能完好存留;然后用核酸酶与 0.25mol/L 硫酸铵处理,染色质中 DNA、RNA 和组蛋白被抽提,最终核内呈现一个精细发达的核骨架网络,结合非树脂包埋—去包埋剂电镜制样方法,可清晰地显示核骨架—核纤层—中间纤维结构体系。此后,又有更接近于生理条件的核骨架制备方法出现,如用 3,5-二碘水杨酸锂(LIS)处理细胞核来分离核骨架。

1991 年,Coffey 等根据所得到的网络结构,提出了核基质的结构模型(图 10-14),认为由蛋白纤维构成的网架结构充满核内的整个空间,残存的核仁被包围在该网架中。核纤层由中间丝蛋白构成,位于内层核膜下方,核基质的纤维网架与核纤层有着广泛的结构联系。核基质纤维粗细不均,直径可为 3~30nm,推测其纤维单体的直径是 3~4nm,较粗的纤维直径呈 3nm 的倍数,粗纤维可能是单纤维的复合体。

### (二) 成分

核骨架的成分比较复杂,不同类型细胞,其细胞周期不同阶段以及正常与癌变细胞的核基质成分都可能有所差别。主要成分是核骨架蛋白及核骨架结合蛋白,并含有少量RNA。RNA 的含量虽然很少,但它对于维持核骨架三维网络结构的完整性是必要的。分离的核骨架中常含有少量DNA,一般认为这是一种功能性结合。核骨架由非常专一的蛋白成分组成,用双向电泳技术可显示出 400 多种核骨架蛋白成分,这些蛋白可以分为两

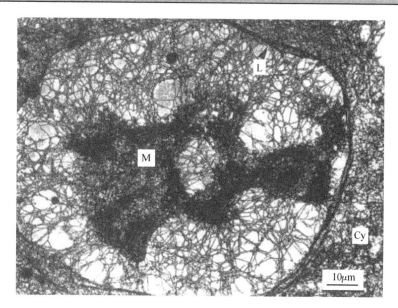

图 10-14 核骨架核心纤维超微结构图(翟中和等.2000)
L:核纤层;M:核仁;Cy:细胞质

类:一类是各种类型的细胞共有的;另一类则与细胞类型及分化程度相关。

**1. 核骨架蛋白**

这类蛋白与富含 AT 的 DNA 序列,即核骨架结合序列(matrix association region,MAR)结合,又称为 MAR 结合蛋白,无严格的 DNA 序列特异性,可区分 MAR 和非 DNA,通常与 DNA 放射环两端的 MAR DNA 序列结合,将其锚定在核骨架上,以形成 DNA 放射环。已鉴定的 MAR 结合蛋白有:

(1) DNA 拓扑异构酶Ⅱ(DNA topoisomerase Ⅱ):是间期细胞核骨架和分裂期染色体骨架的重要成分之一。

(2) 核基质蛋白(nuclear matrix):分子质量大于 50kDa,有 matrix D、E、F、G4 等,用抗核基质蛋白多抗进行免疫荧光标记,表明核基质蛋白主要定位于核基质,定位于核基质,且呈现纤维颗粒样分布,很可能是核基质上 DNA-loop 的结合蛋白。

(3) Nuc2+蛋白:Nuc2+蛋白是 *S. pombe*(一种酿酒用的酵母)的 *Nuc2*+基因编码的蛋白,分子质量为 76kDa,有一个结构域与富含 AT 的 DNA 序列有特异的亲和性。Nuc2+基因在有丝分裂染色体分离过程中起重要作用,Nuc2+蛋白存在于核基质以及染色体支架组分当中,Nuc2+蛋白能在体外自我组装,是一种具有聚合能力的酸性结合蛋白质。

(4) 附着区结合蛋白(attachment region binding protein,ARBP):ARBP 是一种 MAR 结合蛋白,分子质量为 95kDa。与骨架结合的 DNA 序列(matrix association region,MAR)往往是富含 AT 的 DNA(300~1000bp)序列。不具有组织特异性,广泛存在于各种组织中。

(5) 着丝缢痕结合蛋白(ARS consensus binding protein,ACBP)是酵母中发现的与自动复制序列结合的蛋白。

（6）组蛋白 HI(histone)：与基因静息(gene silencing)及维持染色质高级结构有关。

（7）HMGI,2(high mobility group),2：转录因子，识别富含 AT 的十字形结构(cruciform)。

（8）核纤层蛋白 A,B(lamin A,B)：定位于核周，与 MAR DNA 结合，将染色质锚定于核纤层。

（9）支架附着因子 A(scaffold attachment factor A,SAF-A)：体外实验中与裸露 DNA 形成放射环结构。

（10）SATB1(specific AT-rich DNA binding protein)：AT 特异性 MAR 结合蛋白，与 y 球蛋白 $3'$ 增强子结合。

（11）Sp120：相对分子质量为 $1.2×10^5$ 的蛋白与 Ig $κ$(kappa)MAR 结合。

（12）核仁蛋白(nucleolin)：与 RNA 或富含 T 的单链 DNA 结合，调控 rRNA 的转录和核糖体的装配。

（13）核内肌动蛋白：核基质中的肌动蛋白可能与 mRNA 前体的加工过程有关，如果向细胞核内注射抗肌动蛋白抗体及肌动蛋白结合蛋白，能抑制细胞核内的 mRNA 的转录。

**2. 核骨架结合蛋白**

近年陆续发现了一些核骨架结合蛋白，又称核基质结合蛋白(nuclear matrix-binding protein)，是一些与 DNA 和 RNA 代谢密切相关的酶类、细胞信号识别和细胞周期的调控因子以及病毒特异性的调控蛋白，紧密地结合在核基质结构上，协助核基质蛋白共同完成核基质网架的构建和生物学功能。

（1）转录因子，具有严格的 DNA 序列特异性：①腺病毒 EIA 蛋白：腺病毒的转录与复制因子，与核骨架结合；②NF-1(核因子-1)：与 H5 增强子结合，抗 0.25mol/L 硫酸铵或 2mol/L NaCl 抽提，见于成熟红细胞，肝细胞核基质；③SV-40T 抗原：复制起始因子和解旋酶(helicase)，病毒复制起始时锚定于核骨架；④艾滋病毒 Tat 蛋白：将病毒基因组锚定于核骨架上。

（2）酶：①组蛋白乙酰化酶和组蛋白去乙酰化酶：鸡未成熟红细胞中 60％～70％酶活性位于核骨架上，调节活性染色质与核骨架的结合状态；②DNA 聚合酶 α 及 β：定位于核骨架，与 DNA 合成及修复有关；③多 ADP-核糖聚合酶[poly(ADP-ribose)polymerase，PARP]：不同细胞中 5％～26％酶活性与核骨架有关，DNA 链断裂激活 PARP；④酪蛋白激酶。

（3）受体：研究发现，许多细胞核内激素受体是核骨架结合蛋白，如①肾上腺皮质激素受体；②雄激素受体；③雌激素受体；④甲状腺素受体。

（4）供体：①视网膜母细胞瘤蛋白(retinoblastoma protein，RP)，与 E2F、C-Myc、Cyclin 相互作用，调节基因表达和 Gys 的转变对；早期高度磷酸化的 RP 蛋白结合于核骨架，肿瘤细胞中突变的 RP 蛋白不与核骨架结合；②前列腺素受体结合蛋白 1 和 2 (RBF-1,RBF-2)，肝细胞核骨架中含量丰富，参与癌基因 C-Myc 和 c-inn 的调节。

**3. 其他**

（1）B23：核仁中 40K 蛋白，与核糖体装配和 rRNA 加工有关；

（2）肌动蛋白：有报道在核骨架蛋白中发现肌动蛋白。

（三）核骨架结合序列

分离的核骨架中存留有少量 DNA，约占总 DNA 的 3%。这部分 DNA 与核骨架蛋白的结合不为高盐溶液抽提所破坏。近年来，发现在 DNA 序列中存在核骨架结合序列（MAR）。MAR 一般位于 DNA 放射环或活性转录基因的两端。在溶菌酶基因两端接上 MAR，可增加基因表达水平 10 倍以上。说明 MAR 在基因表达调控中有作用。

核骨架结合序列的基本特征有：①富含 AT；②富含 DNA 解旋元件（DNA unwinding element）；③富含反向重复序列（inverted repeat）；④含有转录因子结合位点。

上述特征显示 MAR 有可能成为一种新的基因调控元件。MAR 的功能有：①通过与核骨架蛋白的结合，将 DNA 放射环锚定在核骨架上；②作为许多功能性基因调控蛋白的结合位点。这些蛋白通过与 MAR 的结合，在 DNA 分子上形成蛋白复合体，参与 DNA 的复制、转录、修复和重组的调控。

（四）功能

一般认为，核骨架为细胞核内组分布局提供了一个结构支架，细胞核内许多重要的生命活动与核骨架有关。

**1. 核骨架与 DNA 复制**

Jacob 等（1963）就曾设想真核细胞中 DNA 复制可能需要一个结构支架（structure framework），原核细胞的 DNA 复制是结合在细胞膜上进行的。真核细胞中是否存在类似的支撑结构？DNA 的复制是否结合在核膜上进行？实验表明 DNA 合成部位在细胞核内不是随机分布的，而是相对集中于某些部位。

以小鼠再生肝细胞为材料，显示新合成的 DNA 结合在核内蛋白基质网上。电镜放射自显影进一步表明 DNA 复制位点结合在核骨架上。研究发现 DNA 放射环普遍存在于间期细胞核和分裂期染色体中，放射环的根部结合在骨架纤维上，DNA 以放射环的形式与 DNA 复制的酶及因子锚定于核骨架上形成 DNA 复制复合体（DNA replication complex）进行 DNA 复制合成。有令人信服的证据表明，真核细胞中的 DNA 聚合酶结合于核骨架上，DNA 聚合酶在核骨架上可能具有特定的结合位点，DNA 聚合酶通过结合于核骨架上而被激活；近年来，证实 DNA 复制起始点是核骨架结合序列（MAR）。上述研究说明，核骨架是 DNA 复制的空间支架。

**2. 核骨架与基因表达**

在鸟类和哺乳动物细胞中，具有转录活性的基因是结合在核骨架上的，基因只有结合在核骨架上才能进行转录。核骨架与基因表达的关系大致可分为两类：一是核骨架与基因转录活性的关系；二是核骨架与 RNA 加工修饰的关系。大量研究工作表明，真核细胞中 RNA 的转录和加工均与核骨架有关。

Jackson 等用 [3]H-UdR 脉冲标记 HeLa 细胞，发现 95% 上新合成的 RNA 结合于核骨架，说明 RNA 是在核骨架上进行合成的。研究发现利用雌激素促进鸡输卵管细胞卵清蛋白基因转录活性增高，发现只有活跃转录的卵清蛋白基因才能结合于核骨架上，而不转录的 B 珠蛋白基因不结合;Hentzen 等(1984)则显示成红细胞中正在转录的 B 珠蛋白基因结合于核骨架上。上述研究表明,具有转录活性的基因是结合在核骨架上的;RNA 聚合酶在核骨架上具有结合位点;RNA 的合成是在核骨架上进行,基因只有结合在核骨架上才能进行转录。另外,mRNA 的剪切加工与运输也是在核骨架上进行。分子原位杂交表明 mRNA 前体(hnRNA)与核骨架的相结合,hnRNA 上的特异性片段 poly A 可能是 hnRNA 在核骨架上的附着点。

### 3. 核骨架与染色体构建

研究发现 DNA 以复制环的形式锚定在核骨架上,大量研究工作说明 DNA 复制环是真核细胞 DNA 高级结构的基本单位,而细胞核内如此多的 DNA 复制环与核骨架纤维网如何构建成染色质? 核骨架如何参与染色体构建? 目前尚不清楚。

### 4. 核骨架与病毒复制

研究表明胞质病毒的代谢与细胞质骨架有关,核内病毒的发生与核骨架也有密切关系,如单纯疱疹病毒的核壳在核骨架上装配。翟中和(1987)进一步证实了腺病毒(adenovirus)核内 DNA 病毒的复制和装配与核骨架关系密切,作为外源基因的病毒 DNA,其基因表达过程与高等真核细胞自身基因表达有相似的规律,其 DNA 复制、RNA 转录及加工均必须依赖核骨架。

### 5. 核基质和细胞癌变

有些癌细胞如肝细胞的核骨架结构很不规则,而且其蛋白组成与正常细胞核骨架有显著不同。肿瘤细胞核常呈异常的形态结构,与核骨架结构及其蛋白组成的异常密切相关。有实验证明癌基因结合在核骨架上才能转录。一些致癌物、促癌剂能紧密与核骨架结合,并通过核骨架发挥其致癌、促癌作用。某些抑制癌细胞增殖的药物可能是通过干扰核骨架的 DNA 拓扑异构酶Ⅱ起作用的。

## 二、染色体支架

染色体支架是指染色体中由非组蛋白构成的结构支架。

### (一)染色体支架的形态结构

Earnshaw 等(1984)首次报道 HeLa 细胞中期染色体骨架以来,关于染色体支架的真实性引起争议。然而,近年来研究支持染色体支架的说法。银染法能选择性地显示染色体轴结构,Howell 和 Hsu(1979)用低渗溶液处理哺乳动物和人的染色体,使表染色体(epichromatin)松散,然后用硝酸银染色,在光镜下看到贯穿于每条染色单体中央都有一条被染成黑褐色的染色体轴。用 DNA 酶和 RNA 酶处理或用 0.4mol/L $H_2SO_4$ 处理去除组蛋白,对染色体轴没有影响,用胰蛋白酶消化则染色体轴破坏。说明染色体轴是非组蛋白性的。对染色体与染色体支架的银染结果比较分析,银染法所显示的染色体轴确实是染色体支架成分。Earnshaw 等(1984)认为光镜下的银染轴与电镜下观察到的非组蛋白支架(nonhistone protein scaffold)大体上是相对应的结构。

最近,染色体支架/放射环模型在分子水平上得到两个直接证据。首先 DNA 放射环在高等真核细胞间期核和分裂期染色体中是普遍存在的,DNA 序列在放射环上的排列是非随机的,从前一个细胞周期到下一个细胞周期 DNA 放射环是可以重新形成的(repro-ducible),并在 DNA 放射环上发现了骨架结合区域(scaffold/matrix associated region, SAR/MAR)。上述研究说明 DNA 放射环是染色质中结构和功能单位,并提示非组蛋白骨架是 DNA 放射环的组织者(organizer)。后来发现 DNA 拓扑酶Ⅱ是一种主要的染色体支架结构蛋白。

（二）染色体支架的成分

染色体支架的成分主要是非组蛋白,染色体支架含大约 30 种非组蛋白,支架中不含组蛋白。对染色体支架的成分纯化分析,发现在染色体支架的非组蛋白中主要有两种蛋白:SCⅠ和 SCⅡ两种蛋白,构成骨架蛋白的 40% 以上。后来证实 SCⅠ就是 DNA 拓扑异构酶Ⅱ。Earnshaw 等(1984)研究工作还显示着丝粒蛋白(CENP-B)和(CENP-C)位于染色体支架上。

（三）染色体支架功能

染色体支架的成分主要是非组蛋白,这类蛋白质能识别特定的碱基序列并与碱基形成氢键,从而与一段较短的特异性 DNA 序列结合,因此被称为序列特异性 DNA 结合蛋白(sequence-specific DNA-binding protein)。染色体支架功能表现在参与染色体的构建,与组蛋白相互作用使 DNA 分子具有复制和转录功能相对独立的结构域;结合在特异DNA 序列上,启动和推进基因的复制;作用于特异 DNA 系列上,调控有关基因的转录等。

核骨架与染色体支架的研究,为认识细胞核内组分的结构和功能机制提供了越来越多基础证据。近年来一系列研究发现:核骨架与 DNA 复制、RNA 转录及加工、染色体构建可能关系密切,核骨架纤维网络为这些功能活动提供了空间支架。在细胞分裂期中,核骨架在细胞分裂期中的变化及分裂期染色体支架与间期核骨架在结构、成分和功能上的关系尚不清楚。

### 三、核纤层

核纤层(nuclear lamina)是位于细胞核膜内层下的纤维蛋白片层或纤维网络(图 10-15),核纤层由 1~3 种核纤层蛋白多肽组成。核纤层与中间纤维、核骨架相互连接,形成贯穿于细胞核与细胞质的骨架结构体系。间期细胞核中,核纤层与核膜在结构上有密切联系,与核孔位置的维持、核膜形态的维持以及为染色体提供结构支架有关。

（一）形态结构

核纤层在高等真核细胞间期细胞核中是普遍存在的。厚度为 30~100nm。只有将核膜与染色质去除后才能观察到。核纤层纤维的直径为 10nm 左右,纵横排列整齐,呈正交状编织成网络,分布于内层核膜与染色质之间(图 10-15)。核纤层结构整体观呈一球状或笼状网络,切面观呈片层结构。在分裂期细胞,核纤层解体,以蛋白单体形式存在于胞质中。

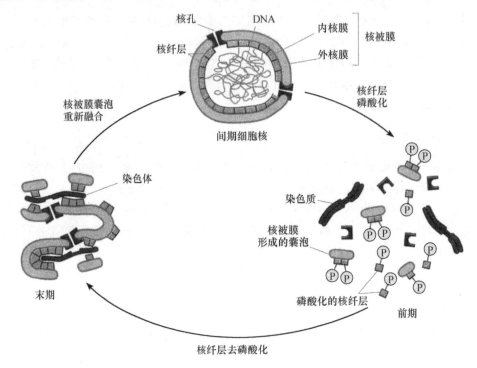

图 10-15　有丝分裂期中核膜的崩解与重新形成(Alberts et al.,1994)

（二）核纤层的化学成分

核纤层由核纤层蛋白(lamin)构成,分子质量为 60~80kDa。研究证实核纤层蛋白是一个蛋白家族。在哺乳动物和鸟类细胞中,存在 3 种核纤层蛋白,即核纤层蛋白 A(lamin A),核纤层蛋白 B(lamin B),核纤层蛋白 C(lamin C)。近年来证实核纤层蛋白 A 与 C 是同一基因的不同加工产物,因此又将核纤层蛋白分为两类:A 型核纤层蛋白:包括核纤层蛋白 A 和 C;B 型核纤层蛋白:核纤层蛋白 B,有几种来源于不同基因的 B 型核纤层蛋白,B1 和 B2 存在于所有体细胞中。在非洲爪蟾中有 4 种核纤层蛋白,即核纤层蛋白 I,Ⅱ,Ⅲ,Ⅳ。并在无脊椎动物果蝇细胞中发现 2 种核纤层蛋白。

核纤层蛋白是中间丝蛋白家属成员,核纤层蛋白 A 和核纤层蛋白 C 两种多肽的氨基酸顺序中有一段长度为 350 个氨基酸残基的序列与中间纤维蛋白高度保守的 α 螺旋区有 28% 的同源性;而核纤层蛋白与波形蛋白之间,在同源岛(homology island)区域有 70% 的氨基酸相同,核纤层蛋白被确定为第 V 型中间纤维蛋白。

（三）核纤层蛋白的分子结构及其与中间纤维蛋白的关系

20 世纪 60 年代就知道核纤层具有纤维网状结构。近年来发现核纤层与中间纤维有许多共同点:①两者均形成 10nm 纤维;②两者均能抵抗高盐和非离子去垢剂的抽提;③某些抗中间纤维蛋白的抗体能与核纤层发生交叉反应,说明中间纤维蛋白与核纤层蛋白分子存在相同的抗原决定簇;④两者在结构上有密切联系,核纤层成为核骨架与中间纤维之间的桥梁。核纤层蛋白 A 和核纤层蛋白 C 的 cDNA 的一级结构中有一段长度为

350 个氨基酸残基的序列与中间纤维蛋白高度保守的。螺旋区有很强的同源性,有 28% 的氨基酸相同;而核纤层蛋白与波形蛋白之间,在同源岛(homology island)区域有 70% 的氨基酸相同。哺乳动物核纤层蛋白 A 和核纤层蛋白 C 的结构和生化分析说明,核纤层蛋白具有中间纤维的所有结构特征,无论是单体,还是装配成纤维,确实是中间纤维蛋白家族的成员。在新的中间纤维蛋白家族分类中,核纤层蛋白被确定为第 V 型中间纤维蛋白。

(四)核纤层的装配

　　哺乳动物核纤层蛋白能装配成杆状二聚体。二聚体由约 50nm 长的杆部和两个球状头部组成。球状头部由蛋白质 C 端区域构成,杆部由高度保守的 α 螺旋区构成。体外重组实验表明,核纤层蛋白 A 和核纤层蛋白 C 能在体外自我装配,首先形成二聚体,二聚体首位相连形成多聚体,多聚体横向联合形成核纤层纤维,最后形成具有周期性结构的核纤层纤维网络。

　　核纤层蛋白的正确装配依赖 NLS 序列、C 端的 CaaX 结构域和 α 螺旋区。核纤层蛋白在形成二聚体时依赖于 α 螺旋区形成的超螺旋,在 NLS 序列引导下被运入细胞核,并被装配到核纤层中。C 端的 CaaX 结构域保证了核纤层只在核膜下进行装配而在细胞质中大量堆积。

(五)核纤层的功能

　　核纤层与核膜、染色质、核孔复合体及核骨架在结构上有密切联系,一般认为核纤层在细胞核中起支架作用。不仅为核膜及染色质提供了结构支架,还在 DNA 复制、mRNA 分选以及细胞有丝分裂过程中核膜的崩解和重新形成中发挥重要作用。

**1. 核纤层与核膜**

　　核纤层蛋白 A,B 和 C 均有亲膜结合作用,而以核纤层蛋白 B 与膜的结合能力最强,内层核膜上存在核纤层蛋白 B 受体($P_{58}$),介导核纤层蛋白 B 与核膜结合。

　　在细胞分裂期中,核膜与核纤层的行为密切相关,核纤层参与了核膜崩解和重新形成(图 10-15)。分裂期中核纤层的可逆性解聚与重装配对核膜的崩解与重装配有调节作用,而核纤层蛋白的磷酸化是调节有丝分裂过程中核纤层解聚的机制。

　　研究表明,核纤层蛋白是促分裂因子(MPF)p34$^{cdc2}$亚基的直接作用底物,在有丝分裂前期,MPF 使核纤层蛋白分子杆状区两端的 Ser22 和 Ser392 磷酸化,引起核纤层蛋白去装配,导致核纤层解聚,为核膜崩解形成小泡提供了必要的微环境。核膜崩解后,核纤层蛋白 B 依靠受体与核膜残余小泡结合;核纤层蛋白 A 和核纤层蛋白 C 的疏水性 C 端被蛋白酶水解使 C 端的 CaaX 结构域丢失,核纤层蛋白 A 和核纤层蛋白 C 以可溶性蛋白形式弥散地释放到细胞质中。在有丝分裂末期,核纤层蛋白去磷酸化与重装配时,间接介导了核膜围绕染色体的重装配,核纤层蛋白将核膜小泡"引导"到染色体表而经膜融合后构成新核膜。

**2. 核纤层与染色质**

　　核纤层是间期染色质的核周锚定位点,染色质通过核纤层与核膜相连,在核纤层蛋白中,A 型核纤层蛋白与染色质的结合能力较 B 型核纤层蛋白强。核纤层蛋白 A 和核纤层蛋白 C 具有与染色质结合位点,有更强的与染色质结合的能力。核纤层与染色质的相互作用有助于维持和稳定间期染色质高度有序的结构。另外,核纤层在染色质 DNA 的复制起重要作用,实验表明只有染色质而无完整的核膜是不能进行 DNA 复制的。

### 3. 核纤层和基因表达

核纤层参与基因表达的调控。核纤层与染色质的相互作用对基因表达的调控是十分重要的。核纤层蛋白 B 与核骨架的 MAR 序列有特异的亲和力。MAR 序列结合在核纤层蛋白 B 上,可为 DNA 与核纤层的相互作用提供有利条件。核纤层蛋白 B 和一些组蛋白的磷酸化参与了某些基因表达的调控,可诱导细胞的分化。

### 本章内容提要

细胞骨架的研究是当前细胞生物学中最为活跃的领域之一,近年来发现细胞骨架不仅在维持细胞形态,保持细胞内部结构的有序性中起重要作用,而且与细胞运动、物质运输、能量转换、信息传递、细胞分裂、基因表达、细胞分化等生命活动密切相关。

细胞骨架是指真核细胞中的蛋白纤维网架体系。狭义的细胞骨架指细胞质骨架,包括微丝、微管和中间纤维(intemediatefilament);广义的细胞骨架包括核骨架、核纤层和细胞外基质,形成贯穿于细胞核、细胞质、细胞外的一体化网络结构。

微丝,又称肌动蛋白纤维,直径约 7nm。微丝和它的结合蛋白以及肌球蛋白三者构成化学机械系统,利用化学能产生肌肉收缩、变形运动和胞质分离等机械运动。

微管是由微管蛋白二聚体装配成的长管状细胞器结构,外径为 $24\sim26$nm,内径 15nm,微管可装配成单管、二联管、三联管。它在低温、$Ca^{2+}$ 和秋水仙素作用下容易解聚。$\gamma$-微管蛋白在微管执行功能过程中是必不可少的。微管组织中心包括:中心体、动粒、基体、皮层微管射线和成膜体等。

中间纤维直径介于粗肌丝和细肌丝之间,称为中间纤维,直径约 10nm 纤维状结构。中间纤维蛋白的表达具有组织特异性,中间纤维与细胞分化的关系非常密切。

细胞核骨架是存在与真核细胞核内的以蛋白纤维为主的网架体系。广义的细胞核骨架包括核基质、核纤层-核孔复合体体系、残存的核仁和染色体骨架;狭义的核骨架仅指核内基质,即细胞核内除核膜、核纤层、染色质、核仁和核孔复合体以外的以纤维蛋白成分为主的纤维网架体系。

染色体支架是指染色体中由非组蛋白构成的结构支架。染色体支架含大约 30 种非组蛋白,不含组蛋白。核纤层是位于细胞核膜内层下的纤维蛋白片层或纤维网络,间期细胞核中,核纤层与核膜在结构上有密切联系,与核孔位置的维持、核膜形态的维持以及为染色体提供结构支架有关。核纤层蛋白是中间丝蛋白家属成员。

### 本章相关研究技术

目前,细胞骨架的研究已从利用电子显微镜技术进行形态观察为主迅速推进到分子水平,骨架蛋白及骨架结合蛋白的分离、纯化、鉴定、测序及结构分析、基因表达调节、骨架纤维的装配动态及功能分析成为细胞骨架研究的重要内容。绿色荧光蛋白的应用,为研究细胞骨架的结构及其行使功能中的动态变化开辟了一条新的途径。细胞骨架的研究是从分子水平研究亚细胞结构装配及其功能的突出范例。现在已开始将分子行为与细胞行为,分子结构与细胞功能的研究结合起来,研究表明一种或几种生物大分子即能自装配成骨架纤维网络这样一种亚细胞结构,并能参与完成诸如细胞运动、物质运输、细胞分裂等如此复杂的生命活动。

用非离子去垢剂、核酸酶与高盐缓冲液对大鼠肝细胞进行处理,发现核内以纤维蛋白成分为主的网架结构。并发现核骨架与 DNA 复制、RNA 转录和加工、染色体装配及病毒复制等一些重要的生命活动有关。银染法能选择性地显示染色体轴结构,说明染色体轴是非组蛋白性的。

综上所述,细胞骨架研究主要需要组分分离、鉴定、基因表达与调节及其功能动态分析。涉及的技术方法包括基因克隆与表达、组分分离、组分显色、抗体制备、荧光显微镜、激光共聚焦显微镜、免疫电镜等。此外其他实验技术,如基因操作技术、各种生物化学技术、生理学技术、微生物学技术和遗传学技术等也常需要巧妙结合。

**复习思考题**

1. 结合细胞骨架装配,如何理解生命体的自装配原则。
2. 如何理解细胞骨架功能?
3. 细胞中同时存在几种骨架体系有什么意义? 如何正确理解它们功能与关系。
4. 举例说明细胞中是否存在某一类骨架结构或组分的实验方法。
5. 哪些因素影响微管和微丝装配与去装配? 举例说明其在研究或实践中的应用。
6. 核骨架与染色体骨架有何区别与联系?

# 第十一章　细胞周期和细胞分裂

**本章学习目的**　细胞周期是细胞分裂、增殖的周期。细胞分裂有不同方式,即有丝分裂和无丝分裂。在有丝分裂过程中,根据细胞周期运行过程中的规律和特征,将细胞周期分为 $G_1$ 期、S 期、$G_2$ 期和 M 期。减数分裂是生殖细胞具有的特殊方式的有丝分裂。在减数分裂过程中,DNA 复制一次,生殖细胞进行两次连续有丝分裂。

在细胞周期运行过程中,细胞所表现的形态结构变化,如 DNA 复制仅且一次、染色体形成与解聚、中心粒复制、纺锤体组装、同源染色体联会、染色体的分离等,都受到严格的调控。细胞周期的调控与各时期的依赖周期蛋白激酶的活性变化直接相关,并受多种因素的调节,包括相应时期的周期蛋白、CDK1、癌基因、抑癌基因、细胞周期检验点、生长因子以及外界因素如离子辐射、化学物质作用、病毒感染、温度变化、pH 变化等。

细胞增殖是生命的基本特征,种族的繁衍、个体的发育、机体的修复等都离不开细胞增殖。细胞增殖是通过细胞周期(cell cycle)来实现的,而细胞周期的有序运行是通过相关基因的严格监视和调控来保证的。一个受精卵发育为初生婴儿,细胞数目增至 $10^{12}$ 个,长至成年有 $10^{14}$ 个,而成人体内每秒钟仍有数百万新细胞产生,以补偿血细胞、小肠黏膜细胞和上皮细胞的衰老和死亡。细胞增殖和有效的监控保证有机体正常发育的基础。

## 第一节　细胞周期与细胞分裂

### 一、细胞周期

#### (一) 细胞周期概念

细胞周期指由细胞分裂结束到下一次细胞分裂结束所经历的过程,所需的时间叫细胞周期时间。根据细胞周期运转过程特征,人为分为四个阶段,即 $G_1$ 期,指从有丝分裂完成到 DNA 复制之前的时间;S 期(synthesis phase),指 DNA 复制的时期;$G_2$ 期,指 DNA 复制完成到有丝分裂开始之前的一段时间;M 期又称 D 期(mitosis or division),细胞分裂开始到结束。细胞周期一般分为间期(由 $G_1$ 期、S 期和 $G_2$ 期组成)和分裂期(M期)(图 11-1)。

按照细胞增殖的特征,可将高等动物的细胞分为三类,即连续分裂细胞,在细胞周期中连续运转(也称周期细胞),如表皮生发层细胞、部分骨髓细胞;休眠细胞,暂不在细胞周期中运转的细胞,但在适当的条件下可重新进入细胞周期,称 $G_0$ 期细胞,如淋巴细胞、肝、肾细胞等;不分裂细胞,指不可逆地脱离细胞周期,不再分裂的细胞,又称终端细胞,如神经、肌肉、多形核细胞等。

不同类型细胞的 $G_1$ 期长短不同,是造成细胞周期长短差异的主要原因。

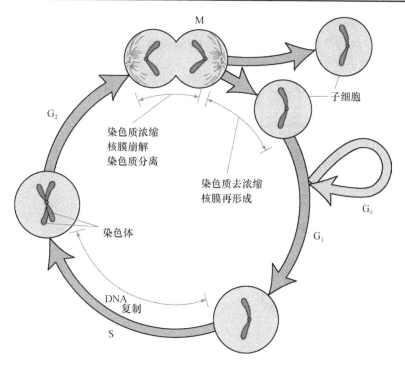

图 11-1　标准的细胞周期

一个标准的细胞周期一般包括 4 个时相：DNA 合成期(S)、细胞分裂期(M)和界于二者之间的 $G_1$ 期和 $G_2$ 期；
细胞周期从 $G_1$ 期开始，到 M 期结束

（二）细胞周期时间的测定

细胞种类众多，繁殖速度有快有慢，细胞周期长短差别很大。细胞周期的时间长短与物种的细胞类型有关。例如，小鼠十二指肠上皮细胞的周期为 10h，人类胃上皮细胞 24h，骨髓细胞 18h，培养人的成纤维细胞 18h，CHO 细胞 14h，HeLa 细胞 21h。细胞周期长短与细胞所处的外界环境也有密切关系。就环境温度而言，在一定范围之内，温度高，细胞分裂繁殖速度加快，温度低，则分裂繁殖速度减慢。

在某些工作中，常常会涉及细胞周期时间长短的测定。细胞周期测定方法多种多样。在此简单介绍较常用的方法。

**1. 脉冲标记 DNA 复制和细胞分裂指数观察测定法**

这种方法主要适用于细胞种类构成相对简单，细胞周期时间相对较短，周期运转均匀的细胞群体。测定原理：

首先，应用 ³H-TdR 短期饲养细胞，数分钟至半小时后，将 ³H-TdR 洗脱，置换新鲜培育液并继续培养。随后，每隔半小时或 1h 定期取样，做放射自显影观察分析，从而确定细胞周期各个时相的长短。其结果分析方法如图 11-2 所示。经 ³H-TdR 短暂标记后，凡是处于 S 期的细胞均被标记。置换新鲜培养液后培养一定时间，被标记的细胞将陆续进入 M 期。最先进入 M 期的标记细胞是被标记的 S 期最晚期细胞。所以，从更换培养液培养开始，到被标记的 M 期细脑开始出现为止，所经历的时间为 $G_2$ 期时间($T_{G_2}$)。从被标

记的 M 期细胞开始出现,到其所占 M 期细胞总数的比例达到最大值时,所经历的时间为 M 期时间($T_M$)。从被标记的 M 期细胞数占 M 期细胞总数的 50% 开始,经历到最大值,再下降到 50%,所经历的时间为 S 期时间($T_S$)。从被标记的 M 期细胞开始出现并逐渐消失,到被标记的 M 期细胞再次出现,所经历的时间为一个细胞周期总时间($T_C$)。

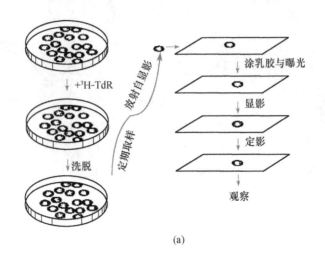

(a)

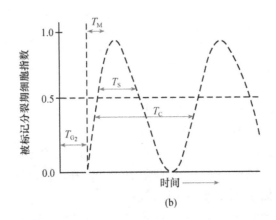

(b)

图 11-2　放射性核素脉冲标记法测定细胞周期时间(翟中和等,2000)

(a) 用放射性核素 $^3$H-TdR 标记细胞;(b) 放射自显影结果分析

(1) 待测细胞经 $^3$H-TDR(胸腺嘧啶核苷)标记后,所有 S 期细胞均被标记。

(2) S 期细胞经 $G_2$ 期才进入 M 期,所以一段时间内标记的有丝分裂细胞所占的比例(PLM)为零。

(3) 开始出现标记 M 期细胞时,表示处于 S 期最后阶段的细胞,已渡过 $G_2$ 期,所以从 PLM=0 到出现 PLM 的时间间隔为 $T_{G_2}$。

(4) S 期细胞逐渐进入 M 期,PLM 上升,到达到最高点的时候说明来自处于 S 最后阶段的细胞,已完成 M 期,进入 $G_1$ 期。所以从开始出现 M 到 PLM 达到最高点($\approx 100\%$)的时间间隔就是 M 期的持续时间($T_M$)。

(5) 当 PLM 开始下降时,表明处于 S 期最初阶段的细胞也已进入 M 期,所以出现标记的分裂细胞(LM)到 PLM 又开始下降的一段时间等于 S 期持续的时间($T_S$)。

(6) 从 LM 出现到下一次 LM 出现的时间间隔就等于一个细胞周期持续的时间($T_C$)。根据 $T_C = T_{G_1} + T_S + T_{G_2} + T_M$,即可求出的 $T_{G_1}$ 长度。

事实上由于一个细胞群体中 $T_C$ 和各时期不尽相同,第一个峰常达不到 100%,以后的峰会发生衰减,PLM 不一定会下降到零,所以实际测量时,常以 $(T_{G_2} + 1/2T_M) - T_{G_2}$ 的方式求出 $T_M$。

**2. 流式细胞仪测定法**

流式细胞分选仪是一种快速测定和分析流体中细胞或颗粒物各种参数的大型实验仪器。它可以逐个地分析细胞或颗粒物的某个参数,也可以结合各种细胞标记技术,同时分析多个参数,如细胞种类、DNA、RNA、蛋白质含量以及这些物质在细胞周期中的变化等。还可以用作对某个细胞群体中的各种细胞进行分拣。

流式细胞分选仪在细胞周期研究中应用广泛。从 DNA 含量着眼,$G_1$ 期和 $G_2/M$ 期细胞含有固定的 DNA 含量,分别为 1C 和 2C($2n$ 和 $4n$),S 期细胞的 DNA 含量介于 1C 和 2C 之间(图 11-3)。应用流式细胞分选仪测定细胞周期,可以通过监察细胞 DNA 含量在不同时间内的变化,从而确定细胞周期时间长短,也可以通过直接标记 DNA 复制,如同应用上述放射性核素标记技术,经过统计细胞数量和被标记的分裂期细胞百分比,对细胞周期进行综合分析。如果应用流式细胞分选仪技术并结合细胞周期同步化,综合分析细胞周期时间,将会使实验结果分析更加简便可靠。例如,应用某些药物处理,将细胞抑制在细胞周期中的某个特定时期。然后,将细胞从抑制中释放出来,所有细胞将会同步运转。应用流式细胞分选仪测定这些细胞的周期时间,实验既简单可靠,同时还可以通过改变某些因素,或加入某些物质,从而研究这些物质因素对细胞周期的影响。

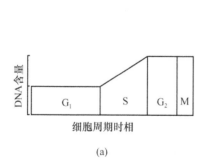

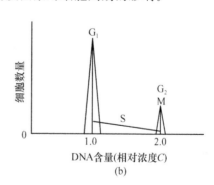

图 11-3　流式细胞分选仪测定细胞周期(翟中和等,2007)

(a) 细胞周期中 DNA 含量变化;(b) 用流式细胞分选仪测定每个细胞群体的处于不同时期的细胞数量和 DNA 含量,采用不同时间连续分析,即可综合分析细胞周期及各个时期的长短

除上述两种方法外,还有其他一些方法。例如,在仅需要测定细胞周期总时间时,只要通过在不同时间里对细胞群体进行计数,就可以推算出细胞群体的倍增时间,即细胞周期总时间。又如,应用缩时摄像技术,不仅可以得到准确的细胞周期时间,还可以得到分裂间期和分裂期的准确时间。

（三）细胞同步化

细胞同步化（synchronization）是指在自然过程中发生或经人为处理造成的细胞周期同步化，前者称自然同步化，后者称为人工同步化。

**1. 自然同步化**

在自然界中已经存在一些细胞群体处于细胞周期的同一时期的例子。

（1）多核体：如一种黏菌（*Physarm polycephalum*）的变形体 Plasmodia，只进行核分裂而不进行细胞质分裂，结果形成多核体结构。所有细胞核在同一细胞质中进行同步分裂，细胞核数量最终可以多达 $10^8$ 个，细胞直径可达 5～6cm。疟原虫也具有类似的情况。

（2）某些水生动物的受精卵：如海胆卵可以同时受精，最初的 3 次细胞分裂是同步的，再如大量海参卵受精后，前 9 次细胞分裂都是同步化进行的。

（3）增殖抑制解除后的同步分裂：如真菌的休眠孢子移入适宜环境后，它们一起发芽，同步分裂。

**2. 人工同步化**

细胞周期同步化也可以人工选择或人工诱导，统称为人工同步化。人工选择同步化是指人为地将处于不同时期的细胞分离开来，从而获得不同时期的细胞群体。

1）选择同步化

（1）有丝分裂选择法：使单层培养的细胞处于对数增殖期，此时分裂活跃，有丝分裂细胞变圆隆起，与培养皿的附着性低，此时轻轻振荡，M 期细胞脱离器壁，悬浮于培养液中，收集培养液，再加入新鲜培养液，依法继续收集，则可获得一定数量的中期细胞。其优点是，操作简单，同步化程度高，细胞不受药物伤害，缺点是获得的细胞数量较少（分裂细胞占 1%～2%），要获得足够数量的细胞，其成本大大高于采用其他方法（图 11-4）。

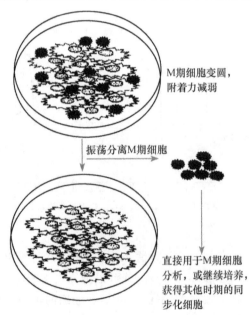

M期细胞变圆，附着力减弱

振荡分离M期细胞

直接用于M期细胞分析，或继续培养，获得其他时期的同步化细胞

图 11-4 从培养细胞中收集 M 期细胞的同步化方法（翟中和等，2007）

(2) 细胞沉降分离法：不同时期的细胞体积不同，而细胞在给定离心场中沉降的速度与其半径的平方成正比，因此可用离心的方法分离。其优点是可用于任何悬浮培养的细胞，缺点是同步化程度较低。

人工选择同步化的另一个方法是密度梯度离心法。有些种类的细胞，如裂殖酵母，不同时期的细胞在体积和重量上差别显著，可以采用密度梯度离心方法分离出处于不同时期的细胞。这种方法简单省时，效率高，成本低。但缺点是，对大多数种类的细胞并不适用。

2）诱导同步化

在同种细胞组成的一个细胞群体中，不同的细胞可能处于细胞周期的不同时期，为了某种目的，人们常常需要整个细胞群体处于细胞周期的同一个时期。许多动物细胞同步化可以通过人工诱导而获得，即通过药物诱导，使细胞同步化在细胞周期中某个特定时期。目前应用较广泛的诱导同步化方法主要有两种，即 DNA 合成阻断法和分裂中期阻断法。

(1) DNA 合成阻断法：选用 DNA 合成的抑制剂，可逆地抑制 DNA 合成，而不影响其他时期细胞的运转，最终可将细胞群阻断在 S 期或 G/S 交界处。5-氟脱氧尿嘧啶、羟基脲、阿糖胞苷、氨甲蝶呤、高浓度 ADR、GDR 和 TDR，均可抑制 DNA 合成使细胞同步化。其中高浓度 TDR 对 S 期细胞的毒性较小，因此常用 TDR 双阻断法诱导细胞同步化。在细胞处于对数生长期的培养基中加入过量 TDR(如 HeLa, 2mol/L; CHO, 7.5mol/L)。S 期细胞被抑制，其他细胞继续运转，最后停在 $G_1$/S 交界处。移去 TDR，洗涤细胞并加入新鲜培养液，细胞又开始分裂。当释放时间大于 TS 时，所有细胞均脱离 S 期，再次加入过量 TDR，细胞继续运转至 $G_1$/S 交界处，被过量 TDR 抑制而停止(图 11-5)。优点是同步化程度高，适用于任何培养体系。可将几乎所有的细胞同步化。缺点是产生非均衡生长，个别细胞体积增大。

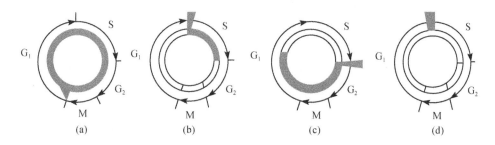

图 11-5　应用过量的 TdR 阻断法进行细胞周期同步化(翟中和等.2000)
(a) 处于对数生长期的细胞；(b) 第一次加入 TdR，所有处于 S 期的细胞立即被抑制，其他细胞运行到 $G_1$/S 交界处被抑制；(c) 将 TDR 洗脱，解除抑制，被抑制的细胞沿细胞周期运行；(d) 在解除抑制的细胞到达 $G_1$ 期终点前，第二次加入 TDR 并继续培养，所有的细胞被抑制在 $G_1$/S 交界处。

(2) 中期阻断法：利用破坏微管的药物将细胞阻断在中期，常用的药物如秋水仙素、秋水仙胺和诺考达唑(nocodazole)等，可以抑制微管聚合，因而能有效地抑制细胞分裂器的形成，将细胞阻断在细胞分裂中期。通过轻微振荡，将变圆的分裂期细胞洗脱，经过离心，可以得到大量的分裂中期细胞。将分裂中期细胞悬浮于新鲜培养液中继续培养，它们可以继续分裂并沿细胞周期同步运转，从而获得 $G_1$ 期不同阶段的细胞。此方法的优点是操作简便，效率高。缺点是这些药物的毒性相对较大，若处理的时间过长，所得到的细胞常常不能恢复正常细胞周期运转，可逆性较差。

在实际工作中，人们常将几种方法并用，以获得数量多、同步化效率高的细胞。

## 二、细胞分裂

### （一）细胞分裂的类型

细胞分裂（cell division）可分为无丝分裂（amitosis）、有丝分裂（mitosis）和减数分裂（meiosis）三种类型。

无丝分裂又称为直接分裂，由 Remark 首次发现于鸡胚血细胞。表现为细胞核伸长，从中部缢缩，然后细胞质分裂，其间不涉及纺锤体形成及染色体变化，故称为无丝分裂。无丝分裂不仅发现于原核生物，同时也发现于高等动、植物，如植物的胚乳细胞、动物的胎膜，间充组织及肌肉细胞等。

有丝分裂，又称为间接分裂，由 Fleming 首次发现于动物及 Strasburger 发现于植物。特点是有纺锤体染色体出现，子染色体被平均分配到子细胞，这种分裂方式普遍见于高等动植物。

减数分裂是指染色体复制一次而细胞连续分裂两次的分裂方式，是高等动植物配子形成的分裂方式。

### （二）有丝分裂

以高等动物细胞为例介绍有丝分裂。根据细胞形态结构的变化，为了便于描述人为的划分为六个时期：间期（interphase）、前期（prophase）、前中期（premetaphase）、中期（metaphase）、后期（anaphase）和末期（telophase）。其中间期包括 $G_1$ 期、S 期和 $G_2$ 期，主要进行 DNA 复制等准备工作。

**1. 前期**

前期主要事件是：①染色质凝缩，②分裂极确立与纺锤体开始形成，③核仁解体，④核膜消失。最显著的特征是染色质通过螺旋化和折叠，变短变粗，形成光学显微镜下可以分辨的染色体，每条染色体包含 2 个染色单体。

前期是有丝分裂过程的开始阶段。前期开始时，细胞核染色质开始浓缩，形成光镜下可辨的早期染色体结构。在每条染色单体上，都含有一段特殊的 DNA 序列，称为着丝粒DNA（centromere DNA）。其所在部位称为着丝粒（centromere）。两条染色单体的两个着丝粒对应排列。由于此处形态结构比较狭窄，被称为主级痕（primary constriction）。前期的较晚时期，在着丝粒处逐渐装配另一种蛋白质复合体结构，称为动粒（kineto-chore）。动粒和着丝粒紧密相连。

早在 S 期两个中心粒已完成复制，在前期移向两极，两对中心粒之间形成纺锤体微管，当核膜解体时，两对中心粒已到达两极，并在两者之间形成纺锤体，纺锤体微管包括：①动粒微管：由中心体发出，连接在动粒上，负责将染色体牵引到纺锤体上，动粒上具有马达蛋白。②星微管:由中心体向外放射出,末端结合有分子马达,负责两极的分离,同时确定纺锤体纵轴的方向。③极微管:由中心体发出,在纺锤体中部重叠,重叠部位结合有分子马达,负责将两极推开(图 11-6,图 11-7)。

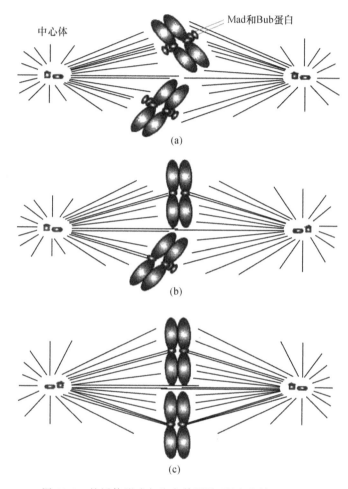

图 11-6　纺锤体形成与染色体列队(翟中和等,2007)

(a) 细胞分裂前期和前中期,Mad 和 Bud 蛋白在染色体动粒上聚集,纺锤丝微管与动粒结合;(b) 微管与动粒结合后,
Mad 和 Bud 蛋白消失,姐妹染色体结合的各自微管作用力趋于均衡;(c) 所有染色体的动粒与微管结合后,
两侧动粒微管作用力均衡,染色体排列在赤道板

## 2. 前中期

核膜破裂,标志着前中期的开始。前中期指由核膜解体到染色体排列到赤道面(equatorial plane)这一阶段。

核膜破裂后,染色体将进一步凝集浓缩,变粗变短,形成明显的 X 形染色体结构。染色体在一定区域内剧烈运动。位于染色体着丝粒上的动粒逐渐成熟。从前期向中期转化过程中的另一个重要事件是纺锤体(spindle)的装配。在前期,两个星体的形成和向两极的运动,事实上标志着纺锤体装配的开始。随之,星体微管逐渐伸长。有的星体微管迅速捕获染色体,并与染色体一侧的动粒结合,形成动粒微管(kinetochore microtubule)。而

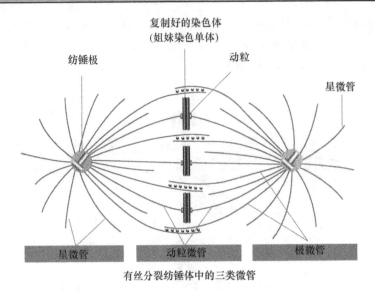

有丝分裂纺锤体中的三类微管

图 11-7　微管的种类和中期染色体排列在赤道板上(翟中和等,2000)

由另一极星体发出的微管则迅速与染色体另一极的动粒相联结。另一些星体微管的游离端也逐渐侵入核内,形成极性微管(polar microtubule)。动粒微管、极性微管以及辅助分子,共同组成前期纺锤体。由于同一条染色体的两个动粒相连接的两极动粒微管并不等长,染色体不完全分布于赤道板,所以看起来其排列没有规律性(图 11-6)。随后,在各种相关因素的共同作用下,纺锤体赤道直径逐渐收缩,两极距离拉长,染色体逐渐向赤道方向运动。细胞周期也由前中期逐渐向中期运转。

### 3. 中期

所有染色体排列到赤道板(equatorial plate)上,标志着细胞分裂已进入中期。中期指从染色体排列到赤道面上,到姐妹染色单体开始分向两极的一段时间。纺锤体呈现典型的纺锤样。位于染色体两侧的动粒微管长度相等,作用力均衡。整个纺锤体微管数量,在不同物种之间变化很大,少则 10 多根,多的数千根甚至上万根。除动粒微管外,许多极性微管在赤道区域也相互搭桥,形成貌似连续微管结构[图 11-6(c),图 11-7]。如真菌(*Phycomyces* sp.)仅有 10 根纺锤体微管,而植物百合(*Haemanthus* sp.)的纺锤体微管约有 10 000 根。染色体向赤道板上运动的过程称为染色体列队(chromosome alignment)或染色体中板聚合(congression)。

### 4. 后期

中期染色体的两条染色单体相互分离,形成子代染色体,并分别向两极运动,标志着后期的开始。当子染色体到达两极后,标志这一时期结束,后期可以分为两个方面(图 11-8,图 11-9):①后期 A,指染色体向两极移动的过程。染色体着丝点微管在着丝点处去组装而缩短,在分子马达的作用下染色体向两极移动。体外实验证明即使在 ATP 不存在的情况下,染色体着丝点也有连接到正在去组装的微管上的能力,使染色体发生移动。②后期 B,指两极间距离拉大的过程。这是因为一方面极体微管延长,结合在极体微管重叠部分的马达蛋白提供动力,推动两极分离,另一方面星体微管去组装而缩短,结合在星体微管正极的马达蛋白牵引两极距离加大。可见染色体的分离是在微管与分子马达的共同作用下实现的。整个后期阶段约持续数分钟。染色体运动的速度为每分钟 $1\sim2\mu m$。

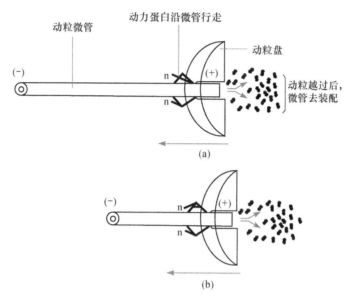

图 11-8 细胞分裂后期 A 动粒沿动粒微管向极部运动(翟中和等,2007)

(a) 后期开始时,动力蛋白沿动力微管向微管负极行走,引导动粒向极部运动;

(b) 当动粒越过后,动粒微管的正极末端随之去装配

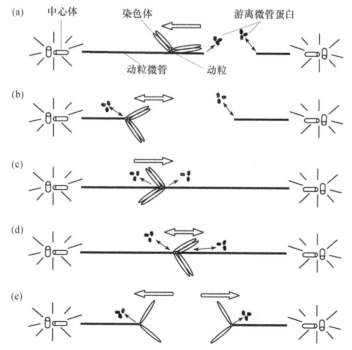

图 11-9 胞分裂后期 B 纺锤体拉长(翟中和等,2000)

(a) 游离微管蛋白装配形成纺锤体微管;(b) 动粒微管捕捉染色体动粒;(c) 动粒微管与染色体动粒连接;

(d) 染色体受到动粒微管的牵拉作用;(e) 在动粒微管的牵拉下,染色体发生分离,并向两极移动

后期 A,B 是结合药物实验发现的,如紫杉酚(taxol)能结合在微管的(+)端,抑制微管(+)端去组装,从而抑制后期 A。动物中通常先发生后期 A,再后期 B,但也有些只发生后期 A,还有的后期 A,B 同时发生。植物细胞没有后期 B。

有两类马达蛋白参与染色体、分裂极的分离,一类是 dynein,另一类是 kinesin。植物没有中心粒和星体,其纺锤体叫作无星纺锤体,分裂极的确定机制尚不明确。

**5. 末期**

末期是从子染色体到达两极,至形成两个新细胞为止的时期。到达两极的染色单体开始去浓缩,在每一个染色单体的周围,核膜开始重新装配。前期核膜解体后,核纤层蛋白 B 与核膜残余小泡结合,末期核纤层蛋白 B 去磷酸化,介导核膜的重新装配。首先是核膜前体小膜泡结合到染色单体表面,小膜泡相互融合,逐渐形成较大的双层核膜片段,然后再相互融合成完整的核膜,分别形成两个子代细胞核。在核膜形成的过程中,核孔复合体同时在核膜上装配。随着染色单体去浓缩,核仁也开始重新装配,核仁由染色体上的核仁组织中心形成(NOR),几个 NOR 共同组成一个大的核仁,因此核仁的数目通常比 NOR 的数目要少。RNA 合成功能逐渐恢复。

**6. 胞质分裂**

虽然核分裂与胞质分裂(cytokinesis)是相继发生的,但属于两个分离的过程,如大多数昆虫的卵,核可进行多次分裂而无胞质分裂,某些藻类的多核细胞可长达数尺,以后胞质才分裂形成单核细胞。多数细胞胞质分裂(cytokinesis)开始于细胞分裂后期,完成于细胞分裂末期。

动物细胞胞质分裂开始时,在赤道板周围细胞表面下陷,形成环形缢缩,称为分裂沟(furrow)。分裂沟的定位与纺锤体的位置明显相关。人为地改变纺锤体的位置可以使分裂沟的位置改变。也有实验证明,钙离子浓度的变化也会影响分裂沟的形成。对分裂沟定位的分子作用机制目前尚不清楚。

在分裂沟的下方,除肌动蛋白之外,还有微管、小膜泡等物质聚集,共同构成一个环形致密层,称为中间体(midbody)。胞质分裂开始时,大量的肌动蛋白和肌球蛋白在中间体处装配成微丝并相互组成微丝束,环绕细胞,称为收缩环(contractile ring)。分裂沟的产生是因收缩环的形成,收缩环在后期形成。实验证明,肌动蛋白和肌球蛋白参与了收缩环的形成和整个胞质分裂过程。用细胞松弛素及肌动蛋白和肌球蛋白抗体处理均能抑制收缩环的形成。胞质收缩环的收缩原理和肌肉收缩时相类似。

胞质分裂整个过程可以简单地归纳为 4 个步骤,即分裂沟位置的确立、肌动蛋白聚集和收缩环形成、收缩环收缩、收缩环处细胞膜融合并形成两个子细胞(图 11-10)。

植物胞质分裂的机制不同于动物,后期或末期两极处微管消失,中间微管保留,并数量增加,形成成膜体(phragmoplast)。来自于高尔基体的囊泡沿微管转运到成膜体中间,融合形成细胞板。囊泡内的物质沉积为初生壁和中胶层,囊泡膜形成新的质膜。膜间有许多连通的管道,形成胞间连丝。源源不断运送来的囊泡向细胞板融合,使细胞板扩展,形成完整的细胞壁,将子细胞一分为二。

### 三、减数分裂

减数分裂是一种特殊形式的有丝分裂,仅发生于有性生殖细胞形成过程中的某个阶

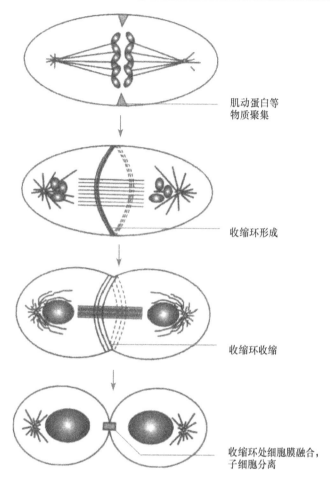

肌动蛋白等
物质聚集

收缩环形成

收缩环收缩

收缩环处细胞膜融合,
子细胞分离

图 11-10 胞质分裂过程(翟中和等,2000)

段。减数分裂的主要特点是,细胞 DNA 复制一次,而细胞连续分裂两次,形成单倍体的
精子和卵子。再经过受精,形成合子,染色体数恢复到体细胞的染色体数目。减数分裂过
程中同源染色体间发生交换,使配子的遗传多样化。减数分裂的意义在于,既有效地获得
父母双方的遗传物质,保持后代的遗传性;又可以增加更多的变异机会,确保生物的多样
性,增强生物适应环境变化的能力。因而,减数分裂是生物有性生殖的基础,是生物遗传、
生物进化和生物多样性的重要基础保证。

　　减数分裂可分为 3 种主要类型:①配子减数分裂(gametic meiosis),也叫末端减数分
裂(terminal meiosis),其特点是减数分裂和配子的发生紧密联系在一起,在雄性脊椎动物
中,一个精母细胞经过减数分裂形成 4 个精细胞,后者在经过一系列的变态发育,形成精
子。在雌性脊椎动物中,一个卵母细胞经过减数分裂形成 1 个卵细胞和 2～3 个极体。
②孢子减数分裂(sporic meiosis),也叫中间减数分裂(intermediate meiosis),见于植物和
某些藻类。其特点是减数分裂和配子发生没有直接的关系,减数分裂的结果是形成单倍
体的配子体(小孢子和大孢子)。小孢子再经过两次有次分裂形成包含一个营养核和两个
雄配子(精子)的成熟花粉(雄配子体);大孢子经过三次有丝分裂形成胚囊(雌配子体),内

含一个卵核、两个极核、三个反足细胞和两个助细胞。③合子减数分裂(zygotic meiosis)，也叫初始减数分裂(initial meiosis)，仅见于真菌和某些原核生物，减数分裂发生于合子形成之后，形成单倍体的孢子，孢子通过有丝分裂产生单倍体的后代。也就是说这类生物正常的生长个体是单倍体的。此外某些生物还具有体细胞减数分裂(somatic meiosis)现象，如在蚊子幼虫的肠道中，有一些由核内有丝分裂形成的多倍体细胞(可高达 32×)，在蛹期又通过减数分裂降低了染色体倍性，增加了细胞数目。

减数分裂由紧密连接的两次分裂构成。通常减数分裂 I 分离的是同源染色体，所以称为异型分裂(heterotypic division)或减数分裂(reductional division)。减数分裂 II 分离的是姐妹染色体，类似于有丝分裂，所以称为同型分裂(homotypic division)或均等分裂(equational division)。与有丝分裂相似，在减数分裂之前的间期阶段，也可以人为地划分为 $G_1$ 期、S 期、$G_2$ 期三个时期。为区别于一般的细胞间期，常把减数分裂前的细胞间期称为减数分裂前间期(premeiotic interphase)。

(一) 减数分裂前间期

减数分裂前间期显著特点在于其 S 期持续时间较长(表 11-1)，同时也发生一系列与减数分裂相关的特殊事件，如在植物百合中发现，其减数分裂前间期的 S 期仅复制其 DNA 总量的 99.7%～99.9%，而剩下的 0.1%～0.3%要等到减数分裂前期阶段才进行复制。研究发现，这些推迟复制的 DNA 被分割为 5000～10 000 个小片段，分布于整个基因组中，每个小片段长 1000～5000bp。另外还发现，有一种蛋白质，称为 L 蛋白，在减数分裂前间期与上述 DNA 小片段结合，阻止其复制。这些 DNA 小片段被认为与减数分裂前期染色体配对和基因重组有关。

表 11-1　减数分裂前 S 期与有丝分裂前 S 期持续时间比较

| 物种 | 减数分裂前 S 期 | 有丝分裂前 S 期 |
| --- | --- | --- |
| 蝾螈 | 10 天 | 12h |
| 小鼠 | 14h | 5～6h |
| 小麦(*Triticum aestivum* L.) | 12h | 3.8h |
| 酵母(*Saccharomyces cerevisiae*) | 1.0h | 0.5h |

资料来源：Wolfe，1993。

另外，根据生物种类不同，减数分裂前间期的 $G_2$ 期的长短变化较大。有的 $G_2$ 期短，有的和有丝分裂前间期的 $G_2$ 期长短接近，也有的在 $G_2$ 期停滞较长一段时间，直到新的刺激来启动进一步分裂。

(二) 分裂期

减数分裂前 $G_2$ 期细胞进入两次有序的细胞分裂，即第一次减数分裂和第二次减数分裂。两次减数分裂之间的间期或长或短，但无 DNA 合成。减数分裂过程(图 11-11)。

**1. 减数分裂期 I**

减数分裂期 I(meiosis I)人为地划分为前期 I，前中期 I，中期 I，后期 I，末期 I 和胞质分裂 I 6 个阶段。但减数分裂期 I 又有其鲜明的特点。其主要表现在分裂前期的染色体配对和基因重组以及其后的染色体分离方式等方面。

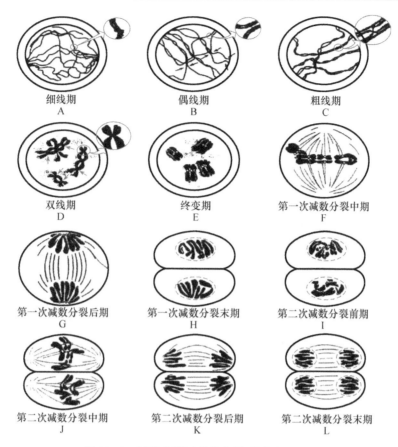

图 11-11 减数分裂过程示意图(翟中和,2002)

1) 前期Ⅰ

前期Ⅰ(prophase Ⅰ)持续时间较长,在高等生物,其时间可持续数周、数月、数年,甚至数十年。在低等生物,其时间虽相对较短,但也比有丝分裂前期持续的时间长得多。在这漫长的时间过程中,要进行染色体配对和基因重组。此外,也要合成一定量的 RNA 和蛋白质。根据细胞形态变化,又可以将前期Ⅰ人为地划分为细线期(leptotene)、偶线期(zygotene)、粗线期(pachytene)、双线期(diplotene)、终变期(diakinesis)5 个阶段。必须注意的是这 5 个阶段本身是连续的,它们之间没有截然的界限。

(1)细线期:持续时间最长,占减数分裂周期的 40%。首先发生染色质凝集,染色质纤维逐渐折叠、螺旋化,变短变粗。细线期虽然染色体已经复制,但光镜下分辨不出两条染色单体。由于染色体细线交织在一起,偏向核的一方,所以又称为凝集期(condensation stage)。另一个特点是,在细纤维样染色体上,出现一系列大小不同的颗粒状结构,称为染色粒(chromomere),虽然已经知道染色粒由染色质组成,但其功能并不清楚。在有些物种中表现为染色体细线一端在核膜的一侧集中,另一端放射状伸出,形似花束,也称为花束期(bouquet stage)。

(2)偶线期:持续时间较长,占有丝分裂周期的 20%。亦称合线期,是同源染色体(homologous chromosome)配对(pairing)的时期,因而,偶线期又称为配对期(pairing stage)。在光镜下可以看到两条结合在一起的染色体,称为二价体(bivalent),每一对同源染色体都经过复制,含四个染色单体,所以又称为四分体(tetrad),但此时的四分体结构并不清晰可见。

　　同源染色体配对的过程称为联会(synapsis)。联会初期,同源染色体端粒与核膜相连的接触斑相互靠近并结合。从端粒处开始,这种结合不断向其他部位伸延,直到整对同源染色体的侧面紧密联会。联会也可以同时发生在同源染色体的几个点上。在联会的部位形成一种特殊复合结构,称为联会复合体(synaptonemal complex,SC)。联会复合体沿同源染色体长轴分布,宽为 2~15μm,在电镜下可以清楚地显示其细微结构(图 11-12)。联会复合体被认为与同源染色体联会和基因重组有关。

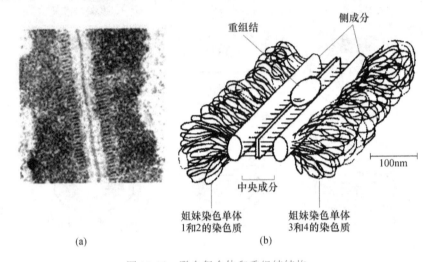

图 11-12　联会复合体和重组结结构

(a) 联会复合体和重组结(电镜照片)(Wolfe,1993);(b) 联会复合体及其组分示意图(Alberts et al. ,1994)

　　在偶线期发生的另一个重要事件是合成在 S 期未合成的约 0.3% 的 DNA(偶线期 DNA,即 zygDNA)。若用 DNA 合成抑制剂抑制 zygDNA 合成,联会复合体的形成将受到抑制。zygDNA 在偶线期转录活跃。转录的 DNA 被称为 zygRNA。zygDNA 转录也被认为与同源染色体配对有关。

　　(3) 粗线期:开始于同源染色体配对完成之后,可以持续几天至几个星期。染色体变短,结合紧密,在光镜下只在局部可以区分同源染色体,这一时期同源染色体的非姐妹染色单体之间发生交换,产生新的等位基因的组合。此时在联会复合体部位的中间,有一个新的结构,呈圆球形、椭球形或长约 0.2μm 的棒状,称为重组结(recombination nodule)。有些生物,在整个减数分裂过程中不出现重组结,因此并无基因重组发生。在粗线期,也合成一小部分尚未合成的 DNA,称为 P-DNA。P-DNA 大小为 100~1000bp,编码一些与 DNA 点切(nicking)和修复(repairing)有关的酶类。

　　粗线期另一个重要的特征是,合成减数分裂期专有的组蛋白,并将体细胞类型的组蛋白部分或全部地置换下来。在许多动物的卵母细胞发育过程中,粗线期还发生 rDNA 扩增。如在非洲爪蟾(*Xenopus laevis*)卵母细胞中,经过 rDNA 扩增,可以产生大约 2500 个拷贝的 rDNA。这些 rDNA 将参与形成附加的核仁,进行 RNA 转录。

（4）双线期：重组阶段结束，同源染色体相互分离，但在交叉点（chiasma）上还保持着联系。同源染色体的四分体结构清晰可见。双线期染色体进一步缩短，在电镜下已看不到联会复合体。交叉的数目和位置在每个二价体上并非是固定的，而随着时间推移，向端部移动，这种移动现象称为端化（terminalization），端化过程一直进行到中期。

植物细胞双线期一般较短，但在许多动物中双线期持续时间一般较长，其长短变化很大。两栖类卵母细胞的双线期可持续将近一年，而人类的卵母细胞双线期从胚胎期的第 5 个月开始，短者可持续十几年，到性成熟期开始；长者可达四五十年，到生育期结束。

在鱼类、两栖类、爬行类、鸟类以及无脊椎动物的昆虫中，双线期的二价体解螺旋而形成灯刷染色体（lampbrush chromosome），在灯刷染色体上有许多侧环结构，是进行活跃转录 RNA 部位。RNA 转录、蛋白质翻译以及其他物质的合成等，是双线期卵母细胞体积增长所必需的。这一时期是卵黄积累的时期。

（5）终变期：二价体显著变短，并向核周边移动，四分体较均匀地分布在细胞核中。所以是观察染色体的良好时期。如果有灯刷染色体存在，其侧环回缩，RNA 转录停止。核仁此时开始消失，核被膜解体，但有的植物，如玉米，在终变期核仁仍然很显著。终变期的结束标志着前期 I 的完成。

终变期由于交叉端化过程的进一步发展，故交叉数目减少，通常只有 1～2 个交叉，二价体的形状表现出多样性，如 V 形或 O 形。

2）中期 I

核仁消失，核被膜解体，标志进入中期 I。在此过程中，要进行纺锤体装配。纺锤体形成过程和结构与一般有丝分裂过程中的相类似。中期 I 的主要特点是染色体排列在赤道面上。和有丝分裂不同的是，每个四分体含有 4 个动粒（图 11-13），姐妹染色单位的动粒定向于纺锤体的同一极，故称联合定向（co-orientation）。

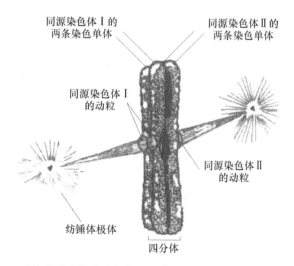

图 11-13　减数分裂中期 I 动粒与纺锤体的联系示意图（翟中和等，2000）

在减数分裂中期,四分体中同源染色体的两个动粒位于同侧,只与从同一侧发出的纺锤体微管相连接。

3)后期Ⅰ

同源染色体对相互分离并向两极移动,标志着后期Ⅰ(anaphaseⅠ)的开始。二价体中的两条同源染色体分开,分别向两极移动。由于相互分离的是同源染色体,所以染色体数目减半。姐妹染色单体通过着丝粒相连,每个子细胞的DNA含量仍为2C。同源染色体分向两极是随机的,结果使母本和父本染色体重新组合,产生基因组的变异。如人类染色体是23对,染色体组合的方式有$2^{23}$个(不包括交换),再加上基因重组和精子与卵子的随机结合,因此除同卵孪生外,几乎不可能得到遗传上等同的后代。

4)末期Ⅰ

染色体到达两极,并逐渐进行去凝集。在染色体的周围,核被膜重新装配,核仁形成,同时进行胞质分裂,形成两个子细胞。

5)减数分裂间期

在减数分裂Ⅰ和Ⅱ之间的间期很短,不进行DNA的合成。有些生物没有间期,而由末期Ⅰ直接转为前期Ⅱ。

**2. 减数分裂Ⅱ**

第二次减数分裂过程与有丝分裂过程非常相似,可分为前、中、后、末和胞质分裂等时期。

经过第二次减数分裂,形成4个子细胞。但它们以后的命运随生物种类不同而不同。在雄性动物中,4个子细胞大小相似,称为精子细胞,进一步发育成4个精子。在雌性动物中,第一次分裂产生一个次级卵母细胞和一个第一极体。第一极体将很快死亡解体,有时也会进一步分裂为两个小细胞,但没有功能。次级卵母细胞进行第二次减数分裂,产生一个卵细胞和一个第二极体。第二极体也没有功能,很快解体。因此,雌性动物减数分裂仅形成一个卵细胞。高等植物减数分裂与动物减数分裂类似,即初级精母细胞产生4个精子,而初级卵母细胞仅产生一个卵细胞。

(三)联会复合体和基因重组

联会复合体(synaptonemal complex,SC)是减数分裂偶线期两条同源染色体之间形成的一种临时性结构,它与染色体的配对,交换和分离密切相关。这种结构是M. J. Moses于1963年用电镜观察蝲蛄卵母细胞时发现的。随后证实,联会复合体在动物和植物减数分裂过程中广泛存在。联会复合体在同源染色体联会处沿同源染色体长轴分布,形成的梯子样的结构。在电镜下观察,由位于中间的中央成分(central element)和位于两侧的侧成分(lateral element)共同构成。侧成分的外侧则为配对的同源染色体(图11-14)。两侧的侧成分之间为宽约100nm的中央成分,侧成分宽20~40nm。从两侧的侧成分向中央成分方向发出横向纤维(transverse fiber),粗7~10nm,纤维交会于中央成分,使SC外观呈梯状。

蛋白质是联会复合体的主要组成成分之一。用胰蛋白酶、链霉蛋白酶等处理联会复合体,其中央成分、侧成分以及横向纤维等结构消失。DNA片段也是联会复合体的组成

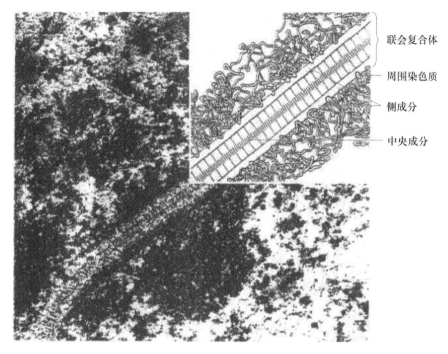

图 11-14 蝗虫粗线期的联会复合体(Wolfe,1993)

框内为联会复合体于染色质纤维之间的关系图解

成分之一。这些 DNA 片段多位于 50~550bp 之间。序列分析显示,这些 DNA 片段中并无特殊的 DNA 序列。不同细胞之间,这些 DNA 片段的大小和碱基的排列顺序会有明显差别。在中央成分和侧成分中还发现有 RNA。因此,联会复合体中可能含有核糖核蛋白复合物。在磷钨酸染色的 SC 中央,还可以看到呈圆形或椭圆形的重组节(recombinationnodule,RN),RN 是同源染色体发生交叉的部位,RN 上有基因交换所需要的酶。

从形态学来看,联会复合体从细线期开始装配,到偶线期形成明显的联会复合体结构。到达粗线期,重组结开始装配。联会复合体的形成与偶线期 DNA(zyg-DNA)有关,在细线期或偶线期加入 DNA 合成抑制剂,则抑制 SC 的形成。

# 第二节 细胞周期的调控

真核细胞周期有两个基本事件:一是 S 期进行染色体复制,二是 M 期将复制的染色体分到两个子细胞中去。为确保细胞周期基本事件有条不紊地进行,细胞周期不仅存在着 $G_1/S$ 转换和 $G_2/M$ 转换两个重要的控制点,而且发展了一系列调控机制,对细胞周期运转进行严格的监控。

## 一、MPF 的发现及其作用

MPF 最早发现并被命名于 20 世纪 70 年代初期。MPF,即卵细胞促成熟因子(maturation-promoting factor)，或细胞促分裂因子(mitosis-promoting factor)，或 M 期促进因子(M phase-promoting factor)。随着研究工作的深入，不仅逐步鉴定了 MPF 构成，同时也逐步证明了其在细胞周期调控中的重要作用。

## （一）染色体超前凝集实验——细胞促分裂因子

Rao 和 Johnson(1970,1972)将 HeLa 细胞同步于不同阶段，然后与 M 期细胞混合，在灭活仙台病毒介导下，诱导细胞融合，并继续培养一定时间。他们发现，与 M 期细胞诱导 $PtKG_1$ 期细胞染色体诱导 PtKS 期细胞染色体诱导 $PtKG_2$ 期细胞染色体融合的间期细胞发生了形态各异的染色体凝集，并称之为染色体超前凝集(premature chromosome condensation，PCC)。此种染色体则称为超前凝聚染色体。不同时期的间期细胞与 M 期细胞融合，产生的 PCC 的形态各不相同。$G_1$ 期 PCC 为细单线状；S 期 PCC 为粉末状；$G_2$ 期 PCC 为双线染色体状(图 11-15)。PCC 的这种形态变化可能与 DNA 复制状态有关。不仅同类 M 期细胞可以诱导 PCC，不同类的 M 期细胞也可以诱导 PCC 产生，如人和蟾蜍的细胞融合时同样有这种效果，这就意味着 M 期细胞具有某种促进间期细胞进行分裂的因子，称为细胞促分裂因子。

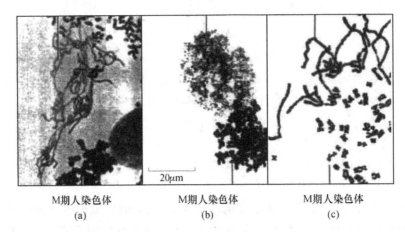

| M期人染色体 | M期人染色体 | M期人染色体 |
|:---:|:---:|:---:|
| (a) | (b) | (c) |

图 11-15　人类 M 期细胞与袋鼠(PtK)$G_1$、S、$G_2$ 期细胞融合诱导成熟染色体凝集(Alberts et al. ,1994)
(a) M 期细胞与 $G_1$ 期细胞融合；(b) M 期细胞与 S 期细胞融合；(c) M 期细胞与 $G_2$ 期细胞融合

## （二）非洲爪蟾卵细胞质注射实验——促成熟因子(MPF)

1971 年，Masui 和 Markert 用非洲爪蟾卵做实验，明确提出了 MPF 这一概念。在黄体酮作用下，生发泡破裂(germinal vesicle break down，GVBD)，染色质凝集，进行第一次减数分裂。用细胞质移植实验研究发现，将黄体酮诱导成熟的卵细胞的细胞质注射到卵母细胞中，可以诱导后者成熟；再将后者的细胞质少量注射到一的新的卵母细胞中，新的卵母细胞仍被诱导成熟；再将刚被诱导成熟的卵细胞的细胞质少量注射到另一些新的卵母细胞中，仍然可以诱导卵母细胞成熟(图 11-16)。研究结果说明，在成熟的卵细胞的细胞质中，必然有一种物质，可以诱导卵母细胞成熟。他们将这种物质称作促成熟因子，即 MPF。

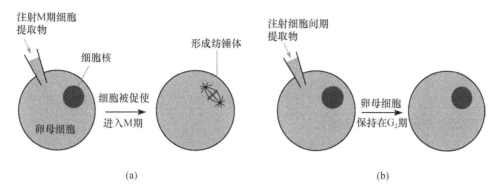

图 11-16 MPF 活性实验(Alberts et al. ,1994)

(a) 用非洲爪蟾 M 期的卵母细胞提取物注射非洲爪蟾非成熟期的卵母细胞,促使其进入 M 期,
引起生发泡破裂,并形成纺锤体;(b) 用细胞间期的提取物注射卵母细胞,不能促使卵母细胞进入 M 期

在蛋白质合成抑制剂存在的情况下,黄体酮不能诱导卵母细胞成熟。表明用黄体酮诱导卵母细胞成熟过程中有蛋白质合成。若用成熟卵细胞的细胞质诱导卵母细胞成熟,即使有蛋白质合成抑制剂存在,也可以诱导卵母细胞成熟。实验结果说明,在成熟卵母细胞中,MPF 已经存在,但处于非活性状态,被称为前体 MPF(preMPF)。非活性态的 preMPF 通过翻译后修饰,可以转化为活性态的 MPF。

1988 年,Maller 实验室的 Lohka 等以非洲爪蟾卵为材料,分离获得了微克级的纯化 MPF,并证明其主要含有 p32 和 p45 两种蛋白。p32 和 p45 结合后,表现出蛋白激酶活性,使多种蛋白质底物磷酸化,说明 MPF 是一种蛋白激酶。

## (三) p34cdc2 激酶的发现及其与 MPF 的关系

1960 年 Hartwell 以芽殖酵母为实验材料,分离获得了数十个温度敏感突变体(temperature-sensitive mutant)。突变体最基本的特点是,在允许温度条件(permissive temperature)下,可以正常分裂繁殖,而在限定温度条件下,则不正常分裂繁殖。利用阻断在不同细胞周期阶段的温度敏感突变株(在适宜的温度下和野生型一样),分离出了几十个与细胞分裂有关的基因(cell division cycle gene,CDC)。如芽殖酵母的 $cdc28$ 基因,在 $G_2/M$ 转换点发挥重要的功能。1970 年 Nurse 等以裂殖酵母为实验材料,也分离出了数十个温度敏感突变体。同样发现了许多细胞周期调控基因,如裂殖酵母 $cdc2$、$cdc25$ 的突变型和在限制的温度下无法分裂;wee1 突变型则提早分裂,而 $cdc25$ 和 wee1 都发生突变的个体却会正常地分裂。进一步的研究发现 $cdc2$ 和 $cdc28$ 都编码一个 34KD 的蛋白激酶,促进细胞周期的进行。而 wee1 和 $cdc25$ 分别表现为抑制和促进 $cdc2$ 的活性。酵母中这些与细胞分裂和细胞周期调控有关的基因,被称为 $cdc$(cell division cycle)基因。人们根据 $cdc$ 基因被发现的先后顺序等,对这些基因进行了命名,如 $cdc2$、$cdc25$、$cdc28$ 等,尽管当时 $cdc$ 基因尚未被分离出来。

裂殖酵母 $cdc2$ 基因是第一个被分离出来的 $cdc$ 基因,它的表达产物相对分子质量为 $3.4×10^4$ 的蛋白,被称为 p34$^{cdc2}$,且具有蛋白激酶活性,可以使多种蛋白底物磷酸化,也称为 p34$^{cdc2}$ 激酶。芽质酵母 $cdc28$ 基因是第二个被分离出来的 $cdc$ 基因,其表达的产物也是一种相对分子质量为 $3.4 \times 10^4$ 的蛋白,称为 p34$^{cdc28}$,并也是一种蛋白激酶,是 p34$^{cdc2}$ 的同源物。研究发现,不管是 p34$^{cdc2}$,或者是 p34$^{cdc28}$,其本身并不具有激酶活性,只有当其与相关蛋白结合后,激酶活性才能够表现出来。例如,p34$^{cdc2}$ 必须和另一种蛋白 p56$^{cdc13}$ 结合,才具有激酶活性。

Maller 实验室和 Nurse 实验室进行合作研究,证明 MPF 中的 p32 可以被 p34$^{cdc2}$ 特异抗体所识别,并且二者为同源物。

1983 年 Hunt 首次发现海胆卵受精后,在其卵裂过程中两种蛋白质的含量随细胞周期剧烈振荡,一般在细胞间期内积累,在细胞分裂期内消失,在下一个细胞周期中又重复这一消长现象,故命名为周期蛋白(cyclin)。周期蛋白被分离和克隆出来后,进一步揭示其广泛存在于从酵母到人类等各种真核生物中。研究表明,周期蛋白为诱导细胞进入 M 期所必需。而且,各种生物之间的周期蛋白在功能上有互补性。将海胆周期蛋白 B 的 mRNA 引入到非洲爪蟾卵非细胞体系中,其翻译产物可以诱导该非细胞体系进行多次细胞周期循环。将一种基因工程表达的抗降解的周期蛋白 Δ90 引入非洲爪蟾卵非细胞体系或直接显微注射到非洲爪蟾卵细胞中,可以稳定 MPF 活性。上述实验结果提示周期蛋白可能参与 MPF 的功能调节。

1988 年 Lohka 纯化了爪蟾的 MPF,经鉴定由 32KD 和 45KD 两种蛋白组成,二者结合可使多种蛋白质磷酸化。James Maller 实验室和 Timothy Hunt 实验室进行合作,证明 MPF 的另一种主要成分为周期蛋白 B。后来 Nurse(2002)进一步的实验证明 p32 实际上是 $cdc2$ 的同源物,而 p45 是 cyclinB 的同源物。

至此,MPF 的生化成分便被确定下来,它含有两个亚单位,即 $cdc2$ 蛋白和周期蛋白。当两者结合后,表现出蛋白激酶活性。$cdc2$ 为其催化亚单位,周期蛋白为其调节亚单位。

2001 年 10 月 8 日美国人 Hartwell、英国人 Nurse、Hunt 因对细胞周期调控机理的研究而荣获诺贝尔生理医学奖。

### 二、周期蛋白激酶

酵母 $cdc2$ 和 $cdc28$ 基因被分离出来后,一些实验室进行 $cdc2$ 或 $cdc28$ 类同基因的分离工作,成功分离到了 10 多个 $cdc2$ 相关基因。它们表达的蛋白有两个共同的特点:一个是它们含有一段类似的氨基酸序列,另一个是各种蛋白分子均含有一段相似的激酶结构域,这一区域有一段保守序列,即 PSTAIRE,与周期蛋白的结合有关(图 11-17)。这些蛋白统称为周期蛋白依赖性蛋白激酶(cyclin-dependent kinase),简称 CDK 激酶。前已经发现并命名的 CDK 激酶包括 $cdc2$、CDK2、CDK3、CDK4、CDK5、CDK6、CDK7 和 CDK8 等。由于 $cdc2$ 第一个被发现,$cdc2$ 激酶被命名为 CDK1。

### 三、CDK 激酶活性的调控

CDK 激酶活性受到多种因素的综合调节。周期蛋白与 CDK 结合是 CDK 激酶活性表现的先决条件,但是,仅有周期蛋白与 CDK 结合,并不能使 CDK 激活,还需要其他几个步骤的修饰,才能表现出活性。当周期蛋白与 CDK 结合形成复合体后 Weel/Mikl 激

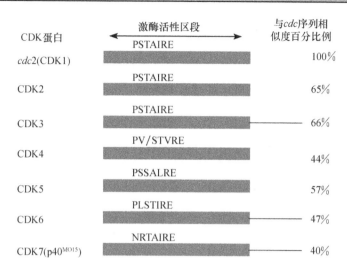

图 11-17　通过 PCR 技术测定的与 *cdc2* 类似的 CDK 蛋白分子图解（翟中和等，2007）
图中以 *cdc2*(CDK1)氨基酸序列为标准（100%），将其他 CDK 激酶活性区段（kinase domain）
的氨基酸序列与其比较，得到序列相似度百分比

酶和 CDK 激酶（CDK1 激酶）催化 CDK 第 14 位上的苏氨酸和第 15 位上的酪氨酸和第 161 位上的苏氨酸磷酸化。此时 CDK 仍不表现出激酶的活性（称为前体 MPF）。CDK 在 cdc25c 的催化下，其 Thr14 和 Tyr15 去磷酸化，才表现出激酶的活性。

此外，细胞内存在多种因子，对 CDK 分子结构进行修饰，参与 CDK 激酶活性的调节。泛素（ubiquitin）介导蛋白酶水解途径，降解 cyclin-CDK 复合物中的 cyclin，使 CDK 激酶活性丧失。CDK1 结合活化形式的激酶形成 cyclin-CDK-CDK1 复合物，也是一种使酶失活的途径。

除周期蛋白和一些修饰性调控因子对 CDK 激酶活性进行调控之外，细胞内还存在一些对 CDK 激酶活性起负性调控的蛋白质，称为 CDK 激酶抑制物（cyclin-dependent kinase inhibitor，CDK1）。

研究发现细胞内存在多种对 CDK 激酶起负性调控的 CDK1，分别归为 CIP/KIP 家族和 INK4 家族。CIP/KIP 家族成员主要包括 p21$^{CIP/WAP1}$、p27$^{KIP1}$ 和 p57$^{KIP2}$，p21$^{CIP/WAF1}$ 为此家族的典型代表。在肿瘤中异常率低，含一相似的 60 氨基酸抑制区，广谱抑制 CDKs 活性。p21 主要对 G$_1$ 期 CDK 激酶（CDK2、CDK3、CDK4 和 CDK6）起抑制作用。p21 还可与 PCNA（proliferating cell nuclear antigen）直接结合。PCNA 是 DNA 复制聚合酶 δ 的辅助因子，为 DNA 复制所必需。p21 与 PCNA 结合，可以直接抑制 DNA 复制。INK 家族成员主要包括 p16、p15、p18 和 p19 等，p16 为此家族的典型代表。在肿瘤中异常率高，含四次锚蛋白（ankyrin）重复结构，p16 主要抑制 CDK4 和 CDK6 激酶活性。

### 四、cyclin

人们从各种生物体中克隆分离了数十种周期蛋白，如酵母的 Cln1、Cln2、Cln3、Clb1- Clb6，在脊椎动物中为 A1-2、B1-3、C、D1-3、E1-2、F、G、H 等。周期蛋白在细胞周期内表达的时期有所不同，所执行的功能也多种多样。有的只在 G$_1$ 表达并只在 G$_1$ 期和 S 期转化过程中执行调节功能,称之为 $G_1$ 期周期蛋白,如 C、D、E、Cln1、Cln2、Cln3 等;有的虽然在间期表达和积累,但到 M 期时才表现出调节功能,所以常被称为 M 期周期蛋白,如周期蛋白 A、B 等。$G_1$ 期周期蛋白在细胞周期中存在的时间相对较短。M 期周期蛋白在细胞周期中则相对稳定。各种周期蛋白之间有着共同的结构特点,但也有各自特点。其一,均含有一段相当保守的氨基酸序列,称为周期蛋白框(cyclin box),框内约含 100 个左右的氨基酸残基(周期蛋白框介导周期蛋白与 CDK 结合)。不同的周期蛋白框识别不同的 CDK,组成不同的周期蛋白——CDK 复合体,表现出不同 CDK 激酶活性。其次,M 周期蛋白的分子结构含有另一特点,在近 N 端含有一段有 9 个氨基酸组成的特殊序列,称为破坏框(desdruction box,RXXLGXIXN)(X 代表可变性氨基酸),破坏框主要参与泛素(ubiquitin)介导的周期蛋白 A 和周期蛋白 B 的降解。再者 $G_1$ 周期蛋白分子中不含破坏框,但其 C 端含有一段特殊的 PEST 序列,认为 PEST 序列与 $G_1$ 期周期蛋白的更新有关(图 11-18)。

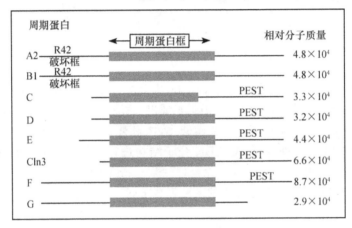

图 11-18　部分周期蛋白分子结构特征(翟中和等,2007)

图中除 Cln3 外,均为人类的周期蛋白分子。所有这些分子均含有一个周期蛋白框。M 期周期蛋白(A2,B2)分子的 N 端含有一个破坏框;$G_1$ 期周期蛋白分子的 C 端含有一个 PEST 序列

不同的 cyclin 在细胞周期中表达的时期不同,并与之对应的 CDK 结合,调节相应的CDK 激酶活性(表 11-2)。

表 11-2　某些 CDK 与周期蛋白的配对关系及执行功能的时期

| CDK 种类 | 可能结合的周期蛋白 | 执行功能的可能时期 |
| --- | --- | --- |
| CDK1($p34^{cdc2}$) | A,B1,B2,B3 | $G_2/M$ |
| CDK2 | A,D1,D2,D3,E | $G_1/S$,S |
| CDK3 | | $G_1/S$ |
| CDK4 | D1,D2,D3 | $G_1/S$ |
| CDK5 | D1,D2 | |
| CDK6 | D1,D2,D3 | $G_1/S$ |
| CDK7 | H | |
| CDK8 | C | |

在哺乳动物细胞中,$G_1$ 期 cyclin D 表达,并与 CDK4、CDK6 结合,使下游的蛋白质如 Rb 磷酸化,磷酸化的 Rb 释放出转录因子 E2F,促进许多基因的转录,如编码 cyclinE、cyclinA 和 CDK1 的基因。在 $G_1$—S 期,cyclinE 与 CDK2 结合,促进细胞通过 $G_1$/S 限制点而进入 S 期。cyclinA 在 $G_1$ 期的早期即开始表达并逐渐积累,到达 $G_1$/S 交界处,其含量达到最大值并一直维持到 $G_2$/M 期。cyclinB 则从 $G_1$ 期晚期开始表达并逐渐积累,到 $G_2$ 期后期阶段达到最大值并一直维持到 M 期的中期阶段。在 $G_2$—M 期,cyclinA、cyclinB 与 CDK1 结合,CDK1 使底物蛋白磷酸化、如将组蛋白 H1 磷酸化导致染色体凝缩,核纤层蛋白磷酸化使核膜解体等下游细胞周期事件。在中期当 MPF 活性达到最高时,通过激活后期促进因子 APC,将泛素连接在 cyclinB 上,导致 cyclinB 被蛋白酶体(proteasome)降解,完成一个细胞周期。

在裂殖酵母和芽殖酵母中,周期蛋白含量的消长情况与哺乳动物细胞中的有许多相似之处。图 11-19 显示了几种周期蛋白在哺乳动物细胞和酵母细胞中的表达和积累状况。

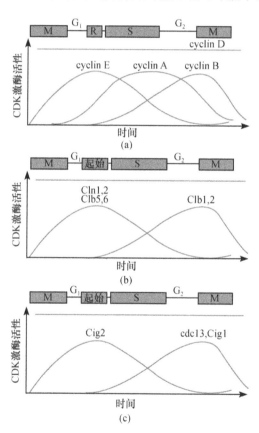

图 11-19　周期蛋白在细胞周期中的积累及其与 CDK 激酶活性的关系(翟中和等,2007)
(a) 哺乳动物细胞周期;(b) 芽殖酵母细胞周期;(c) 裂殖酵母细胞周期

## 五、细胞周期运转调控

目前已经公认,CDK 激酶对细胞周期起着核心性调控作用。不同种类的周期蛋白与不同种类的 CDK 结合,构成不同的 CDK 激酶。不同的 CDK 激酶在细胞周期的不同时期表现出活性,因而对细胞周期的不同时期进行调节。例如,与 $G_1$ 期周期蛋白结合的 CDK 激酶在 $G_1$ 期起调节作用,与 M 期周期蛋白结合的 CDK 激酶在 M 期起调节作用。

## (一) $G_2$ 期转化与 CDK1 激酶的关键性调控作用

CDK1 激酶即 MPF,或 $p34^{cdc2}$ 激酶,由 $p34^{cdc2}$(或 $p34^{cdc28}$)蛋白和周期蛋白 B 结合而成。$p34^{cdc2}$ 蛋白在细胞周期中的含量相对稳定,而周期蛋白 B 的含量则呈现周期性变化。$p34^{cdc2}$ 蛋白只有与周期蛋白 B 结合后才有可能表现出激酶活性。因而,CDK1 激酶活性首先依赖于周期蛋白 B 含量的积累。周期蛋白 B 一般在 $G_1$ 期的晚期开始合成,通过 S 期,其含量不断增加,到达 $G_2$ 期,其含量达到最大值。随周期蛋白 B 含量达到一定程度,CDK1 激酶活性开始出现。到 $G_2$ 期晚期阶段,CDK1 活性达到最大值并一直维持到 M 期的中期阶段。CDK1 激酶活性和周期蛋白 B 含量的关系如图 11-20 所示。周期蛋白 A 也可以与 CDK1 结合成复合体,表现出 CDK1 激酶活性。

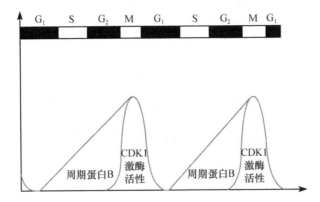

图 11-20　周期蛋白 B 在 CDK1 激酶活性调节过程中的作用(翟中和等,2007)
CDK1 激酶活性首先依赖于周期蛋白 B 含量的积累;周期蛋白 B 的含量达到一定值并与 CDK1 蛋白结合,同时在其他一些因素的调节下,逐渐表现出最大激酶活性

CDK1 激酶通过使某些蛋白质磷酸化,改变其下游的某些蛋白质的结构和启动其功能,实现其调控细胞周期的目的。CDK1 激酶催化底物磷酸化有一定的位点特异性。它一般选择底物中某个特定序列中的某个丝氨酸或苏氨酸残基。CDK1 激酶可以使许多蛋白质磷酸化,其中包括组蛋白 H1、核纤层蛋白 A、B、C、核仁蛋白 nucleolin 和 No. 38、$p60^{c-src}$、C-abl 等。组蛋白 H1 磷酸化,促进染色体凝集;核纤层蛋白磷酸化,促使核纤层解聚;核仁蛋白磷酸化,促使核仁解体;$p60^{c-src}$ 蛋白磷酸化,促使细胞骨架重排,C-abl 蛋白磷酸化,促使调整细胞形态等。

CDK 激酶活性受到多种因素的综合调节。周期蛋白与 CDK 结合是 CDK 激酶活性表现的先决条件。但是,仅周期蛋白与 CDK 结合,并不能使 CDK 激活。还需要其他几个步骤的修饰,才能表现出活性。首先,当周期蛋白与 CDK 结合形成复合体后,Weel/Mikl 激酶和 CDK 激酶(CDK1-activiting kinase)催化 CDK1 第 14 位的苏氨酸(Thr14)、第 15 位的酪氨酸(Tyr15)和第 161 位的苏氨酸(Thr161)磷酸化。但此时的 CDK 仍不表现激酶活性(称为前体 MPF)。然后,CDK 在磷酸酶 $cdc25c$ 的催化下,其 Thr14 和 Tyr15 去磷酸化,才能表现出激酶活性(图 11-21)。

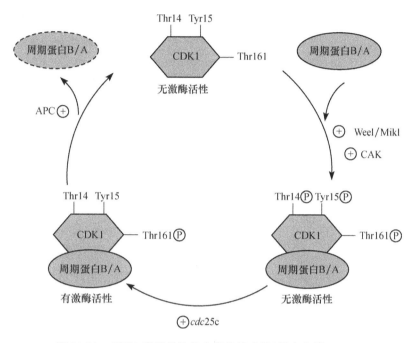

图 11-21　CDK1 激酶活性综合调控示意图(翟中和等,2001)

CDK 激酶活性本身蛋白激酶活性;当周期蛋白 B/A 含量积累到一定值时,二者相互结合成复合体,但不表现酶活性;在 Weel/Mikl 激酶催化下,CDK1Thr14、Tyr15 和 Thr161 磷酸化,但此时的 CDK 仍不表现激酶活性;在磷酸酶 $cdc25c$ 的催化下,Thr14 和 Tyr15 去磷酸化,CDK1 激酶活性才能表现出来;分裂中期过后,周期蛋白与 CDK1 分离,在 APC 的作用下经泛素化路径降解;虚线表示的周期蛋白为降解中的周期蛋白

### (二) M 期周期蛋白与分裂中期向分裂后期转化

细胞周期运转到分裂中期后,M 期周期蛋白 A 和 B 将迅速降解,CDK1 激酶活性丧失,上述被 CDK1 激酶磷酸化的蛋白质去磷酸化,细胞周期便从 M 期中期向后期转化。周期蛋白 A 和 B 的降解是通过泛素化途径(ubiquitination pathway)来实现的。泛素是 76 个氨基酸组成的热稳定多肽,在进化中高度保守。细胞内蛋白质通过与之连接由蛋白酶体(后期促进因子 APC)介导而被选择性降解。

MPF 活性达到最高时,通过泛素连接酶催化泛素与 cyclin 结合,cyclin 随之被 26S 蛋白酶体(proteasome)水解。M 期周期蛋白在泛素化途径裂解过程中,其分子中的破坏框起着重要的调节作用。$G_1$ 周期蛋白也通过类似的途径降解,但其 N 端没有降解盒,C 端有一段 PEST 序列与其降解有关。泛素由 76 个氨基酸组成,高度保守。共价结合泛素的蛋白质能被蛋白酶体识别和降解,这是细胞内短寿命蛋白和一些异常蛋白降解的普遍途径,泛素相当于蛋白质被摧毁的标签。26S 蛋白酶体是一个大型的蛋白酶,可将泛素化的蛋白质分解成短肽。

在蛋白质降解的泛素化途径中,首先,在 ATP 供能的情况下,泛素的 C 端与非特异性泛素激活酶 E1(ubiquitin-activating enzyme)的半胱氨酸残基共价结合,形成 EI-泛素复合体。E1-泛素复合体再将泛素转移给另一个泛素结合酶 E2(ubiquitin-conjugating enzyme)。E2 则可以直接将泛素转移到靶蛋白赖氨酸残基的 ε 氨基基团上。但是,在通常情况下,靶蛋白泛素化需要一个特异的泛素蛋白连接酶 E3(ubiquitin-ligase)。当第一个泛素分子在 E3 的催化下连接到靶蛋白上以后,另外一些泛素分子相继与前一个泛素分子的赖氨酸残基相连,逐渐形成一条多聚泛素链。参与细胞周期调控的泛素连接酶至少有两类,其中 SCF(skp1-cullin-F-box protein,三个蛋白构成的复合体)负责将泛素连接到 $G_1$/S 期周期蛋白和某些 CDK1 上,APC(anaphase promoting complex)负责将泛素连接到 M 期周期蛋白上。然后,泛素化的靶蛋白被蛋白酶体的蛋白质复合体逐步降解。多聚泛素也解聚为单个泛素分子,重新被利用(图 11-22)。

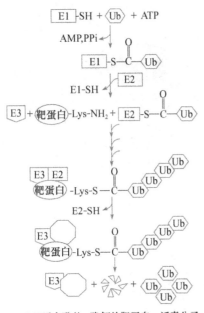

图 11-22 一般蛋白质泛素化途径裂解过程(翟中和等,2000)

1995 年,两个实验室率先分离并部分纯化了具有 E3 活性的蛋白质复合体。首先,Sudakin 等在青蛙卵中分离到了一个相对分子质量 $1.5 \times 10^5$ 的蛋白质复合体,称为 cyclosome。在 E1、E2、泛素和 ATP 再生体系存在的情况下,cyclosome 可以在体外将周期蛋白 A 和 B 通过泛素化途径降解。几乎与此同时,King 等在非洲爪蟾卵中分离到了一个 20S 的蛋白质复合体,称为后期促进因子,也支持周期蛋白 B 通过泛素化途径体外降解。此后证明,cyclosome 和后期促进因子为同源物,而"后期促进因子"这一名词则更广为应用,其简称为"APC"。APC 的发现表明分裂中期向后期转化也受到精密调控。进一步研究证明,APC 至少有 8 种成分组成,分别称为 APC1 至 APC8。蛋白质种类鉴定工作已经证明,8 种成分中有 4 种分别为 *cdc16*、*cdc23*、cdc27 以及 BimE。而 APC2、APC4、APC5 和 APC8 四种成分仍待进一步证明。

APC 活性变化是探明细胞周期由分裂中期向分裂后期转化的关键问题之一。APC 活性也受到多种因素的综合调节。首先,已知 APC 各个成分在分裂间期中表达,但只有到达 M 期后才表现出活性,暗示 M 期 CDK 激酶活性可能对 APC 的活性起着调节作用。体外实验发现 APC 可以被 M 期 CDK 激酶活性所激活,且 APC 的多个成分被 M 期 CDK 激酶磷酸化;活化的 APC 则可以被磷酸酶作用而失活。其次,研究发现 cdc20 为 APC 有效的正调控因子。cdc20 主要位于染色体动粒上,为姐妹染色单体分离所必需。APC 活性亦受到纺锤体装配检验点(spindle assembly checkpoint)的检控。纺锤体装配不完全,或所有动粒不能被动粒微管全部捕捉,APC 则不能被激活。在纺锤体装配检控过程中,Mad2 蛋白起着重要作用。纺锤体装配不完全,动粒不能被动粒微管捕捉,Mad2 则不能从动粒上消失。Mad2 与 cdc20 结合,有效地抑制 cdc20 的活性。当纺锤体装配完成以后,动物全部被动粒微管捕捉,Mad2 从动粒上消失,对 cdc20 的抑制作用被解除,促使 APC 活化,降解 M 期周期蛋白,使 M 期 CDK 激酶活性丧失;在酵母细胞中,促使 cut2/Pds1p 降解,解除其对姐妹染色单体分离的抑制,细胞则出中期向后期转化。

### (三) $G_1/S$ 期转化与 $G_1$ 期周期蛋白依赖性 CDK 激酶

细胞由 $G_1$ 期向 S 期转化是细胞繁殖过程中的重要生命活动之一。细胞由 $G_1$ 期向 S 期转化主要受 $G_1$ 期周期蛋白依赖性 CDK 激酶所控制。在哺乳动物细胞中,$G_1$ 期周期蛋白主要包括周期蛋白 D、E,或许还有 A。发挥作用的 CDK 激酶主要包括 CDK2、CDK4 和 CDK6 等。周期蛋白 D 主要与 CDK4 和 CDK6 结合并调节后者的活性,而周期蛋白 E 则与 CDK2 结合。周期蛋白 A 常常被划分为 M 期周期蛋白,但周期蛋白 A 也可以与 CDK2 结合而使后者表现激酶活性,提示周期蛋白 A 可能参与调控 $G_1/S$ 期转化过程。

在哺乳动物细胞中表达三种周期蛋白 D,即 D1、D2 和 D3,但三者的表达有细胞和组织特异性。据推测,在快速增殖的细胞中至少表达一种周期蛋白 D2。一般情况下,一种细胞仅表达两种周期蛋白 D,即 D3 和 D1 或 D2。对周期蛋白 D-CDK 激酶作用的底物研究不十分清楚,目前发现 Rb(retinoblastoma protein) 为其底物。Rb 是 $G_1/S$ 期转化的负性调节因子,在 $G_1$ 期的晚期阶段通过磷酸化而失活。

周期蛋白 E 也是哺乳动物细胞中 $G_1$ 期表达的周期蛋白。它在 $G_1$ 期的晚期开始合成,并一直持续到细胞进入 S 期。当细胞进入 S 期后,周期蛋白 E 很快即被降解。周期蛋白 E 与 CDK2 结合成复合物,呈现 CDK2 激酶活性。因而,周期蛋白 E-CDK2 激酶活性峰值时间为 $G_1$ 期晚期到 S 期的早期阶段。在哺乳动物细胞中,TGF-β 是一种生长抑制因子。研究表明,周期蛋白 E-CDK2 激酶是 TGF-β 的主要靶物质。TGF-β 可以有效地抑制周期蛋白 E-CDK2 激酶活性,进而将细胞抑制在 $G_1$。另外研究发现,周期蛋白 E 在肿瘤细胞中的含量比在正常细胞中要高得多,在细胞中提高周期蛋白 E 的表达,该细胞则快速进入 S 期,而且对生长因子的依赖性降低。

实验表明,细胞周期蛋白 E-CDK2 激酶可以与类 Rb 蛋白 p107 和转录因子 E2F 结合成复合物,与 Rb 相似,p107 可以将 SAOS 细胞抑制在 $G_1$ 期。而 F2F 则可以促进与 $G_1/S$ 期转化和 DNA 复制有关的基因转录。一般认为,当细胞周期蛋白 E-CDK2 激酶与 p107 和 L2F 结合成复合物后,CDK2 激酶催化 p107 磷酸化,使 p107 失去抑制作用;E2F 的作用被显现出来,促进有关基因的转录,促使细胞周期由 $G_1$ 期向 S 期转化;此外,周期蛋白 E-CDK2 激酶还直接参与了中心体复制的起始调控。

周期蛋白 A 也可以与 CDK2 结合,形成周期蛋白 A-CDK2 激酶。周期蛋白 A 的合成开始于 $G_1/S$ 转化时期。进入 S 期后,周期蛋白 A-CDK2 激酶成为该时期主要的 CDK 激酶。目前有实验显示周期蛋白 A-CDK2 与 DNA 复制有关。在 S 期,周期蛋白 A-CDK2 复合物位于 DNA 复制中心。将抗周期蛋白 A 的抗体注射到细胞中将抑制细胞 DNA 的合成,在体外,周期蛋白 A-CDK2 激酶可以使 DNA 复制因子 RF-A 磷酸化并使后者的活性增强。此外,周期蛋白 A-CDK2 激酶也可以与 p107 和 E2P 结合成复合物,进而影响后者的功能。

到达 S 期的一定时期,$G_1$ 期周期蛋白也是通过泛素化途径降解,但与 M 期周期蛋白的降解有所不同。$G_1$ 期周期蛋白的降解需要 $G_1$ 期 CDK 激酶活性的参与以及特殊的 E2 和 E3。$G_1$ 期周期蛋白分子中不含有破坏框序列,而是含有 PEST 序列。PEST 序列对 $G_1$ 期周期蛋白降解起促进作用。

细胞周期以 DNA 复制期为核心,DNA 复制的起始标志着细胞周期的启动。细胞周期的调控研究已成为分子生物学重要的研究领域,而对 DNA 复制起始的研究是细胞周期研究领域的热点之一。细胞内存在多种因素对 DNA 复制起始活动进行综合调控。首先,DNA 复制起始点的识别,这个位点被称为 DNA 复制起始点(origin of DNA Replication),是 DNA 复制调控中的重要事件之一。当前最为流行的观点是,DNA 复制起始点是通过起始蛋白质结合在特定的 DNA 顺式序列上形成的。虽然 DNA 复制的起始和复制的全过程限于 S,但对 DNA 复制的调控早在 M 期就开始了。研究发现在 M 期的早期,Orc 蛋白复合体和其他一些与复制起点有关的蛋白质结合在染色体上形成前复制复合体(pre-replication complex,Pre-RC)。真核生物细胞周期的 $G_1$ 期中存在一个 DNA 定点复制的调控点,这个点被称为 DNA 复制起始位置决定点(origin decision point,ODP)。这个的细胞周期调控点首次把细胞周期调控和 DNA 复制的起始控制联系起来。已经发现,从酵母细胞到高等哺乳类细胞,均存在一种称为复制起始点识别复合体(origin recognition complex,Orc)的蛋白质。Orc 含有 6 个亚单位,分别称为 Orc1、Orc2、Ocr3、Orc4、Orc5 和 Ocr6。Orc 识别 DNA 复制起始位点并与之结合,是 DNA 复制起始所必需的。其次,cdc6 和 cdc45 也是 DNA 复制所必需的调控因子。

另外,是什么因素控制细胞在"一个细胞周期中 DNA 复制一次,而且只能一次"呢? 在 20 世纪 80 年代末,JulianBlow 和 RonLaskey 通过实验提出,在细胞的胞质内存在一种执照因子,对细胞核染色质 DNA 复制发行"执照"(licensing)。提出了"DNA 复制执照因子学说"(DNA,replication-licensing factor theory)。在 M 期,细胞核膜破裂,胞质中的执照因子与染色质接触并与之结合,使后者获得 DNA 复制所必需的执照。细胞通过 $G_1$ 期后进入 S 期,DNA 开始复制。随 DNA 复制过程的进行,"执照"信号不断减弱直到消失。到达 $G_2$ 期,细胞核不再含有执照信号。只有等到下一个 M 期,染色质再次与胞质中的执照因子接触,重新获得执照,细胞核才能开始新一轮的 DNA 复制。研究发现,Mcm 蛋白(minichromosome maintenance protein)是 DNA 复制执照因子的主要成分。Mcm 蛋白共有 6 种,分别称为 Mcm2、Mcm3、Mcm4、Mcm5、Mcm6 和 Mcm7。在细胞中去除任何一种 Mcm 蛋白,都将使细胞失去 DNA 复制起始功能(图 11-23)。

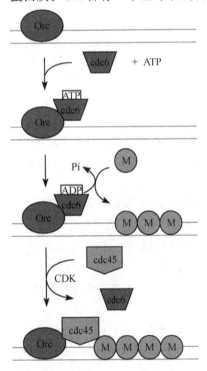

图 11-23　Orc、cdc6、cdc5、CDK 和 Mcm 与染色质的结合及其在 DNA 复制起始调控中的作用(翟中和等,2000)

M:Mcm 蛋白

（四）DNA 复制延搁检验点参与调控 $S/G_2/M$ 期转化

　　DNA 复制结束,细胞周期由 S 期自动转化到 $G_2$ 期,并准备进行细胞分裂。然而,为什么在 DNA 复制尚未完成之前,细胞不能开始 $S/G_2/M$ 期转化呢?原来,细胞中存在一系列检验 DNA 复制过程的检控机制。DNA 复制不完成,细胞周期便不能向下一个阶段转化。有实验表明,当 DNA 复制尚未完成时,M 期 CDK 激酶的活性不能够表现出来。用非洲爪蟾提取物进一步实验发现,在 S 期,cdc25c 的活性比较低,而 Weel 的活性则比较高。Weel 可以促使 CDK1 的 Thr14 和 Tyr15 磷酸化,从而抑制 CDK1 激酶的活性。cdc25 活性低,不能有效地促使 CDK1 的 Thr14 和 Tyr15 去磷酸化,因而不能激活 CDK1。若在 S 期中加入过量的 cdc25c,即使 DNA 复制尚未完成,也可以促使由 S 期向 $G_2$ 和 M 期转化。提示 Weel 和 cdc25c 的确参与了 DNA 复制延搁检验点的调控过程。

## 六、其他内在和外在因素在细胞周期调控中的作用

　　除上述多种因素参与细胞周期调控之外,还有一些其他因素参与细胞周期调控,其中最为重要的一类因素为癌基因和抑癌基因。癌基因和抑癌基因均是细胞生命活动所必需的基因,共表达产物对细胞增殖和分化起着重要的调控作用。癌基因非正常表达可导致细胞转化,增殖过程异常,甚至癌变。目前已经分离了一百多种癌基因。其表达产物大致可归为蛋白激酶、多种类生长因子、膜表面生长因子受体和激素受体、信号转导器、转录因子、类固醇和甲状腺激素受体、核蛋白等几个类型。它们在细胞周期调控过程中各自起着不同的作用。例如,生长因子与细胞表面的生长因子受体结合,可以促使处于生长静止状态($G_0$ 期)的细胞返回细胞周期,开始细胞增殖。抑癌基因表达产物对细胞增殖起负性调控作用,如 $p53$、$Rb$ 等。p53 是近年来研究得较多的人类抑癌蛋白之一,$p53$ 基因突变,使细胞癌变的机会大大增加,已经证实,有许多肿瘤同时伴随 $p53$ 基因突变。

　　除细胞内在因素外,细胞和机体外界因素对细胞周期也有重要影响,如离子辐射、化学物质作用、病毒感染、温度变化、pH 变化等;离子辐射对细胞最直接的影响之一是DNA 损伤。DNA 损伤后,细胞会很快启动其 DNA 损伤修复调控体系,抑制细胞周期运转,直到 DNA 损伤完全修复;或者最终不能完成修复,细胞走向死亡。在人类细胞 DNA 损伤修复过程中,$p53$ 表达水平大大提高,通过一些下游调控因子,抑制 CDK1、CDK2、CDK4 等激酶活性,从而影响细胞周期运转。化学物质种类繁多,有的可直接参与调控 DNA 代谢,影响细胞周期变化;有的可以通过其他途径,影响酶类和其他调节因素的变化,改变细胞周期进程。病毒感染也是影响细胞周期进程的主要因素之一。有的病毒感染将快速抑制细胞周期,有的则可以诱导细胞转化和癌变,使整个细胞周期进程发生改变。

## 七、细胞周期检验点

　　细胞要分裂,必须正确复制 DNA 和达到一定的体积,在获得足够物质支持分裂以前,细胞不可能进行分裂。细胞周期的运行,是在一系列称为检验点(check point)的严格

检控下进行的,当 DNA 发生损伤,复制不完全或纺锤体形成不正常,周期将被阻断。

细胞周期检验点由感受异常事件的感受器、信号传导通路和效应器构成,主要检验点包括:

$G_1/S$ 检验点:在酵母中称 start 点,在哺乳动物中称 R 点(restriction point),控制细胞由静止状态的 $G_1$ 进入 DNA 合成期,相关的事件包括:DNA 是否损伤?细胞外环境是否适宜?细胞体积是否足够大?

*atm*(ataxia telangiectasia-mutated gene)是与 DNA 损伤检验有关的一个重要基因。*atm* 编码一个蛋白激酶,结合在损伤的 DNA 上,能将某些蛋白磷酸化,中断细胞周期。其信号通路有两条。一条是激活 Chk1(checkpoint kinase),Chk1 引起 cdc25 的 Ser216 磷酸化,通过抑制 cdc25 的活性,抑制 M-CDK 的活性,使细胞周期中断。另一条是激活 Chk2,使 p53 被磷酸化而激活,然后 p53 作为转录因子,导致 p21 的表达,p21 抑制 G1-S 期 CDK 的活性,从而使细胞周期阻断。

S 期检验点:DNA 复制是否完成?

$G_2/M$ 检验点:是决定细胞一分为二的控制点,相关的事件包括:DNA 是否损伤?细胞体积是否足够大?

中—后期检验点(纺锤体组装检验点):任何一个着丝点没有正确连接到纺锤体上,都会抑制 APC 的活性,引起细胞周期中断。

## 八、生长因子对细胞增殖的影响

单细胞生物的增殖取决于营养是否足够,多细胞生物细胞的增殖取决于机体是否需要。这种需要是通过细胞通信来实现的。生长因子是一大类与细胞增殖有关的信号物质,目前发现的生长因子多达几十种,多数有促进细胞增殖的功能,故又称有丝分裂原(mitogen),如表皮生长因子(EGF)、神经生长因子(NGF),少数具有抑制作用如抑素(chalone),肿瘤坏死因子(TNF),个别如转化生长因子 β(TGF-β)具有双重调节作用,能促进一类细胞的增殖,而抑制另一类细胞。

生长因子不由特定腺体产生,主要通过旁分泌作用于邻近细胞。生长因子的信号通路主要有:ras 途径、cAMP 途径和磷脂酰肌醇途径。如通过 ras 途径,激活 MAPK,MAPK 进入细胞核内,促进细胞增殖相关基因的表达。如通过一种未知的途径激活 c-myc,myc 作为转录因子促进 cyclin D、SCF、E2F 等 $G_1$-S 有关的许多基因表达,细胞进入 $G_1$ 期。

### 相关研究技术和方法

细胞周期和细胞分裂研究中涉及多种技术和方法。

对细胞周期运转过程认识,人们用 $^{32}P$ 标记蚕豆根尖细胞并作放射自显影实验,发现 DNA 合成是在分裂间期中的某个特定时期进行的;应用 $^3$H-TdR 脉冲标记 DNA 复制和细胞分裂指数观察测定法测定细胞周期长短;应用缩时摄像技术,不仅可以得到准确的细胞周期时间,还可以得到分裂间期和分裂期的准确时间。流式细胞分选仪是一种快速测定和分析流体中细胞或颗粒物各种参数的大型实验仪器。cyclinE+A/DNA 多参数流式细胞术,可将细胞周期进行详细的分期,由传统的三分法($G_0/G_1$ 期、S 期以及 $G_2/M$ 期)为六分法($G_0$ 期、$G_1$ 早期、$G_1$ 晚期、S 期、$G_2$ 期以及 M 期)。

采用有丝分裂选择法、细胞沉降分离法、DNA 合成阻断法(一是使用 5-氟脱氧尿嘧啶、羟基脲、阿糖胞苷、氨甲蝶呤、高浓度 ADR、GDR 和 TDR 等,均可抑制 DNA 合成使细胞同步化,二是中期阻断法如利用秋水仙素、秋水仙胺和诺考达唑(nocodazole)试剂处理等进行人工诱导细胞周期同步化,开展研究与实践应用。

对于细胞分裂与调控机制的阐明,更是多学科、多种技术交叉融合的结果。利用细胞融合技术进行染色体超前凝集实验分析细胞促分裂因子的存在与功能。

1960 年 Leland Hartwell 以芽殖酵母为实验材料,分离获得了数十个温度敏感突变体。1970 年 Paul Nurse 等以裂殖酵母为实验材料,也分离出了数十个温度敏感突变体。利用这些突变体分析与细胞周期相关的基因及其表达蛋白的特征。

1983 年 Timothy Hunt 首次发现海胆卵受精后,在其卵裂过程中两种蛋白质的含量随细胞周期剧烈振荡,一般在细胞间期内积累,在细胞分裂期内消失,在下一个细胞周期中又重复这一消长现象,故命名为周期蛋白(cyclin)。

1988 年,Maller 实验室的 Lohka 等以非洲爪蟾卵为材料,分离获得了微克级的纯化 MPF,并证明其主要含有 p32 和 p45 两种蛋白。1990 年 Paul Nurse 实验证明 P32 实际上是 cdc2 的同源物,而 p45 是周期蛋白 B 的同源物。MPF 是一种蛋白激酶,调控细胞周期运转。

1995 年 Sudakin 等在青蛙卵中分离到了一个相对分子质量 $1.5 \times 10^6$ 的蛋白质复合体,称为 cyclosome;同年 King 等在非洲爪蟾卵中分离到了一个 20S 的蛋白质复合体,称为后期促进因子,也支持周期蛋白 B 通过泛素化途径体外降解。此后证明,cyclosome 和后期促进因子为同源物,而"后期促进因子"这一名词则更广为应用,其简称为"APC"。APC 的发现表明分裂中期向后期转化也受到精密调控。

**本章内容提要**

细胞周期运转受到细胞内外各种因素的精密调控,细胞内因是调控依据。研究发现,周期蛋白依赖性 CDK 激酶是细胞周期调控中的重要因素。CDK 激酶至少含有两个亚单位,即周期蛋白和 CDK 蛋白。周期蛋白为调节亚单位,CDK 蛋白为催化亚单位。不同的周期蛋白与不同的 CDK 蛋白结合,不同的 CDK 激酶在细胞周期中起调节作用的时期不同。CDK 激酶通过磷酸化其底物而对细胞周期进行调控。CDK 激酶活性也受其他因素的直接调节。除 CDK 激酶及其直接的活性调节因子外,还有不少其他因素参与细胞周期调控过程,如各种检验点等。各种检验关也有专门的调控机制。所有这些因素,组成一个综合的调控网络。DNA 复制起始调控是 10 多年来细胞周期调控研究中的又一突破。DNA 复制的起始并不仅仅是在 $G_1$ 期末的起始点(限制点)处才决定的。早在 $G_1$ 期开始时,许多与 DNA 复制有关的物质即已表达并与染色质结合,开始了 DNA 复制的起始调控。目前已经知道,Orc、cdc6、cdc45、Mcm 等蛋白参与了 DNA 复制的起始调控过程。这一调控过程也需要某些 CDK 激酶参与,尤其是周期蛋白 E-CDK2 激酶。

到达分裂中后期,周期蛋白 B/A 与 CDK1 分离,在 APC 介导下,通过泛素化途径而降解。CDK1激酶活性消失,细胞由分裂中期向后期转化。APC的成分至少含有8种,分别为APC1至APC8。APC活性也受到多种因素的综合调控。其中cdc20为APC有效的正控因子。在分裂中期之前,位于动粒上的Mad2可以与cdc20结合并抑制后者的活性。到分裂中期,Mad2从动粒上消失,解除对cdc20的抑制作用,促进APC活化。

### 本章相关研究技术

综上所述不难看出,在细胞周期和细胞分裂领域开展研究涉及光镜、电镜技术,流式细胞分选仪,细胞组分分离生化制备和抗体技术、免疫技术、放射标记技术、细胞培养技术、细胞融合技术、显微操作技术,以及生理、遗传、分子生物学技术等综合应用。

### 复习思考题

1. 如何理解细胞周期?各时期的主要特征是什么?
2. 细胞周期时间是如何测定的?
3. 简要说明细胞周期同步化的方法?比较其优缺点。
4. 有丝分裂与减数分裂有何异同?
5. 细胞周期中有哪些主要检验点,各起什么作用?
6. 试述染色体排列到赤道板的机制及其生物学意义。
7. 说明细胞分裂后期染色单体分离和向两极移动的调节机制。
8. 试述动粒的结构及功能。
9. 说明细胞分裂过程中核膜破裂和重装配的调节机制。
10. 举例说明CDK激酶在细胞周期中是如何执行调节功能的。

# 第十二章　细胞分化

**本章学习目的**　细胞分化是有机体生长发育的重要途径之一,生命体各种类型的细胞都是通过细胞分化过程产生的。由这些细胞形成组织、器官,才能形成完整的个体。本章重点介绍细胞分化的基础理论知识以及癌细胞、干细胞等当前的研究热点问题,在学习中应该熟练掌握细胞分化、细胞全能性和细胞决定的概念,掌握细胞分化的分子基础是基因的选择性表达,了解影响细胞分化的因素,了解癌细胞与干细胞等热点的研究现状。

## 第一节　细胞分化的概念及其分子基础

自然界中绝大多数的有机体都是由多细胞构成的个体。在高等动植物体内,不同类型的细胞形成了其特定的组织和器官,最终形成完整的生命体,这些细胞均来自单个的受精卵细胞。在个体发育的过程中,由一个受精卵细胞逐渐形成形态、结构和功能具有明显稳定差异的不同类型细胞的过程称为细胞分化(cell differentiation)。数百年来,细胞分化现象的发生及作用机制一直都是细胞生物学家密切关注的话题。

细胞分化具有严格的方向性,细胞在发生可识别的形态特征变化之前,分化的方向就已经由细胞内部的变化及受周围环境的影响,确定了未来发育的命运,并向着特定方向分化,细胞预先做出了发育的选择,称之为细胞决定(cell determination)。决定先于分化,并制约着分化的方向和潜能,而且一旦决定之后,分化方向一般不会中途改变,最终会使细胞在形态、结构、功能方面产生稳定的差异(图 12-1)。

以脊椎动物为例,多细胞生物的卵细胞在受精之后立刻进入反复的有丝分裂阶段,这一快速的分裂时期称为卵裂(cleavage),通过卵裂产生数千个细胞进而形成球状的囊胚(blastula),之后进入原肠胚(gastrulation)形成期。原肠胚产生内、中、外三个胚层,三个胚层分别代表不同的组织细胞类型。在原肠胚形成过程中,细胞迁移到特定部位,建成躯体雏形,此时形成未来器官的区域(细胞群)已基本确定。能形成未来器官的细胞群谓之器官原基(primordium)。器官原基在三个胚层中分布不同,以致各胚层形成不同的组织、器官和系统。

在原肠胚内中外三胚层形成时,虽然在形态学上看不出什么差异,但此时形成各器官的预定区已经确定,每个预定区决定了它只能按照一定的规律发育分化成为特定的组织、器官和系统。细胞决定可通过胚胎移植实验(grafting experiment)予以证明。例如,在两栖类胚胎,如果将原肠胚早期预定发育为表皮的细胞(供体),移植到另一个供体(受体)预定发育为脑组织的区域,供体表皮细胞在受体胚胎中将发育成脑组织,而到原肠胚晚期阶段移植时则仍将发育成为表皮。这表明,在两栖类的早期原肠胚和晚期原肠胚之间的某个时期便开始了细胞决定,一旦决定之后,即使外界的因素不复存在,细胞仍然按照已经决定的命运进行分化。

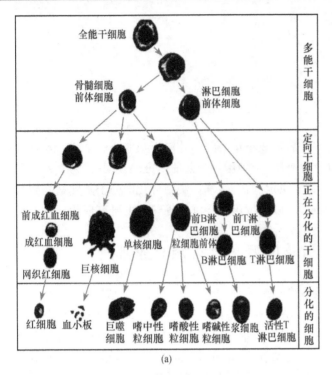

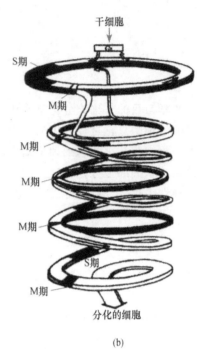

图 12-1　细胞分化模式图(翟中和,2007)

(a) 干细胞的分裂与分化;(b) 通过细胞增殖干细胞逐级分化为各种类型的细胞

　　细胞的分化贯穿于有机体的整个生命过程之中,但以胚胎期最为典型。研究表明,两栖类动物在胚囊形成之前的卵裂球细胞、哺乳动物桑葚胚期的 8 细胞前细胞和其受精卵一样,均能在一定条件下分化发育成为完整个体。通常将具有这种特性的细胞称为全能(干)细胞(totipotent cell)。在三胚层形成后,由于细胞所处的空间位置和微环境的差异,细胞的分化潜能受到限制,各胚层细胞只能向发育为本胚层组织和器官的方向分化,而形成多能(干)细胞(pluripotent cell)。经过器官发生,各种组织细胞的命运最终确定,呈单能化(unipotency)。这种在胚胎发育过程中,逐渐由"全能"到"多能",最后向"单能"的趋向,是细胞分化的普遍规律。应当指出的是,大多数植物和少数低等动物如水螅的体细胞仍具有全能性。而在高能动物,至成体期,除一些组织器官保留了部分未分化的细胞(干细胞)之外,其余均为分化终末细胞。发育成熟的体细胞为什么丧失了全能性,其体细胞核是否含有个体发育的圈套遗传信息? 这些一直是人们关注的焦点。长期以来,人们对两栖类和哺乳类动物体细胞核的全能性问题进行了深入的研究,通过核移植(nuclear transplantation)实验证明,已特化(specialization)的体细胞核仍保留在一定条件下可以表达的、形成正常个体的全套基因。

　　大量研究发现,细胞分化的本质是基因表达的变化。在个体发育过程中之所以可以相继出现新的细胞类型是由于细胞内的基因并不同时表达,而是受控于一定的时间、空间的表达。在一定的时间内有的基因进行表达,有的处于沉默状态,而在另一时间内,原来有活性的细胞可能继续处于活性状态,也可能关闭,反过来,原来关闭的基因也可能处于活性状态。成体组织的细胞虽然具备了整体遗传信息,但是只有部分基因得到表达。在个体发育过程中,基因按着一定程序,有选择的相继活化表达的现象称为基因的差异表达(differential expression)或顺序表达(sequential expression)。有些基因的表达并不是维持细胞最低生存状况所必需的,据此基因组内基因可分为两类。一类是持家基因(house-keeping gene),是维持细胞最基本生命活动所必需的,它们编码产生基本生命活动所必需的结构和功能蛋白质。例如,组蛋白基因、tRNA、rRNA 等的基因都属于管家基因,该类基因与细胞分化关系不大,一般对细胞分化只起协调作用;另一类是奢侈基因(luxury gene),是指编码决定细胞性状的特异蛋白的基因,这类基因对细胞分化起直接的作用,而对细胞自身生存并无直接影响,也不是必要的。例如,编码肌细胞的肌球蛋白和肌动蛋白、红细胞的血红蛋白等的基因。细胞分化主要是奢侈基因中某些特定基因有选择的表达的结果。因此这种特异性差别基因选择性地转录和调控是决定不同分化细胞的分子基础。

# 第二节　细胞分化的特点及其影响因素

高等脊椎动物的身体由 200 多种以上的不同类型的细胞组成,它不可能是简单由细胞增殖所产生,同时又是细胞分化的结果。个体发育是通过细胞分裂、细胞分化和细胞死亡三种生命活动实现的。细胞分化产生的原因是由于基因选择性表达的结果,即基因的差异导致了形态、功能各异的细胞。例如,红细胞呈圆盘状,含有血红蛋白,具有携带氧气及二氧化碳的功能;肌细胞呈柱形或梭形,合成肌动蛋白和肌球蛋白,具有收缩等功能(图12-1)。细胞分化过程基本上是不可逆的,因此个体发育也是不可逆的。

## 一、细胞分化的特点

细胞分化和细胞分裂虽有联系,但它们是两种不同的生命活动。细胞分化有其自身的特点:

**1. 分化的稳定性**

细胞分化最显著的特点是稳定性,一旦分化启动,诱导分化的因子不存在时,分化可继续进行,而且是稳定的,不可能由分化状态逆转为原来未分化的细胞。例如,神经元细胞和骨骼肌细胞在肌体的整个生命活动中始终保持着稳定分化状态,而不再进行分裂。在细胞培养条件下,细胞的分化有是可逆的。例如,动物细胞培养中的转向决定,植物细胞培养中的脱分化。

**2. 细胞来自共同的母细胞——受精卵,而后形成各层次的干细胞**

这一点同细胞分裂相似,但是细胞分化形成的子代细胞在形态、结构上发生差异,这是由于基因的选择性表达造成了细胞的分化。

**3. 细胞分化的可逆性**

细胞分化是一个相对稳定和持久的过程,不会自发的逆转,但在一定的条件下,具有增殖能力的组织中,已经分化的细胞可以逆转,并回复到胚性状态,这种现象称之为去分化(dedifferentiation)。例如,人的皮肤基底细胞在缺乏维生素 A 的培养基中培养时,可转变为角化细胞,而在富含维生素 A 的培养基中却分化为黏膜上皮细胞。无论是动物还是植物,细胞分化的稳定性是普遍存在的,而分化的可逆性是有条件的;分化的逆转只是发生于具有增殖能力的组织中;细胞核必须处于有利于分化逆转的环境中;分化能力的逆转必须具有相应的遗传物质基础。

**4. 时间和空间上的分化**

一个细胞在不同的发育阶段中可以有不同的形态和功能,这是时间上的分化。同源细胞一旦分化,由于各种细胞所处的空间位置不同,其环境也不一样,出现形态上的差异和机能上的分工,产生不同的细胞类型称为空间分化。单细胞生物只有时间上的分化,而多细胞生物既有时间上的分化又有空间上的分化。

**5. 细胞分化是有限的活动,不是无限的**

在个体中的几百万亿细胞中只有极少数部分类型的细胞构成若干组织和器官。

**6. 细胞分化的普遍性**

细胞分化是一种普遍存在的生命现象,在整个个体发育中均有细胞分化活动。

## 二、细胞分化的影响因素

**1. 受精卵细胞质的不均一性在细胞分化中的作用**

在细胞生命活动中,细胞核和细胞质彼此相互依赖协同作用,以履行细胞的生理功能,二者缺一不可。受精卵每次分裂,细胞核物质经复制倍增并均等分配到两个子细胞中,而卵中的细胞质分布及其在子细胞中的分配是不均等的,还含有多种 mRNA,其中,多数 mRNA 与蛋白质结合处于非活性状态,这种不均一性对早期胚胎发育有很大影响,在一定程度上决定细胞的早期分化。例如,海胆卵有动物极和植物极,如果海胆卵第一次卵裂,两者均等地分别进入两个子细胞,则两个子细胞都不能正常发育,这一实例说明了卵细胞的细胞质结构在子细胞中的分配对以后细胞分化和发育起决定作用。

**2. 细胞核在细胞分化中的作用**

各组织的细胞的形态、结构、功能有很大差异,但在细胞核中仍然保留着生命体的全部基因,而且机体的基因型也不会改变。细胞质对细胞分化的决定作用是要通过调控细胞核的基因表达来实现的,细胞核在细胞分化中起最关键的作用。例如,在蝾螈受精卵第一次卵裂前将卵结扎,使结扎一侧胞质有核,而另一侧则无核,结果只有含核一侧进行卵裂。该实验表明了细胞核在细胞生命活动中的主导作用。

**3. 细胞间的相互作用对细胞分化的影响**

细胞分化的过程是多种因素共同作用的结果。在胚胎发育过程中,一部分细胞对邻近的另一部分细胞产生影响,并决定其分化方向,这种一部分细胞对邻近的另一部分细胞产生影响并决定其分化方向的作用成为胚胎诱导。一般发生在内胚层和中胚层或外胚层和中胚层之间,从诱导的层次上看,可分为初级诱导、次级诱导和三级诱导。脊椎动物器官的形成是一系列多级胚胎诱导的结果。例如,脊索中胚层诱导其表面覆盖的外胚层发育为神经板是初级诱导,神经板卷为神经管后,前端又发育为原脑,原脑两侧突起的视杯再去诱导覆盖在上面的外胚层进而形成眼晶状体,次级诱导的产物晶状体又诱导覆在表面的外胚层形成角膜,是三级诱导,最终形成眼球,诱导作用的物质基础可能是大分子蛋白质,也可能是胞嘧啶核苷酸、苯丙氨酸等小分子物质。

**4. 外界环境对细胞分化的作用**

在真核细胞中,细胞分化也受到环境的影响,而最主要的是受细胞微环境的影响。此外,环境的温度、化学药物的作用等均会从不同程度影响细胞的分化过程。

**5. 激素对细胞分化的作用**

在胚胎发育早期,邻近细胞之间的相互作用可以诱导细胞分化,而在胚胎发育晚期,细胞分化也可以受到激素的调节。激素产生后通过血液循环将特定信息运送到不同部位从而影响细胞的分化,激素主要作用于基因水平引发靶细胞的分化。但是,激素必须通过细胞的受体才起作用,不同激素作用的靶细胞是不同的,作用机制也不相同。

# 第三节 细胞分化与癌细胞

癌细胞(cancer cell)是一类脱离了细胞社会赖以构建和维持的规则的制约,表现出细胞增殖失控和侵袭并转移到机体的其他部位生长这两个基本特征的细胞。多细胞有机体通常是受控于严格调控机制的不同类型细胞形成的细胞社会。细胞的基因突变可能引起某些分化细胞的生长与分裂失控,脱离了细胞衰老和死亡的正常途径而成为癌。其结果是会破坏有机体组织和器官的正常生理功能。癌细胞与正常分化细胞的显著区别表现为,分化细胞的细胞类型各异,但都具有相同的基因组;癌细胞的细胞类型相似,但基因组却发生了不同形式的改变。只有少数癌细胞基因组没有发生改变,但由于其 DNA 或组蛋白的化学修饰发生了变化,即表观遗传改变(epigenetic change),导致基因表达模式的改变,从而引起发生癌症。

现代工农业的飞速发展导致环境因素不断恶化,有机体基因突变率也提高,细胞的癌变概率随之增加,对癌细胞形成与特征的了解,不仅有助于了解细胞增殖、分化与凋亡的调节机制,而且也有助于解决人类健康所面临的严峻问题。

## 一、癌细胞的基本特征

有机体内因分裂调节失控而无限增殖的细胞称为肿瘤细胞(tumor cell)。具有转移能力的肿瘤称为恶性肿瘤。其主要生物学特征表现在:

**1. 细胞生长与分裂失去控制**

正常机体中细胞的生长与分裂是一种严格受控的过程。在成体组织中,新生细胞的增殖与衰老细胞的死亡,处于一定的动态平衡之中,以维持组织和器官的稳定。而癌细胞的增殖失去控制,成为"不死"的永生细胞,核质比例增大,分裂速度加快,结果破坏了正常组织的结构和功能。

**2. 具有浸润性和扩散性**

肿瘤细胞包括良性肿瘤（benign）和恶性肿瘤（malignancy）两种基本类型。有些肿瘤细胞仅位于某些组织特定部位，周围通常有完整的结缔组织膜结构包裹，称之为良性肿瘤；如果肿瘤细胞具有浸润性和扩散性，则称之为恶性肿瘤。恶性肿瘤细胞间黏着性下降，具有浸润性和扩散性，易于浸润周围健康组织，或通过血液循环或淋巴途径转移并在其他部位黏着和增殖。这是癌细胞的基本特征。

**3. 细胞间相互作用改变**

正常细胞之间的识别主要通过细胞表面特异性蛋白的相互作用实现，进而形成特定的组织和器官。癌细胞在转移过程中，会产生一些水解酶类和异常表达的膜蛋白，以便和其他部位黏着和继续增殖。

**4. mRNA 的表达谱及蛋白表达谱或蛋白活性改变**

癌细胞的各种生物学特征主要归结于其基因表达及调控方式的改变。癌细胞的蛋白表达谱中，往往会出现一些在胚胎细胞中表达的蛋白；多数癌细胞中还具有较高的端粒酶活性。此外，与癌细胞恶性增殖、扩散等过程相关的蛋白质成分的表达也往往异常，特别是具有高转移潜能的癌细胞其表型更不稳定，表现出癌细胞的异质性特点。

### 二、癌基因与抑癌基因

癌症主要是由于体细胞 DNA 突变所引起的，而不是生殖细胞 DNA 的突变。癌基因（oncogene）是控制细胞生长和分裂的正常基因的一种突变形式，可以引起正常细胞癌变。目前，已发现近百种癌基因（表 12-1）。癌基因编码的蛋白质主要包括生长因子、生长因子受体、信号转导通路中的分子、基因转录调节因子、细胞凋亡蛋白、DNA 修复相关蛋白和细胞周期调控蛋白等几大类型。

表 12-1　癌基因的基本类型

| | 类型 | 举例 | 相应原癌基因编码的蛋白 |
|---|---|---|---|
| I | 生长因子 | *sis* | 血小板生长因子 |
| II | 生长因子受体 | *fms* | CSF-1 受体 |
| | | *erbB* | 上皮生长因子受体 |
| | | *Src* | 酪氨酸蛋白激酶 |
| III | 胞内信号转导通路分子 | *Mos* | 丝氨酸蛋白激酶 |
| | | *Ras* | GTP 结合蛋白 |
| IV | 转录因子 | *fos* | 转录因子 API |
| | | *myc* | 转录调节蛋白 |
| V | 细胞周期调控蛋白 | *Rb* | 肿瘤抑制因子 |
| | | *P53* | 肿瘤抑制因子 |

此外，细胞信号转导通路中某些蛋白质因子的突变也是引起细胞癌变的主要原因。这类基因称为抑癌基因（tumor-suppressor gene）。抑癌基因实质上是正常细胞增殖过程中的负调控因子，它编码的蛋白往往在细胞周期的检验点上起阻止周期进程的作用。如果抑癌基因突变，丧失其细胞增殖的负调控作用，则会导致细胞周期失控而过度增殖。

## 第四节　细胞分化与干细胞

干细胞(stem cell)是具有自我更新、高度增殖和多项分化潜能的细胞群体,是动物有机体和各种组织器官的起源细胞。近几年来,干细胞的研究和应用已取得可喜进展,给临床细胞移植治疗、体外构建人工组织器官带来很大便利。

### 一、干细胞的概念及特点

在成体的许多组织中都保留着一部分未分化的细胞,一旦需要,这些细胞就可以按着发育途径进行细胞分裂,然后产生分化细胞,机体中这部分未分化的细胞称为干细胞(stem cell)。凡是需要不断产生新的分化细胞,以及分化细胞本身不能分裂的地方都需要干细胞以维持其结构和功能。

干细胞是当前细胞生物学领域和医学研究的一个重点,在个体生长发育中表现出以下几个主要特点:

（1）干细胞本身不是终末分化细胞,即不处于分化途径的终端。

（2）干细胞能无限分裂和增殖。

（3）干细胞分裂时,每个子代细胞具有一种选择,保持为与亲代一样的干细胞,或者开始向终末分化方向发展。

### 二、干细胞的类型

根据干细胞来源的不同,可以将有机体中的干细胞分为胚胎干细胞(embryonic stem cell,ES 细胞)和成体干细胞(adult stem cell,AS 细胞)两大类。胚胎干细胞主要来源于早期胚胎内细胞团(inner cell mass)、胎盘、脐带等组织中的多潜能干细胞(图 12-2)。成体干细胞指来源于成年个体组织的各种多潜能干细胞(图 12-3),如神经干细胞、骨髓干细胞、造血干细胞、表皮干细胞、肌肉干细胞等。

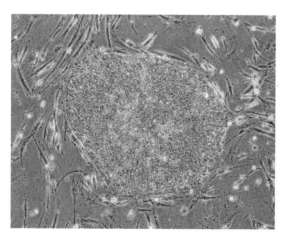

图 12-2　电镜下拍摄到的胚胎干细胞

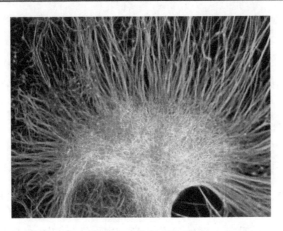

图 12-3　神经干细胞

构成有机体的所有细胞都是由不同的干细胞分化而来的。胚胎干细胞理论上可以分化产生多种类型的细胞,具有发育的全能性。在正常情况下,成年组织中所存在的 AS 细胞起更新老化细胞的作用,不同的 AS 细胞具有特定的发育方向,即只形成所存在的特定组织细胞。目前发现,AS 细胞处于某些特定条件下,也具有可以分化形成 ES 细胞的可塑性特征。但究竟成体干细胞的这种可塑性和胚胎干细胞的多能性有何区别,是否可以相互替代,是目前细胞生物学研究领域的热门课题。

### 三、干细胞的研究及应用

干细胞具有自我更新和分化的潜能,生命是通过干细胞的分裂实现细胞的更新与生长的。组织器官的病损或功能障碍是人类健康所面临的主要危害之一。修复或替代因疾病、创伤或遗传因素所造成的组织器官缺损或功能障碍一直是人类的梦想和难以攻克的医学高峰。干细胞技术的发展,开创了制造组织和器官的"再生医学"时代。自 1998 年以来,干细胞组织移植技术发生了革命性的进步。在 21 世纪,干细胞的广泛应用,必将促使干细胞技术相关产业的发展,同时成为生物技术领域最热点的产业之一。综上所述,干细胞的应用主要包括以下几个领域:①细胞移植;②构建组织器官;③克隆动物;④转基因动物;⑤药物毒理与药物筛选;⑥生物学基础研究等方面。

总之,干细胞的研究和应用将会更加深入的了解人类疾病形成的过程,并带来全新的医疗手段。

**本章内容提要**

细胞分化是有机体生长发育的途径之一,是细胞在形态、结构和功能上产生稳定差异的过程。各种类型细胞的分化是进行组织特异性基因表达的过程,此外,细胞分化还会受到细胞内外各种因素的影响,包括环境因素等。细胞癌变是细胞分化领域研究的热点问题,癌细胞不同于正常细胞,其细胞分裂是不受细胞周期调控的,被称为"不死"的永生细胞。癌细胞的发生与癌基因和抑癌基因有密切联系,它们的突变都会引起细胞癌变,产生癌症。

干细胞是各种类型细胞的来源,主要包括胚胎干细胞和成体干细胞两大类。这些细胞都具有自我更新、高度增殖和多项分化的潜能。目前,关于干细胞疗法和干细胞培养广泛应用在医学领域。

**本章相关研究技术**

1. 胚胎移植技术:将优秀母畜未着床的早期胚胎用手术或非手术的方法取出,移植到质量较差的母畜体内妊娠产仔的过程。为了使供体母畜多排卵,得到更多的胚胎,应用性腺激素处理,促使卵巢上几个、几十个甚至更多的卵泡发育并排卵。基本操作步骤包括:供体母畜的选择和超数排卵;受体母畜的选择和同期发情;配种;胚胎采集和检查;胚胎移植;受体妊娠诊断和饲养管理。

2. 细胞培养技术:以动植物的组织、器官或细胞等为研究对象,在体外条件下,模拟机体环境,提供一定的营养成分和生长环境,使其分裂、分化直至生长成完整个体的过程。

3. 核移植技术:也称为细胞拆合技术。在显微操纵仪下,将一个细胞的细胞核移植到受体细胞中的过程。该技术的应用可以打破物种间的界限,获得新的个体或物种。主要包括受体胞质去核;供体核注入;供体核与受体核胞质融合。用于进行胞质融合的方法主要有化学介质融合法和电融合法。

**复习思考题**

1. 名词解释

癌细胞　原癌基因　干细胞　细胞分化　胚胎干细胞　成体干细胞

2. 什么是干细胞?什么是干细胞的横向分化与纵向分化?为什么说干细胞的研究与应用是当今生命科学的研究热点领域之一?

3. 简要回答癌基因学说的基本观点。

4. 试述癌细胞的基本生物学特征。

# 第十三章 细胞衰老与细胞凋亡

**本章学习目的** 生物有机体的衰老和死亡是一种客观存在的自然现象,生物有一定的生命周期,才能维持地球上的生态平衡。细胞的衰老和死亡可以从机体细胞、组织、器官、系统、整体等不同层面表现出来,而细胞是生物体结构和功能的基本单位,是各种生命活动赖以建立的基础,衰老和死亡首先是细胞以不同的形式表现出来的。死亡是生命的普遍现象,但细胞死亡并非与机体死亡同步。正常的组织中,经常发生"正常"的细胞死亡,它是维持组织机能和形态所必需的。细胞死亡的方式通常有细胞坏死(necrosis)、细胞凋亡(apoptosis)两种方式,由于细胞凋亡受到严格的由遗传机制决定的程序化调控,所以也常常被称为程序性细胞死亡(programmed cell death,PCD)。PCD 最初是发育生物学中提出的概念,其含义是发育过程中(例如幼虫发育为成虫)发生的某类细胞(如肌肉细胞)的大量死亡,而这种细胞死亡要求一定的基因表达。

## 第一节 细 胞 衰 老

### 一、体外培养细胞的衰老与 Hayflick 界限

#### (一) 细胞衰老的早期研究

人们对细胞衰老(cellular aging 或 cell senescence)的研究及其生物学意义的认识过程是漫长而曲折的。

在 1883 年,德国动物学家魏斯曼观察到原生动物的某些无性系可以长期保持很高的分裂速度,提出种质不死而体质会衰老和死亡的学说。但原生动物细胞的不均等分裂,新细胞中也存在着老化的结构成分;少数强壮的无性系的存在并不能否定原生动物细胞衰老的事实。否定了关于原生动物细胞"不死性"的说法。然而,当 Carrel 和 Ebeling 宣布他们培养的鸡心脏细胞可以无限制地生长和分裂(直到他们报告时,已连续培养了 34 年)时,细胞"不死性"的观点几乎取得了决定性的胜利。

直到 20 世纪 60 年代初,这种观点才由于 Hayflick 等的杰出工作而受到猛烈的冲击,并从根本上动摇了。

#### (二) Hayflick 界限

1961 年,Hayflick 和 Moorhead 报告说,培养的人二倍体细胞表现出明显的衰老、退化和死亡的过程。若以 1:2 的比率连续进行传代培养(群体倍增),则平均只能传代40～60 次,此后细胞就逐渐解体并死亡。Hayflick 等的发现很快就得到许多研究者的证实。他们认为:细胞,至少是培养的细胞,不是不死的,而是有一定的寿命;它们的增殖能力不是无限的,而是有一定的界限,这就是有名的 Hayflick 界限(Hayflick limitation)。

Hayflick 等的工作是对 Carrel 等坚持的关于细胞"不死性"学说的彻底否定。Hayflick

认为 Carrel 每次向培养基中加入的鸡胚提取物可能混杂入新鲜的细胞。而不死的 HeLa 细胞和 L 系小鼠细胞已被证明是不正常的细胞,它们的染色体数目或形态已经不同于原先的细胞了。此外,运用现代的培养技术并不能重复出 Carrel 所观察到的培养细胞无限生长的现象。Hayflick 等进一步研究发现,胎儿肺成纤维细胞可在体外条件下传代 50 次,而成人肺成纤维细胞只能传代 20 次,可见细胞的增殖能力与供体年龄呈负相关(图 13-1)。许多研究者也证明,体外培养的二倍体细胞的增殖能力反映了它们在体内的衰老状况。

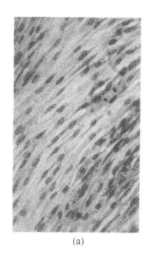 

(a)  (b)

图 13-1 体外培养的成人与老人成纤维细胞的纤维形态(Kleinsmith and Kish,1995)
(a) 年轻人的成纤维细胞;(b) 老人的成纤维细胞

Hayflick 以间期有无巴氏小体作为供体细胞的标记,将取自老年男性个体的细胞(间期无巴氏小体)和取自年轻女性个体的细胞(间期可见巴氏小体)进行单独或混合培养,结果混合培养中的两类细胞的倍增次数与各自单独培养时相同,即在同一培养基中,当年轻细胞旺盛增殖的同时,年老细胞就停止生长了。这一结果有力地说明:决定细胞衰老的因素在细胞内部,而不是外部的环境。

Wright 和 Hayflick 用去核后的细胞质体与完整的细胞进行融合杂交,以观察杂种细胞衰老的表达。结果发现,年轻的细胞胞质体与年老的完整细胞融合时,得到的杂种细胞不能分裂;而年老的细胞胞质体与年轻的完整细胞融合时,杂种细胞的分裂能力与年轻细胞几乎相同。试验说明,是细胞核而不是细胞质决定了细胞衰老的表达。对于这些细胞来说,衰老是不可避免的,衰老的原因在于细胞本身。

## 二、细胞在体内条件下的衰老

在活的有机体内,细胞的衰老和死亡是常见的现象,甚至在个体发育的早期也会发生。例如,蝌蚪发育时尾和鳃的消失就是通过细胞的死亡而实现的。但体内细胞类型不同,其增殖状况各异,如上皮组织、血细胞等终身分裂细胞,经历一定时间衰老死亡,由新细胞分化成熟补充。肝、肾等分化程度较高的组织细胞等恢复性分裂后细胞,没有明显的衰老现象,只有在部分细胞受到破坏丧失时,其余细胞才能进行分裂,以补充失去的细胞。神经细胞,骨骼细胞和心肌细胞等高度分化的分裂后细胞,个体一生中没有细胞更替,破坏或丧失后不能由这类细胞分裂来补充。而人类的卵巢卵泡细胞等可耗尽组织细胞,在一生中逐渐消耗而不得不到补充。

细胞的分化和保持分裂的能力与寿命和衰老有很大关系。早期关于体内细胞衰老的研究,主要是对正常细胞分裂情况的研究,而终身保持分裂能力的细胞成为研究的重点。

有人研究不同龄 BCF1 小鼠小肠腺窝上皮细胞的周期长度,发现随着年龄的增高,细胞周期长度明显延长(表 13-1)。可见衰老动物体内,细胞分裂速度显著减慢,其原因主要是 $G_1$ 期明显延长,S 期的长度变化不大。

表 13-1　不同年龄 BCF1 小鼠小肠腺内衬上皮的细胞周期时间

| 年龄/天 | $t_c$/h | $t_{G_1}$/h | $t_s$/h | $t_{G_2}$/h | $t_m$/h |
|---|---|---|---|---|---|
| 55 | 10.1 | 1.8 | 6.9 | 0.6 | 0.8 |
| 100 | 13.2 | 4.8 | 6.7 | 0.9 | 0.8 |
| 300 | 14.1 | 4.3 | 8.1 | 0.8 | 0.9 |
| 675 | 14.2 | 4.5 | 8.2 | 0.7 | 0.8 |
| 825 | 15.2 | 5.4 | 8.2 | 0.8 | 0.8 |
| 1050 | 15.7 | 5.4 | 8.9 | 0.7 | 0.7 |

资料来源:Baserga et al.,2003。

Krohn 采用组织移植技术,用近交系小鼠进行皮肤移植试验。他将小鼠的皮肤移植到其 $F_1$ 后代身上,当 $F_1$ 变老时,又移植到 $F_2$ 身上,这样他进行了系列移植,结果移植的皮肤细胞可生活 7~8 年,远远超过其原来供体的寿命,这表明引起小鼠皮肤细胞在体内衰老的主要是体内环境。Daniel 用小鼠乳腺上皮进行了系列移植试验,如果两次移植的间隔时间为 1 年,则可存活 6 年,也明显长于小鼠的寿命,说明衰老个体内的环境因素影响了上皮细胞的增殖和衰老。

总之,多细胞机体的体细胞中,终身分裂的细胞衰老缓慢,恢复性分裂后细胞在执行功能的过程中可明显地表现出衰老,而稳定的分裂后细胞在机体死亡前衰老变化并不明显。

### 三、衰老细胞的特征

细胞衰老是细胞内在生理系列化发生复杂变化的过程,最终表现在细胞的形态、结构和功能的变化。

#### (一)细胞形态的变化

衰老细胞内水分减少,原生质中不溶性蛋白质增加导致原生质硬度增加。同时,细胞体积变小,失去正常的球形。

#### (二)细胞核的变化

在体外培养的二倍体细胞中发现,细胞核的大小是倍增次数的函数,即随着细胞分裂次数的增加,核不断增大。

衰老过程中细胞核结构最明显的变化是核膜的内折(invagination),而且细胞衰老程度越高,内折越明显,这在培养的人肺成纤维细胞中比较明显。在体内细胞中也可观察到核膜不同程度的内折,神经细胞尤为明显。衰老细胞核中的另一个重要变化是染色质固缩化。体外培养的细胞中,晚代细胞的核中可看到明显染色质的固缩化,而早代细胞的核只有轻微的固缩作用。体内细胞,如老年果蝇的细胞,老年灵长类的垂体细胞及大鼠颌下腺的腺泡细胞中,都可观察到染色质的固缩化。此外,在酵母 Sgs1 突变体衰老细胞中还观察到核仁裂解为小体的现象。

### (三)细胞器的变化

**1. 内质网的变化**

内质网作为蛋白质和脂质分子合成的重要场所分布于整个细胞中。细胞衰老过程中,内质网不仅总量会逐渐减少,而且其形态结构也发生一定的变化,表现为失去典型结构,核糖体蛋白从内质网上脱落,内质网膜变厚,排列不规则,弥散在细胞质中。

**2. 线粒体的变化**

细胞中线粒体的数量随龄减少,而体积则随龄增大。例如,在衰老小鼠的神经肌肉连接的前突触末梢中可以观察到线粒体数量随龄减少。同时许多报告表明,在小鼠、大鼠及人肝的衰老细胞中,线粒体发生膨大。膨大的线粒体中有时可见到清晰的嵴,偶尔亦会观察到线粒体内容物呈现网状化并形成多囊体,以及外膜破坏,多囊体释出的情况。

**3. 致密体的出现**

衰老的细胞出现色素聚集现象,主要是脂褐质(lipofuscin)的堆积,由其沉积形成衰老细胞中常见的一种结构致密体(dense body)。这种物质是不饱和脂肪酸与氧发生化学反应产生的一种有害代谢产物,是一种不溶性的颗粒物,又称为老年色素(ageorse nile pigment)、血褐质(hemofuscin)、脂色素(lipochrome)等(图 13-2)。致密体来源于多种细胞器,尤其是线粒体、溶酶体和细胞膜等。

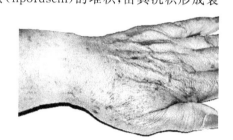

图 13-2 色素沉着与老年斑

### (四)细胞膜的变化

衰老细胞的细胞膜流动性下降,刚性增加,膜变得容易破裂。这是由于随着年龄的增加,年轻的功能健全的液晶相细胞膜由于磷脂、不饱和脂肪酸含量下降,变成凝胶相或固相。衰老细胞的细胞膜上受体与配体所形成复合物的效率降低,以至于不能有效地接受和转导胞外信号。细胞衰老时,细胞间间隙连接减少,细胞间代谢协作也相应减少。间隙连接在细胞间离子和小分子代谢物的交换上起着重要的作用。研究发现,培养的 IMR-90 晚代细胞的间隙连接明显减少,组成间隙连接的膜内颗粒聚集体变小。为了观察间隙连接的变化对细胞间的代谢联系产生的影响,研究者们还用放射自显影法来研究重建间隙连接的年轻或年老细胞间 $^3$H-尿嘧啶核苷酸的交换,结果发现,重新集聚 4h 后,70%的年轻细胞从共同培养的年轻供体细胞得到 $^3$H-尿嘧啶,而只有 30%的年老细胞从共同培养的年老供体细胞中得到这种物质。

### 四、细胞衰老的机制

衰老机制的研究一直是生命科学研究的热点领域,人们对衰老的机制有各种各样的理解,许多学者对此进行了大量的研究,提出了各种假说,试图来解释衰老的本质和机理。特别是进入 20 世纪 90 年代以来,随着细胞生物学和分子生物学的飞速发展,人们从分子水平和基因水平对细胞衰老的机制进行研究,取得了重大进展。然而至今没有一种假说对衰老机制作出全面而合理的解释。

目前关于细胞衰老的学说概括起来主要有两大类:一是差错学派,强调细胞的衰老是由于细胞中各种错误累积引起的;二是遗传学派,强调衰老是由遗传因素决定的。

### 1. 自由基学说

差错学派认为细胞在生长、增殖过程中,细胞成分不断磨损,细胞里的核酸、蛋白质等生物大分子物质在合成中发生差错,因缺乏必要的修复,使差错积累,并不断扩大,严重影响了细胞的功能,最终导致细胞衰老死亡。差错学派中也有各种不同的假说,如自由基学说、DNA 损伤修复学说、线粒体 DNA 损伤修复学说、代谢废物积累学说等,但其中为人们普遍认可的是自由基学说。

早在 20 世纪 50 年代,Harman 就已提出衰老的自由基理论,以后又不断有所发展。这一理论认为,代谢过程中产生的活性氧基团或分子(reactive oxygen species,ROS)引发的氧化性损伤的积累,最终导致衰老。该理论的核心内容有 3 条:衰老是由自由基对细胞成分的有害进攻造成的;自由基主要是指氧自由基;维持体内适当水平的抗氧化剂和自由基清除水平可以延长寿命和推迟衰老。

所谓自由基,又称游离基是指一类具有未配对电子的化学实体,包括原子(原子团)、分子或离子。如超氧自由基($\cdot O_2$)、羟基自由基($\cdot OH$)、过氧化氢($H_2O_2$)等。自由基是在机体代谢过程中产生的,空气污染、辐射、化学物质等都可影响到自由基的产生。由于自由基有未配对的电子,具有高度活性,可引发脂类、蛋白质和核酸分子的氧化性损伤,从而导致细胞结构的损伤乃至破坏。

自由基可与细胞内的生物大分子物质发生破坏性反应:自由基与核酸分子发生反应,造成基因突变或 DNA 共价键断裂和链分离;攻击肽链上的氨基酸残基,造成蛋白质断裂,还引起蛋白质交联、破坏蛋白的高级结构;与膜脂及其他不饱和脂肪酸的双链结合,引起脂质过氧化,并产生新的自由基,如使损伤线粒体膜,导致能量代谢障碍。

### 2. 端粒假说

遗传学派包括遗传决定学说、端粒假说和各种基因决定学说,它们都认为衰老是遗传决定的自然演进过程,一切细胞均有内在的预定程序决定其寿命。寿命的长短与其长期进化所形成的各自遗传特性有关。

端粒(telomere)是染色体末端存在的一种特殊结构,由富含 T 和 G 碱基的简单重复序列组成,能防止染色体末端相互交联而发生畸变。端粒在细胞分裂过程中不能为 DNA 聚合酶完全复制,因而随着细胞分裂的不断进行而逐渐变短,如 DNA 丢失到一定程度,细胞随之发生衰老和死亡。

端粒的稳定性是由端粒酶(telomerase)维持的,端粒酶是一种核糖核蛋白酶,由 RNA 和蛋白质组成。端粒酶 RNA 是合成端粒 DNA 的模板,而端粒酶的反转录酶亚基(在人细胞中为 hTRT)则催化端粒 DNA 的合成。合成的端粒重复序列加在染色体的末端。人的染色体端粒由 TTAGGG/CCCTAA 重复序列组成。在生殖细胞中,由于存在端粒酶的活性,端粒保持约 15Kbp 的长度,而在人的体细胞中,由于不存在端粒酶的活性,端粒要短得多。

1990 年 Harley 等用人工合成的(TTAGGG)3 作为探针,对胎儿、新生儿、青年人及老年人的成纤维细胞的端粒长度进行测定,发现端粒长度随龄下降。在体外培养的成纤维细胞中,端粒长度则随着分裂次数的增加而下降。在这些研究的基础上,提出了细胞衰老的"有丝分裂钟"学说,该学说认为:随着细胞的每次分裂,端粒不断缩短;当端粒长度缩短达到一个阈值时,细胞就进入衰老。

1998 年,Wright 等将人的端粒酶反转录酶亚基(hTRT)基因通过转染,引入正常的人二倍体细胞(人视网膜色素上皮细胞和包皮成纤维细胞),发现表达端粒酶的转染细胞,其端粒长度明显增加,分裂旺盛,作为细胞衰老指标的 $\beta$-半乳糖苷酶活性则明显降低,与对照细胞形成极鲜明的反差。此外,表达端粒酶的细胞寿命比正常细胞至少长 20 代,且其核型正常。这一研究提供的证据令人信服,说明端粒长度确实与衰老有着密切的关系。

### 五、细胞衰老研究的常用方法

用细胞培养的方法可以研究衰老过程中细胞的分化与分裂特征,正常细胞功能的衰退与细胞分裂次数的关系;分析一些因子对细胞的生理和病理衰老过程的影响。还可利用体外培养细胞寿命研究和寿命预测试验,以及细胞融合和细胞杂交等方法,研究细胞衰老机制。这些体外培养的细胞包括成纤维细胞、内皮细胞、平滑肌细胞、人胚胎肺细胞、软骨细胞、肝细胞、神经细胞等。

采用分子生物学和物理化学分析的方法研究,衰老过程中分子、酶和细胞内某些物质的变化,线粒体的氧化磷酸化的变化,高能物质的合成能力,脂褐素含量的测定,过氧化脂质、超氧自由基和过氧歧化酶的作用,生物膜的变化,受体密度和受体亲和力及信号转导过程对衰老的影响,蛋白质、DNA 大分子的交联对衰老的影响,蛋白质的合成,核酸的复制对衰老的影响。

近 20 年来,科学家们十分重视遗传物质与衰老的联系,试图分析基因损伤、基因修复、基因突变对衰老的影响作用。有的研究者试图分离衰老基因、死亡基因、长寿基因。端粒学说的研究也属于这个领域的一个重要方面。当前基因分析是衰老研究中的一个极其重要的领域。

## 第二节 细胞凋亡

### 一、细胞坏死

细胞坏死是细胞受到极端的化学因素(如强酸、强碱、有毒物质)、物理因素(如热、辐射)和生物因素(如病原体、缺氧)等环境因素的伤害,引起细胞急速死亡的现象,属被动死亡。坏死细胞的形态改变主要是由酶性消化和蛋白质变性两种病理过程引起的。细胞坏死初期,胞质内线粒体和内质网肿胀、崩解,结构脂滴游离、空泡化,蛋白质颗粒增多,核发生固缩或断裂。随着胞质内蛋白质变性、凝固或碎裂,以及嗜碱性核蛋白的降解,细胞质呈现强嗜酸性,苏木精/伊红染色胞质呈均一的深伊红色,原有的微细结构消失。在含水量高的细胞,可因胞质内水泡不断增大,并发生溶解,导致细胞结构完全消失,最后细胞膜和细胞器破裂,DNA 降解,细胞内容物流出,引起周围组织炎症反应。

## 二、细胞凋亡的概念及其生物学意义

1972 年 Kerr 发现结扎大鼠肝的左、中叶门静脉后,其周围细胞发生缺血性坏死,但由肝动脉供应区的实质细胞仍存活,只是范围逐渐缩小,其间一些细胞不断转变成细胞质小块,不伴有炎症。正常鼠肝细胞在局部缺血条件下,也连续不断地转化为小的圆形的细胞质团。他将在生理条件下产生的细胞向圆形细胞质团转变的这一现象定名为细胞凋亡,认为细胞凋亡是一个主动的由基因决定的自动结束生命的过程。

在生物的生长发育过程中,细胞凋亡是不可或缺的一个重要方面。细胞凋亡对于多细胞生物个体发育的正常进行,自稳平衡的保持以及抵御外界各种因素的干扰方面都起着非常关键的作用。通过细胞凋亡,有机体得以清除机体内部不断的衰老、磨损、畸变、过剩、已完成生理功能或不再需要的细胞,而不引起免疫反应;另外,又可通过细胞增殖加以补充。胚胎发育过程中产生了过量的神经细胞,它们竞争靶细胞所分泌的生存因子。只有接受了足够量的生存因子的神经细胞才能存活,其他的细胞则发生凋亡。实际上,发育过程中手和足的成形过程就伴随着细胞的凋亡。胚胎时期,它们呈铲状,以后指或趾之间的细胞凋亡,才逐渐发育为成形的手和足(图 13-3)。在幼体发育过程中,幼体器官的缩小和退化,如蝌蚪尾的消失等,都是通过细胞凋亡来实现的。在成熟个体的组织中,细胞的自然更新,被病原体感染细胞的清除也是通过细胞凋亡来完成的。在发育过程中和成熟组织中细胞发生凋亡的数量是惊人的。例如,健康的成人体内,在骨髓和肠中,每小时约有 10 亿个细胞凋亡。此外,各种杀手免疫细胞对靶细胞的攻击并引起其死亡,也是基于细胞凋亡。细胞凋亡是机体自我保护机制,是长期遗传、进化的结果。

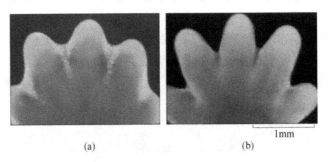

(a)                    (b)

图 13-3　小鼠趾间经特异性染色所观察到的凋亡形态(潘大仁,2007)
(a) 细胞凋亡过程中的小鼠趾;(b) 一天后的小鼠趾

另外,细胞凋亡的失调包括不恰当的激活或抑制会导致疾病,例如,Alzheimer's 病,各种肿瘤,艾滋病以及自身免疫系统病等。有理由相信,细胞凋亡的研究成果,将为人类某些重大疾病的治疗和控制提供有力的武器。

## 三、细胞凋亡与坏死的区别

细胞凋亡与坏死是两种截然不同的细胞学现象。二者在起因、过程和死亡效应等方面有着本质的区别(表13-2)。

表 13-2　细胞凋亡和细胞坏死的区别

| 区别点 | 细胞凋亡 | 细胞坏死 |
| --- | --- | --- |
| 诱因 | 细胞内部生理或病理性 | 急性病理性变化或剧烈损伤 |
| 调节过程 | 受基因调控,主动死亡 | 被动死亡 |
| 范围 | 单个散在细胞 | 大片组织或成群细胞 |
| 细胞体积 | 固缩变小 | 肿胀变大 |
| 细胞膜 | 保持完整,一直到形成凋亡小体 | 破裂 |
| 染色质 | 凝聚在核膜下呈半月状 | 降解呈絮状 |
| 细胞器 | 产生凋亡小体,其他细胞器无明显变化 | 不出现凋亡小体,其他细胞器肿胀、膨大,膜系统破裂, |
| 基因组 DNA | 有控降解,电泳图谱呈梯状 | 随机降解,电泳图谱呈涂抹状 |
| 蛋白质合成 | 有 | 无 |
| 炎症反应 | 无,不释放细胞内容物 | 有,释放内容物 |
| 后果 | 个体正常存活的需要 | 有损伤、破坏作用 |

　　细胞凋亡是一种主动的由基因决定的细胞自我破坏的过程,而坏死则是极端的物理、化学因素或严重的病理性刺激引起的细胞损伤和死亡。在细胞凋亡过程中,细胞质膜反折,包裹断裂的染色质片段或细胞器,然后逐渐分离,形成众多的凋亡小体(apoptotic body),凋亡小体则为邻近的细胞所吞噬。整个过程中,细胞质膜的整合性保持良好,死亡细胞的内容物不会逸散到胞外环境中去。在细胞坏死时,细胞质膜通透性增高,细胞器变形、膨大,细胞肿胀,最后细胞破裂,将细胞内容物释放到胞外。在死亡效应方面,凋亡的细胞没有完全裂解,不会发生炎症反应。而坏死的细胞裂解释放出内含物,常导致炎症反应(图13-4)。

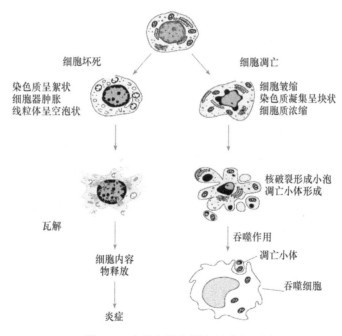

图 13-4　细胞坏死与凋亡的形态区别

### 四、细胞凋亡的特征

#### (一) 形态特征

细胞凋亡的发生过程,在形态学上可分为三个阶段:①凋亡的起始。这个阶段的形态学变化表现为细胞表面的特化结构(如微绒毛)的消失,细胞间接触的消失,但细胞膜依然完整,未失去选择透性;细胞质中,线粒体大体完整,但核糖体逐渐从内质网上脱离,内质网囊腔膨胀,并逐渐与质膜融合;染色质固缩,形成新月形帽状结构等形态,沿着核膜分布。这一阶段经历数分钟,然后进入第二阶段;②凋亡小体的形成。首先,细胞核呈波纹状(rippled)或呈折缝样(creased),部分染色质出现浓缩状态、高度凝聚、边缘化,最后核染色质断裂为大小不等的片段,与某些细胞器如线粒体一起聚集,为反折的细胞质膜所包围。从外观上看,细胞表面产生了许多泡状或芽状突起(图 13-5)。以后,逐渐分隔,形成单个的凋亡小体;③凋亡小体逐渐为邻近的细胞所吞噬并消化。从细胞凋亡开始,到凋亡小体的出现才数分钟之久,而整个细胞凋亡过程可能延续 4～9h。

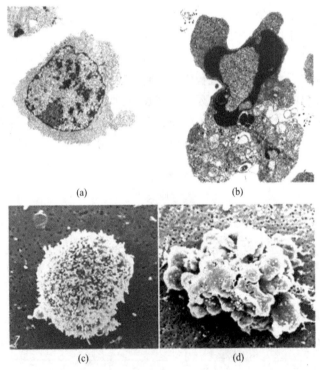

图 13-5 正常与凋亡细胞形态比较

左(a)、(c)正常的胸腺细胞,右(b)、(d)凋亡的胸腺细胞

#### (二) 细胞凋亡的生化特征

细胞凋亡生化变化的最主要特征一是 DNA 发生核小体间的有控断裂。在活化的内切核酸酶作用下,DNA 逐步断裂,结果产生含有不同数量核小体单位的片段。基因组 DNA 的降解产生在进行琼脂糖凝胶电泳时,形成了特征性的梯状条带,其大小为 180～

200bp 的整数倍。到目前为止,梯状条带(DNA ladder)仍然是鉴定细胞凋亡最可靠的方法。二是 tTG(组织转谷氨酰胺酶,tissue transglutaminase)的积累并达到较高的水平。tTG 催化某些蛋白质的翻译后修饰,主要是通过建立谷氨酰胺和赖氨酸之间的交联以及多胺掺入蛋白质而实现的,其结果导致蛋白质聚合。而这类蛋白聚合物不溶于水,不为溶酶体的酶所降解,它们进入凋亡小体,有助于保持凋亡小体暂时的完整性,防止有害物质的逸出。tTG 只在不再分裂的已完成分化的细胞中处于活性状态。tTG 是依赖于 $Ca^{2+}$ 的酶,在生活的正常细胞中,由于 $Ca^{2+}$ 浓度较低(<1mmol/L),tTG 的活性很低;当凋亡起始时,$Ca^{2+}$ 浓度上升,从而使 tTG 活化。此外,细胞凋亡过程中还有许多生化变化,如 3-半乳糖酸的合成增加、膜磷脂不对称损失等。

### 五、诱导细胞凋亡的因子

细胞凋亡属于诱发行为,其诱因很多。诱导细胞凋亡的因子包括来自生物组织外部的信号和内部产生的自杀信号、生存信号,细胞只有接受细胞内外的信号刺激时才启动凋亡。

外部信号指能诱发细胞凋亡的化学因素、物理因素和生物因素。化学因素包括各种细胞生长抑制剂如生长激素、秋水仙素等;物理因素包括射线(紫外线、β 射线、X 射线等)、较温和的温度刺激(如热激,冷激)等。生物因素包括微生物抗原、病毒、毒素等。

内部信号指生物体正常生理活动中导致细胞凋亡的各种生理因子。包括活性氧基团和分子(超氧自由基,羟自由基,$H_2O_2$)、钙离子载体、视黄酸、细胞毒素(如 fumonisin 和 AAL 毒素)。DNA 和蛋白质合成的抑制剂(如环己亚胺)、正常生理因子(激素,细胞生长因子等)的失调,肿瘤坏死因子 a(TNFa),抗 Fas/Apo-1/CD95 抗体等也能引起细胞凋亡。

### 六、细胞凋亡的检测

细胞凋亡的检测是基于凋亡细胞所形成的形态学和生物化学特征,特别是 DNA 的断裂,成为检测细胞凋亡的重要招标。

#### (一)形态学观测

细胞凋亡的主要特征是核染色质致密深染,形成致密块,有时可断裂。显微镜下观察未染色细胞可见:凋亡细胞的体积变小、变形,细胞膜完整但出现发泡现象,细胞凋亡晚期可见凋亡小体。贴壁细胞出现皱缩、变圆、脱落。如对组织或细胞进行各种染色,可观察到凋亡细胞的各种形态学特征,如缘化、核膜裂解、染色质分割、凋亡小体出现、巨噬细胞吞噬现象等(图 13-6)。

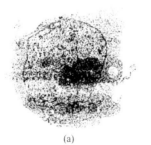
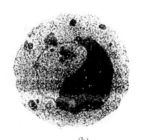

(a)  (b)

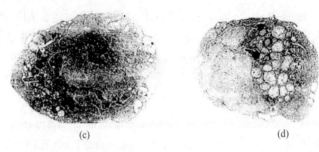

图 13-6 电镜观察 jurkat 细胞凋亡过程中核染色质形态的改变(张进华,2006)

(a) 细胞坏死,细胞核像爆炸一样;(b) 细胞核浓缩,胞质中有液泡出现;

(c) 凋亡小体形成;(d) 凋亡小体被邻近细胞吞噬

## (二)DNA 电泳

细胞凋亡时主要的生化特征是其染色质发生浓缩,在内切核酸酶的作用下,DNA 发生特征性的核小体间的断裂,产生大小不同的片段,但都是 180～200bp 的整数倍,在凝胶电泳上表现为梯形电泳图谱(DNA ladder)。凋亡细胞中提取的 DNA 在进行常规的琼脂糖凝胶电泳,并用溴化乙锭进行染色时,在凋亡细胞群中可观察到典型的 DNA ladder。这些大小不同的 DNA 片段就呈现出梯状条带。绝大多数凋亡细胞中 DNA 的断裂都表现出这种特征(图 13-7)。如果细胞量很少,还可在分离提纯 DNA 后,用 32P-ATP 和脱氧核糖核苷酸末端转移酶(TdT) 使 DNA 标记,然后进行电泳和放射自显影,观察凋亡细胞中 DNA ladder 的形成。

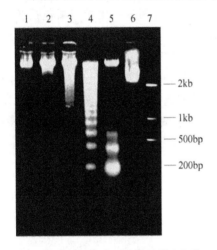

图 13-7 细胞色素 c 诱导的凋亡细胞
DNA 电泳图(翟中和等,2000)

1. 细胞色素 c 诱导 0h;2. 细胞色素 c 诱导 1h;

3. 细胞色素 c 诱导 2h;4. 细胞色素 c 诱导 3h;

5. 细胞色素 c 诱导 4h;6. 阴性对照;7. Marker

## (三)原位标记法(TUNEL 测定法)

原位标记法即 TUNEL 测定法是 terminal deoxynucleotidyl transferase (TdT)-mediated dUTP nick end labeling 的缩写,意指末端脱氧核苷酸移换酶介导的 dUTP 缺口末端标记测定法。由于凋亡细胞的核 DNA 为内切核酸酶降解,断裂处产生 3'-OH 的缺口和末端,故可用可观测标记物对其断裂缺口进行原位标记,然后进行观测。如荧光素进行原位标记,并用荧光显微镜进行观察。但这种方法缺乏专一性,需结合形态学方法进行判断。

此外,细胞凋亡的检测方法常用的还有彗星电泳法(comet assay)、流式细胞分析方法等。由于细胞凋亡的机制复杂,研究手段还很有限,有待进一步研究。如最新研究发现一些细胞凋亡中不发生 DNA 梯状降解的现象,而是与细胞染色体 DNA 的凝集相伴发生的。故对凋亡的检测应用多种方法结合加以判断。

## 七、细胞凋亡的机制

### (一) 线虫的在细胞细胞凋亡研究中的作用

线虫(*Caenorhabditis elegans*)形体小而透明(图 13-8),便于人们通过显微镜观察活的完整线虫的内部构造,并能直接观察到线虫发育过程中单个细胞的迁移、分裂及死亡,经过研究发现线虫在胚胎发育初期有 1090 个细胞,成年的雌雄同体线虫总共才 959 个细胞,在发育过程中有 131 个细胞凋亡。科学家们利用 Brenner 建立的突变的线虫株,发现并分离了一系列影响细胞凋亡的基因,包括 *ced-1*、*ced-2* 和 *nuc-1* 等,提出生物发育过程中细胞的凋亡是由一系列基因控制的。1986 年美国科学家 Horvitz 及其学生发现了线虫在细胞凋亡过程中起关键作用的两种基因 *ced-3*、*ced-4*,这两种基因的缺失将改变细胞的命运,使线虫中正常情况下会死亡的细胞存活并继续分化下去。同时,对早期发现的细胞凋亡中起作用的基因也弄清了其确切作用。值得一提的是 Horvitz 的一位中国学生于 1993 年克隆了 *ced-3* 基因,并发现该基因表达的蛋白与哺乳动物中的一种酶非常相似,随后的研究发现,该酶与细胞凋亡有关,这表明在哺乳动物中也存在引起细胞凋亡及表达的基因,从而开启了细胞凋亡研究的一个新的阶段。

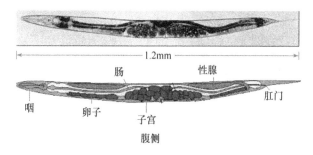

图 13-8　线虫模式图

目前,人们认为与细胞凋亡相关的基因有三类:促进细胞死亡的基因、抑制细胞死亡的基因和在细胞死亡过程中表达的基因。

### (二) 调控细胞凋亡的相关基因

目前为止,发现与细胞凋亡及抑制凋亡的基因很多,其对细胞凋亡的调控都是通过表达蛋白来实现的。在众多基因中未清楚其功能的有,新发现报道的也有,这里仅介绍研究较为清楚的几种基因。

#### 1. ced 基因

在线虫中发现了十几个与细胞凋亡有关的基因。其中 *ced* 基因与细胞凋亡直接相关。研究较为清楚的是促进细胞凋亡的基因,其中 *ced-3* 基因表达的 *ced-3* 蛋白有 530 个氨基酸,其中含有约 100 个氨基酸长度的丝氨酸富含区,提示磷酸化在细胞凋亡中有十分重要的作用。而 *ced-4* 的详细功能尚不十分清楚。另在哺乳动物体内也找到了与 *ced-3* 相似的基因。

## 2. rpr 基因

由果蝇中克隆出的 $rpr$(reaper)基因,编码 65 个氨基酸的短链多肽,其迅速表达可诱导细胞凋亡,但并非参加一切细胞的凋亡。

## 3. bcl-2 基因

$bcl$-2 定位于人的第 18 号染色体,是一种原癌基因,因其表达的蛋白质 $bcl$-2 最初在 B-淋巴细胞/白血病-2 发现而得名,和一般的癌基因不同,$bcl$-2 能抑制细胞凋亡延长细胞的生存,而不是促进细胞的增殖,是 $ced$-9 在哺乳类中的同源物。$bcl$-2 蛋白的羧基端有一穿膜的结构域,可与线粒体膜相结合,以维护其通透性。除了 $bcl$-2 以外,近年来还发现 $bcl$-2 是一个家族(表 13-3),它们的基因组成在不同程度上与 $bcl$-2 同源,并以不同方式调节细胞凋亡,大量的实验证明它是多细胞动物中普遍存在的"长寿"基因,如神经元的寿命长,$bcl$-2 的表达则高于其他类型细胞。

表 13-3　Bcl-2 家族的主要成员

| 基因产物 | 功能 |
| --- | --- |
| Bcl-2 | 凋亡抑制剂,可和 Bax、Bak 结合 |
| Bcl-x | 其 L 型抑制细胞凋亡,S 型促进凋亡,与 Bax、Bak 结合 |
| Bcl-w | 凋亡抑制剂 |
| Bax | 凋亡促进剂,可与 Bcl-2、Bcl-$x_L$、E1B19K 结合 |
| Bak | 凋亡促进剂,也可作抑制剂,可与 Bcl-2、Bcl-$x_L$、E1B19K 结合 |
| Mcl-1 | 凋亡抑制剂 |
| Bad | 凋亡促进剂,可与 Bcl-2、Bcl-$x_L$ 结合 |
| Ced-9 | 线虫中的凋亡抑制剂,Bcl-2 的同源物 |
| E1B19K | 腺病毒凋亡抑制剂,与 Bax、Bak 结合 |

资料来源:翟中和等,2000。

## 4. p53 基因

$p$53 是肿瘤抑制基因,其产物主要存在于细胞核内,是一种相对分子质量为 $5.3×10^4$ 的磷酸化蛋白质。$p$53 基因是人肿瘤有关基因中突变频率最高的基因。人类肿瘤有 50% 以上是由 $p$53 基因的缺失造成的。如将 $p$53 基因重新导入已转化的细胞中,则可能产生两种不同的结果:①生长阻遏;②细胞凋亡。前者是可逆的,后者则不可逆。两种结果的导向取决于生理条件及细胞类型。在皮肤,胸腺及肠上皮细胞中,DNA 的损伤导致 $p$53 的积累并伴随着细胞凋亡,说明在这些细胞中,细胞凋亡是依赖于 $p$53 的。然而在另一些条件下,$p$53 并不是细胞凋亡的必要条件,例如糖皮质激素诱导的胸腺的凋亡就与 $p$53 无关。缺少 $p$53 的小鼠发育过程基本正常,说明正常发育过程中出现的各种细胞凋亡并不要求 $p$53 的参与。

（三）细胞凋亡的基因调控

细胞凋亡是在生物机体生理条件下发生的,它受到严格的基因调控程序的控制,由死亡程序的启动、执行,直到死细胞的吞噬、降解都是有序进行的。

## 1. 线虫细胞凋亡的基因调控

在线虫众多基因中，ces-1、ces-2 是细胞凋亡信号启动的调控基因，可决定细胞凋亡（启动基因）；ced-3、ced-4 促进细胞凋亡，直接决定细胞凋亡（死亡基因）；ced-9 通过对 ced-3、ced-4 的负调节作用而抑制细胞凋亡（存活基因）；ced-1、ced-2、ced-5、ced-6、ced-7、ced-10 和 ced-11 是死亡细胞被巨噬细胞所吞噬的相关基因（识别基因）；nuc-1、nuc-2 存在于吞噬细胞内，是使凋亡细胞在吞噬细胞内被降解的基因（消化基因），如缺乏只能使吞噬细胞内 DNA 裂解受阻，而不影响细胞凋亡（图 13-9）。

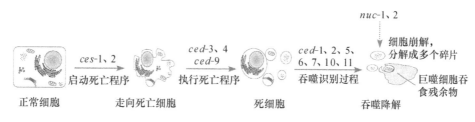

图 13-9　导致线虫细胞凋亡的基因及其作用过程示意图(潘大仁，2007)

## 2. 果蝇细胞凋亡的基因调控

rpr(reaper)基因编码 65 个氨基酸的短肽，果蝇胚胎细胞中选择表达 rpr mRNA 的将进入凋亡，rpr 似乎可以激活由 ICE 蛋白酶家族介导的死亡程序，rpr 介导的凋亡可被杆状病毒 p53 或特异性蛋白抑制肽等 ICE 抑制所阻止。果蝇作为一种研究细胞凋亡的棋式已经受到关注。各种刺激信号通过传导汇集于 rpr，经过它的整合，调节下游基因活动，激活 ced-3/ICE 或抑制 ced-9/bcl-2 则可诱导凋亡（图 13-10）。

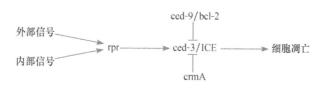

图 13-10　果蝇细胞凋亡的基因调控示意图

## 3. 哺乳类细胞凋亡的基因调控

### 1）Caspase 家族与细胞凋亡

分子遗传学和分子生物学的综合研究表明，在哺乳动物胞质中裂解细胞结构分子的中心成分是 Caspase 族蛋白酶（表 13-4）。Caspases 是近年来发现的一组存在于胞质溶胶中的结构上相关的半胱氨酸蛋白酶，它们均具有 Cys(半胱氨酸)和 Asp(天冬氨酸)，活性位点是半胱氨酸，裂解靶蛋白位点是天冬氨酸残基后的肽键。由于这种特异性，使 Caspase 能够高度选择性地切割某些蛋白质，这种切割只发生在少数（通常只有 1 个）位点上，主要是在结构域间的位点上，切割的结果或是活化某种蛋白，或是使某种蛋白失活，但从不完全降解一种蛋白质。Caspase 一词是从 cysteine aspartic acic specific protease 的字头缩写衍生而来，就反映了这个特征，根据这种高度的特异性，将其命名为 Caspase（C 代表半胱氨酸，aspase 表示在天冬氨酸之后裂解的性质），国内将其译为半胱氨酸蛋白水解酶，简称胱解酶，其后缀的数字表示其亚族的成员。

表 13-4　Caspase 超家族成员及其相应底物

| 蛋白酶 | 别称 | 底物 | 功能 |
|---|---|---|---|
| Casp-1 | ICE | Pro-IL-1β，pro-Casp-3，pro-Casp-4 | 炎症 |
| Casp-2 | ICE-1 | PARP | 启动因子 |
| Casp-3 | CPP32，Yama，apopain | PARP，DNA-PK，SREBP，rho-GDI | 效应分子 |
| Casp-4 | ICErel-Ⅱ，TX，TCH-2 | | 炎症 |
| Casp-5 | ICErel-Ⅲ，TY | | 炎症 |
| Casp-6 | Mch2 | Lamina | 效应分子 |
| Casp-7 | Mch3，ICE-LAP3，CMH-1 | PARP，pro-Casp-6 | 效应分子 |
| Casp-8 | FLICE，MACH，Mch5 | | 启动因子 |
| Casp-9 | ICE-LAP 6，Mch6 | PARP | 启动因子 |
| Casp-10 | Mch4 | | 启动因子 |
| Casp-11 | ICH3 | | 炎症 |
| Casp-12 | | | |
| Casp-13 | | | 炎症 |
| Casp-14 | | | 炎症 |

　　线虫细胞凋亡的研究促进了其他动物特别是哺乳类动物中细胞凋亡的研究。人们发现哺乳类细胞中存在着 ced3 的同源物 Casp-1（ICE：interleukin-1b converting enzyme），它催化白细胞介素-1b 的活化，即从其前体上将 IL-1b 切割下来。在大鼠成纤维细胞中过量表达 Casp-1 和 ced-3 都会引起细胞凋亡，表明了 Casp-1 和 ced3 在结构和功能上的相似性；然而敲除 *Casp*-1 基因的小鼠其表现型正常，并未发现细胞凋亡发生明显改变。进一步的研究发现，另一个 Caspase 族成员，后来被称为 apopain、CPP32 或 Yama 的半胱氨酸蛋白酶（Casp-3），催化 poly（ADP-ribose）Polymerase（PARP），即聚（ADP-核糖）聚合酶的裂解，结果导致细胞的凋亡，因而认为 Casp-3 执行着与线虫中的 ced-3 相同的功能。Casp-3 被称为是"死亡酶"，而 PARP 被认为是"死亡底物"。

　　目前发现的 Caspase 族成员众多，根据它们在炎症和细胞凋亡中起着不同的作用可以分成三类：炎症 Caspase、启动 Caspase 和效应 Caspase 亚族，炎症 Caspase 包括 Casp-1、Casp-4、Casp-5、Casp-11、Casp-13、Casp-14。在多数情况下它们不直接参与凋亡信号的转导，而是主要参与白介素前体的活化与炎症细胞因子的合成；启动 Caspase 包括 Casp-2、Casp-8、Casp-9、Casp-10 等，它们对细胞凋亡的刺激信号做出反应，启动细胞的自杀过程；效应 Caspase 包括 Casp-3、Casp-6、Casp-7 等，是凋亡过程的具体执行者，Casp-3、Casp-7能降解 PARP，DFF-45（DNA fragmentation factor-45），导致 DNA 修复的抑制并启动DNA 的降解。Casp-6 的底物是 lamin A，降解可导致辞核纤层和细胞骨架的断裂和崩解。

　　细胞中合成的 Caspase 以无活性的酶原状态存在，须经活化方能执行其功能。酶原的激活方式有两种，一是利用在凋亡过程中起伴侣作用的蛋白分子来使无活性的酶原聚集在一起，然后通过同位效应进行自我酶切而激活，二是由另外的蛋白酶直接作用于Casp-3、Casp-7 的 Asp 位点，从而激活 Caspase 蛋白酶。在凋亡信号刺激下，启动Caspase 首先被活化，然后发挥活性切割并激活下游的 Caspase 分子，由此构成一种逐级扩大的级联反应，将凋亡信号一级一级传到凋亡底物，从而完成细胞凋亡（图 13-11）。

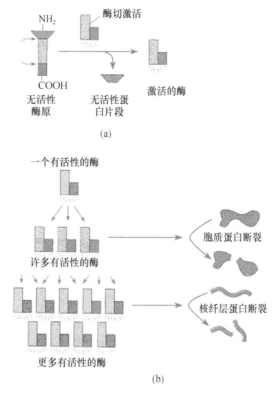

图 13-11 Caspase 酶原的激活(a)和级联放大反应(b)示意图(Alberts et al. ,2002)

2）Bcl-2 家族对细胞凋亡的调节

Bcl-2 对细胞凋亡的调节表现在两个方面,一方面是 Bcl-2 亚家族(Bcl-xL)分子可以通过 BH4 结构域与凋亡蛋白酶活化因子(Apaf-Ⅰ)结合,使 Apaf-Ⅰ作为接头蛋白将 Bcl-xL 与 Caspase 聚集在一起,间接地引起 Caspase 失活,从而保护细胞不发生凋亡,而 BH3 亚家族(如 Bik 等)与 Bcl-xL 结合抑制上述活性;另一方面 Bax 亚家族可以在细胞器膜(如线粒体)上形成离子通道,允许一些离子(如 Ca 离子)和一些小分子(如细胞色素 c)穿过细胞器膜进入细胞质,激活 Caspase 级联反应,引起细胞凋亡。Bcl-2 可与 Bax 形成异二聚体,抑制 Bax 形成离子通道,从而保护细胞免于凋亡(图 13-12)。

3）p53 与细胞凋亡

在依赖于 p53 的细胞凋亡中,p53 是通过调节 *Bcl-2* 和 *Bax* 的基因表达来影响细胞凋亡的。p53 能特异地抑制 *Bcl-2* 的表达,相反对 *Bax* 的表达则有明显的促进作用。研究表明,p53 是 *Bax* 基因的直接的转录活化因子。在这些细胞中,p53 的积累和活动引起了细胞凋亡。

（四）细胞凋亡的信号转导途径

不同种类、不同生长发育阶段的细胞、不同的诱导凋亡因素具有不同的细胞凋亡途径。至今已发现了多种与细胞凋亡相关的信号转导途径。在哺乳动物中研究较清楚的有两条:一是细胞外部信号触发的死亡受体途径;二是细胞内信号触发的线粒体途径。

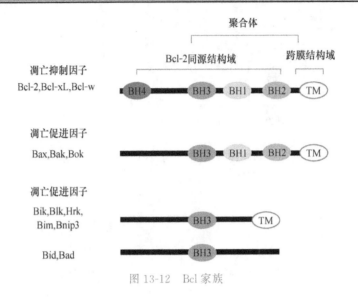

图 13-12 Bcl 家族

### 1. 细胞外部信号触发的凋亡-死亡受体途径

在细胞表面。存在一类能与细胞外的凋亡刺激分子结合,并将信号传至细胞内引起细胞凋亡的受体,称为死亡受体(DR)。这种受体是一类跨膜蛋白,隶属于肿瘤坏死因子受体(TNFR)超家族。主要成员有 Fas(AP01/CD95)、TNFR1、TNFR2、DR3(AP03/WSL-1)、DR4(TRAIL-R1)、DR5(AP02/TRIAL-R2/KILLER)等。这些跨膜蛋白受体在序列上有同源性,它们的胞外部分都有一个富含半胱氨酸的重复区。TNFR1 和 Fas 的胞质部具有一个同源的约含 68 个氨基酸的死亡结构域(DD)。其配体属于 TNF 家族,成员包括 FasL、TNF、TRAM、TRAIL、CD30L、CD40L、CD27L、淋巴毒素等。它们均是膜结合蛋白,N 端位于胞质,C 端位于胞外。胞外区约 150 个氨基酸,其中 20%～25% 是保守的,胞质内的部分各不相同。配体与受体结合后,可通过一系列的信号转导过程,将凋亡信号向细胞内部传递。这个过程涉及多个家族的蛋白质,包括 TNF/TNFR 超家族、TRAF 超家族、死亡结构域蛋白等,最终引起细胞凋亡执行者 Caspase 蛋白酶家族的活化,这些蛋白酶剪切相应的底物,使细胞发生凋亡。

以 Fas-FasL 介导的细胞凋亡为例:首先配体与受体结合,受体构象发生变化并聚合成三聚体形式,Fas 三聚体以其位于胞内的"死亡结构域"(DD)为中介结合 FasL 相关的死亡结构域(FADD),形成死亡诱导信号复合体(DISC)。随后 FADD 通过其死亡效应结构域(DED)和 Casp-8 的 DED 区相互作用,导致 Casp-8 形成寡聚体,并具有自我剪切能力使其自身活化。然后进一步经过级联反应,使细胞发生凋亡。以此途径传导的信号由于配体受体复合物的效应不同而有两种情况,一是促进细胞的凋亡,另一方面是抑制细胞的凋亡(图 13-13)。

### 2. 细胞内部信号触发的凋亡-线粒体途径

线粒体是细胞生命活动控制的中心,它不仅是细胞呼吸链和氧化磷酸化的中心,而且是细胞凋亡的控制中心。实验表明细胞色素 c 从线粒体释放是细胞凋亡的关键步骤。细胞应激反应或凋亡信号能引起线粒体细胞色素 c 释放,作为凋亡诱导因子,细胞色素 c 能

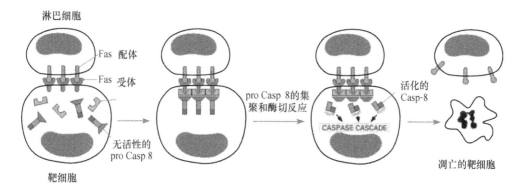

图 13-13　细胞凋亡的外部途径(沈振国和崔德才,2003)

与胞质中的 Apaf-1、ATP/dATP 结合,诱导 Casp-9 活化,然后召集并激活 Casp-3,进而引发 Caspase 级联反应,最终导致细胞凋亡。

目前研究认为,线粒体途径中的细胞色素 c 是通过线粒体 PT 孔或 Bcl-2 家族成员形成的线粒体跨膜通道释放到细胞质中的。在正常存活的细胞中,细胞色素 c 存在于膜间隙中,而 Casp-9 和 Apaf 存在于胞质中,因此在正常情况下,Casp-9 不能被激活。但在多种细胞凋亡因素诱导下,如 DNA 损伤、紫外线照射、Bax 过表达、生长因子缺乏等,造成线粒体膜通透性改变,PT 孔开放,释放细胞色素 c、Smac、AIF 等凋亡相关因子,诱导细胞凋亡。实验证明,PT 孔的持续开放和关闭分别诱导和抑制细胞凋亡。

Bcl-2 家族的结构和能形成离子通道的一些毒素非常相似。插入膜结构中形成较大的通道,允许细胞色素 c 等蛋白质通过,这可能是细胞色素 c 释放的另一个途径。在正常情况下,线粒体外膜表达 Bcl-2 蛋白,并与细胞凋亡蛋白酶激活因子-1(Apaf-1)结合。损伤情况下引起 Bcl-2 释放 Apaf-1。被释放到胞质中的细胞色素 c 在 ATP 或 dATP 的辅助下可特异的与胞质接头蛋白 Apaf-1 结合并促进 Apaf-1 寡聚化,Apaf-1 借其 N 端的 CARD 直接结合多个 Casp-9,形成凋亡复合体,并引起 Casp-9 活化。进而发生联级反应,诱导凋亡发生(图 13-14)。

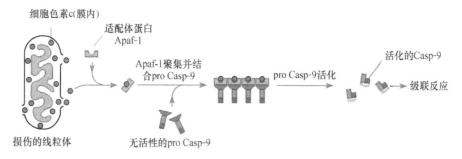

图 13-14　细胞凋亡的内部途径(沈振国和崔德才,2003)

## 八、植物细胞的凋亡

植物细胞凋亡的研究开始较晚,与动物中一样,植物中也广泛存在细胞凋亡现象。如导管的分化、根尖生长过程中根冠细胞的凋亡、通气组织的形成、糊粉层的退化、绒毡层细胞的死亡、胚胎发育过程中胚柄的退化、单性植物中花器官的程序性退化等。细胞凋亡不仅是高等植物生长发育的必要组成部分,也是应对不良环境(如缺氧、高盐等)和病原体入侵的重要手段。

植物细胞凋亡和动物细胞凋亡的特征基本相似,但凋亡细胞的最后命运却有所不同,动物细胞凋亡后很快被巨噬细胞吞噬降解,植物细胞凋亡后并不被吞噬,有些时候反而转化成了植物体的重要组成部分,如木质部导管。

虽然有足够的证据表明植物在生长发育和与环境相互作用过程中都可发生细胞凋亡,但对其细胞凋亡的机制并未搞清楚,目前仅有一些零散的研究报道,还有待进一步研究。它将为实现人工控制植物生长发育以及开辟植物抗病育种新途径奠定基础。

**本章内容提要**

衰老和死亡是生命的基本特征,生物有机体的衰老和死亡首先是细胞以不同的形式表现出来的。

Hayflick 等认为:细胞,至少是培养的细胞,不是不死的,而是有一定的寿命;细胞的增殖能力不是无限的,而是有一定的界限的。研究证明,细胞不论在体外环境下还是体内条件下,衰老都是不可避免的。

细胞在衰老过程中,其形态结构和生理生化上会发生一系列深刻变化,包括:①细胞体积变小失去正常的球形;②细胞核增大,核膜内折,染色质固缩;③细胞器中粗面内质网减少、线粒体变大并且数量减少、出现致密体;④细胞膜常处于凝胶相或固相,细胞间间隙连接减少,组成间隙连接的膜内颗粒聚集体变小等。这些形态结构的变化直接导致其相应的功能下降。关于细胞衰老的机制研究近年来取得了重大进展,提出了自由基学说、端粒假说等多种理论,但均未有最终定论。

细胞死亡有细胞坏死和细胞凋亡两种方式,二者具有本质的区别,细胞坏死是一种被动性死亡,细胞凋亡是一个主动的由基因决定的自动结束生命的过程。在细胞凋亡过程中细胞内含物不泄漏,不引起细胞炎症反应,这是凋亡与坏死的最大区别。

由于细胞凋亡在有机体生长发育过程中具有极其重要的意义,对它的研究受到了广泛的关注,并取得迅猛发展。在细胞凋亡发生过程中,细胞在形态结构、新陈代谢等方面都会发生明显的变化,如细胞表面微绒毛和细胞间接触的消失、内质网囊腔膨胀、染色质固缩、凋亡小体的形成继而逐渐为邻近的细胞所吞噬并消化;DNA 发生有控的核小体间断裂、体内 tTG 等物质积累并达到较高水平等。由于 DNA 在细胞凋亡过程中的特征性改变,特别是 DNA 的断裂已经成为检测细胞凋亡的重要指标。

诱导细胞凋亡的因子根据来源可分为内部因子和外部因子,细胞只有在接受细胞内外的信号刺激时才发生凋亡。一般认为,动植物细胞的凋亡具有共同的或相似的机制,但对植物细胞凋亡的研究起步要晚的多。尽管目前已经发现了一些与凋亡有关的基因和酶,如线虫的 *ced* 基因、哺乳动物的 Caspase 蛋白等;对凋亡分子机制的研究也取得了一定进展,但这还有待于更深入的研究。总之,细胞衰老与凋亡的关系是一个相当复杂的问题,两者既有联系又不相同,在长期的进化过程中形成的这种复杂的机制对于维持生物体的正常功能是极其重要的。

**本章相关研究技术**

## 1. 形态学研究技术(morphological method)

(1) 光学显微镜和倒置显微镜

未染色细胞:凋亡细胞的体积变小、变形,细胞膜完整但出现发泡现象,细胞凋亡晚期可见凋亡小体。贴壁细胞出现皱缩、变圆、脱落。

染色细胞:常用台盼蓝(trypan blue)染色、瑞氏染色等,有些染料为活细胞排斥,但可使死细胞着色。凋亡细胞的染色质浓缩、边缘化,核膜裂解、染色质分割成块状和凋亡小体等典型的凋亡形态。

(2) 荧光显微镜和共聚焦激光扫描显微镜

一般以细胞核染色质的形态学改变为指标来评判细胞凋亡的进展情况。Hoechst 33342、Hoechst 33258、DAPI 等是常用的一类与 DNA 结合的荧光染料。三种染料与 DNA 的结合是非嵌入式的,主要结合在 DNA 的 A-T 碱基区。紫外光激发时发射明亮的蓝色荧光。荧光染料 Hoechst 33342 能少许进入正常细胞膜,使其染上低蓝色,而凋亡细胞的膜通透性增强,因此进入凋亡细胞中的 Hoechst 33342 比正常细胞的多,荧光强度要比正常细胞中要高,此外,凋亡细胞的染色体 DNA 的结构发生了改变从而使该染料能更有效地与 DNA 结合,并且凋亡细胞膜上的 p-糖蛋白泵功能受到损伤不能有效地将 Hoechst 33342 排出到细胞外使之在细胞内积累增加等都使凋亡细胞的蓝色荧光增强。

而 PI 染料是不能进入细胞膜完整的正常细胞和凋亡细胞中,即活细胞对 PI 染料拒染,而坏死细胞由于膜完整性在早期即已破损,可被 PI 染料染色。根据这些特性,用 Hoechst 33342 结合 PI 染料对凋亡细胞进行双染色,就可在流式细胞仪上将正常细胞、凋亡细胞和坏死细胞区别开来。

形态研究这种方法主观性较强,重复性差,适用于凋亡的现象的初步观测。

## 2. 生物化学、分子生物学和免疫组织化学技术

(1) 细胞凋亡早期检测方法

PS 在细胞外膜上的检测:在正常细胞中,磷脂酰丝氨酸(PS)只分布在细胞膜脂质双层的内侧,而在细胞凋亡早期,细胞膜中的磷脂酰丝氨酸(PS)由脂膜内侧翻向外侧,可以作为免疫系统的识别标志。Annexin V 是一个钙依赖性的磷脂结合蛋白,能专一性的结合暴露在膜外侧的 PS,再通过简单的显色或发光系统进行检测。

细胞内氧化还原状态改变的检测:通过荧光染料 monochlorobimane(MCB)体外检测凋亡细胞细胞质中谷胱甘肽(glutathione,GSH)的减少来检测凋亡早期细胞内氧化还原状态的变化。正常状态下,谷光苷肽作为细胞内一种重要的氧化还原缓冲剂,可以定期还原去除细胞内有毒的氧化物,氧化型的 GSH 又可被 GSH 还原酶迅速还原。在一些类型的细胞中,细胞膜中有可被凋亡信号启动的 ATP 依赖的 GSH 转移系统。当细胞内 GSH 的排除非常活跃时,细胞液就由还原环境转为氧化环境,这可能导致了凋亡早期细胞线粒体膜电位的降低,从而使细胞色素 c 从线粒体内转移到细胞液中,启动凋亡效应器 Caspase 的级联反应。但有些细胞,如 HeLa 和 3T3 细胞凋亡时没有明显的 GSH 水平的

变化,不能用此法检测。

细胞色素 c 的定位检测:细胞色素 c 作为一种信号物质,在细胞凋亡中发挥着重要的作用。正常情况下,它存在于线粒体内膜和外膜之间的腔中,凋亡信号刺激使其从线粒体释放至细胞液,结合 Apaf-1(apoptotic protease activating factor-1)后启动 Caspase 级联反应:细胞色素 c/Apaf-1 复合物激活 Caspase-9,后者再激活 Caspase-3 和其他下游 Caspase。细胞色素 c 氧化酶亚单位 Ⅳ(cytochrome c oxidase subunit Ⅳ:COX4)是定位在线粒体内膜上的膜蛋白,凋亡发生时,它保留在线粒体内,因而它是线粒体富集部分的一个非常有用的标志。可从凋亡和非凋亡细胞中快速有效分离出高度富集的线粒体部分,再进一步通过 Western 杂交用细胞色素 c 抗体和 COX4 抗体标示细胞色素 c 和 COX4 的存在位置,从而判断凋亡的发生。

(2)细胞凋亡晚期检测方法

TUNEL(terminal deoxynucleotidyl transferase-mediated dUTP nick-end-labeling)

用荧光素(fluorescein)标记的 dUTP 在脱氧核糖核苷酸末端转移酶(TdT enzyme)的作用下,可以连接到凋亡细胞中断裂 DNA 的 3′-OH 端,并与连接辣根过氧化酶(HRP,horse-radish peroxidase)的荧光素抗体特异性结合,后者又与 HRP 底物二氨基联苯胺(DAB)反应产生很强的颜色反应(呈深棕色),特异准确地定位正在凋亡的细胞,因而在光学显微镜下即可观察凋亡细胞;而正常的或正在增殖的细胞几乎没有 DNA 断裂,因而没有 3′-OH 形成,很少能够被染色。

LM-PCR Ladder(连接介导的 PCR 检测)

当凋亡细胞比例较小以及检测样品量很少(如活体组织切片)时,直接琼脂糖电泳可能观察不到核 DNA 的变化。通过 LM-PCR(ligation-mediated PCR),连上特异性接头,专一性地扩增核小体的梯度片段,从而灵敏地检测凋亡时产生的核小体的梯度片段。此外,LM-PCR 检测是半定量的,因此相同凋亡程度的不同样品可进行比较。

上述两种方法都针对细胞凋亡晚期核 DNA 断裂这一特征,但细胞受到其他损伤(如机械损伤,紫外线等)也会产生这一现象,因此它对细胞凋亡的检测会受到其他原因的干扰。

Telemerase Detection(端粒酶检测)

端粒酶(telomerase)是由 RNA 和蛋白质组成的一种核糖核蛋白酶。其中含有端粒重复序列的模板(5′-CUAACCCUAAC-3′);蛋白质组分具有 RNA 依赖的 DNA 多聚酶活性。端粒酶能以自身 RNA 的模板区为模板复制合成端粒序列。在胚性细胞等增殖活跃的细胞中具有端粒酶活性,而在正常成熟体细胞中端粒酶失活,每分裂一次,染色体的端粒会缩短,这可能作为有丝分裂的一种时钟,表明细胞年龄、复制衰老或细胞凋亡的信号。研究发现,90% 以上的癌细胞或凋亡细胞都具有端粒酶的活性。如果待测样本中含有端粒酶活性,就能在底物上接上不同个数的 6 碱基(GGTTAG)端粒重复序列,通过 PCR 反应,产物电泳检测就可观察到相差六个碱基的 DNA ladder 现象。

**3. mRNA 水平的检测**

很多在细胞凋亡时表达异常的基因,检测这些特异基因的表达水平也成为检测细胞凋亡的一种常用方法。据报道,Fas 蛋白结合受体后能诱导癌细胞中的细胞毒性 T 细胞

(cytotoxic T cell)等靶细胞。Bcl-2 和 Bcl-X(长的)作为抗凋亡(Bcl-2 和 Bcl-X)的调节物,它们的表达水平比例决定了细胞是凋亡还是存活。一般多采用 Northern 杂交、RT-PCR、荧光定量 PCR 凝胶对它们进行检测。

随着凋亡机制研究的深入,近年来还发展了许多针对特定的凋亡途径的检测,如抗体法、酶活性测定等。

**复习思考题**

1. 细胞衰老的特征是什么? 有何生理意义?
2. 细胞衰老的特征是什么? 细胞衰老的可能机制如何?
3. 细胞凋亡的概念,形态特征及其与坏死的区别是什么?
4. 什么是 Hayflick 界限,什么是端粒,两者关系如何?
5. 鉴定细胞凋亡有什么常用方法,为什么?
6. 凋亡在有机体生长发育过程中有何重要意义?
7. 凋亡的基本途径是什么?
8. 细胞凋亡和细胞衰老有何不同?
9. Caspase 家族蛋白酶倡导细胞凋亡的主要特点是什么?

# 参考文献

Alberts B,et al.2008.细胞的分子生物学.4版.张新跃,钱万强,舒畅,张远涛译.北京:科学出版社

Karp G.2002.分子细胞生物学(3版,影印版).北京:高等教育出版社

Karp G.2005.分子细胞生物学.3版.王喜忠,丁明孝,张传茂,等译.北京:高等教育出版社

Karp G.2006.分子细胞生物学(4版,影印版).北京:高等教育出版社

曹善东,唐鑫生,刘瑞祥.2001.细胞生物学.黑龙江:黑龙江教育出版社

陈仁彪,孙岳平.2003.细胞与分子生物学基础.上海:上海科学技术出版社

陈志南.2005.细胞工程原理.北京:科学出版社

邓耀祖,屈伸主.2002.医学分子细胞生物学.北京:科学出版社

杜传书,刘祖洞.1992.医学遗传学.2版.北京:人民卫生出版社

韩贻仁.1988.分子细胞生物学.北京:高等教育出版社

韩贻仁.2001.分子细胞生物学.2版.北京:科学出版社

韩贻仁.2007.分子细胞生物学.3版.北京:高等教育出版社

郝水.1983.细胞生物学教程.北京:高等教育出版社

洪一江.2007.细胞生物学考研精解.北京:科学出版社

匡廷云.2004.光合作用原初光能转化过程的原理与调控.南京:江苏科学技术出版社

李宝健.1996.面向21世纪生命科学发展前沿.广州:广东科技出版社

李先文,张苏锋,袁正仿,等.2004.细胞生物学导学.北京:科学出版社

刘凌云,薛绍白,柳惠图.2002.细胞生物学.北京:高等教育出版社

欧阳五庆,李谱华,林成招.2003.细胞周期及其调控研究进展.中国兽医科技,33(2):35-40

欧阳五庆.2006.细胞生物学.北京:高等教育出版社

潘大仁.2007.细胞生物学.北京:科学出版社

裴雪涛.2003.干细胞生物学(全国科学前沿丛书).北京:科学出版社

钱鑫萍,杨雪飞,吕顺.2008.细胞骨架的显微镜观察实验方法改进研究.安徽农业科学,36(22):9410-
    9412

沈振国,崔德才.2003.细胞生物学.北京:中国农业出版社

宋今丹.1999.医学细胞生物学.北京:人民卫生出版社

苏桃,陈临溪.2009.Confilin调节细胞迁移研究进展.中华全科医学,7(6):646-648

汪德跃.1988.细胞生物学.上海:上海科学技术出版社

汪堃仁,薛绍白,杨惠图.1998.细胞生物学.2版.北京:北京师范大学出版社

王金发.2003.细胞生物学.北京:科学出版社

王闻起,廖侃.2008.细胞骨架与中心体的分离过程.生命的化学,28(6):677-680

王永潮.2001.缘何细胞周期调控研究获得新千年第一个诺贝尔奖.生物物理学报,17(4):809-812

吴庆余.2002.基础生命科学.北京:高等教育出版社

杨扶华,胡以平.2002.医学细胞生物学.4版.北京:科学出版社

杨建一.2000.医学细胞生物学.北京:科学出版社

杨恬.2005.细胞生物学.北京:人民卫生出版社

叶鑫生. 2000. 干细胞和发育生物学. 北京:军事医学科学出版社

翟中和,王喜忠,丁明孝,等. 2000. 细胞生物学. 2 版. 北京:高等教育出版社

翟中和,王喜忠,丁明孝,等. 2007. 细胞生物学. 3 版. 北京:高等教育出版社

翟中和. 1987. 细胞生物学基础. 北京:北京大学出版社

翟中和. 1994. 细胞生物学进展. 第三卷

翟中和. 1999. 细胞生物学动态. 北京:北京师范大学出版社

张鸿卿,连慕兰. 1992. 细胞生物学实验方法与技术. 北京:北京师范大学出版社

张进华. 2010-08-13. 细胞凋亡与检测技术. http://www.ipathology.cn

张文玲,黄秀英,孙文臻. 2002. PKC 亚型在细胞周期中调控作用. 细胞生物学杂志,24(2):90-93

郑国锠. 1992. 细胞生物学. 2 版. 北京:高等教育出版社

周筠梅. 1998. ATP 合成酶的结合变化机制和旋转催化. 生物化学与生物物理进展,25(1):9-17

周竹青. 2008. 简明细胞生物学教程. 北京:中国农业出版社

朱玉贤,李毅,郑晓峰. 2007. 现代分子分物学. 3 版. 北京:高等教育出版社

朱玉贤,李毅. 1996. 现代分子生物学. 台北:艺轩团书出版社

Agre A. 2003. Nobel prize winner in chemistry. Journal of the American Society of Nephrology,15(4): 1093-1095

Agre P. 2006. The aquaporin water channels. Proceedings of the American Thoracic Society,3:5-13

Albert B. 1989. Essential Cell Biology. New York & London:Garland Publishing,Inc

Alberts B,Bray D,Lewis J,et al. 1994. Molecular Biology of the Cell. 3rd ed. New York:Garland Publishing,Inc

Alberts B,Bray P,Lewis J,et al. 2002. Molecular Biology of the Cell. 4th ed. New York:Garland Publishing,Inc

Alberts B,Johnson A,Lewis J,et al. 2008. Molecular Biology of the Cell. 5th ed. NewYork:Garland Science,Taylor & Francis Group

Bartek J Lukas C,Lukas J. 2004. Checking on DNA damage in S phase. Nature Rev Mol Cell Biol,5:792-804

Baserga R,Peruzzi F,Reiss K. 2003. The IGF-1 receptor in cancer biology. Int J Cancer,20:107(6):873-877

Bell S P,Dutta A. 2002. DNA replication in eukaryotic cells. Ann Rev Biochem,71:333-374

Berezney R,Buchholtz L A. 1981. Dynamic association of replicating DNA fragments with the nuclear matrix of regenerating liver. Experimental Cell Research,132:1-13

Berezney R,Coffey D S. 1974. Identification of a nuclear protein matrix. Biochemical and Biophysical Research Communications,60:1410-1417

Biox C N. 2011-01-04. 单糖. http://www.biox.cn/biology/200609/20060905061107_146710.shtml

Bloom,Fawcett. 1994. A Textbook of Histology. 12th ed. New York:Chapman & Hall

Bonifacino J S,Glick B S. 2004. The mechanism of vesicle budding and fusion. Cell,116:153-166

Boyer P D. 1999. What makes ATP synthase spin. Nature,402:247-249

Cheeseman I M,Desai A. 2004. Cell division:feeling tense enough? Nature,428:32-33

Collander R,Bärlund H. 1933. permeabilitatsstudien an chara ceratophylla. Acta Botan. Fennica,Ⅱ:1-14

Cooper G M. 1997. The Cell:A Molecular Approach. Washington D C:ASM Press

Cooper J A,Schafer D A. 2001. Control of action assembly and disassembly at filament ends. Curr Opin Cell Biol,12(1):97-103

Daniel H,et al. 1996. Molecular Cell Biology. 4th ed. W. H. Freeman and Company

Danielli J F,Davson H. 1935. A contribution to the theory of permeability of thin films. Journal of Cellular and Comparative Physiology,5:495-508

DePamphilis M L,Blow J J,Ghosh S,et al. 2006. Regulating the licensing of DNA replication origins in metazoa. Curr Opin Cell Biol,18:231-239

Diffley,J F. 2004. Regulation of early events in chromosome replication. Curr Biol,14(18):778-786

Dorigo B,Schalch T,Kulangara A,et al. 2004. Nucleosome arrays reveal the Two-Start Organization of the chromantin fiber. Science,306:1571-1573

Earnshaw W C,Halligan N,Cooke,C A,et al. 1984. The kinetochore is part of the metaphase chromosome scaffold. J. Cell Biol,98:352-357

Friso G,Giacomelli L,Jimmy A,et al. 2004. In-depth analysis of the thylakoid membrane proteome of Arabidopsis thaliana chloroplasts: new proteins,new functions,and a plastid proteome detabase. The Plant Cell,16:477-499

Gates R R. 1911. Pollen formation in *Oenothera gigas*. Annais of Botany,25:909-940

Glldsell D S. 1991. Inside a living cell. TIBS,16,203-206

Goter E,Grendel F. 1925. On bimolecular layers of lipoids on the chromocytes of the blood. The Journal of Experimental Medicine,41:439-443

Hansson M,Vener A V. 2003. Identification of three previously unknown in vivo protein phosphorylation sites in thylakoid membranes of *Arabidopsis thaliana*. Mol Cell Proteomics 2. 8:550-559

Heidi E H. 2001. How activated receptors couple to G proteins. Proceedings of the National Academy of Sciences of OSA,98(9):4819-4821

Hentzen P C,Rho J H,Bekhor I. 1984 Nuclear matrix DNA from chicken erythrocytes contains B globin gene sequences. Proc Natl Acad Sci USA,81(2):304-307

Howell W M,Hsu T C. 1979. Chromosome core revealed by silver staining. Chromosoma,73:61-66

Ichijo H. 1997. Induction of apoptosis by ASK1,a mammalian MAPKKK that activates SAPK/JNK and p38 signaling pathways. Science,275:90-94

Jacob F,Brenner S,Cuzin F. 1963. On the regulation of DNA replication in bacteria. Cold Spring Harbor Symp Quant Biol,28:329-348

Jensen M,Park S,Tajkhorshid E,et al. 2002. Energetics of glycerol conduction through aquaglyceroporin GlpF. PNAS,99(10):6731-6736

Johnson F B,Sinclair D A,Guarente L. 1999. Molecular biology of aging. Cell,96:291-302

Kamal A,Goldstein LS. 2000. Connecting vesicle transport to the cytoskeleton. Curr Opin Cell Biol,12(4):503-508

Karp G. 1999. Cell and Molecular Biology:Concepts and Experiments. 2nd ed. New York:John Wiley & Sons,Inc

Karp G. 2002. Cell and Molecular Biology:Concepts and Experiments. 3rd ed. New York:John Wiley & Sons,Inc

Kastan M B,Bartek J. 2004. Cell-cycle checkpoints and cancer. Nature,432:316-323

Keating T J,Borisy G G. 2000. Immunostructural evidence for the template mechanism of microtubule nucleation. Nature Cell Biology,2:352-357

Kleinsmith L J,Kish V M. 1995. Principles of Cell and Molecular Biology Harper. 2nd ed. Collins College Publishers

Kline-Smith S L, Sandall S, Desai A. 2005. Kinetochore-spindle microtubule interactions during mitosis. Curr Opin Cell Biol, 17(1):35-46

Knepper M A, Nielsen S. 2004. Peter Agre, 2003 Nobel Prize Winner in Chemistry. Journal of the American Society of Nephrology, 15:1093-1095

Kruse E, Uehlein N, Kaldenhoff R. 2006. The aquaporins. Genome Biology, 7:206

Kubis S, Baldwin A, Patel R, et al. 2003. The Arabidopsis ppil mutant is specifically defective in the expression, chloroplast import, and, accumulation of photosynthetic proteins. Plant Cell, 15:1859-1871

Lake J. 1976. Ribosome structure determined by electron microscopy of *Escherichia coli* small subunits, large subunits and monomeric ribosomes. Journal of Molecular Biology, 105(1):131-159

Lamond A I, Earnshaw W C. 1998. Struture and function in the nucleus. Science, 280:547-553

Lew D J, Burke D J. 2003. The spindle assembly and spindle position checkpoints. Ann Rev Genetics, 37:251-282

Lewin B. 1997. Gene(Ⅵ). Oxford: Oxford University Press

Lewin B. 2004. Gene (Ⅷ). New York: Oxford University Press

Lodish H, Berk A, Matsudaira P, et al. 2005. Molecular Cell Biology. 5th ed. New York: Scientific American Books, Inc

Lodish H, Berk, Zipursky S L, et al. 1995. Molecular Cell Biology. 4th ed. New York & Oxford: Scientific American Books, Inc

Luger K, Mäder A W, Richmond R K, et al. 1997. Crystal structure of the nucleosome core particle at 2.8Å resolution. Nature, 389(6648):251-260

Marston A L, Amon A. 2004. Meiosis: cell-cycle controls shuffle and deal. Nature Rev Mol Cell Biol, 5:983-997

Masui Y. 2001. From oocyte maturation to the in vitro cell cycle: the history of discoveries of Maturation-Promoting Factor(MPF)and Cytostatic Factor(CSF). Differentiation, 69(1):1-17

McNeill H, Downward J. 1999. Apoptosis: Ras to the rescue in the fly eye. Current Biology, 9:R176-R179

Morgan D O. 2006. The Cell Cycle: Principles of Control. London: New Science Press

Nasmyth K. 2001. A prize for proliferation. Cell, 107(6):689-701

Nelson D L, Cox M M. 2000. Lehninger Principles of Biochemistry. 3rd ed. New York: Worth Publishers

Nigg E A. 2001. Mitotic kinases as regulators of cell division and its checkpoints. Nature Rev Mol Cell Biol, 2:21-32

Nurse P. 2002. Cyclin dependent kinases and cell cycle control(Nobel lecture). Chembiochem, 3(7):596-603

Palade G. 1997. Membrane fusion. Cell, 112:519-533

Pardolla D M, Vogelsteina B, Coffey D S. 1980. A fixed site of DNA replication in eucaryotic cells. Cell, 19:527-536

Paulsona J R, Laemmli U K. 1977. The structure of histone-depleted metaphase chromosomes. Cell, 12:817-828

Peltier J B, Cai Y, Sun Q, et al. 2006. The oligomeric stromal proteome of *Arabidopsis* thaliana chloroplasts. Mol Cell Proteomics, 18:3724-3730

Peltier J B, Ytterberg A J, Sun Q, et al. 2004. New functions of the thylakoid proteome of Arabidopsis thaliana revealed by a simple, fast, and versatile fractionation strategy. Biol Chem, 47(2009):49367-49383

Peters J M. 2006. The anaphase promoting complex/cyclosome: a machine designed to destroy. Nature Rev Mol Cell Biol,7:644-656

Petronczki M,Siomos M F,Nasmyth K. 2003. Un ménage a quatre: the molecular biology of chromosome segregation in meiosis. Cell,112:423-440

Pettier J B,Friso C X,Kalume D E,et al. 2000. Proteomics of the chloroplast: systematic identification and targeting analysis of lumenal and peripheral thylakoid proteins. Plant Cell,12:319-341

Phee B K,Cho J H,Park S,et al. 2004. Proteomics analysis of the response of Arabidopsis chloroplast proteins to high light stress. Proteomics,4:3560-3568

Pienta K J,Coffey D S. 1984. A structural analysis of the role of the nuclear matrix and DNA loops in the organization of the nucleus and chromosome. J Cell Sci Suppl,1:123-135

Porter L A,Donoghue D J. 2003. Cyclin B1 and CDK1: nuclear localization and upstream regulators. Prog Cell Cycle Res,5:335-547

Rao P N,Johnson R T. 1970. Mammalian cell fusion: studies on the regulation of DNA synthesis and mitosis. Nature,225:159-164

Rao P N,Johnson R T. 1972. Premature chromosome condensation: a mechanism for the elimination of chromosomes in virus-fused Cells. Journal of Cell

Rattner J B. 1991. The structure of the mammalian centromere. Bioessays,13(2):51-56

Reilein A R,Rogers S L,Tuma M C,et al. 2001. VI. Regulation of molecular motor proteins. Int Rev Cytol,204:179-238

Roux K J,Burke B. 2006. From pore to kinetochore and back: regulating envelope assembly. Dev Cell,11(3):276-278

Scott C S,David P. 2001. Microtubule "plus-end-tracking proteins": the end is just the beginning. Cell,(105):421-424

Sinclair D A,Guarente L. 1997. Extrachromosomal rDNA circles-a cause of aging in yeast. Cell,91:1033-1042

Stark G R,Taylor W R. 2006. Control of the $G_2/M$ transition. Mol Biotechnol,32(3):227-248

Stennicke H R,Salvesen S. 1998. Properties of the caspases. Biochimica et Biophysica Acta,1387:17-31

Svitkina T M,Borisy G G. 1999. Arp2/3 complex and actin depolymerizing factor/cofilin in dendritic organization and treadmilling of actin filament array in lamellipodia. J Cell Biol,145(5):1009-1026

Takeda D Y,Dutta A. 2005. DNA replication and progression through S phase. Oncogene,24:2827-2843

Talcott B,Moore M S. 1999. Getting across the nuclear pore complex. Trends Cell Biology,9:312-318

Torsten K,Doris R,von Anne Z,et al. 2004. The arabidopsis thaliana chloroplast proteome reveals pathway abundance and novel protein functions. Curr Biol,51:114-133

Tran E J,Wente S R. 2006. Dynamic nuclear pore complexes: life on the edge. Cell,125:1041-1053

Uhlmann F. 2003. Separase regulation during mitosis. Biochem Soc Symp,70:243-251

Vale R D,Milligan R A. 2002. The way things move: looking under the hood of molecular motor proteins. Science,288(5463):88-95

Vener A V, Harms A, Sussman M R, et al. 2001. Mass spectrometric resolution of reversible protein phosphorylation in photosynthetic membranes of Arabidopsis thaliana. J Biol Chem,276(10):6959-6966

Walker J. 2000. The mechanism of $F_0F_1$-ATPase. Biochem Biophys Acta,1458:2-3

Watanabe Y. 2004. Modifying sister chromatid cohesion for meiosis. J Cell Sci,117(18):4017-4023

Willekens P,Stetter K O,Vandenberghe A,et al. 1986. The structure of 5S ribosomal RNA in the metha-nogenic archaebacteria Methanolobus tindarius and Methanococcus thermolithotrophicus. FEBS Let-ters,204:2 274-278

Wolfe S L. 1993. Molecular and Cellular Biology. California: Wadsworth Publishing Company,Belmont Science,10:495-513

Zhang M P. 2010. Changes in chloroplast ultrastructure,fatty acid components of thylakoid membrane and chlorophyll a fluorescence transient in flag leaves of a super-high-yield hybrid rice and its parents during the reproductive stage. Journal of Plant Physiology,167:277-285

Zheng Y,Wong M L,Alberts B,et al. 1995. Nucleation of microtubule assembly by a $\gamma$-tubulin-containing ring complex. Nature,378(6557):578-583

Zhu F Q,Tajkhorshid E,Schulten K. 2004. Theory and Simulation of Water Permeation in Aquaporin-1. Biophysical Journal,86:50-57

# 索　引